制浆造纸工业技工培训教材

制浆造纸工艺(第二版)

王忠厚　主编

中国轻工业出版社

图书在版编目(CIP)数据

制浆造纸工艺／王忠厚主编．—2 版．—北京：中国轻工业出版社，2014.1

制浆造纸工业技工培训教材

ISBN 978-7-5019-5205-2

Ⅰ．制…　Ⅱ．王…　Ⅲ．①制浆-工艺学-技工学校-教材 ②造纸-工艺学-技工学校-教材　Ⅳ．TS7

中国版本图书馆 CIP 数据核字（2005）第 147072 号

责任编辑：林　媛

策划编辑：林　媛　　责任终审：滕炎福　　责任设计：付　雨

版式设计：马金路　　责任校对：燕　杰　　责任监印：胡　兵

出版发行：中国轻工业出版社（北京东长安街 6 号，邮编：100740）

印　　刷：河北省高碑店市德裕顺印刷有限责任公司

经　　销：各地新华书店

版　　次：2014 年 1 月第 2 版第 7 次印刷

开　　本：787×1092　1/16　印张：21.25

字　　数：544 千字

书　　号：ISBN 978-7-5019-5205-2

定　　价：42.00 元

邮购电话：010-65241695　传真：65128352

发行电话：010-85119835　85119793　传真：85113293

网　　址：http://www.chlip.com.cn

Email：club@chlip.com.cn

如发现图书残缺请直接与我社邮购联系调换

131214J3C207ZBW

主　编　王忠厚
副主编　韩乐梅　张品文　许志晔　李仲春

参　编　（以姓氏笔画为序）
董振涛　葛成雷　韩乐梅　韩金梅
韩家宝　鞠成民　纪培红　李仲春
李建华　李宝珍　李　妍　刘玉祥
谭绍勇　王忠厚　王慧丽　王　倩
王效香　许志晔　徐志芳　张荣国
张俊坤　张良国　张品文

前　　言(第一版)

本书是由全国轻工业技工教育学会造纸专业教学研究会根据1990年制定的《技工学校造纸专业教学计划》及教学大纲,组织全国十几所重点轻工业技工学校的专业骨干教师编写的技工学校造纸专业试用教材之一。本套教材共包括四门课程:《制浆造纸工艺》、《制浆造纸设备与操作》、《制浆造纸化验与物检》和《化工原理》(轻工行业各专业通用)。

为了加强对学生操作技能的培养,加大造纸设备与操作方面知识的容量,本套教材将工艺与设备两部分内容分成两门课程,《制浆造纸工艺》侧重工艺理论方面的内容,而《制浆造纸设备与操作》则注重重点设备与操作方面的知识,两门课既有侧重,又相辅相成,避免了内容的重复。

本套教材的编写,主要着重于技工学校教学的特点,并结合近年来造纸专业的发展,吸收了部分新工艺及新设备方面的内容,依据原轻工业部颁发的《造纸工人技术等级标准》而完成的。

《制浆造纸工艺》共分十六章,共约200学时左右,适用于技工学校两年或三年制的教学,由于书的内容系统、完整,各地技工学校可根据当地造纸行业的生产实际,对教学内容进行取舍。

本套教材的编写和出版,在推荐作者并支持作者的创作以及提供信息和资料方面给予大力支持的学校有:黑龙江省造纸技工学校、广州造纸厂职工技术学校、广州市轻工业技工学校、上海宏文造纸厂技工学校、安徽省安庆造纸厂技工学校、宁夏轻纺技工学校、湖北轻工技校沙市分校、福建青州纸厂技校、辽宁丹东鸭绿江造纸厂技校、四川宜宾造纸厂技工学校、四川内江轻化技校、四川乐山轻纺化技校、四川长江造纸厂技校、吉林石岘造纸厂技校、山东潍坊一轻技校、山东临沂一轻技校、山东省轻工业技工学校、山东烟台轻工技校、山东青岛轻工技校,谨此表示感谢。

轻工业技工教育学会造纸专业教学研究会
教材编写小组

前　　言(第二版)

本书第一版是由全国轻工业技工教育学会造纸专业教学会根据1990年制定的《技工学校造纸专业教学计划》及教学大纲,组织全国十几所全国重点轻工业院校的专业骨干教师及部分造纸企业的工程技术人员于1995年编写的造纸专业试用教材之一。本套教材共包括四门课程:《制浆造纸工艺》、《制浆造纸设备与操作》、《制浆造纸化验与物检》、《化工原理》(轻工行业各专业通用)。

为了加强对学生操作技能的培养,加大造纸设备与操作方面知识的容量,本套教材将工艺与设备两部分内容分成两门课程,《制浆造纸工艺》侧重理论方面的内容,而《制浆造纸设备与操作》侧重设备与操作方面的知识,两门课既有侧重,又相辅相成,避免了内容的重复。

由于近年来我国制浆造纸工艺发展迅速,特别是草浆连蒸连煮、废纸制浆、草浆碱回收、木材化学机械制浆、中高速纸机的抄造、造纸生产过程自动控制(DCS)及质量控制(QCS)等方面的日臻成熟和完善,为本书再版注入了新的内容。

本次再版包括《制浆造纸工艺》及《制浆造纸设备与操作》两本书。

本书的再版主要由我国造纸工业重点省份——山东省的部分院校,如山东工业技术学院、山东轻工业学院、山东技师学院的部分专业骨干教师及部分重点造纸企业的工程技术人员在原版的基础上经充实完善而完成的。

原版部分作者及诸多省份的专家和企业工程技术人员为本书再版提供了大量的信息资料并提出了诚恳的编写意见,谨此表示感谢。

王忠厚

二〇〇五年十月

目　录

绪　论

一、造纸工业发展简史

公元 105 年,我国东汉和帝时的尚书令蔡伦,在总结民间经验的基础上,改进技术,成功地运用树皮、破布、渔网、麻头等植物纤维原料经、“沤、舂、捣、抄纸、晾干”造出了当时非常著名的“蔡侯纸”,这标志着造纸术的发明。手工抄纸迄今仍用于抄制高级的特种纸。之后,手工抄纸术被传播到世界各地,当今世界造纸技术仍未脱离蔡伦发明造纸术的工艺。对世界文化的发展起了巨大的推动作用。

现代的机械造纸技术是 17 世纪以来在西方各国发展起来的。1799 年法国的罗贝尔特(Louis Robert)发明了连续抄纸的机器,1803 年,法国人达都和英国技师唐金完成了罗贝尔特发明技术的改进,制成了世界第一台工业生产用的造纸机。

二、造纸工业在国民经济中的地位和作用

纸在人类文化、科学、工业、农业、国防和商业等各方面的发展进程中发挥了极其重要的作用。通过纸的应用,人类的各种知识得到迅速地传播、妥善地保存,使悠久的历史遗产得到继承,从而推动了人类科学文化及各行各业的不断发展。在美国、加拿大、日本及北欧等发达国家,造纸工业已成为十大支柱产业之一。在我国,随着国民经济的发展和人民生活水平的提高,造纸业的发展也显得尤为重要。

纸是重要的生活资料和生产资料,现代社会的所有领域都离不开纸。如果没有纸,人类社会的发展将受到严重的阻碍;离开了纸,人类社会文明将无从谈起。因此,制浆造纸工业是关系到国计民生的重要工业部门,在国民经济中具有重要的地位。在世界造纸产品消费结构中,用于包装材料的占 35%,用于信息传递材料的占 43%,用于工农业生产的占 15%,用于生活消费的只占 7%。随着我国四个现代化建设的发展,科学技术的进步,人民物质文化水平的不断提高,纸和纸板所需的品种和数量将日益增加,其使用范围不断扩大。现已发展应用到电力、电子、电讯、机械、建材、纺织、农业、食品、医药、军工与科研等部门,发展了具有防水、防潮、防油、防锈、绝缘、隔音、耐压、过滤等多种适应不同性能要求的品种。随着工农业生产的发展,纸及纸板还是最普遍的包装材料,在所有包装材料用量中纸包装的比重已占到 40% 以上,当前,更进一步与塑料、化学等工业结合,发展复合包装材料,其用途和适应范围正日益扩大。随着人民生活水平的提高,纸张还是重要的日用生活必需品,卫生纸、餐巾纸等家庭生活用纸的需要量正在迅速增长,使用范围也日益扩展。当前,纸及纸板的消耗水平已成为衡量一个国家文明程度与现代化水平的重要标志之一。

三、国内外造纸工业的发展概况

(一) 国内造纸工业的发展概况

自蔡伦发明造纸术至今 1900 年,虽有不少的改进,但由于历代封建统治特别是近百年来帝国主义的侵略和官僚买办阶级的摧残,没有得到应有的发展,解放前我国造纸工业的基本面

貌是:技术装备落后,产量低,质量差,品种少,主要制浆造纸设备及铜网、毛毯等重要器材都依赖进口,完全处于半封建半殖民地的状态。

建国50多年来,我国造纸工业在产量、质量、品种方面都有了较大的发展,有力地促进了国民经济的发展和人民生活水平的提高,具有广阔市场前景的朝阳产业。

机制纸和纸板的产量逐年增加。1949年产量仅为10.8万t,1985年产量为911万t,居世界第六位,1992年的机制纸及纸板的产量为1 725.0万t,2001年纸及纸板产量达到3 200万吨,2004年纸和纸板产量更是高达4 950万t,纸及纸板生产企业达3 500家,人均消费量达42kg,中国已经成为仅次于美国的世界第二大纸生产国和消费国。现在纸的品种从生产一般文化、包装用纸发展到工业农业用纸、科学技术用纸、军工国防用纸等。从二三十个品种发展到了600多个品种。扩大造纸用纤维原料,绝大部分造纸用的纸浆基本上都能自给。制浆、碱回收和造纸设备以及造纸网、毛毯等贵重器材也做到了自行设计、自行制造,结束了依靠进口的局面。制浆造纸的技术装备水平有了提高,采用了部分新工艺、新技术和新设备,建立了一批大型骨干企业。目前,我国造纸工业的生产、科研、设计、制造和安装都具有很高的能力和力量。

我国的制浆造纸工业虽然增长速度较快,但人均占有量与世界发达国家相比,还是相差甚远,生产和消费水平都是很低的,特别高档的纸种相对短缺。

当前我国造纸工业与国际先进造纸工业发展水平相比,存在如下主要问题。①纤维原料中木材的比重很小,现有的木材也还没有得到合理的应用。因木浆不足,对增加品种,提高质量,提高生产效率都产生了不利的影响。②原材料及能源消耗偏高,并且供应紧张,对环境的污染严重。③企业规模较小,对生产管理和对“三废”的治理带来很大的困难。④技术装备仍较落后,机械化、自动化水平不高,劳动生产率较低。

总之,从我国造纸工业的目前状况看,要实现我国造纸工业的现代化,使之具有世界先进水平,还需作巨大的努力。

(二) 国外造纸工业的发展趋势

国际造纸工业面临纸张市场日趋全球化及各国对生态环境质量要求越来越高的形势,采取了相应对策,以可再生的低成本林木及废纸为主要原料制浆造纸,加速技术进步,降低消耗,实施清洁生产,加速企业间联合兼并,加强市场竞争与控制能力,变追求产量为重视效益,使当今世界造纸工业正朝着高速、高效、高质量、低消耗、连续化、自动化作业并与环境相协调的现代化大工业方向发展。

国外造纸工业发展趋势表现在以下几个方面:

原料:主要用于生产纸和纸板的纸浆所用木材量的比例迅速提高,木材成为主要的纤维原料,占93%以上。国外还针对当前木材资源不足,积极扩大材种,发展速生材和造纸专用林,加强原料基地的建设。发展全树利用技术,充分利用木材加工厂和林区的废材。重视废纸的回收和回用。一些主要产纸国家废纸的回收率达到纤维原料的23%~45%。

制浆造纸技术:国外制浆工艺的研究主要着重于提高制浆得率和研究减少污染的制浆方法。大力发展高得率制浆,重点发展可以使用边料、废材的木片磨木浆和预热木片磨木浆。化学浆中,硫酸盐浆仍占主要地位。但是近几年来已出现碱性和中性亚硫酸钠加蒽醌的方法与硫酸盐法在生产漂白浆方面进行竞争的局面。连续蒸煮方面有较大的发展,其中以卡米尔连续蒸煮发展最快。纸浆的漂白向连续、高浓、多段漂白发展。二氧化氯漂白已普遍采用。置换漂白、无污染漂白开始受到重视。

打浆造纸技术：国外已普遍采用盘磨机处理纸浆。纸张表面施胶和涂布技术的发展很快。印刷纸的定量普遍下降。洗、选、漂、打浆工艺采用高浓高效处理。有的打浆浓度已提高到20%以上。

废液综合利用和处理：国外碱法浆厂都有碱和热能的回收,碱回收率达90%以上。降低用水量,不但节约水资源,而且减少了废水处理量。

生产能耗：世界造纸最先进消耗水平吨浆纸的综合能耗0.85t标煤(我国1.55～1.7t标煤);吨浆纸综合水耗,世界最先进水平35m^3,其中吨纸水耗10m^3(我国浆纸综合水耗约200m^3,其中吨纸水耗100m^3)。

制浆造纸专业设备：国外已向大型、高速、连续化、自动化方向发展。制浆设备普遍采用连续蒸煮器、扩散洗涤器、压力洗浆机等大型、高效设备。纸机向宽幅、高速、高效、低能耗和提高单机能力的方向发展,同时开发纸表面处理新技术。如新闻纸机幅宽10米左右,车速1 800～2 000m/min;文化纸机幅宽10m左右,车速1 500～1 800m/min;薄页纸机幅宽4m以上,车速2 000～2 500m/min;纸板机幅度6m以上,车速1 000m/min。随着连续化、自动化水平的提高、各种自动化装置已有很大的发展。电子计算机在1961年就已用于造纸工业,目前的应用范围和装备的数量有了更大的增加,所取得的技术经济效果也越来越明显。

了解国外造纸工业的发展趋势,目的在于确定我国需要赶超的目标。我们必须根据我国特点,大力研究采用新技术、新设备、新工艺,为我国造纸工业的现代化而努力奋斗。

四、纸和纸板的分类

利用纤维和辅助材料,加工成厚薄均匀的纤维层就称为纸或纸板。通常是把定量小于250g/m^{2}的称为纸,大于250g/m^{2}的称为纸板。有的纸和纸板,根据使用需要还要进行各种方式的加工,这些用来加工的纸和纸板,称为原纸或原纸板。

纸的种类很多,用途极广且又各具不同的性能和特点。从各个角度对纸和纸板进行分类,方法很多,现在通常按用途对纸和纸板进行分类,把纸和纸板分成七大类。现将七类纸及纸板的主要品种列举如下。

(1) 印刷用纸及纸板类　新闻纸、凸版印刷纸、胶版印刷纸、凹版印刷纸、书皮纸、铜版印刷纸、招贴纸、票证纸、扑克牌纸、封面纸板等。

(2) 书写纸制图及复制用纸及纸板类　书写纸、有光纸、打字纸、邮政明信片纸、描图纸、绘图纸、图画纸、静电复印纸、热敏复印纸、水写纸等。

(3) 技术用纸及纸板类　提花纸、砂纸原纸、纸绳纸、柏油原纸、深井防水记录纸、力感记录纸、气象记录纸等。

(4) 包装用纸及纸板类　水泥袋纸、中性包装纸、感光器材包装纸、火柴盒纸、糖果包装纸、炸药包装纸、黄纸板、箱纸板等。

(5) 生活、卫生及装饰用纸及纸板类　卫生纸、妇女卫生巾纸、尿布纸、灭鼠纸、衬裙纸、壁纸、蜡光纸、石膏纸板等。

(6) 加工纸原纸类　热工记录原纸、心电图原纸、软钢纸原纸、食品羊皮原纸、皱纹原纸、白棉纸、玻璃卡纸原纸、手机电路板原纸等。

(7) 电器绝缘类　电容器纸、电力电缆纸、通讯电缆纸、半导电电缆纸、卷缠绝缘纸、电绝缘纸板等。

第一章 备 料

第一节 造纸用植物纤维原料

一、植物纤维原料的分类

制浆造纸工业用的植物纤维原料种类很多,大致可分为下列4类:

(一) 木材纤维原料类

针叶木(又称软木):云杉、冷杉、红松、落叶松、马尾松、湿地松、火炬松等。

阔叶木(又称硬木):杨木、桦木、桉木、榉木等。

(二) 草类纤维原料类

叶纤维原料类:龙须草、香蕉叶、剑麻等。

禾本科植物纤维类:稻草、麦草、芦苇、荻、甘蔗渣、竹、高粱秆、玉米秆等。

(三) 韧皮纤维原料类

棉秆皮、桑皮、构皮、檀皮等。

(四)棉麻纤维原料类

棉花、棉短绒、大麻、亚麻、黄麻等。

二、植物纤维原料的化学组成

造纸植物纤维原料的化学成分是复杂的,而这些成分大部分是分子量很大的聚合物,制浆的目的就是要分离这些聚合物而尽可能不改变纤维性能。

(一) 植物纤维原料的化学组分

造纸用植物纤维原料的化学组分一般可分7类:

1. 糖类

主要是多糖,其含量根据原料不同而异,约占原料的1/2以上(木材近3/4)。它们包括纤维素及不溶于冷水的非纤维素的多糖,如半纤维素、淀粉、果胶质,还有溶于水的多糖,如多阿拉伯胶糖、半乳糖,其中含量最多。称之为主要组分的是纤维素和半纤维素。单糖也产生于树汁中和正在成长的植物中,但在成熟的木化植物中,其含量很少。

2. 萜烯类

萜烯类和类似萜烯的物质包括挥发性物质(如松节油)和松香酸。这类物质在针叶木中约占5%,而在草类及阔叶木中较少。

3. 苯酚类物质

存在的苯酚类物质属芳香族,它们包含种种不同化学基的物质,其含量也根据原料不同而异,约占原料的15%~35%。该系统中大部分苯酚物质是木素,具有高分子量而不溶于一般溶剂,它也被称为主要组分。其余的一些苯酚类物质是溶解于水或有机溶剂中的,如单宁、鞣酐色素和立格南类物质等。此外还有能被酸或碱水解除去的物质。

4. 脂肪类

高级脂肪酸产生于所有木化植物中,多数是它们的酯,以醋酸与部分多糖化合成酯的形式存在。其含量约占1%以上。

5. 醇类

醇类包括脂肪族醇和甾醇。

6. 蛋白质类

只有正在成长中的植物才存有一定量的蛋白质,但在成熟的植物(如木材)中,其含量(以氮含量表示)仅占1%左右。

7. 无机物

各种造纸植物纤维原料中无机物的含量相差很大,一般以草类较高,如稻草有高至10%以上的;芦苇一般在5%左右;木材则随品种和生长条件而异,一般温带树木都在0.5%以下,但少数热带树木中则可达1%~5%或更高;棉、麻的含量很低。

(二) 植物纤维原料的化学成分及其特性

造纸植物纤维原料的化学成分,可分为主要成分和次要成分。主要成分包括纤维素、半纤维素和木素。次要成分包括树脂、脂肪、蜡、淀粉、果胶、单宁、色素、灰分等。

1. 纤维素

纤维素存在于一切植物的细胞壁内,为植物纤维的主要成分,除在棉纤维中纯度较高(含量在90%以上)外,在一般的植物细胞壁中常与半纤维素、木素及其他物质共存。化学制浆的目的在于除去植物纤维原料中的木素,而尽量的保留纤维素及半纤维素。

纤维素是由葡萄糖结构单位构成的直链状高分子糖类。葡萄糖基是构成纤维素的基本单位,纤维素的分子中有成千上万个葡萄糖基。通常纤维素的分子式简写为$(C_6H_{10}O_5)_n$,n代表葡萄糖基的个数,称为聚合度。

由葡萄糖基组成的纤维素分子的结构,就像夏天挂的珠帘中的一长串珠子,见图1-1,每个珠代表一个葡萄糖基。纤维素分子的葡萄糖基有多有少,就像珠帘有长有短一样。多的聚合度高,分子链就长。少的聚合度低,分子链就短。据测定蔗渣纤维中纤维素的聚合度一般在3 000左右,而木材则高达10 000左右。

图 1-1 纤维素分子结构示意图

纤维素是纤维细胞壁的主要组成部分,是纸浆中的主要成分。纤维素本身呈白色,具有吸水润胀的特性。原料中纤维素含量愈高,纸浆得率愈高,纸浆强度也愈大。但是在制浆过程中,纤维素在比较强烈的酸性或碱性条件下分子链易断裂,使纤维素分子变小。因此在蒸煮和漂白过程中要严格按工艺条件规定操作,极力保存更多的长纤维素分子,提高浆料质量。

2. 半纤维素

半纤维素是指植物纤维原料中,除果胶和淀粉以外的低分子糖类。它与纤维素不同,由两种或两种以上单糖基组成的不均一聚糖,具有支链,见图1-2。

半纤维素存在于细胞壁中,它的主要成分是多戊糖,半纤维素在水中润胀性能好,有利于打浆。从造纸角度来看,在制浆过程中应尽量保留半纤维素。

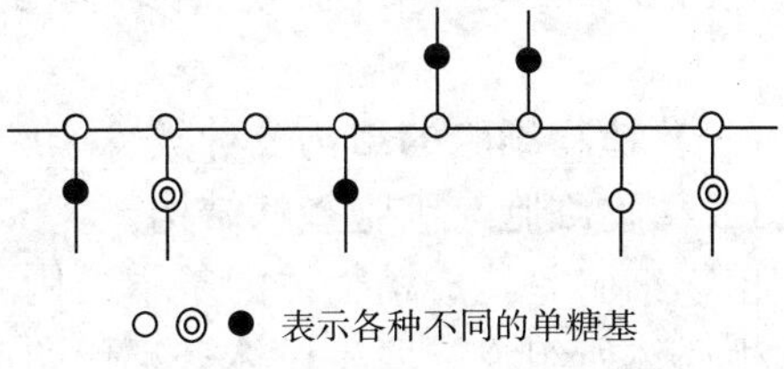

图 1-2 半纤维素分子结构示意图

3．木素

木素是具有苯丙烷骨架的芳香族非糖类，代表植物中具有共同性质的一群物质。木素不是线性分子，而是如同马蜂窝那样的立体网状分子。

木素主要存在于纤维胞间层及细胞壁中。木素像胶水一样，把纤维一根根地相互粘在一起形成植物体。木素的性质比较活泼，能与氯、烧碱、亚硫酸盐等化学药品作用而溶解。在制浆过程中，为了将纤维分离成浆就要用化学药品除去木素。显然，原料中含木素愈多，制浆愈困难，消耗的化学药品也愈多。

木素对纸张强度有不良影响，而且木素容易氧化使纸张返黄。所以除了在蒸煮过程中除去大部分木素外，还要在漂白过程中除去残留木素。

4．其他成分

(1) 树脂、脂肪、蜡　树脂、脂肪、蜡均能被乙醚、苯、乙醇、苯－醇混合液等有机溶剂所抽提。在碱法蒸煮中可产生皂化物，在酸法蒸煮中妨碍药液渗透。抽提物多的原料，如果在蒸煮中处理不当，会引起糊网、粘辊、纸面有树脂点等树脂障碍。

(2) 淀粉、果胶　淀粉、果胶系糖类，一般能被水所抽提。果胶存在于胞间层，且是细胞间的黏结物质。果胶也存在于细胞壁中，尤其是初生壁。某些植物皮部，如棉秆皮、桑皮、构皮、檀皮等含量较多。其他如稻草、麦草以及木材等造纸原料中则含量较少。

(3) 单宁、色素　单宁是指能与动物生皮内蛋白质结合成革的植物物质。它们是若干物质的混合物，是复杂的有机物质。

单宁有涩味，易氧化，与各种金属盐类生成特殊颜色的沉淀。单宁易溶于热水，极易溶于乙醇、丙酮及醋酸乙酯等。

单宁、色素含量少可溶出，含量多使浆颜色深，影响漂白。

(4) 灰分　造纸植物原料中都含有一定量的矿物质，燃烧后变为灰分。木材灰分一般较少，在1%以下。禾本科茎秆纤维原料的灰分比木材原料的灰分高得多，一般在2%以上。麦草灰分多在6%～9%之间，稻草灰分甚至高达15%。麦、稻草的叶部、穗部、节部灰分很高。灰分中60%以上是二氧化硅。

一般来讲，灰分对制浆造纸影响不大，但由于稻、麦草等原料中二氧化硅含量较高，对碱回收有不利影响。因为二氧化硅在黑液中存在易使蒸发设备产生结垢，堵塞管道；还会使蒸发困难，黑液的浓度不易提高；在苛化时也会引起灰渣不易迅速沉淀下来；致使与澄清液难以分离。

三、植物纤维原料的形态

在自然界中，植物的种类很多。植物通常都是由根、茎、叶几部分组成。制浆造纸工业选用植物茎部、叶部或韧皮部等作主要原料，虽然它们的形态构造，生长习性千差万别，但植物体却都是由许多不同种类及形态的细胞构成。这些细胞的结构和形态与制浆造纸有着密切的关系。

（一）植物细胞的结构及种类

1．植物细胞与细胞壁的结构

植物细胞是构成植物体的基本结构单位。一个活着的植物细胞由细胞壁和包围在它里面的原生质体所组成。原生质体分泌代谢产物逐渐沉积生成细胞壁各层，最后形成壁厚、中空的成熟细胞。原生质体消失只剩下细胞壁的细胞是死细胞。造纸用的就是失去生命力的死细胞。死细胞由细胞壁和细胞腔组成。

细胞壁是由许多在结构上和化学性质上都不相同的层次所组成。根据形成的先后可分为胞间层、初生壁、次生壁。以木材纤维为例,其细胞壁组成如图 1-3。

(1) 胞间层(M) 胞间层是两个相邻细胞中间的一层,为两个细胞所共有,在植物组织中主要是起黏结两个细胞增加植物机械强度的作用。它由半纤维素、果胶、木素所组成,木素量高达 90%左右。在制浆过程中只有将此层物质溶出,才能达到把植物纤维分离成单个纤维细胞的目的。

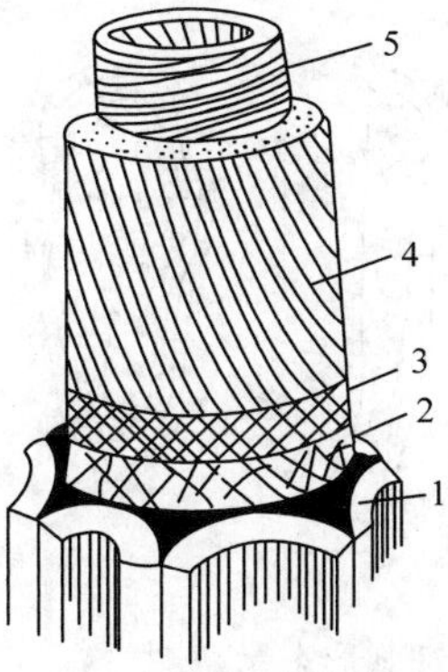

图 1-3 木材纤维细胞壁结构示意图

1—胞间层 2—初生壁

3—次生壁 4—次生壁中层

5—次生壁内层

(2) 初生壁(P) 初生壁是细胞发育过程中最早形成的一层细胞壁,其一边为胞间层,另一边为初生壁。此壁很薄,主要由高度分散的不规则排列的纤维丝组成,呈网状组织。它很薄,质量很小,但它决定纤维表面性质。在蒸煮过程中决定蒸煮液向纤维内部渗透的难易程度;在打浆过程中直接影响纤维内层的分丝帚化作用。由于初生壁对纤维的水化润胀(指纤维吸收水后体积变大,使纤维变的柔软)具有抑制作用,所以打浆的初期应尽快脱除或破坏纤维初生壁,加速纤维的水化润胀,使其分丝帚化,以增加纸页中纤维交织结合的强度。

初生壁的主要化学成分是木素,含量达 70%左右,此外尚含有一定量的纤维素和半纤维素。

(3) 次生壁(S) 次生壁是在植物生长时,在初生壁内逐渐沉积所增厚的一层细胞壁。次生壁比初生壁厚得多,一根纤维的主体在于次生壁。纤维的性质取决于次生壁的构造和化学组成。次生壁包含着具有一定规则排列的细纤维构成的三个层次。

外层(S_1):次生壁外层是靠近初生壁的一薄层。它的主要成分是纤维素,并有一定量的半纤维素和木素;中层(S_2):次生壁中层是介于外层与内层中间的一层。此层厚度最大;内层(S_3):次生壁内层是靠近细胞腔的一层,较薄。

总的看来,次生壁主要成分是纤维素,也有一定量的半纤维素和木素。半纤维素的分布是由外到内逐渐增加,而木素含量由外到内逐渐减少。

用电子显微镜观察纤维细胞壁各层的结构如图 1-3,可以看出,初生壁及次生壁的各层都是由很多相互缠绕起来的细纤维构成,这些绒毛状的细纤维又是由更小的微纤维组成,微纤维又是由纤维素大分子链组成。

2. 植物纤维原料细胞的种类

植物体是由无数细胞组成的,细胞的种类、形态各不相同。从造纸角度讲可分为两大类:一类是纤维细胞;一类是杂细胞。

(1) 纤维细胞 纤维细胞形状细长,两头尖,中间空,呈纺锤状,见图 1-4。针叶材的管胞,阔叶材的木纤维,韧皮部的韧皮纤维等都是纤维细胞。

纤维细胞壁较厚,细胞腔较窄。在细胞壁上有许多小孔,称为纹孔,原料蒸煮时,药液沿着纹孔不断渗透,使蒸煮均匀。这种细长的纤维细胞就是造纸厂常说的纤维,纤维是纸张的重要组成部分。原料含纤维细胞愈多质量愈好。

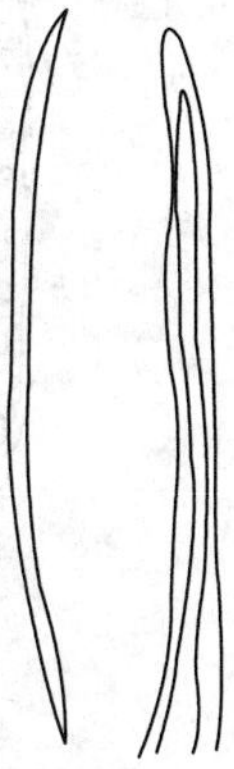

图 1-4 纤维细胞示意图

(2) 杂细胞 植物体中除去纤维细胞以外的细胞统称为杂细胞。杂细胞大多属于薄壁细胞，另外还有表皮细胞、石细胞等。薄壁细胞的细胞壁薄而柔软，胞腔大。杂细胞多为圆形、椭圆形或多面体等，如图 1－5。

杂细胞对制浆造纸不利，它给生产带来许多麻烦。从造纸的角度来看，原料中的薄壁细胞愈少愈好。

（二）植物纤维形态及其对纸张质量的影响

纤维形态是指纤维的长度、宽度、长宽比、壁腔比、非纤维细胞等。纤维形态与纸张的性能有极密切的关系，是作为我们选择原料和制定工艺规程的重要依据之一。

1．植物纤维形态

各种植物原料纤维形态差别较大，同一种原料也因生长地区及原料部位不同而异。现就几种常用的植物原料的纤维形态简介如下。

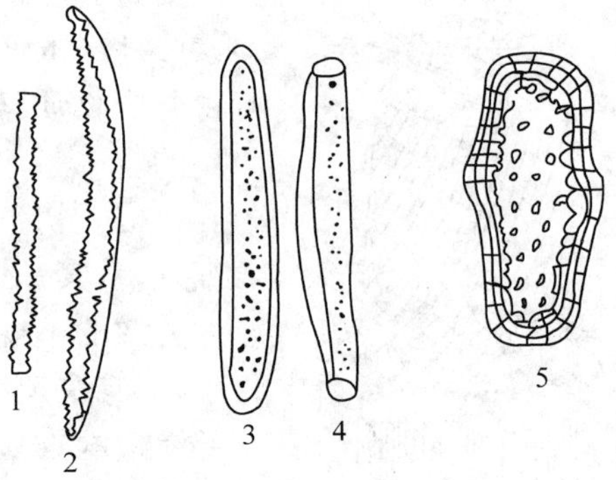

图 1－5　杂细胞形态示意图

1、2—表皮细胞　3、4—薄壁细胞

5—石细胞

（1）针叶木　针叶木又称软木。木质部由 95% 左右的管胞构成，其余的 5% 左右为髓线细胞及树脂道。图 1－6 为松木管胞。春材管胞胞腔大，壁薄，两端圆钝，纹孔多且大。秋材管胞两端尖锐，胞腔窄，壁厚。在数量上，春材管胞占木材的 60%～63%，秋材管胞占 20%～30%。管胞的长度在 1.1～5.6mm 之间，大多数为 2.0～3.2mm，宽度在 0.03～0.075mm。

针叶木的杂细胞少，且一般都在洗涤、抄纸时流失。针叶木浆比较纯净，纤维长，能制造强度高的高级纸张。

（2）阔叶木　阔叶木又称硬木。阔叶木与针叶木不同，木质部有较多的导管。阔叶木中含木纤维 43%～47%，导管 20%～40%，木射线 10%～20%，薄壁细胞 2%～13%。

图 1－7 为阔叶木木质部细胞的形态。阔叶木的木纤维长度一般在 0.7～1.7mm，大多数在 1.3mm 左右。宽度在 0.02～0.04mm。导管长度一般为 0.4～0.8mm。

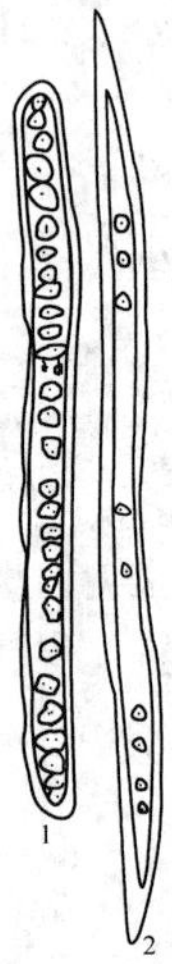

图 1－6　松木管胞

1—松木春材管胞　2—松木秋材管胞

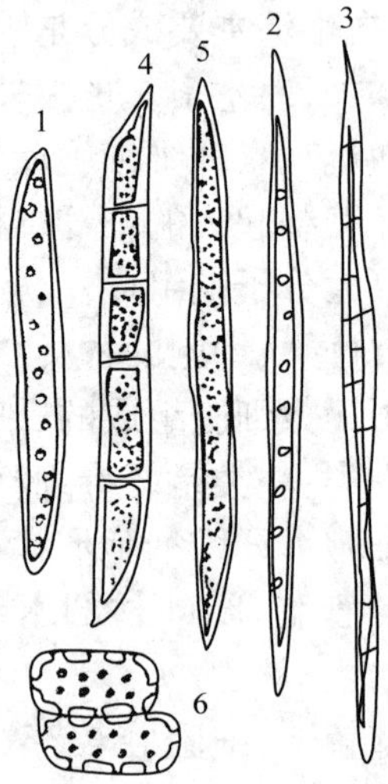

图 1－7　阔叶木木质部细胞形态

1—导管　2—纤维细胞　3—木纤维

4—垂直的薄壁细胞　5—纺锤状薄壁细胞

6—髓射线细胞

阔叶木的纤维较针叶木短，且含有较多的杂细胞，因而成纸强度稍低，成纸比较疏松，吸收性能强，不透明度高，特别适于做印刷类纸张。

(3) 芦苇　芦与苇同科同属，外观相似故常统称为芦苇。芦苇的品种繁多，品种不同，生长的条件不同，其化学组成与纤维形态常有差异。

芦苇的纤维长度较短，大部分为 0.95～1.52mm，宽度大部分为0.009～0.019mm，长宽比为 95 左右，纤维呈棒状，短而细。杂细胞含量高，约占 35%。纤维的结合力差，成纸的物理强度低，吸收性强，适于制造印刷纸类。

(4) 蔗渣　蔗渣纤维长度大部分为 1.47～3.04mm，宽度为 0.021～0.028mm。胞腔大，纤维扁平，是草类原料中最宽最长者。如图 1－8。

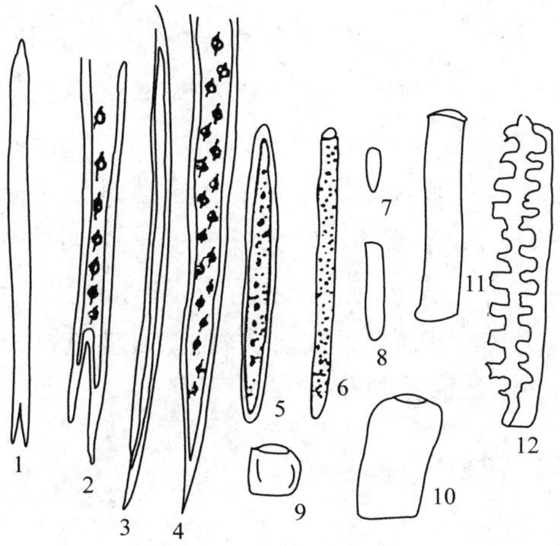

图 1－8　蔗渣纤维形态
1～4—纤维细胞　5～11—薄壁细胞
12—茎的表皮细胞

蔗渣浆经过除髓处理，大大降低杂细胞含量。蔗渣浆可用来生产一般的书写、印刷纸类。成纸透明度高，特别适于制造半透明纸。现已有采用蔗渣浆制造胶版纸及人纤浆粕。

(5) 麦草　如图 1－9。麦草纤维也较短，一般长度为 1.30～1.71mm，宽大部分为 0.017～0.019mm。备料时经过筛选除去节、叶、穗，降低了杂细胞的含量，但总有一部分杂细胞混杂在纸浆纤维中，这样就使麦草浆滤水较困难，但优于稻草浆。麦草浆的成纸强度较低，可生产一般的书写和印刷用纸。

(6) 棉纤维　棉纤维是所有造纸植物纤维原料中最纯净者，杂细胞含量极少。纤维壁薄而腔大，扭曲成带状，两端秃钝，无横节纹或纹孔。成熟的棉纤维长度达 20～56mm，宽度大致为 0.012～0.037mm，长宽比为 1 250。

棉纤维质地强韧，常用于制造优良的高级纸张。由棉纤维制成的纸张具有物理强度大，韧性强，组织细致柔软，滤水性强，吸收性能好，有良好的耐磨性和耐久性。因此多用于生产钞票纸、证券纸、晒图纸、地图纸、羊皮纸原纸、打孔电报纸、电子计算机原纸、高级卫生纸等。

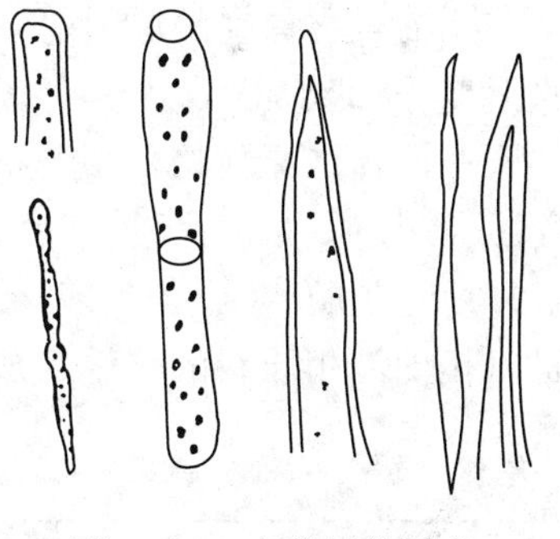
图 1－9　麦草纤维形态

2. 纤维形态对纸张质量的影响

(1) 纤维长度、宽度和长宽比　纤维长度不仅与纸页撕裂度成直线关系，而且较长纤维能提高纸张的抗张强度、耐破度及耐折度。因此，纤维长度是衡量植物纤维原料优劣的较重要标志之一长宽比大的纤维，成纸强度高，特别是撕裂度、裂断长，耐折度等强度指标。

(2) 纤维细胞壁厚及壁腔比　纤维细胞壁的绝对厚度与纸张质量无关，影响纸张质量的是纤维细胞壁厚与胞腔直径之比值(壁腔比)。一般认为，细胞壁薄而腔大的纤维抄成的纸张强度较大。这是由于壁薄腔大的纤维有柔软性，彼此易于结合好。而壁厚腔小的纤维比较僵硬，彼此结合差，制成的纸张强度较低，纸页较疏松，吸水性好。

壁腔比即细胞壁厚度的两倍与胞腔直径的比值：$\text{壁腔比} = \dfrac{2\times \text{壁厚}}{\text{胞腔直径}}$

有人对木材纤维原料进行研究提出，壁腔比小于1是好原料，等于1是中等原料，大于1是劣等原料，但它不适用于非木材纤维原料。草类原料结构比较复杂，纤维长度差别较大，非纤维细胞含量相差较大，故单由壁腔比不可能得出原料优劣的结论。

(3) 非纤维细胞含量　非纤维细胞也称杂细胞。针叶木的非纤维细胞含量很少，阔叶木的非纤维细胞较多，草类原料的非纤维细胞含量都较多。非纤维细胞不是造纸工业原料的主要利用对象，但它总是混杂在纸浆中不易完全分离。

当非纤维细胞在纸浆中含量过高时，不仅会降低纸张的质量，而且会给制浆造纸生产过程的操作带来困难。如在制浆过程中增加药液的消耗，降低纸浆得率；在洗涤过程中增加滤水的困难，影响纸浆的洗涤；抄纸过程中容易糊网、粘缸、粘辊，造成压花，引起断头，滤水速度慢，影响纸机车速的提高等。另外，由于杂细胞粗、短、交织力差、机械强度差，含薄壁细胞过多的原料抄造的纸张强度低、质量差。因此，非纤维细胞含量是衡量原料优劣的重要条件。

四、造纸用植物纤维原料的选择

(一) 植物纤维原料的选择原则

一种植物原料是否适合于造纸，需要从多方面考虑，现将主要方面分述如下：

1. 纤维原料的化学组成

一种原料是否适合于造纸，首先要对它的化学组成进行分析。

一般来说含纤维素愈高的原料质量愈好。这是因为纤维素是组成纤维细胞壁的主要组分，纤维素含量愈高制浆的得率愈高，纤维的强度愈大。如棉花、麻类，纤维素的含量都在90%以上，是造纸的上等原料。一般用来造纸的纤维原料纤维素的含量至少应在40%以上，否则不太经济。

木素的含量愈少制浆愈容易，消耗的蒸煮化学药品愈少，蒸煮得率愈高。

半纤维素含量高的原料打浆容易，纤维的综合强度高。但用来生产人造丝浆时增加了制浆的困难，降低了得率。

从一种纤维原料的化学分析的结果不仅可以看出原料的品质，而且可以确定最适宜的制浆方法和制造纸张的品种。良好的造纸原料应含有较少的木素，极少的树脂、脂肪和灰分等。木素、树脂、脂肪、灰分含量多，不但制浆困难，并且消耗蒸煮药液多，同时也给生产上带来各种障碍。几种常用原料的化学组成见表1-1。

表1-1　几种常用原料的化学组成　单位：%

成分 \ 材种	落叶松（兴安岭）	马尾松（四川）	芦苇（盘锦）	蔗渣（广东）	麦草（河北）	桑皮（河北）
灰　分	0.14	0.33	5.82	2.40	6.04	4.40
冷水抽出物	12.50	2.21	—	—	5.36	—
热水抽出物	14.60	6.77	—	3.19	23.15	2.39
1% NaOH抽出物	22.42	22.87	38.36	34.46	44.56	35.47
乙醚抽出物	4.21*	4.43	3.77	2.02	0.51	3.37
纤维素	46.80	51.86	41.57	43.39	40.40	54.81
木　素	24.12	28.42	19.26	20.79	22.34	8.74
多戊糖	9.38	8.54	25.13	25.73	25.56	10.42

* 苯-醇抽出物。

2. 纤维原料的纤维形态

纸张的强度是由纤维本身的强度以及纤维与纤维之间的结合强度构成的,这主要取决于原料的纤维形态。纤维细胞壁愈厚,细胞腔愈小的纤维,纤维本身的强度愈大。而纤维间的结合强度则决定于纤维的长度、长宽比、纤维的柔软性以及纤维表面状态等。纤维愈长、壁薄、腔大的纤维愈柔软,则纤维交织力愈强,成纸强度也愈高。杂细胞含量高,浆的滤水性能差,不但影响浆的洗涤,而且影响纸机车速的提高,给生产带来一系列的障碍,成纸强度低,影响了纸张的质量和产量。因此良好的造纸纤维原料应该含有较多的纤维细胞,较少的杂细胞。纤维愈长愈好。

3. 其他

选择造纸原料时,还应根据产品的性质、使用性能及原料在国民经济中的地位来综合考虑。如棉花、麻类、木材是造纸的上等原料,但用来生产低级的纸板、一般的书写纸就太不经济了。还要根据棉、麻在纺织业、建筑业等其他行业的经济价值综合考虑。造纸较多地利用破布、废棉、废麻袋、旧麻绳、下脚料等。另外还要考虑原料的资源、集存、运输等方面的问题。

(二) 我国植物纤维原料的使用情况

为了使我国造纸工业适应社会发展的需要,国家有关行业管理部门提出:逐步实现以木材纤维为主,扩大废纸回收利用,合理使用非木材纤维原料的原料结构调整的战略思想。近年来,在纸和纸板生产水平逐年提高的同时,木材原料的比重逐年增加。2004 年我国纸浆总消耗中,木浆比重为 20%(其中国产木浆比重为 5.5%),非木浆比重为 26%(其中禾草浆比重占 18%),废纸浆比重为 52%(其中进口废纸浆比重占 22%)。这与国际造纸工业木浆 62.6%,非木浆3.4%,废纸浆 34%的原料结构相比有较大的差距。

随着国民经济的发展,纸与纸板的社会需求量急剧增加,产品结构不适应社会需要的矛盾日益突出。在目前木材等长纤维原料十分缺乏的情况下,如何继续开发利用已有原料资源提高浆的生产水平和使用价值是一个重要课题。据推测,到 2015 年,我国造纸所需木材原料缺口约 3 600 万 m^3,其他纤维原料缺口约 1 842 万 t,造纸用原料资源稀缺已成为制约我国造纸工业发展的瓶颈。因而要开展科学研究工作,扩大草浆及废纸浆的使用范围,提高草浆及废纸浆的使用价值,使草类原料及废纸的利用更合理,更充分。林纸结合是林兴纸旺的必由之路,制定切实可行的计划,逐步建立起造纸用材的基地,根据我国的气候条件,因地制宜地培育速生材,以满足造纸工业发展的需要,确保木材比重的逐年提高,以求缓解供求矛盾,促进造纸业向大型、高速、连续化、自动化的方向发展。

第二节　原料的贮存及原料场的设计

一、原料贮存的目的

生产正常的制浆造纸厂,都贮存有相当数量的纤维原料,原因如下:①维持正常的连续的生产需要贮备一定数量的原料。②为了改进原料质量,必须将原料贮存一个时期,以对纸浆的生产带来有利的条件。例如,草类原料堆存 4～6 个月后,草类原料中的果胶、淀粉、蛋白质和脂肪等自然发酵,蒸煮时碱液的渗透和脱木素较新草容易,能够降低碱耗;蔗渣初榨出时含水分 50%左右,含糖分 3%左右,贮存 3 个月后,由于自然发酵,水分可降到 25%以下,糖分可降到 0.05%左右;木材经贮存后可大大降低有害树脂含量。③防止因自然灾害后,由于农作物欠收而引起的原料紧缺。

二、木材原料的贮存

（一）原木贮存的方法

原木的贮存目前有两种方式：即水上贮存和地上贮存。我国南方一些木浆厂多采用水上贮存方式，而北方各木浆厂大都采用地上贮存的方式。现分述如下：

1．原木的水上贮存

原木的水上贮存，一般均利用湖泊或河流作水上贮木场，也可利用天然谷地修筑堤坝形成人工湖作水上贮木场。在通航的河流上，不宜设大面积的水上贮木场，则应考虑部分水上贮存和部分地上贮存。

原木进行水上贮存，可以省去繁重的搬运操作，提高劳动生产率，同时能均匀水分，防止木材变质腐烂。特别是对我国南方用马尾松生产磨木浆和硫酸盐化学浆有良好的效果。但也存在着原木树脂难以降低和原木沉底污泥较多的缺点。

2．原木的地上贮存

原木的地上贮存，能起到降低原木水分和有害树脂的作用，这对生产亚硫酸盐化学木浆有一定的必要性。但我国南方由于夏季天气潮湿，地上贮存的马尾松往往容易腐烂或产生严重的变蓝现象。

为木材地上贮存建立的贮木场，根据原木来厂的运输条件和生产要求而定，一般要有三个月左右的贮木量。

原木在贮木场的贮存一般均需堆垛，由于造纸用木材规格较多，如长原木、短原木、枯朽木、枝桠材、梢头木和板皮等，均需分别堆存。目前原木的堆垛多采用层叠式和平列式（见图1－10），而枝桠材、板材则可采用散堆法堆垛。

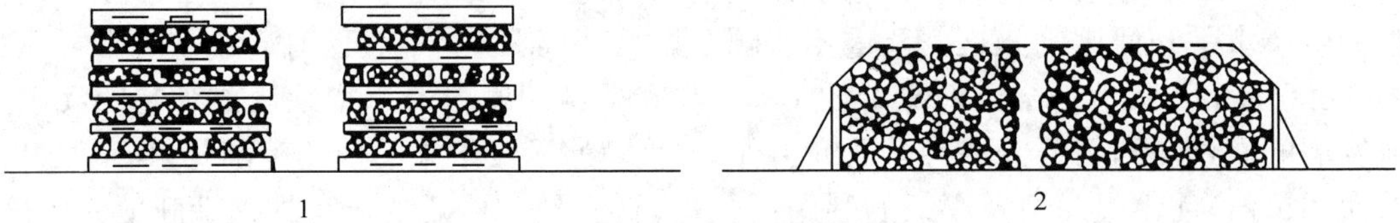

图 1－10　原木堆垛型式

1—层叠式　2—平列式

（二）木片的贮存方法

造纸厂外购木片代替原木做原料，具有许多优点，如节约原料场地，木片堆的高度可达到20～30m，甚至50m左右；节约劳动力和减少备料费用，木片运到场后，常用风送或输送带进行上堆，同时备料过程可以简化，只需经过除铁和洗涤；易于计量；不同材种的木片易于分开堆放等。

但是，使用外购木片也有一些缺点，如木片易于受到污染；刮风时影响环境卫生；长期室外贮存木片质量下降，对纸浆质量和得率有一定的影响。

三、草类原料的贮存

草类原料的种类很多，如稻麦草、芦苇、芒秆、高粱秆、龙须草、蔗渣等，它们的贮存有共同的特点，即均需打捆或打包后进行堆垛贮存。其中蔗渣，国外已采用不打包散堆贮存的方式。竹子的贮存视原料情况有扎捆贮存和不扎捆贮存之分。

草类原料和竹子原料打捆或打包的常见规格见表 1－2。

表 1－2　　草类原料和竹子打捆或打包常见规格

原料种类	打捆或打包规格/mm	每捆或每包重量/kg	打捆或打包方式	水　分
稻麦草	1 000×600×400	35～40	机械打包	15%左右
稻麦草	1 000×350×350	25	机械打包	15%左右
芦　苇	ϕ400×2 500～2 600	35～40	机械打包	20%左右
脱青竹片	ϕ300×1 400	25～30	人工打包	12%～15%
蔗　渣	330×330×750	25～40	机械打包	50%左右
蔗　渣	500×500×1 000	80	机械打包	50%左右

稻麦草捆和芦苇捆(包括高粱秆捆、芒秆捆和脱青竹片捆等),一般堆成尖顶式垛贮存,如图 1－11。

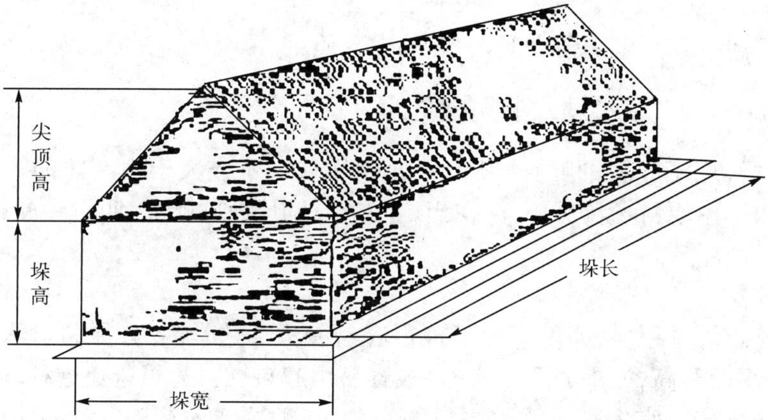

图 1－11　草类原料堆垛规格示意图

稻麦草垛的规格一般为：垛长 20～40m,垛宽 8～12m,垛高 4～6m,尖顶高 5～7m。

芦苇垛的规格一般为：垛长 40～60m,垛宽 12～15m,垛高 6m,尖顶高 6～7m。

竹垛(包括小杂竹和脱青竹片)的规格一般为：垛长 50m,垛宽 15m,垛高 5.5m,尖顶高 8m。脱青竹片还可在仓库内贮存,堆上 6～7m 高。毛竹和白夹竹,因竹子较长,一般有两种堆垛方法：一种是竖放立堆,即沿垛纵向没有原木或毛竹制的坚实格架,将毛竹竖立堆放于格架两侧,倾斜度约 10°～15°,每垛长 60m,宽 20m,虚积比重约 0.2～0.3t/m^3。另一种为卧放横堆,即在垛基两端分别树立木桩或竹桩,然后在其间卧放原竹,垛长一般可达 100～150m,垛宽按原竹长度,一般为 8～12m,堆积高度可根据堆垛机械的能力来决定,在采用人工堆垛时也可堆到 6m 高。

蔗渣包则堆成金字塔式垛贮存,其堆垛规格一般为：垛长 25～50m,垛宽 10～20m,垛高 10～20m。由于新蔗渣含糖分约 1.5%～3.0%,打包堆垛后迅速发酵,残糖生成酒精、乳酸和其他有机酸,同时产生大量热量,因此堆垛时要注意通风散热。上述打包堆垛的方法,属干法贮存,是传统的贮存方法。贮存良好的蔗渣在蒸煮时可减少碱耗,使纸浆容易漂白。如果贮存不良,蔗渣堆容易着火(自燃),或因通风不良、漏雨而变质。此外,干法贮存所需贮存面积大;搬运损失也大,约占 8%～10%;塔场也难以全面实现机械化。为此,国外已逐渐发展湿法贮存的方法。

上述草类原料捆(或包)堆垛时应注意下列事项：

1. 必须注意堆垛原料的水分含量和充分注意迎风问题

稻麦草的水分含量以不超过15%为宜,最多不得超过20%,否则会发生霉变现象。稻麦草堆垛时在草垛中部应顺风向留通风道,以利于水分逸出和散热。同时,应注意草垛布置要与常年主导风向成45°。

新榨蔗渣的水分一般在50%左右,打包后贮存必须充分注意通风问题,为此,蔗渣包在堆垛时,每包蔗渣之间应保留5~8cm的间隔以利通风。在向上一层层叠堆时,往往先纵向堆三层(或两层),再横向堆一层,也可以一层纵向一层横向往上堆。在横向堆置时,每5包(或4包)留一个通风道,通风道宽25cm。

2. 必须注意堆置平整,逐步收缩成尖顶

稻麦草、芦苇等草类原料捆堆置时必须注意平整,以达到各部松紧一致,避免发生倾斜、凹陷和压垮。

蔗渣包叠堆时可三层同时叠起以减少踩踏,同时,必须从四面叠起,每层每边向内收缩25cm,逐渐收缩成尖顶。

3. 盖垛要严密,防止雨水漏入

上述草垛均需用草或蔗叶盖垛,以防雨水漏入,影响贮存质量。

四、原料场的设计

造纸厂一般设有原料场,用于原料的贮存,其占地面积往往等于或大于生产区的占地面积。原料场设在厂内的,叫厂内原料场,也可分散在当地附近收购原料并贮存,叫厂外原料场。

(一) 原料场的要求

1. 要有防火安全措施

植物纤维原料,特别草类纤维原料,如果管理不善很容易着火。这是因为,原料含水分较高,堆存时容易发酵,温度逐渐升高,如果通风不良,就很容易引起自燃。为了避免这种现象的发生,必须注意堆垛时原料水分不宜太高。草类原料的水分,一般要求不超过15%。原料场必须有消防设施,原料垛必须远离生产区厂房和生活区房屋。

另外,原料场要有避雷设施,雨季雷击容易引起原料着火。

2. 运输方便

为了保证原料满足供应,原料的进出运输必须畅通、方便,不宜交叉。运输工具注意现代化。

3. 排水畅通

为了避免原料受潮霉烂和原料场积水,原料场必须排水畅通。

4. 通风良好

为了保证垛堆原料的安全存放,必须具备良好的通风条件。垛内留有通风道,垛间保持一定的距离,一般8~10m。并且要注意垛的方向与主导风向相配合,一般掌握主导风向与垛的长度方向成45°,见图1-12。

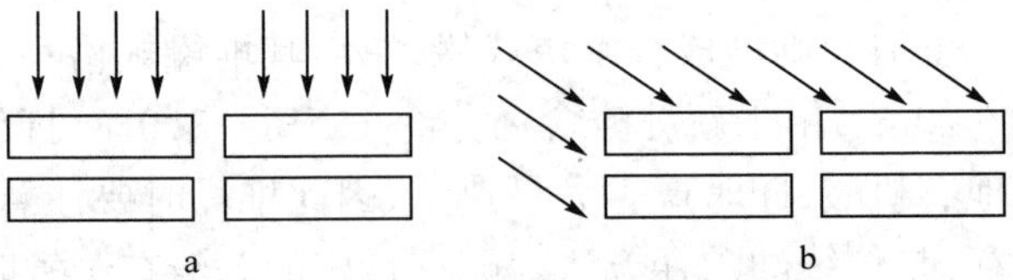

图 1-12 常年主导风向与垛方向的配合

a—不理想的布置方式 b—理想的布置方式

5. 有良好的照明条件

为了保证夜间运输原料和保卫工作的正常进行,要求有良好的照明条件,但不宜架设照明线路,最好采用照明灯塔,埋设电缆。

（二）贮料量计算

原料场的大小，必须根据贮料量的多少来决定。贮料量的多少，要根据每天的需料量和贮备天数来决定。而每天的需料量是由生产纸浆的数量和生产过程中的损失量来决定的。贮备的天数，木材原料大约是 3 个月左右，草类原料大约是 6 个月左右。因此，贮料量可以按下列公式计算：

$$Q_{贮}=\frac{tQ}{(1-\xi)}\quad (t)（对非原木原料）$$

$$=\frac{tQ}{(1-\xi)\rho}\ m^3\quad （对原木原料）$$

$$Q=\frac{q_0}{\alpha(1-\beta)(1-r)}$$

$$\alpha\%=\alpha_1\%\times\alpha_2\%\times\alpha_3\%$$

$$\beta\%=[1-(1-\beta_1\%)(1-\beta_2\%)(1-\beta_3\%)]$$

式中　$Q_{贮}$——原料场最大贮料量（t 或 m_3）

t——贮备天数

ξ——每天的运输损失率（%）

Q——每天的需料量（t 或 m^3）

ρ——原木的相对密度（水分 r%时）

α——成浆率（%）

α_1——洗涤后粗浆得率（%）

α_2——筛选得率（%）

α_3——漂白得率（%）

β——备料总损失率（%）

β_1——剥皮损失率（指原木）（%）

β_2——削片或漂率损失率（%）

β_3——木片或草片筛选损失率（%）

r——原料含水率（%）

q_0——制浆车间每天（24h）生产的绝干浆量（t/d）

（三）原料场布置

原料场的布置，包括贮料面积、运输道路、垛基结构和避雷、通风、照明等一系列措施。

1．贮料面积和运输通路

不同的原料，不同的堆垛方式，所需贮料面积也不同；不同运输方式，道路宽度也不同；同时还要考虑防火问题。例如：

（1）水上贮木场　原木水上贮存所需面积（以每立方米实积原木所需面积计），视堆放方法不同而不同。

散放	8～10m^2/m^3 实积	多层木排（倾斜角不小于 20°）	1.6～3m^2/m^3 实积
单层木排	7～9m^2/m^3 实积	扎捆	1.5～1.6m^2/m^3 实积
双层木排	4～5m^2/m^3 实积		

在已知贮料量（实积 m^3）的情况下，就可以计算出所需的贮料面积。水上贮木场的主运输

道路，大约要 20m 左右宽度，次运输道路也需 12m 左右宽度，以利木排可以顺利地由拖船拖运。

(2) 地上贮木场　长原木或短原木，按照层叠法或平列法堆垛，根据地形堆成一定的长度、宽度和高度，因此，每垛原木贮存量（实积 m^3）可由堆积体积密度系数计算而得。在已知贮料量的条件下就可计算出原木垛数，每一垛的堆积体积是已知的，垛间距离、垛组间距离和垛区间距离都有一定的规定，这些距离，主要是根据运输、防火等要求而定的，因此，整个原木场的面积就可以计算出来了。

(3) 木片堆场　木片的虚积约为实积的 3 倍，因此，已知实积的贮存量、每堆木片的堆高和占地面积，就可以计算出总的堆场面积。当然还要考虑木片运输的不同方式所需要的占地面积。

(4) 草类原料堆场　草类原料堆垛，最好采用垛组的布置方式，即每 2～4 个原料垛形成一组，组内各垛之间的间距可以小些，垛组与垛组之间的距离可以大些。这样，对防火安全、用地面积、运输、搬运等方面都有了适当的照顾。

根据每垛原料的贮存量调整垛间距和垛组间距，每垛原料的贮料量大，就应适当的增加垛间距和垛组间距。根据所需贮存量确定所需占地面积。

2．垛基结构

为了避免原料受潮霉烂和防止原料场积水影响垛基稳固性，原料场要排水通畅，这就要求垛基建造时要注意以下几个方面的事项。

(1) 垛基高度　垛基一般要求高于地面 300～500mm，以免雨季积水浸泡原料垛，影响垛基稳固性，且防止垛底受潮使原料变霉变质。

(2) 垛基结构　垛层面层，一般应有 0.3%～0.5% 的坡度以利排水，同时，垛基边与周围地面应有 1∶1.5 的坡度，并在周围有排水沟，以保证排水通畅。

常用垛基结构有许多种，如土垛基、炉渣垛基、毛石垛基、条石垛基、原木垛基、混凝土垛基、卵石垛基等，可以根据贮存原料进行选择垛基。

3．防火、避雷和照明

为了防火安全和满足生产需要，厂内原料场最好设置在生产区的下风向或与生产区并行且靠近备料工段。而且原料场与生产区、原料场与生活区之间必须有防火隔离地带（简称防火带）。防火带的宽度视原料种类和贮存量、主导风向和风速而定。

原料场内的照明不宜架设照明线路，因容易引起火灾，故最好采用照明灯塔，埋设电缆如一定要采用移动线路或架空明线时，则应注意安全保护措施。

原料场其他方面，例如避雷、消防等措施都要根据要求做相应的安置。

（四）原料场的机械堆垛、拆垛和运输

1．原木和原竹的机械堆垛和拆垛

大型贮木场和贮竹场，一般都采用机械堆垛和拆垛的方法。所用设备均为一般的起重机械，如各种龙门起重机（龙门吊车）和桥式起重机（桥式吊车）。缆索起重机和架杆起重机虽仍有使用，但已属淘汰设备。

龙门起重机的门架跨度多种，其提升高度也不同，可以根据不同需要进行选择。而且，这种起重机可以通过条轨台车进行移动，因而可以进行多个垛基的堆垛和拆垛工作，操作方便。

桥式起重机由钢筋混凝土支柱、天轨、桥架及吊车几部分组成。吊运原木时，原木可上下、左右、前后三个方向同时运动，生产能力大，使用方便，操作安全。但设备投资较大，只能在桥架跨距范围内沿天轨运动，所以有局限性。

2. 草类原料的机械堆垛和拆垛

目前采用机械堆垛和拆垛的草类原料贮存场为数不多，少数厂采用可移式倾斜胶带运输机进行堆垛和拆垛，可以减轻劳动强度。此外，某些纸厂自制了塔式稻草堆垛机，可以提高劳动效率 70%，同时草垛比原来高 2m，增加了每垛的堆草量。

脱青竹片和小杂竹的堆、拆垛可以采用草类原料堆垛机或可移动式倾斜胶带运输机。

蔗渣的堆垛可以采用履带式起重机，拆垛时履带式起重机改用抓斗挖料，并装进斗车(或胶胎拖车)，由机动车拖往备料车间。抓斗挖料后地面剩余的蔗渣则用铲车铲料装进斗车。

3. 原料的场内运输

原料进场、出场都要进行运输。运输的设备种类很多，选择运输设备时要根据原料种类和贮料场的规模而定。①大型贮木场机械化运输方式都采用龙门吊车或桥式吊车拆垛，拉木机水平运输。木片贮场则用风送或胶带运送。②小型贮木场一般都有短原木、枝桠材、板皮、锯材废料、梢头木等做原料，故目前采用机械化运输方式不多。③草类原料贮存场可以采用有轨车辆运输，或直接采用拖拉机牵引胶胎拖车的方式进行运输。一些小型草类原料贮存场则采用人力胶轮车运输。

第三节　木材原料的备料

一、木材原料备料的基本过程

制浆造纸用的木材一般有原木、废材、边材和板皮等，按照不同的制浆方法，对原料品种、质量有不同的要求。亚硫酸盐法制浆要求木材含较少的树脂，碱法制浆对原料质量及品种要求不太严格。

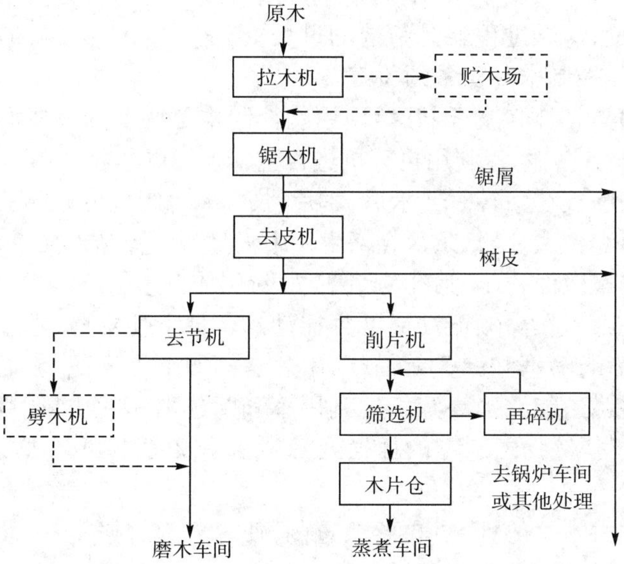

图 1－13　木材备料流程

木材从林区采伐，由陆路或水路运送到制浆厂后，必须经过一定的处理，才能满足制浆的要求。从原木起到制成生产磨木浆所需的成材或制成符合生产化学木浆要求的木片为止的一段处理过程，称为备木。主要包括原木贮存、锯断、去皮、除节、削片、筛选和木片的输送贮存等几部分。供生产磨木浆用的木材备料，不需削片，而只锯成一定长度的木段，供磨木机使用。通常采用的备木流程见图 1－13。

(一) 原木的锯断

锯木的目的是将长短不齐的原木锯成一定规格的木段，以适应削片机、磨木机等设备的处理要求。有些直径太大的长原木可用带锯纵向锯开制成板材，边皮用于削片，这是最合理的用材方式。

（二）原木的去皮

去皮的目的是为了降低制浆药品消耗，减少浆中尘埃。去皮的原木易于除去树脂和水分，防止虫害和细菌侵蚀，提高纸浆质量。

原木的去皮，最好在林区就除去，因为树木刚砍倒时，外皮水分大，容易剥除。同时剥去外皮后原木容易干燥从而可以防止细菌的侵蚀。

去皮方法一般有人工去皮、机械和化学剥皮等方法。过去都用人工剥皮的方法，人工去皮干净，损失率低，成本高，效率低，不适合大规模生产，目前多用作补充去皮。

机械剥皮是利用机械力的方法对原木进行剥皮，是目前应用最多的剥皮方法。

利用化学药品处理树木使其去皮的方法称为化学剥皮。化学剥皮是现代制浆造纸工业上的一项新技术，其方法是在距地面1.2m左右的树干上剥掉一圈树皮，一般圈宽与材径相等。在这一圈树干上涂上含量为20％～40％的硝酸钠溶液，涂药后大约1～2周树木死去，待秋后剥皮或是第二年春季剥皮。

（三）原木的除节和劈木

原木的树节坚硬，而且含有树脂和尘埃等，磨木时容易磨损磨石表面，也易损坏削片机刀片；蒸煮时造成药液渗透困难，影响纸浆质量，因此必须除节。

劈木是为了将直径大的原木劈开，并把腐朽木材劈除，便于磨木机和削片机装料。

（四）原木和板材的削片

制造化学木浆、高得率化学浆和木片磨木浆等，都必须将原木、板材或枝桠材削成一定规格的木片，然后进行蒸煮或磨浆。削出的木片要求匀整平滑、长短和厚薄均匀一致。木片规格与浆种有关，对纸浆质量影响很大，因此要有较高的均整度和合格率。

二、木材原料备料的质量控制

从削片机出来的木片，往往带有粗大木片、长木条、木屑、木节等，必须用筛选的方法从合格木片中分离出来，才能保证木片的质量，这个过程就是筛选的过程，也是控制木材备料质量的重要手段。因此，选用合适的筛选机是控制木片质量的关键。

目前常用的筛选机有圆筛和平筛两类，但国外已经开始使用能控制木片厚度的平式圆盘筛和V形圆盘筛，并得到了良好的效果。过大木片利用再碎机进行重新加工以回收利用。

圆筛的筛选原理是利用不同筛孔的筛板在回转时使木屑、木片、长木条等得以分开。一般要分两段或两个筛网，分别将碎末、木屑和粗大片、长条从合格木片中去除。圆筛结构简单，设备费和维修费不大，但占地面积大，筛选有效面积小，筛孔易堵塞，故新厂较少选用。

平筛的筛选原理是利用不同筛孔的筛板在高频振动或低频摇动的条件下使木屑、木片和长条等得以分开。由于高频振框式平筛的筛框和弹簧等易坏，木片在筛网上易堆积，流通不畅，目前已很少采用。摇摆式使用效果良好，能够提高筛板的利用率和筛选木片的质量，目前在推广使用，并向采用多边形筛的方向发展，我国定型的摇摆式筛片机有ZMS1和ZMS2两种，筛网的面积分别为2.4m^2和4.6m^2。

再碎的目的是将筛选分离出来的过大木片等，经过再碎或重削，使之成为合格木片，便于蒸煮。

再碎有几种方式：有的工厂使用飞锤再碎机，将粗大木片、长木条再碎，此法对木材损伤大，木片质量差；有的工厂将粗大木片和长木条等送回削片机中重削，免去再碎设备，但树节分不出来，从而影响蒸煮质量；还有的工厂不仅用再碎设备，而且配备一台小削片机，将再碎后的碎片和木节等分离开，碎片送蒸煮使用，木节等另作处理。

三、木材原料备料的设备选型

（一）锯木设备

锯木设备分为单圆锯、多圆锯和带锯等三种。锯木机的选择主要取决于工厂规模大小、制浆设备及纸浆质量的要求。一般中小型厂采用单圆锯，锯木长度可任意改变。原木直径一般限在350～400mm以内。单圆锯设备较简单，易于维护与操作。大型浆厂一般采用多圆锯，多圆锯是由多个普通圆锯盘组成的。其锯木长度大致相等，不能任意改变。锯断原木直径大多小于500mm。带锯适用于处理直径在550mm以上的大径原木，其锯木效率低，设备庞大，一般工厂很少使用。

（二）机械剥皮设备

机械剥皮设备类型很多，有滚刀式剥皮、摩擦剥皮、水力剥皮及挤压去皮等。这里只介绍滚刀式剥皮和摩擦剥皮两种。

1．滚刀式剥皮机

我国东北各木浆厂多采用我国自行创造的滚刀式剥皮机。这种设备是利用转动的滚刀沿原木纵向一条一条地削除树皮，原木经过几次翻动后，树皮去除干净。这种剥皮机适应于直径700mm以下的各种原木，不分材种、形状，弯曲度大的、具有大包、大节、大枝桠的原木都可适用，原木长短不限，而且外朽部分也可削除，故适用范围大。其缺点是剥皮损失率较大，机械化程度不高，只属于半机械化操作。

2．圆筒剥皮机

圆筒剥皮机是借助原木与原木之间相互摩擦作用及原木与金属的摩擦作用把树皮除去。这种剥皮机又分为连续式和间歇式两种。①间歇式圆筒剥皮机多用来处理短木。设备的主要部件为剥皮转鼓，原木进入转鼓后立即紧闭料门并开动转鼓，原木与筒壁角钢摩擦，把树皮去掉。树皮随着水流从筒壁缝流出。剥皮大约15～40min可停机并打开料门放出已剥好的原木。②连续式圆筒剥皮机主要由圆筒体、支承装置、传动装置等部件构成。圆筒体是一种圆筒形转鼓，原木进入转动的圆筒体后，由于原木间互相摩擦及原木与筒壁摩擦，树皮从原木上剥离下来。圆筒下部混在水槽内，水流带着树皮穿过圆筒体进入水槽。已剥皮的原木从出口排出落到运输机或拉木机上。原木不断地从圆筒一端进入，从另一端排出，进行连续剥皮。

目前世界各国由于木材紧张，开始使用废材、枝桠材、板皮和小径材造纸。枝娅材剥皮较困难，国外尚无完善的办法，但是我国自己试制出专门用于枝桠材剥皮的GB型干法间歇式滚筒剥皮机和LB型干法连续式滚筒剥皮机。它们的工作原理是借助滚筒壁装有剥皮刀去皮及圆木间互相撞击摩擦去皮。这两种剥皮机剥皮时基本不用水，因此无污染和公害，而且生产能力大，效率高，为我国利用枝桠材造纸创造了有利条件。

在发展全树制浆过程中，有些枝桠材或木材加工的边脚料通常带皮削片，然后再剥皮，采用的木片剥皮方法是挤压去皮法。

（三）劈木设备

劈木设备有立式劈木机和卧式劈木机两种。劈木机结构简单，利用斧子和原木的相对运动进行工作。立式劈木机又分单劈斧和双劈斧两种。卧式劈木机较适用于大直径原木的劈开，有两种，一种是固定原木移动斧子，而另一种是固定斧子移动原木，使原木劈开成两块或四块。

（四）削片设备

目前我国较多采用圆盘削片机，国外曾用过鼓式削片机和螺旋式削片机。圆盘削片机包括普通削片机和多刀削片机两种，这两种削片机的喂料方式又有斜口喂料和平口喂料两种。长原木的削片，一般采用平口喂料，短原木和板皮的削片可采用斜口喂料，也可采用平口喂料的方式。多刀削片机削片质量好且产量大，故多采用多刀削片机。

四、木材原料备料的工艺技术规程

木材原料的备料关键在于生产出合格的木片，一般木片规格要求长15～25mm，宽10mm，厚3～5mm。木片合格率要求大于85%，板皮木片合格率要求大于75%。

木片的切削要从削片设备来控制。对于圆盘削片机来说，决定木片合格率的因素主要有以下几个：刀距、刀高、安刀角、刀刃角、虎口间距、原木质量和水分。

刀距、刀高和安刀角：这几个因素的任何变动，都将影响木片的大小，也就影响木片合格率的大小。削片机的刀距一般为11～14mm，刀高为18～20mm。

刀刃角：刀刃角的大小对木片厚度有一定的影响。若其他条件不变，加大刀刃角就会使木片变薄，但过大的刀刃角非但切削阻力大，而且使木片容易变脆，同时木片受损的程度增加。因此，削刀片钢质较好时，宜用较小的刀刃角，但过小的刀刃角非但容易损坏刀刃，而且还会使木片增厚，甚至不能使木饼分离成木片，刀刃角一般为34°～42°。使用普通削片机的工厂，在原木冰冻时采用39°～40°，非冰冻时采用37°～38°的刀刃角。使用多刀削片机的工厂一般采用35°22′～37°12′的角度，若增大角度2°，发现切削时原木在喂料口里跳动大，有时还会后退。刀刃角一定后，还要经常保持锋利状态，如刀刃角卷曲或崩口，也会产生大量碎末和切口粗糙。平口喂料的十刀削片机的十把刀中，若有一把刀变钝或崩刃，原木就喂不进去。因此，要提高木片的合格率和维持正常运转，必须经常注意削刀刀刃的角度和锋利程度。

削刀片与底刀间的间距（也叫虎口间隙）：这个间距不能过大，若间距过大，容易使原木外部切边不断，形成长片，影响木片合格率。这个间距一般为0.3～0.5mm。

原木的质量和水分：原木大小、优劣要搭配使用，否则容易造成合格率下降。原木不宜太短，否则削出的三角块增多，影响木片合格率。原木水分大，有利于提高木片合格率，但在北方寒冷地区，冬季原木易冰冻，水分以35%～45%为宜，若水分过低，木材发脆，削片时碎末也多，影响木片合格率。

第四节　非木材原料的备料

一、稻麦草的备料

（一）稻麦草备料的特点

稻麦草纤维比较集中地存在于茎部，而叶、节、穗等部位的纤维既短又少，木素、二氧化硅、杂细胞含量高，加之稻麦草中较易夹杂谷稗和杂草，对生产带来如下影响。①在化学制浆中，节、叶、穗、谷稗、杂草会增加化学药品的消耗，降低得率，增加成本。②节、穗、谷稗组织坚硬、紧密，在蒸煮时只能软化不易分解，在抄纸时形成黄黑色尘埃。③由于叶、节、穗、杂草等杂细胞含量高，降低纸浆滤水性能，影响纸浆的洗涤，在抄纸过程中影响纸机车速的提高，且易糊网、粘辊、粘毛毯等，降低纸张物理强度，成纸发脆等。④由于节、穗、叶等灰分含量高，主要成分是二氧化硅，给碱回收带来困难。

根据以上几点分析，稻麦草备料的特点是除去谷稞、杂草、草节、草穗、草叶、尘土等，加强筛选除尘，改善卫生环境，提高产品质量。

(二) 备料生产流程

目前国内以稻麦草为原料的工厂采用的生产流程，如图 1-14。

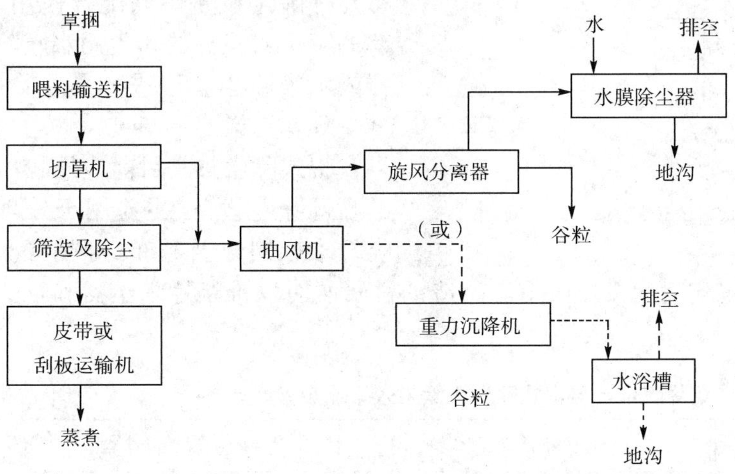

图 1-14 稻麦草备料流程图

(三) 切草

1. 切草目的

为了便于输送、筛选、除尘，有利于药液的渗透，增加装球量，使蒸煮质量均匀一致，要把原料适当切断。

2. 切草要求

切草长度一般要求在30～50mm，不要过短或过长。过短即过分地切短纤维，浪费动力，增加磨刀次数，浪费时间，效率低。过长则药液渗透困难，减少装球量，蒸煮不均匀。因而要求切草合格率在80%以上。

3. 切草设备的特点与选用

目前我国各造纸厂常用的切草设备有刀辊式切草机和圆盘式切草机。刀辊式切草机具有对各种非木材纤维原料适应性强的优点，所以一般中、小型厂使用较普遍，但其传动部分较复杂，喂料操作较为困难，且切料时震动较大，尘土飞扬较厉害。生产能力一般为2～3t/h，和4～5t/h。圆盘式切草机生产能力大，喂料容易，多用于大厂切苇或芒秆、高粱秆等，但动力消耗较大。

(四) 筛选除尘

1. 筛选除尘目的

除去草节、草屑、谷粒、泥沙、叶、灰尘等，以减少草浆中的黄黑色尘埃、降低蒸煮用碱，提高纸浆的质量。

2. 筛选除尘措施

根据麦草含杂量大的普遍问题，宜采用两段除尘。一段是切草前使用平筛除尘，可除杂80%～85%。一段是切后草片用双锥草片除尘器，经过使用证明比羊角除尘器有更好的效果，除杂率高，草片损失小且维修周期长。

3. 车间排尘及草尘的处理

(1) 车间排尘　解决切断工序粉尘大问题，改善劳动条件，保护环境，这是造纸工业普遍存在的老大难问题。从生产实践中可以看出，扬尘最厉害的地方是切草机，次者是羊角除尘器。要杜绝车间内尘土飞扬，就必须对扬尘的设备进行密封。如图 1-15，在切草机的上方和羊角除尘器安装吸风罩，以抽风机吸走扬起的尘土。抽出的草尘经过沉降室、挡板淋水室进行分离处理，尾气排于地沟中或排于大气中。

(2) 草尘处理　筛选除尘下来的草尘处理，也是工厂头痛的问题，近年来据有的工厂分析，其燃烧热值约为6 281～6 490J/kg，有使用价值。现在国内处理方法是燃烧回收热能。

4. 筛选、除尘设备的特点与选用

草片筛选与除尘常用的设备有圆筛、平筛、双锥草片除尘器、辊式除尘机(又称羊角除尘器)、旋风分离器等。有的工厂单独使用某一种除尘设备,而有的工厂将几种除尘设备串联配合使用,还有的工厂对飞扬的粉尘用水膜除尘器或水帘除尘室等进行最后除尘,减少环境污染。

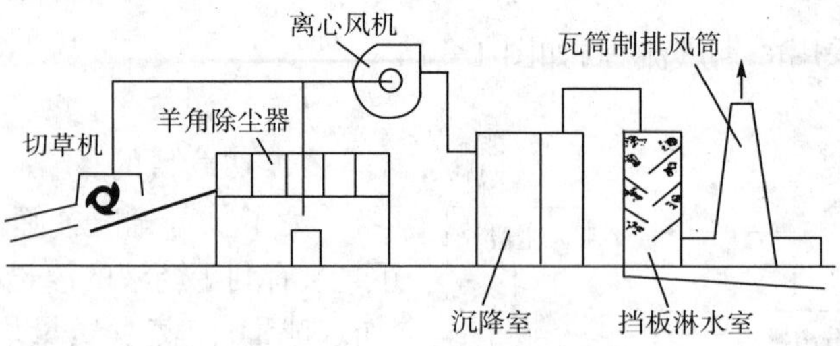

图 1-15 除尘系统示意图

辊式除尘机是目前应用较广泛的筛选除尘设备,主要用于处理草类纤维原料以及破布、麻类等。处理草片,双锥草片除尘器优于辊式除尘机。山东昌邑造纸科研所对双锥草片除尘器和辊式除尘机对比测定结果如表 1-3。

表 1-3　双锥草片除尘器与辊式除尘机除尘效果比较　单位:%

	双锥草片除尘器	辊式除尘器
除尘率	89	85
除尘草片损失	0.5	2.1

(五) 湿法备料

所谓湿法备料,即原料用水力碎浆机洗涤疏解脱水后再送去蒸煮的方法。湿法备料具有可以改善劳动条件,除尘较彻底,节约用碱,提高蒸煮得率,纸浆硬度低,易于漂白,能有效地除去草叶,减少浆中杂细胞含量,改善浆的滤水性能,黑液硅含量减少有利于碱回收等优点。但也有设备复杂,基建投资、生产和维修费用较高,电耗高等缺点。

将热水加入水力碎浆机中,则湿法备料兼有热水预浸的作用,对发展热水预浸半化学浆有重要意义。另外,处理带草叶较多的稻、麦草,生产较高档次的纸张,可以考虑选择湿法备料。

二、芦苇的备料

(一) 芦苇备料特点

造纸主要利用芦苇茎秆部分,而其梢、节、穗、膜等多含有薄壁细胞,易使苇浆生成淡黄点或掉苇毛的现象。苇片上的苇膜不易除掉,因此芦苇除尘选用风选机,这是芦苇备料的一大特点。

(二) 芦苇备料流程

备料流程见图 1-16。

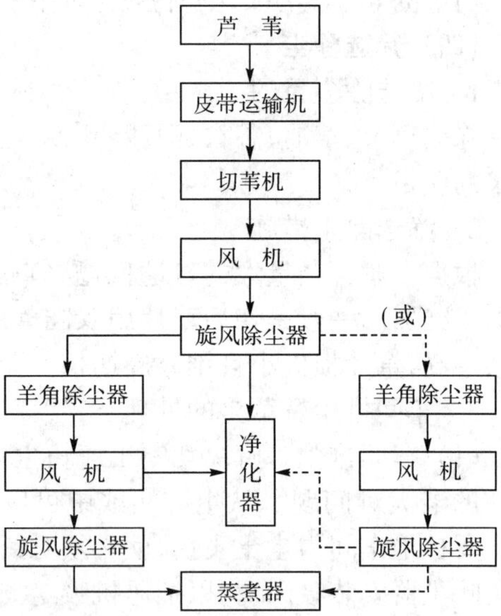

图 1-16 芦苇的备料流程

(三) 切料、筛选与除尘

我国大多数苇浆厂使用盘式切苇机切断芦苇。从切苇机切出来的苇片,夹有苇膜、苇节、苇穗、苇末和尘土等,这些杂质均对蒸煮过程和纸浆质量产生不良的影响,必须加强筛选除尘。

筛选除尘一般采用风选机。风选机是利用苇片与苇膜、苇穗及尘土的相对密度不同进行筛选除尘的。风选机除尘过程比较简单,当苇片进入风选机后,在螺旋推进器和插板的作用下,苇片均匀地沿唇板下落,此时较轻的苇膜、叶、苇末等被第一风扇吹送,越过山背进入集尘室。而较重的苇片落到打料板上,经打料板叶片的打击后,进一步分离苇片上粘附的苇膜和尘土。当苇片下落经过第二风扇时,打击下来的苇膜、尘土被吹送越过山背进入集尘室。经几次风选后的苇片从好苇片漏斗排出,进入运输皮带或送苇风机送往蒸煮工序。集尘室中的小苇片或短苇片,则由底部排出回收。苇膜、尘土等则由抽风机抽吸排出处理。

三、甘蔗渣的备料

甘蔗渣是糖厂的副产物,在我国南方广泛用作造纸原料,蔗渣的备料包括除糖和除髓两部分。

(一) 除糖

一般机榨蔗渣中含有 3%～5%的糖分,它的存在不但在蒸煮时耗碱量多,而且糖分在高温下与碱作用,生成棕色物质,造成漂白困难。因此,作为造纸原料,蔗渣必须经过除糖处理。

除糖方法是将蔗渣打包存放,使糖分在空气中自然发酵。蔗糖贮存一周后,除糖率可达92%以上,1 个月后可达 95%,贮存 3 个月后除糖率达 99%以上。自然发酵是最经济、简单而又有效的除糖方法。经过发酵,糖分降低到 0.05%,而纤维素的损失不大,适于作造纸原料。

(二) 除髓

一般蔗渣中含有 55%左右的皮层纤维,髓细胞占 25%,维管束占 20%左右。髓细胞为海绵状无定形物质,细胞粗短,缺乏交织能力,它的存在会在生产过程中引起一系列困难,因此应在备料中予以除去。除髓率一般为 30%～40%。

蔗渣的除髓方法有干法、半湿法和湿法三种。所谓干法除髓即蔗渣经堆存后,水分降至20%左右时蔗渣的除髓。所谓半湿法除髓即压榨后蔗渣的除髓(此时蔗渣含水分在 48%～50%左右)。所谓湿法除髓即蔗渣在水中呈悬浮状态,经机械作用把蔗髓分离出去。在国外较普遍采用湿法除髓。三种方法都是根据髓细胞松软、粗短的特点,利用机械作用,将其与蔗渣纤维分离,然后用筛选方法将其除去,留下纤维。

我国设计的锤磨式蔗渣除髓机,结构简单,不但能完成蔗渣髓与纤维分离的操作,而且能完成蔗渣的松散和筛选过程。另外它对原料的适应性也大,对贮存后的蔗渣或新压榨出来的蔗渣,在含水量较大的情况下,均能适应。当含水量不大时,除髓效率可达 30%以上。

锤磨式除髓机由于是高速回转机构,转速高达 1 450r/min,因此在制造安装上要求较高,飞锤磨损较大,须经常更换和修理,同时在除髓过程中蔗渣受到较大的冲击,对纤维的损伤较大。

水力碎浆机是目前使用较多的湿法除髓设备,为了加强除髓作用,近年来有些厂使用两台水力碎浆机串联除髓。一般用热水,在浓度 8%～10%的条件下,靠水力碎浆机转动叶片和固定叶片的摩擦作用,使蔗髓和蔗渣纤维分离,蔗髓通过筛网连续排出,蔗渣纤维经脱水机初步脱水后到螺旋压榨机压干至 35%左右送蒸煮使用。利用湿法除髓,能够获得较为干净的蔗渣纤维,而且除髓率较高,纤维在除髓过程中受到的损伤很小。此外,经湿法除髓后纤维被打散,水分均匀,在蒸煮时均匀吸收蒸煮药液,这对于连续蒸煮尤为有利。它的缺点是,耗水量大,蔗渣经除髓后还需脱水设备,除下的蔗髓呈湿润状态较难处理。

四、棉、麻、破布的备料

造纸用棉纤维原料,如用棉纺织厂的下脚料,或者轧花厂的棉绒,一般要清除掉尘埃和棉子壳等杂质,用开棉机将棉绒包疏解开就可直接蒸煮。如用破布,则先消毒然后用人工拣选、分类,分类后的布料应进行除尘、洗涤,为避免尘土飞扬,采用湿法除尘较好。如有的厂在9辊辊式除尘机中充满水,进行湿布洗涤,除尘效果很好。除尘、洗涤好的破布要进行横切和纵切成布块。

用于造纸的麻类纤维原料,一般是旧麻袋、旧绳头等,在备料时也要进行纵切和横切,然后进行筛选除尘。

五、非木材原料的备料工艺技术规程

(一)稻麦草备料的工艺技术规程

切草机包括飞刀辊和底刀盘,飞刀辊上安装有三把飞刀,刀片安装时与刀辊母线呈4°~7°,其目的在于使飞刀与底刀的接触是逐渐进行的,这样避免瞬时动力负荷的高峰。飞刀刀刃角度为40°~45°。底刀板上有底刀,底刀较厚,其刀刃角度为80°~85°,一般水平地固定在机架上,其安装位置可进行调节。为了提高切草合格率,要注意以下因素。①原料水分小易切断,有利于提高合格率,反之则差。一般要求含水量在15%以下。②飞刀和底刀的间隙一般需保持在0.3~0.5mm之间,否则将影响草片的均匀性。③飞刀和底刀的刀刃必须保持锋利,刀片磨钝时,切出的草片合格率低。因此,必须定期更换刀片,予以重磨再用。一般飞刀每班换一次,底刀每1~2天更换一次。④喂料辊的线速必须与飞刀刀辊的转速相配合,因为它们决定草片长度。⑤喂料时,料层厚薄要均匀、平整,续料要尽量避免斜乱铺放,以免在切草时由于力量不均匀发生崩刀事故,同时也减少长草片的数量。一般原料层的厚度不得超过200~250mm。⑥刀床距离(指飞刀刀刃与第二喂料辊外缘的距离)应调节好,不能太大,否则压紧了的草料又会松散开来,影响切草长度。

(二)芦苇备料的工艺技术规程

用于芦苇备料的圆盘式切苇机具有固定的底刀和回转的四片飞刀,飞刀一般呈弧形,刀厚约6~10mm,刀刃角以20°~22°较合适。

切苇机运转应注意以下事项:①飞刀与底刀要保持锋利。一般情况,飞刀切料10~15t换一次,底刀切料100~150t换一次。飞刀和底刀间的距离应控制在0.5mm左右。②喂料速度要与飞刀轮转速度相配合,否则影响苇片长度。③链带速度应与喂料速度相配合。一般情况上链速度应比下链速度快,下压辊速度应比上压辊速度大些,上下压辊的速度又比上下链带的速度快些,这样,切料的合格率可以提高。④胶带运输机的速度应与链带速度相配合。胶带运输机的速度不宜超过上链速度,也不宜超过下链速度太多(一般快1~1.5m/min),否则胶带运输机上的苇子会被顶斜,影响苇片合格率。⑤胶带运输机上的苇子或芒秆必须平整、均匀和顺直。所谓平整是指厚薄一致;均匀是指苇子一束搭上一束,既没有间断,又没有顶撞;顺直指的是苇子在槽内即不打横,也不走到槽外。

作业题

1. 备料的目的是什么?备料包括哪几个基本过程?

2. 原料贮存的目的是什么？对原料场有哪些要求？
3. 稻、麦草备料有何特点？
4. 写出木材、稻、麦草备料流程。
5. 蔗渣备料包括哪两部分？为什么要除糖、除髓？
6. 芦苇备料有何特点？

第二章　碱 法 制 浆

第一节　概　　述

一、制浆方法分类及特点

碱法制浆就是用碱性化学药剂的水溶液处理各种植物纤维原料，除去原料中的木素，使纤维离解成浆的一种制浆方法。目前，该法浆的产量约占我国化学浆产量的 75%，并是我国制浆工业发展的主要方法之一。

碱法制浆按所用蒸煮化学药剂的不同，可主要分为烧碱法和硫酸盐法。

（一）烧碱法制浆

烧碱法制浆是以氢氧化钠（NaOH）为蒸煮药剂，适于处理非木材纤维（稻草、麦草等）及木材纤维的阔叶木（杨木、桦木等），并可得到质地柔软的纸浆。但不适于处理针叶木。

由于烧碱法所制得的纸浆，具有松软、吸水性好和成纸不透明度较高等优点，且设备简单，操作容易，建厂投资少，在我国原有小型草浆厂中应用还较普遍。但是，纸浆得率低、强度差，使其应用受到限制。主要用于生产棉、麻浆以制高级纸及特种纸，或用于生产草类浆制造一般文化用纸等。

（二）硫酸盐法制浆

硫酸盐法是在烧碱法基础上发展起来的。1879 年德国化学家 Dahl 发现，当采用氢氧化钠与硫化钠作蒸煮剂进行制浆时，所造成的化学药品的损失，可通过往燃烧炉中加入硫酸钠（芒硝）来补偿，从而使硫酸盐法制浆在造纸工业生产中得以迅速发展。

硫酸盐法制浆工艺的发展还在于：①对纤维原料的适应性强，不仅适用于针叶木、阔叶木、竹类和各种草类原料，而且也可用于废材、枝桠材、木屑及树脂含量很高的木材制浆。②成浆强度大，可用于生产各种工业用纸，如电缆纸、浸渍纸、水泥袋纸、牛皮纸等。③蒸煮损失的化学药品可以用廉价的芒硝补充，在回收碱和热量的同时，还可回收针叶材制浆废液中的松节油和塔罗油等有价值的副产品，从而减少了污染负荷。④与亚硫酸盐制浆相比，成本低，工艺较简单，生产技术较易掌握。⑤蒸煮和洗涤设备材料采用碳钢即可满足生产需要。

随着漂白工艺的发展，已由仅限于抄造本色的工业用纸转为可以生产高白度的漂白浆及高白度、高纯度的精制浆。在我国碱法制浆占主导地位，约占纸浆总产量的 75%左右，新建的大、中型制浆厂大多都采用硫酸盐法制浆。

但是，硫酸盐法制浆也存在着一些不足：①制得纸浆得率低，成浆颜色深。②所需漂白工艺、碱回收工艺设备复杂，投资大。③虽然碱可回收循环使用，但仍有水域和大气污染。

为了克服上述不足，各国的造纸专业人员一直进行着研究探讨，以求获得最佳的经济效益和社会效益。

二、制浆工艺流程及常用术语

（一）制浆工艺流程

烧碱法和硫酸盐法的工艺流程，见图 2－1 和图 2－2。

(二) 常用术语

1. 绝干原料与风干原料

绝干原料是指不含水分的纤维原料，风干原料是指含水分 10% 的植物纤维原料。

2. 白液

白液是指碱回收系统回收所得色泽浅淡的碱液。烧碱法白液的主要化学成分是氢氧化钠以及少量的碳酸钠。硫酸盐法白液的主要化学成分是氢氧化钠和硫化钠，以及少量的碳酸钠和硫酸盐等。

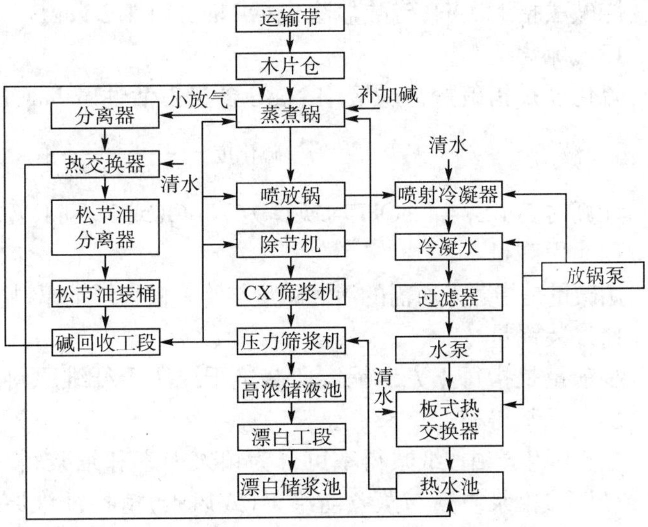

图 2-1 硫酸盐木浆流程图

3. 黑液

黑液是指蒸煮后从纸浆中分离出来的残液，其中尚含有一部分残余碱，常称为残碱。

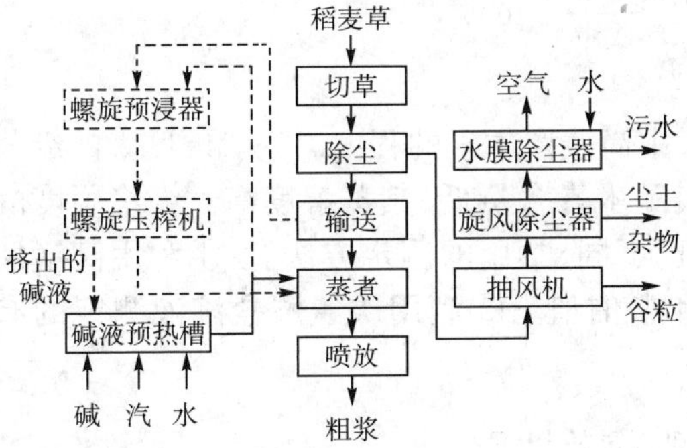

图 2-2 烧碱法草浆流程示例

4. 蒸煮液

蒸煮液是指蒸煮时需加入的白液和一定量黑液混合而成的碱液。

5. 总液量

总液量是指原料所含的水分与所加入蒸煮液量的总和。

6. 液比

液比是蒸煮中绝干纤维原料重量(kg 或 t)与蒸煮总液量的体积(L 或 m^3)之比。在实际生产中，一般是按液比计算蒸煮所需的白液和黑液量(或水)。

7. 总碱量

烧碱法指 $NaOH + Na_2CO_3$，硫酸盐法是指 $NaOH + Na_2S + Na_2CO_3 + Na_2SO_4 + Na_2SO_3$。均以 Na_2O(或 NaOH)表示。

8. 总可滴定碱

总可滴定碱是指碱液中可滴定的总碱。烧碱法指 $NaOH + Na_2CO_3$，硫酸盐法是指 $NaOH + Na_2S + Na_2CO_3 + Na_2SO_3$。均以 Na_2O(或 NaOH)表示。

9. 活性碱

烧碱法指 NaOH，硫酸盐法包括 $NaOH + Na_2S$。以 Na_2O(或 NaOH)表示。

10. 活性度

活性度指碱液中活性碱含量占总可滴定碱含量的百分比，即：

$$活性度 = \frac{活性碱}{总可滴定碱} \times 100\%$$

11. 有效碱

烧碱法指 NaOH，硫酸盐法包括 $NaOH+1/2\ Na_2S$。均以 Na_2O（或 NaOH）表示。

12．硫化度

硫化度是指硫酸盐碱液中 Na_2S 含量占活性碱 $NaOH+Na_2S$ 含量的百分比，即：

$$硫化度=\frac{Na_2S}{NaOH+Na_2S}\times100\%$$

计算时 Na_2S 与 NaOH 均换算为 Na_2O（或 NaOH）。

13．用碱量

用碱量是指蒸煮所需的活性碱量与绝干植物纤维原料质量的百分比，活性碱质量以 Na_2O 计。

14．装锅量

装锅量是指每立方米锅容所装绝干或风干纤维原料的质量。单位为 kg/m^3。

15．纸浆得率

在实际生产中，纸浆得率可分为粗浆得率和细浆得率。粗浆得率是指蒸煮后所得到的绝干（或风干）粗浆质量与蒸煮前绝干（或风干）植物纤维原料质量的百分比；细浆得率是指粗浆经筛选后所得的绝干（或风干）细浆质量与蒸煮前绝干（或风干）纤维原料质量的百分比。两者可分别用下式进行计算，即：

$$粗浆得率=\frac{蒸煮后粗浆质量}{蒸煮前原料质量}\times100\%$$

$$细浆得率=\frac{筛选后细浆质量}{蒸煮前原料质量}\times100\%$$

16．纸浆硬度

纸浆硬度是表示植物纤维原料经蒸煮后纸浆中尚残留木素的程度。一般硬度大的纸浆则表示木素含量高，其蒸解度低；硬度小的纸浆则表示木素含量低，其蒸解度高。纸浆硬度的测定由于所用氧化剂和测定条件的不同，测定方法也不同，常用的测定方法有：①利用高锰酸钾来测定的有高锰酸钾值（简称 K 值）、贝克曼价和卡伯值。②利用次氯酸盐溶液测定的有氯价、齐伯值等。③利用氯来测定的有罗氏值。

三、蒸煮液的组成及性质

（一）蒸煮液的组成

烧碱法蒸煮液的组成主要是 NaOH，此外，还可能存在一些未经苛化的 Na_2CO_3，或由于 NaOH 吸收空气中的 CO_2 而形成的 Na_2CO_3。

硫酸盐法蒸煮液的组成主要是 $NaOH+Na_2S$，此外，尚有来自碱回收系统的杂质，如 Na_2CO_3、Na_2SO_4、Na_2SO_3 和 $Na_2S_2O_3$，甚至还可能有少量 Na_2Sn（多硫化钠）。由于 Na_2S 是在碱回收炉中由补充的 Na_2SO_4 还原而来的，故本法习惯上成为硫酸盐法，其实应称为硫化钠法更确切。

（二）蒸煮液的性质

烧碱法蒸煮液的性质，主要就是 NaOH 的性质。NaOH 在蒸煮时主要是以强碱的性质（$pH\approx14$）起作用。此外，Na_2CO_3 还能水解，起到一定的作用。

在硫酸盐法蒸煮液中，由于主要成分是 NaOH 和 Na_2S，因此，除有 NaOH 的强碱性起作用外，Na_2S 电离后的 S^{2-} 离子和水解后的产物 SH^- 离子也起着重要的作用。此外，Na_2CO_3 和 Na_2SO_3 甚至 Na_2S_n 等杂质成分也起一定的作用。所以蒸煮液的性质是比较复杂的，而且受蒸煮液 pH 的影响很大。不同 pH 时 Na_2CO_3、Na_2SO_3 和 Na_2S_n 的电离与水解后各组分的浓度关系见图。不同 pH 条件下，溶液中的离子种类不同，如图 2－3。

此外，上述各组分在不同温度时的溶解度也不同，见图 2－4。

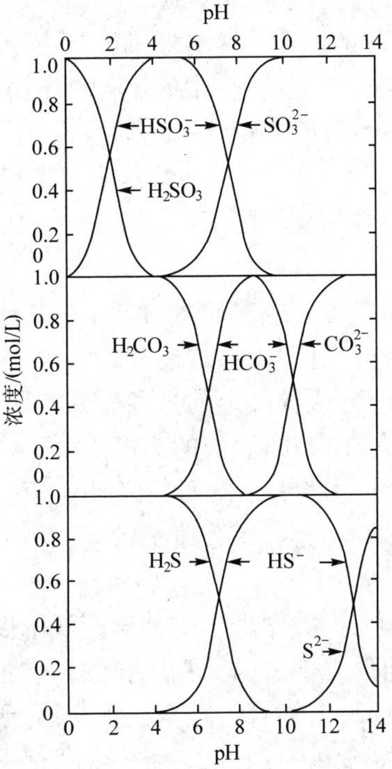

图 2－3 不同 pH 条件下 Na_2S、Na_2CO_3 和 Na_2SO_3 的电离与水解后各组分的浓度关系

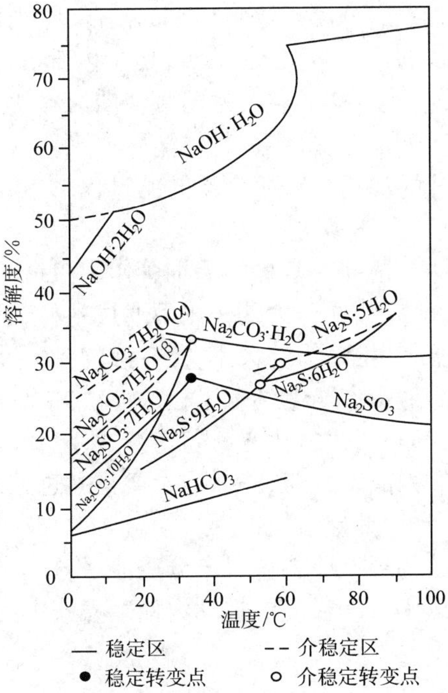

图 2－4 硫酸盐蒸煮液各组分在不同温度下的溶解度

由图可以看出：NaOH 和 Na_2S，不管结晶水多少，其溶解度都是随着温度的升高而逐渐增加。但是，在同一温度条件下，Na_2S 的溶解度总是较 NaOH 的溶解度低。而碳酸钠和亚硫酸钠的溶解度与结晶水的含量关系较大，结晶水含量大时，温度升高，溶解度增加；结晶水含量小时，有相反的结果。

蒸煮液中含有多硫化钠时，对蒸煮有益，能提高蒸煮得率，但其含量在 2g/L（以 S 表示）左右时，有强烈的腐蚀作用，值得注意。

第二节　蒸煮原理及工艺规程

碱法蒸煮的主要目的就是利用碱性化学药剂，根据不同类型纸浆的需要尽可能地除去纤维原料中的木素，保留纤维素和半纤维素，并使纤维离解成浆。在蒸煮过程中，由于植物种类不同，其化学组成也不同，因而在碱与原料反应的同时，不仅脱除原料中的木素，而且原料中的树脂、蜡、脂肪等皂化物及杂细胞也随之脱除。也不可避免地伴有纤维素、半纤维素的降解。由此可见，研究蒸煮过程的反应机理关键在于能准确地掌握碱法蒸煮的客观规律，合理地制定工艺条件并严格地按工艺规程进行操作，以期达到既能有效地溶出木素，又最大限度地保护了纤维素和半纤维素，获得高强度、高得率的纸浆。

一、蒸煮过程的物理机理

在化学制浆过程中，只有在植物纤维原料切片被蒸煮液充分、均匀地浸渍时，才使得化学药剂的有效成分浸入原料切片的内部，除去使纤维黏合在一起的胞间层木素。那么蒸煮液中的化学试剂是怎样浸入到原料切片内部，与其中的木素发生化学反应达到脱木素的作用呢？一般来说，蒸煮初期主要是蒸煮液向原料切片内部渗透阶段，随着原料切片的均匀渗透化学反应速度逐渐加速，最终使纤维离解成浆。

药液的渗透是按两个不同的过程来达到的，即主体渗透和扩散渗透。

（一）主体渗透

主体渗透即为常称的毛细管作用渗透。主要借助于外加的压力或表面张力产生的压力作用渗透，蒸煮液在压力的作用下通过木材毛细管向其内部渗透。毛细管渗透速率的大小，是由毛细管半径、推动力的大小、蒸煮液的黏度、原料的种类和水分含量等决定的。经研究表明，毛细管的渗透速率与毛细管半径的 4 次方成正比，与压力差成正比，与蒸煮液的黏度成反比。所以就木材而言，边材比心材容易渗透，早材比晚材容易渗透，在原料水分低而又经预汽蒸排除了毛细管内的空气时，蒸煮液主要是通过毛细管浸入到切片内部的，其渗透速率较大。

（二）扩散渗透

在植物纤维原料得以充分浸渍后，扩散作用才有效地发生，扩散作用主要是靠药液浓度差造成的离子浓度梯度的推动力使蒸煮液中的离子扩散浸入切片内部。因为在原料的含水量达纤维的饱和点时，毛细管已完全被水充满，于是造成了切片外部和内部碱的离子浓度相差很大，外部高浓的蒸煮液就向切片内部扩散。由此可见，在原料水分离或得以充分渗透后，主要是通过扩散作用渗透的。扩散的速率取决于离子浓度梯度和有效毛细管的截面积。而有效毛细管的截面积在碱法制浆中又随 pH 的不同而变化。图 2－5 是杨木在不同 pH 下的有效毛细管截面积。经观察由图中可见，pH 对纵向有效毛细管截面积无影响，而对径向和切向的影响很大。这种变化只是在 pH 为 12.5 时才开始，在 pH 大于 13 时，才显示其全部效应。因而在碱法蒸煮时，草类原料因组织结构疏松，切片厚度又小，故比木材原料容易渗透，在蒸煮木片时，对木片的厚度要求比较严格，一般要求木片厚度小于 5mm。

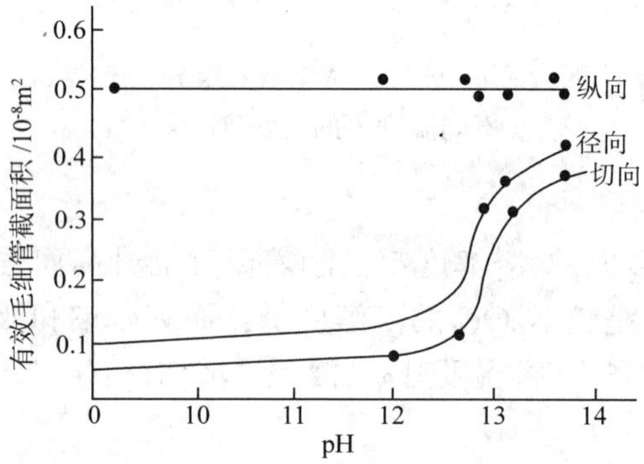

图 2－5 杨木在不同 pH 下的有效毛细管截面积

为了更准确地掌握毛细管渗透和扩散作用的特点将其归纳于表 2－1。

表 2－1 毛细管作用与扩散作用的特点

毛 细 管 作 用	扩 散 作 用
① 阔叶木通过导管和针叶木通过管胞胞腔、纹孔发生	① 受药液组成影响很大，有浓度梯度存在即可发生
② 适宜于较干的料片	② 与木材密度有关，适宜于充分渗透的木片
③ 顺木纹方向很长距离都有效，不能沿横纹方向渗透	③ 仅在短距离有效，能沿横纹方向扩散
④ 随木材的品种、产地不同渗透速率有明显差别	④ 不同材种间的差别不大

二、蒸煮过程的化学反应

在碱法制浆过程中，碱液中的碱主要消耗于：①与木素反应；②促使部分纤维素与半纤维素氧化或水解而发生降解；③中和原料中的有机酸以及在蒸煮过程中生成的有机酸类；④对原料中的树脂起皂化作用。此外，还可能有少量碱吸附在纤维表面。

（一）蒸煮过程中总的化学反应进程

试验证明，在蒸煮初期，碱液与原料切片接触，并向切片内部渗透，蒸煮液的渗透速率随温度的升高而加速。在此期间，虽是以蒸煮过程中的物理机理为主导，也伴有少量的木素溶出，这部分木素称为抽提木素，约占原料中木素含量的20%左右。但在此阶段多数是半纤维素中多糖尾酸部分易于通过水解与氧化作用而生成单糖类及有机酸类，此时所消耗的碱几乎达全部液量的30%以上。因此，在木材蒸煮时，在一段升温（110～130℃）阶段，一般升温时间，木材硬浆为1h，软浆为2h，以保证药液充分而均匀地渗透。

在二段升温期间，随温度的升高，碱液与木素的反应转为剧烈。首先是纤维细胞胞间层的木素受到破坏而溶出，然后碱液再与初生壁及次生壁外层的木素起反应，这阶段也称为脱木素阶段或大量脱木素阶段，在此约有60%～70%的木素溶出，并伴有部分纤维素和半纤维素的降解。

在蒸煮后期，为了进一步脱出残余的木素，要在最高温度下进行保温，保温时间的长短依整个蒸煮过程的运行条件和最终纸浆质量要求而定，故此阶段也称为残余脱木素阶段。这部分木素主要是存在于细胞壁中较难溶出的。

碱法蒸煮木材的总的化学反应进程的特点有其相似性，但也由于木材结构和化学组成的不同而有较大差异，甚至使整个蒸煮反应进程完全不同。图2-6和图2-7分别表明云杉在烧碱法和硫酸盐法蒸煮中总的化学反应进程的特点。

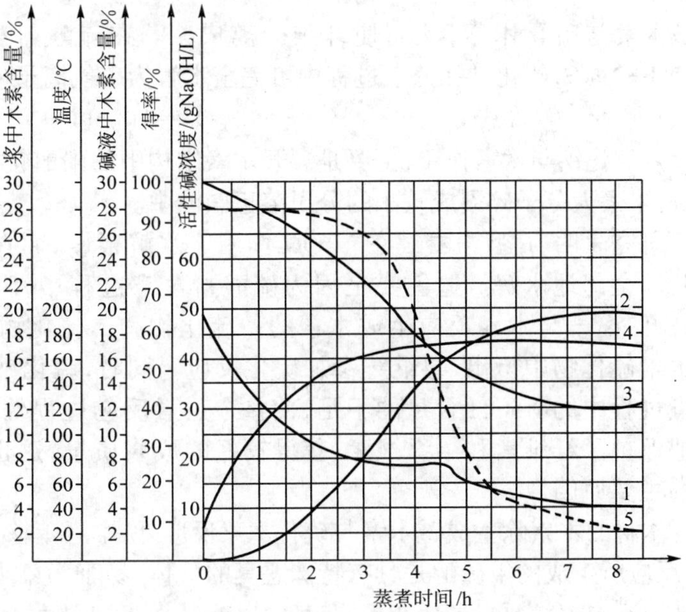

图 2-6　在烧碱法蒸煮中木浆成分与碱液成分的变化

1—活性碱　2—碱液中木素　3—得率　4—温度　5—浆中木素

可见，在两种蒸煮方法中，其化学反应进程是相同的。但二者在木材原料、活性碱用量、升温时间、最高温度等基本条件相同的情况下，硫酸盐法蒸煮木素溶解速率比烧碱法快。由图2-6和图2-7可见，蒸煮至5h 40min，硫酸盐浆得率为44.6%，浆中木素含量为2.23%，烧碱法蒸煮得率与硫酸盐法得率几乎一样，而浆中木素含量却为5.15%，如达到硫酸盐蒸煮那样的脱木素程度还要再蒸煮3h，得率下降至39%。

草类原料与木材原料相比，由于组成和结构均具有较大差别，在蒸煮过程中总的化学反应进程虽基本相似，但草类原料的结构比较疏松，胞间层的木素较细胞壁的木素含量少，因此与木材和竹类原料相比，蒸煮前期木素溶出速率要快得多。某纸厂对稻草小型试验证明，在不同温度下，用碱液浸泡草片1h后，测定草片中的木素残留量，测定结果表明，在50～60℃之间时，木素已溶出一半，而蒸煮后期木素溶出速度则比前期显著减慢。因此，草类原料蒸煮应避免不适当的延长蒸煮时间，以免降低纸浆得率和强度。

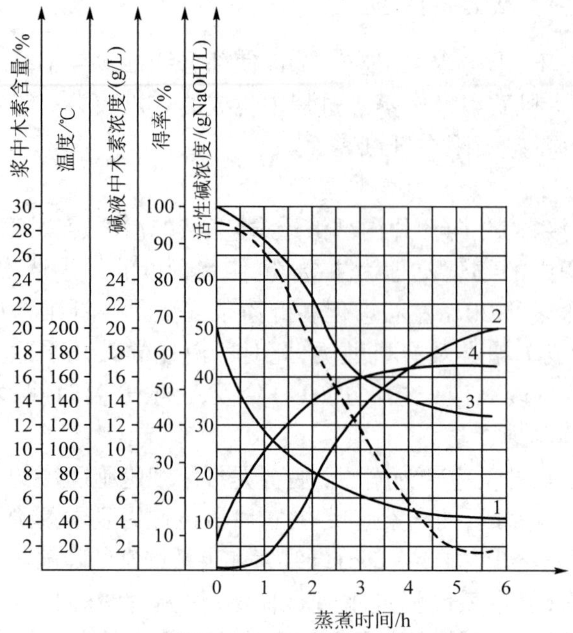

图 2-7 硫酸盐蒸煮中木浆成分与碱液成分的变化

1—活性碱 2—碱液重木素 3—得率

4—温度 虚线为浆中木素

综上所述，木素和碳水化合物在蒸煮过程中的溶解是有阶段性的，这就说明了在不同蒸煮得率的情况下，纸浆的组成将是不同的，因此纸浆的特性也有所不同。

（二）碱液与木素反应

在蒸煮过程中，脱木素反应是最重要的反应，其结果是木素大分子断裂，生成碱木素与硫化木素，从而使纤维分离成浆。在硫酸盐法蒸煮过程中，有效药液成分是$NaOH+Na_2S$，硫化钠在蒸煮过程中可完全水解为硫氢离子（HS^-）和氢氧根离子（OH^-）。

$$S^- + H_2O \rightleftharpoons HS^- + OH^-$$

氢氧化钠与木素作用，主要是裂开木素结构中的酚醚键及木素与碳水化合物蒸煮之间的键，使木素大分子碎裂成较小的分子溶于碱液中。

研究表明，β型酚醚键在NaOH作用下水解很慢，而在硫酸盐蒸煮液作用下却可迅速地几乎全部地水解。这主要是因为硫酸盐蒸煮过程中，SH^-离子起着像催化剂一样的作用，SH^-离子与木素反应生成木素的一硫化物和二硫化物。且随着蒸煮温度的升高，硫能从木素硫化物中析出，再继续参加硫化反应。同时，硫化钠水解生成的OH^-离子又补充了蒸煮过程中的NaOH含量的不足，使整个蒸煮反应过程处于较缓和的条件下进行，从而有利地保护了纤维素和半纤维素，获得较好的成浆质量，这也是硫酸盐蒸煮脱木素比烧碱法快的主要原因。

木材的木素除生成碱木素与硫化木素反应外，木素苯核上的甲氧基也被部分脱除，但量较少，反应所生成的甲硫醇是具有特殊恶臭的气体，易于污染大气，所以硫化物用量越高臭味也越大。不同植物原料臭味亦不同，其中以阔叶木臭味最大，针叶木次之，草类最小。因此在实际生产中，应根据材种组成及化学结构特性来确定适宜的硫化物用量。

（三）碱与纤维素的反应过程

在蒸煮过程中，纤维素比木素、半纤维素相对稳定，但当纤维胞间层的木素已被除去，易水解的半纤维素脱出后，在脱除细胞壁内的木素时，纤维将受到降解，使成浆得率下降，影响成浆物理强度。一般来说，氢氧化钠对纤维素的作用主要有三个反应发生，即剥皮反应、终止反应和碱性水解。

1．剥皮反应

在碱法蒸煮的过程中，纤维素大分子的还原性葡萄糖末端基对碱不稳定，被逐个剥落而溶于蒸煮液中的反应称为剥皮反应。随着剥皮反应的不断进行，纤维素聚合度变小，纸浆得率下降，碱耗增加，所以剥皮反应是有害的。就纤维素自身而言，在硫酸盐蒸煮过程中损失约为10%～20%左右。

2．终止反应

在发生剥皮反应的同时，还进行着一个与其相反的反应，即终止反应。终止反应是在碱性蒸煮条件下，对碱不稳定的纤维素大分子的还原性末端基发生异变，而转变为对碱稳定的偏变糖酸末端基，使剥皮反应终止。由于碱液含有很多 OH^-，所以终止反应速率较剥皮反应慢得多。为了提高成浆质量，在蒸煮过程中应设法促进终止反应来抑制剥皮反应。

3．碱性水解

碱性水解是纤维素大分子链在高温、强碱的作用下水解断裂，使一个长分子链变为两个甚至多个短分子链的反应。纤维素大分子链的碱性水解在升温阶段一般进行得较慢，主要反应是脱除胞间层的木素及部分半纤维素，但在高温阶段，纤维素大分子的葡萄糖甙键碱性水解裂开加速，使纤维素的聚合度下降。发生碱性水解后一是生成新的还原性末端基，为剥皮反应的进行提供了条件；其次是如果碱性水解裂开的部位靠近纤维素大分子的端部，则断裂后的短链分子就直接溶于碱液中。因此，在碱法蒸煮过程中，蒸煮的最高温度和保温时间要控制适宜，以防碱性水解对糖类的过分损伤。

（四）碱与半纤维素的反应

半纤维素主要成分是不均一聚糖，每个半纤维素大分子都是由两种或两种以上的单糖基组成的，材种不同半纤维素结构也不同，蒸煮液中的 NaOH 和 Na_2S 水解生成的 NaHS 是强氧化剂，而半纤维由于化学稳定性较差，甚至在热水中也能部分溶解，所以经研究表明，半纤维素在碱法蒸煮中主要反应变化有：①半纤维素的剥皮反应、终止反应及碱性水解的原理与纤维素相同，但反应程度有所不一，其结果是使组成半纤维素的糖基被部分或全部除掉。②半纤维素的乙酰基水解，甲氧基及葡萄糖尾酸基被脱除。③溶解于蒸煮液中的碳水化合物的一部分再沉淀，被纤维素所吸附。④糖类没有化学降解的碱溶解。也就是说在碱法蒸煮中还有不发生化学变化的碱抽提作用，使部分聚糖溶于碱液中。

半纤维素在整个蒸煮过程中的溶出速度是不同的。在蒸煮初期，半纤维素的溶出速度比木素的溶出速度快得多；随着蒸煮过程的延续，当半纤维素含量减少到一定程度后，其溶出速度较木素的溶出速度要慢；到蒸煮后期，半纤维素和纤维素均将同样受到破坏。二者碱性降解的最终产物一样，主要是异变糖酸、乳酸、甲酸和乙酸等。这些有机酸在蒸煮过程中要消耗大量的碱，因此减少聚糖的降解损失，不仅可以提高纸浆得率，改进成浆性能，而且可减少有效碱的消耗。

在植物纤维原料中，除木素、纤维素和半纤维素三大主要化学成分外，还含有树脂、脂肪、淀粉和果胶等物质。这些物质在蒸煮过程中均能与碱发生化学反应，生成皂化物而溶于蒸煮液中，经副产品回收可得到塔罗油等副产品。

阔叶木和草类原料一般不含树脂，只含有脂肪酸，脂肪酸虽也能与碱反应被皂化，但量很少，难以再回收。稻、麦草中含较多的硅化物，与碱反应多生成硅酸盐而溶于蒸煮液中，会给碱回收造成困难。

三、影响蒸煮质量的主要因素

在碱法制浆过程中,有诸多因素直接或间接影响着最终蒸煮质量,其主要影响因素有:原料品种、规格与质量,蒸煮工艺技术规程(包括用碱量及药液组成,药液浓度,硫化度,液比,蒸煮压力和温度,蒸煮时间等)。研究这些因素对蒸煮过程的影响其主要目的在于掌握蒸煮过程的变化规律,依此制定合乎最终成浆质量要求的工艺条件,以便在生产中加以严格控制。

(一)植物纤维原料品种、规格和质量

1. 品种

大多数植物纤维原料可采用碱法制浆,但各种原料的性质不一,即使在其他条件均相同的情况下,其成浆得率和质量也不同。

(1) 草类原料　草类原料的种类很多,但都具有组织结构疏松,木素含量少,碱液容易渗透,蒸煮温度低,时间短,得率低的特点。

(2) 木材原料　适于碱法蒸煮,特别是硫酸盐法蒸煮的木材品种很多,但统称可分为针叶木和阔叶木两类。针叶木组织结构紧密,木素含量高,且大部分分布在细胞壁中,蒸煮比较困难。阔叶木木素含量相对较低,且细胞壁中含量较少,故比针叶木易于蒸煮,只是因纤维较短,所以成浆强度较差。

木材的化学组成可变性较大,就针叶木而言,树种不同,蒸煮工艺条件及所得纸浆的性质也有很大差别。既使树种相同,也因用于造纸的部位(树干、树枝、树根)不同,成浆得率和质量也不同。一般来说,根部木材制得的纸浆得率较高,强度较差。边材比心材容易蒸煮。

(3) 竹类原料　我国目前用于造纸的竹材主要有楠竹、白荚竹和慈竹等。竹材的组织结构紧密,其纤维形态和化学组成介于木材与草类原料之间,成浆性能因品种不同而异。竹材原料一般装锅量较大,但因密度大而使药液浸透较困难,所以竹材最适于硫酸盐蒸煮。

2. 规格及质量

植物纤维原料在用于蒸煮前要将其切削成一定规格的料片,近年来,特别是木片的规格及质量在实际生产中已越来越引起人们的重视,已由单一重视木片的长度、宽度转为对木片厚度要求的重视,因为在碱液中,木片的三个方向的浸透速率几乎相同,木片的厚度就直接影响着药液浸入木片中心的时间。实践表明,木片规格和质量对制浆过程的主要影响是:①过厚的木片导致蒸煮药液渗透不均一,成浆节子含量高,一般适合的木片厚度是3~5mm。②碎小片和细木条使间歇蒸煮和连续蒸煮器的药液流动阻力大,严重时堵塞蒸煮锅篦子。③木片的形状影响着木片的堆积密度、蒸煮的生产能力,过大和过小的木片都会造成加工成本增加。④蒸煮时树皮含量的多少都直接影响蒸煮碱耗,且给纸浆带来较多的尘埃。

(二)用碱量、药液浓度和液比

蒸煮用碱量和碱液浓度是影响硫酸盐蒸煮的重要因素,用碱量的大小对植物纤维原料脱木素的程度、成浆得率和质量有重大影响。碱液浓度是控制料片均匀浸透和脱木素速度的重要因素。

1. 用碱量

用碱量通常是指蒸煮液中的活性碱的含量(也可是有效碱)。用碱量的大小主要取决于原料化学组成及其分布情况、原料结构及对成浆质量的要求等,同时还要考虑其他因素如:原料片的规格、质量、蒸煮温度和时间等的影响。

一般来说,硫酸盐木浆用碱量为13%~28%(Na_2O计)(针叶木比阔叶木高),硫酸盐竹浆为13%~18%(Na_2O计),荻、苇为11%~17%(Na_2O计),稻麦草浆为7%~9%(Na_2O计)(烧碱法)或8%~11%(Na_2O计)(硫酸盐法)。一般供生产纸板用的半料浆取上述数值的下限,本色浆取中间值,漂白浆取上限。

为了保证成浆质量,特别是成浆色泽,在蒸煮过程中,应稍加过量的碱,以维持蒸煮终点pH在9以上,否则木素将不易溶出,且有机色素也将会吸附于纤维的表面。但用碱量不宜过大,因纤维素和半纤维素会在过量碱的作用下受到较大的降解,导致纸浆得率较大幅度下降,也使纸浆强度下降。在此情况下,若能相应的缩短蒸煮时间,则其影响将会减少。所以在快速蒸煮中,往往以提高用碱量作为缩短蒸煮时间的一个手段。因此,在实际生产中,蒸煮终点时黑液残碱应为5~10g/L,同时必须注意掌握用碱量与蒸煮时间的相互关系,发现异常,及时调整。

2. 药液浓度与液比

在碱法蒸煮中,用碱量、药液浓度、液比是密切相关的,当其中的两个参数已经确定后,那么第三个参数也就确定了。所以当用碱量一定时,液比大则碱液浓度小,液比小则碱液浓度大。碱液浓度大,虽然蒸煮速度快,可以增加总的浆产量,但纤维素和半纤维素易于受到损害,影响最终成浆质量,还易造成局部生煮或红煮,所以在选择蒸煮液比和药液浓度时,一般应考虑以下几个方面的影响。

(1) 蒸煮方式　快速蒸煮时,药液浓度可相应高些,以利于在短期内完成脱木素的化学反应,液比可相应小些,但必须保证蒸煮液循环良好。

(2) 蒸煮锅型式　球式蒸煮锅在蒸煮过程中,原料与药液随着锅体回转,而得以均匀混合,并且球式蒸煮锅一般为直接通汽,随蒸煮的进行而不断的有冷凝水进入锅中稀释药液,所以蒸煮初始液比可小些,药液浓度大些,一般液比为1∶2~3。

立式蒸煮锅一般采用间接通汽,在蒸煮过程中无冷凝水入锅,为保证料片浸透均匀,液比应控制在1∶4~6,但如果采用直接通汽,液比应小些,一般为1∶3~4。

(3) 原料品种　木材、竹类等原料组织结构较紧密,较难于蒸煮,药液浓度应高些,草类原料结构疏松,药液浓度可以低一些。药液浓度的大小可在液比不变的情况下来调整用碱量的大小。

在实际生产中,木材蒸煮的药液浓度一般应控制在50~60g/L(Na_2O),竹、芦苇等为30~50g/L(Na_2O),稻草、麦草为30~40g/L(Na_2O)。通常由碱回收送出的白液浓度一般为90~110g/L(Na_2O)。在实际使用中,常用洗涤废液(黑液)作为补充稀释液,其优点在于:①稀释白液能使蒸煮药液浓度达到一定的要求。②减轻碱回收车间蒸发工段负荷,并可利用黑液中的部分残碱。③利用黑液中的热量。④加强浸透作用。

但是黑液掺用量的大小应根据液比进行计算,一般为10%~30%。

(三) 硫化度

硫酸盐法蒸煮所用化学药液主要为氢氧化钠和硫化钠,其中硫化钠在蒸煮过程中水解成氢氧化钠及硫氢化钠:

$$Na_2S + H_2O \rightleftharpoons NaOH + NaHS$$

$$NaHS + H_2O \rightleftharpoons NaOH + H_2S$$

在实际反应中,第一反应式为主要化学反应,水解作用达80%~90%,而第二反应式仅属次要。对任一特定的工厂生产来说,最佳硫化度将取决于所用的木材类型、用碱量、蒸煮温度和成浆所要求的一些特性。

表2-2所示，是用云杉木片蒸煮研究硫化度对脱木素速度等影响的结果。试验条件为：活性碱用量为18.75%(Na_2O)；药液浓度为31.2g/L(Na_2O)；液比1:6；升温时间为2h；最高温度160℃；云杉木片木素含量为29.2%。

表2-2　硫化度与蒸煮时间及纸浆木素含量的关系

蒸煮时间 /h	硫化度 /%	有效碱(Na_2O)用量 /%(对绝干木片)	NaSH(Na_2O计)含量 /%(对绝干木片)	得率 /%	纸浆中木素含量 /(对绝干木片)
10	0	18.75	0	48.8	5.0
7	5.26	18.25	0.5	49.1	5.0
6	15.6	16.29	1.46	49.0	3.4
5.5	31.0	15.85	2.90	49.3	3.1

从表中可以看出，在纸浆得率很相近的情况下，硫化度从零增至5.26%，纸浆中木素含量同为5%时，蒸煮时间缩短30%；硫化度再增至15.6%和31.0%时，蒸煮时间分别缩短14%至8%，纸浆中木素含量分别降至3.4%和3.1%。因此，在用碱量一定及其他条件相同的情况下，在一定范围内增加硫化度，能缩短蒸煮时间，降低纸浆中木素含量及保证较高的得率。但当硫化度过高时(一般为超过40%)，则会因有效碱量的下降导致作用结果下降，甚至起到相反的作用。

一般硫酸盐蒸煮时的硫化度针叶材应控制在25%～35%，阔叶材为15%～25%，竹材为20%～30%，通常草类原料为10%～20%。

(四) 蒸煮温度和蒸煮时间

蒸煮温度通常指最高蒸煮温度，蒸煮时间包括升温时间和保温时间，二者是互相影响、互相制约的两个变数。在化学反应中，通常温度每提高10℃，化学反应速度可以增加一倍左右，这个规律也适用于蒸煮过程的化学反应。因此，在生产实践中，常通过提高蒸煮温度的办法来缩短蒸煮时间。例如：在活性碱用量为18.75%(Na_2O)，蒸煮液的浓度为31.2g/L(Na_2O)，液比1:6，升温时间为2h的条件下，对云杉(木素29.2%)进行碱法蒸煮，所得蒸煮温度与蒸煮时间关系的结果见表2-3。

表2-3　蒸煮温度与蒸煮时间的关系

温度 /℃	硫化度 /%	有效碱用量(Na_2O) /%	蒸煮时间 /h	得率 /%	浆中木素含量/%	
					对木材	对纸浆
150	31.0	15.9	15.5	47.3	2.5	5.3
160	31.0	15.9	9.0	46.1	1.9	4.2
170	31.0	15.9	4.5	46.3	2.2	4.8
150	0	18.75	20.5	53.0	8.22	15.52
160	0	18.75	9	49.9	5.65	11.30
170	0	18.75	4.5	50.3	6.04	11.99

上表说明，在一定蒸煮条件下，纸浆的得率和纸浆木素含量变化不大时，蒸煮时间随蒸煮温度的提高而大大缩短，大约每升高温度10℃，蒸煮时间缩短一半。

同样，在蒸煮时间和其他蒸煮条件相同时，蒸煮温度愈高，纸浆的得率和浆中木素含量愈低，图 2－8 所示就反映了云杉烧碱法实验室蒸煮时，蒸煮温度、时间与纸浆得率的这种关系。该实验蒸煮一开始就直接在最高温度下进行，没有升温时间。

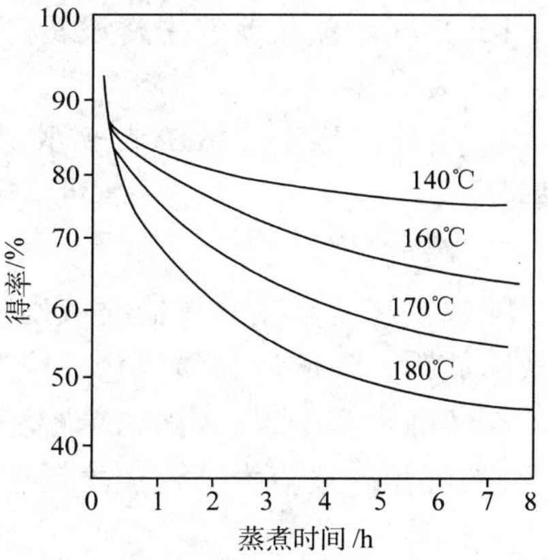

图 2－8 蒸煮时间、温度对纸浆得率的影响

综上所述，蒸煮温度和时间虽是互相影响的两个因素，而温度又起着决定的作用。但是蒸煮温度也不能过高，太高的温度会使纤维素和半纤维素大量降解，从而降低制浆得率，所以在实际生产中，木材蒸煮的最高温度多控制在 160～180℃之间；蒸煮芦苇、竹、蔗渣等原料，温度一般为 160～170℃；稻、麦草、龙须草等原料，一般为 150～160℃。在选择蒸煮最高温度时，要考虑纸浆产量和质量要求，在要求生产质量较高的纸浆时，应避免采用过高的蒸煮温度，采用较缓慢的升温蒸煮曲线，即温度适当低一些，蒸煮时间相应长一些。这是因为在升温过程中已消耗大部分碱液，达到最高温度时，碱液浓度已极低，纤维素受破坏的可能性也就较小。在生产质量要求不高、产量要求大的纸浆时，为了缩短蒸煮时间，温度可适当的高一些。当然，蒸煮时间还受到用碱量、硫化度、液比等的影响，因而在生产实践中，要综合考虑，合理制定蒸煮工艺条件。

第三节 蒸 煮 设 备

蒸煮设备包括蒸煮器和其附属设备，其分类如下：

- 蒸煮器
  - 间歇式
    - 蒸球
    - 立式蒸煮锅
  - 连续式
    - 立式连续蒸煮器
    - 横管式连续蒸煮器
    - 斜管式连续蒸煮器

一、间歇式蒸煮设备

（一）蒸球

蒸球是一种回转式间歇蒸煮设备，本体为球形，是由球体、机座、传动装置等主要部分组成的，也是我国中、小型纸厂应用较多的一种设备。

蒸球与立式蒸煮锅相比有如下特点。①原料与药液能较均匀的混合，成浆质量比较均一；②液比小，药液浓度高，可缩短蒸煮时间；③结构简单，体积小，易于安装和维护；④由于球体转动，容积不能太大；⑤生产能力小，占地面积大；⑥采用直接通汽，药液浓度变化大。

根据蒸球的上述特点，对中、小厂来说仍是可取的，但对大厂来说，由于其容积小，故很少选用。

（二）立式蒸煮锅

在我国大、中型硫酸盐浆厂中，广泛采用固定的立式蒸煮锅来蒸煮木材、竹子、荻、苇等纤维原料。立式蒸煮锅主要有如下特点。①锅的容积大，每立方米锅容单位时间产浆量大，劳动生产率高；②与同容积的蒸球比，占地面积小；③附属设备较多，投资费用大；④设备构造复杂，制造技术要求高。

（三）间歇蒸煮器的附属设备

1．装锅器

目前，广泛用于间歇蒸煮锅的装锅器大致有三种，即蒸汽装锅器、机械装锅器和简易装锅器。

2．喷放设备

喷放装置是承接蒸煮器喷放出来的浆料的中间贮浆容器，常用的喷放装置有喷放池、喷放仓及喷放锅。喷放池和喷放仓一般在中、小厂应用，大、中型厂一般使用喷放锅。

在实际生产中，喷放锅的总容积一般为蒸煮器总容积的1.5～1.8倍。每台喷放锅（或喷放仓）的容积一般应为每台蒸煮锅容积的2.5～3.0倍。

二、连续蒸煮器

连续蒸煮器是现代制浆厂的主体设备，目前在国际上应用的连续蒸煮器至少有十几种，主要有立式、横管式、斜管式等。目前国内所用的主要有立式（如卡米尔连续蒸煮器）和横管式（如潘迪亚 Pandia 连续蒸煮器）两种。

连续蒸煮器和间歇式蒸煮器相比，优点是：①生产自动化程度高，劳动强度低；②单位锅容产量高，占地面积小；③汽、电、蒸煮液和植物纤维原料消耗均衡；④连续放汽放锅，热回收效率高，配置紧凑，大气污染小，易于控制；⑤成浆得率高，且质量均匀稳定。

缺点是：①设备结构复杂，附属设备较多，维修费用高；②动力消耗大；③设备的精度要求高。

第四节　不同原料的蒸煮工艺及特点

在整个制浆过程中，蒸煮工艺的确定不仅受原料、设备和产品质量的制约，而且受到诸如用碱量、硫化度、液比、最高温度（压力）、蒸煮全程时间等的影响。即使是同一原料、同样的产品质量也因设备条件和其他因素的影响也不尽相同。因此，在制订蒸煮工艺条件时，首先要广泛收集同类原料和纸浆品种有关的蒸煮资料，进行充分的调查研究，然后先进行试验室小试的试验分析，以获得有关原料特性及蒸煮工艺条件，作为确定实际生产的蒸煮工艺条件可靠的理论和实践依据，并在生产中逐步得以完善。现仅就几种主要制浆原料蒸煮工艺举例分述如下。

一、木材原料的蒸煮

目前，国内用于制浆的常用针叶木有马尾松、红松、落叶松、白松（包括鱼鳞松、沙松、臭松、云南松等）；阔叶木有杨木、桦木等。针叶木因组织结构紧密，木素含量高，且大部分存在于细胞壁中，故需在较剧烈的蒸煮条件下，较长蒸煮时间才能制得高强度、高质量的纸浆。阔叶木与针叶木相比，脱木素的速度较快，所以蒸煮条件可比针叶木缓和些，蒸煮时间也相应短些。

（一）烧碱法蒸煮

烧碱法多用于蒸煮阔叶木，一般用碱量为16%～18%（Na_2O），最高蒸煮温度为165～

170℃，总蒸煮时间为4～6h。此种浆的特点是：纤维短，成浆强度低，易漂白，且所生产的印刷纸具有组织均匀，平滑度、不透明度、柔软性和吸收性能都较好的优点。但紧度低，物理强度也较差。

（二）硫酸盐法蒸煮

硫酸盐法适应性较强，可作为各种木材原料的蒸煮方法。用硫酸盐法蒸煮的针叶木浆，适于抄造要求较高物理强度的工业技术用纸如：纸袋纸、电缆纸、浸渍绝缘纸、砂纸等。也可通过调整工艺条件，如提高用碱量、延长蒸煮时间等来生产可漂硫酸盐木浆。所以在实际生产中，一般本色硫酸盐硬浆用碱量为16%～18%（Na_2O），最高蒸煮温度控制在168～172℃，蒸煮时间为4～5h。本色硫酸盐软浆用碱量为19%～21%（Na_2O），最高蒸煮温度控制在168～172℃，蒸煮时间为5～6h。蒸煮时硫化度应控制在23%～28%。可漂硫酸盐木浆可在硫酸盐本色软浆的基础上进一步调整工艺条件，生产较低硬度的纸浆，再经多段漂白而得到半漂或全漂浆。也可将本色软浆直接进行多段漂白而得到半漂或全漂浆，这主要依据产品的质量要求和实际成本结构而定。

阔叶木硫酸盐木浆，强度较烧碱法高，易漂性差些，可用于生产文化用纸或包装纸、纸板等。

表2－4所示为几种木材原料碱法蒸煮条件示例，可供制定蒸煮工艺时参考。

表 2－4　　几种木材原料碱法蒸煮条件示例

项目＼材种	马尾松	落叶松	桦　木	红白松
纸浆用途	纸袋纸浆	纸袋纸浆	本色浆	电缆纸浆
用碱量（Na_2O）/%	17～18	18	14～15	18～20
硫化度/%	28～32	23～28	20～25	23～28
液比	1:3	1:4	1:3.5	1:3.5
最高温度/℃	164	172	170	172
最高压力/kPa	—	750	750	750
蒸煮时间/min				
升温	120	一段升温60 小放气20 二段升温60	一段升温60 小放气20 二段升温60	一段升温70 小放气20 二段升温60
保温	120	60	40	90
纸浆得率/%	51	42.5	—	44
纸浆硬度（卡伯值）	—	35～45	—	28～35

随着造纸工业的发展，人们对如何最大限度地充分利用木材资源做了各种尝试，如锯末制浆、全树制浆等。近年来，锯末制浆在国内一些工厂已开始生产，全树制浆也得到不同程度的发展。

二、禾本科植物纤维原料的蒸煮

禾本科植物原料的种类较多，结构差别较大，按其结构特性分为如下几类加以叙述。

（一）草类原料的蒸煮

草类原料主要有稻草、麦草、龙须草等，是我国小型纸厂普遍使用的植物纤维原料，它们的木素含量较少，半纤维素含量高，纤维较短，不均一性突出，杂细胞含量多。因此，都可在较低用碱量、较低温度、较短时间下进行蒸煮。一般来说，烧碱法蒸煮稻草浆的用碱量为8%～12%(NaOH)，液比为1:2.7～3.0，最高蒸煮压力为390～540kPa，总蒸煮时间为3～4h，细浆得率为32.7%～35%左右。硫酸盐法蒸煮稻草浆的用碱量为9%～15%(NaOH)，硫化度为10%～20%，液比为1:2.0～2.8，最高蒸煮压力同烧碱法，总的蒸煮时间为3～5h，粗浆得率为40%～50%。麦草的蒸煮只是用碱量略高于稻草(一放约高2%左右)，其他条件基本相同，蒸煮所得到的成浆经漂白后可适用于生产一般文化用纸，如印刷纸、书写纸等。高质量的麦草浆，可用于生产拷贝纸、高级书写纸的配料，以获取较高的效益。

(二) 荻苇、芦苇、芒秆的蒸煮

芦苇、荻、芒秆是我国主要造纸原料之一，在国内常将芦苇、荻制得的纸浆称为苇浆，一般芦苇、荻是混生的，多是混合蒸煮，其用碱量则视芦苇、荻的配比及对浆料质量要求不同而异。用碱量一般为11%～17%(Na_2O)，硫化度为15%～20%，蒸煮最高温度多在155～165℃之间。苇浆的蒸煮时间近年来有较大的缩短，有的甚至取消了保温时间，所获得纸浆质量不仅没有下降，而且有所提高，详见表2-5。芒秆蒸煮条件与荻蒸煮条件基本相似。

表2-5　　碱法芦苇、荻、芒秆蒸煮条件示例

项目 \ 原料	新疆芦苇	芒　秆	湖南荻	湖北荻
纸浆用途	漂白浆	漂白浆	半漂浆	漂白浆
用碱量(Na_2O)/%	20	15.5	15.5	12.4～14.0
硫化度/%	15	13	16	—
液比	1:2.9	1:2.0	1:2.5	1:4
最高蒸煮压力/kPa	630	680	580	490
蒸煮时间/min				
升温	100	30	170	80
保温	150	150	60	30
粗浆得率/%	51	52	52.4	53～56

(三) 竹材的蒸煮

竹材制浆造纸在我国有着悠久的历史，它最适宜用碱法，特别是硫酸盐法蒸煮。竹浆生产大多采用嫩竹，少部分用老竹。嫩竹木素含量较低，纤维素含量较高，容易蒸煮，但因其水分含量大，易于虫蛀腐烂，另外，不易贮存，且砍伐期短。一般5年以下竹材，其木素含量变化不大，随生长时间增长，老竹木素含量有所增加，纤维含量则稍有下降，但老竹随时可以砍伐，且较易贮存。老竹的组织结构比嫩竹更紧密，因而蒸煮更困难些。

竹材的纤维形态和化学组成介于木材与草类原料之间；它的相对密度大于木材，一般为0.6～0.8，个别老竹在0.9以上(阔叶木为0.43～0.64，针叶木0.38～0.5)。竹材硫酸盐法蒸煮的关键在于药液的浸透，而保温时间不宜过长。从生产实践看，在蒸煮前，要首先用汽蒸法排出竹材导管内部留存的空气(此部分空气极难排出，需反复数次)。蒸煮用碱量硬浆一般为15%～16%(NaOH)，软浆为18%～26%(NaOH)，硫化度为15%～30%，最高温度为(165±2)℃，蒸煮时间为4～6h，纸浆得率硬浆可达62%～63%，软浆在40%～55%。详细条件可参看表2-6。

表 2-6 竹材原料蒸煮条件示例

项目 \ 竹种	老　竹	嫩　竹	老竹、杂竹混合
蒸煮锅容积/m^3	75	75	75
装锅量/(kg/m^3)	220(绝干)	133.3～160(绝干)	220～267(绝干)
用碱量(Na_2O)/%	20～22	17～18	20～22
硫化度/%	15～20	15～20	20～25
液比	1∶2.8～3.0	1∶3.5～3.7	1∶2.6～2.8
最高温度/℃	165±2	165±2	165±2
蒸煮时间/min			
升温	150	120	120
保温	150	120	120～150
高锰酸钾值	10～14	8～12	10～15

竹浆纤维细长而柔软,交织能力好,成纸强度较高,具有多孔性,可增加辅料的留着率,吸墨性较好。所以它既可以单独抄造打字纸、胶版印刷纸及有光纸等,也可以与木浆或其他长纤维配抄牛皮纸、纸袋纸等,又可在一定程度上代替木浆纤维与磨木浆配抄新闻纸。

三、棉麻的蒸煮

(一) 棉浆

制造棉浆的主要原料有:棉破布、废棉、棉短绒和旧鞋帮、鞋底等。棉浆一般只限于抄造高级纸和特种纸张,如钞票纸、证券纸、滤纸、打字纸等。棉浆蒸煮的主要目的是为了除去棉纤维中的蜡质、脂肪、污脏物质和棉籽皮等。因其蒸煮的目的不一,所以采用的蒸煮方法也不相同,一般棉短绒、废棉和污棉主要用烧碱法蒸煮,以除去蜡质、脂肪、污物等。一般用碱量为8%～10%。

破布则按类别不同,可用石灰法、石灰与烧碱(或纯碱)法进行制浆蒸煮。

石灰法是用石灰乳液蒸煮,石灰乳液具有破坏多种染料的能力,脱色效果好,煮出的纸浆颜色较好,故常用于处理新破布或纤维强度很弱的烂破布,石灰用量一般为5%～20%。但其缺点是,石灰乳液中的氢氧化钙可与蛋白质、油脂、脂肪等生成不溶解的沉淀物,这些沉淀物或粘附于纤维上使成浆较硬,或堵塞铜网与毛毯,且吸墨性较差。为了克服石灰法的缺点,获得较高质量的纸浆,常采用石灰与纯碱(或烧碱)法处理破布。这种方法既有石灰的作用也有部分烧碱的作用,蒸煮反应速率比较均匀,减少了对纤维素的降解作用,比较适合于处理深色及极污的破布和旧鞋帮、鞋底等,石灰与烧碱(或纯碱)之比一般为3～5∶1。

对于深色剪口布及可漂破布则可用氧化蒸煮法,即用石灰—纯碱加氧化剂的蒸煮方法。难漂破布及阴丹士林、硫化染料、偶氮染料等染色的新破布一般用石灰—纯碱加还原剂的蒸煮方法处理。

(二) 麻浆

麻浆主要用于抄造卷烟纸、钞票纸、证券纸等。其成浆特点是纤维长,物理强度大,纤维素含量高,且燃烧时无焦味,耐久性强。制造麻浆的主要原料有废麻袋、麻绳头、麻屑及麻质破布。近年来,麻浆蒸煮多采用碱性亚硫酸钠法,蒸煮剂为Na_2SO_3、Na_2CO_3、NaOH等,详细蒸煮工艺条件见表2-7。

表 2-7　　　　麻浆蒸煮工艺条件示例

项　目	绳　头	废　麻	项　目	绳　头	废　麻
蒸球容积/m^3	14 或 25	14 或 25	最高压力/kPa	540	390
装球量　t(风干)/球	2.2 或 3.6	2.2 或 3.6	保压时间/h	8～9	7
Na_2SO_3 用量/%	15～17	15～17	高锰酸钾值	20～22	20～22
NaOH 用量/%	5	3	粗浆得率/%	75	75
液比	1:2	1:2			

第五节　蒸煮用化学助剂

为了加速脱木素速率或保护纤维素使之少受降解，或者同时达到这两个目的，许多化学助剂被尝试应用到碱法制浆过程中，也有相当的助剂起到了非常明显有效的作用。

一、多 硫 化 钠

在蒸煮液中添加多硫化钠能够提高蒸煮成浆得率，因为它能使纤维素和半纤维素的还原性末端基氧化而变成羧基，进而脱羧生成对碱稳定的末端基，其反应是：

$$R_{纤}CHO + S_2^{2-} + 3OH^- \longrightarrow R_{纤}COO^- + 2S^{2-} + 2H_2O$$

多硫化钠蒸煮液的制备有多种方法，最直接的方法是向白液或绿液中加入元素硫，使白液中硫化钠部分氧化成多硫化物，反应如下：

$$Na_2S + S \longrightarrow Na_2S_2$$

$$Na_2S_2 + S \longrightarrow Na_2S_3$$

也可采用在硫化钠溶液中加入元素硫的方法制取，使元素硫以不同比例与硫化物溶液化合，反应生成多硫化物，再用已制得的溶液，在 100℃条件下预浸料片，然后再进行蒸煮。也可把硫加入单一的氢氧化钠溶液中，生成多硫化钠，但此法与硫化钠相比反应较慢，而且转化率较低。

应注意在采用多硫化钠制浆时，为避免由于碱性分裂反应而生成新的末端基，应采用慢速升温，蒸煮最高温度以低于或等于 160℃为好。因为在高温下，碱性蒸煮液中的多硫化物分解成硫代硫酸盐和硫氢化物，即：

$$Na_2S_3 + 3NaOH \longrightarrow 3NaHS + Na_2S_2O_3$$

因此，慢速升温可使纤维素大分子形成稳定末端基的反应在多硫化钠分解作用之前发生是非常重要的，所以多硫化物蒸煮可采用多级蒸煮，一般为二级蒸煮，即第一级先用多硫化钠蒸煮，第二级在低硫化度下进行硫酸盐法蒸煮，这样，对一定的多硫化物用量来说，将使成浆得率有较大的提高。例如，根据研究用多硫化钠—硫酸盐法蒸煮松木，多硫化物的硫加入量为12%时，纸浆得率由 50%提高到 61%。

多硫化物蒸煮虽已在工业上应用，但是，由于日益强调的对臭气污染的控制和硫化钠的不易回收及药液制备费用高、腐蚀大等原因，迄今未能推广应用。

二、蒽　　醌

蒽醌用于碱法制浆是原东德巴赫等人 1972 年研究的结果，当时是在硫酸盐制浆中用蒽醌磺酸盐代替硫化钠，研究结果发现纸浆具有得率高、硬度低和强度好的特点，但成本高，且随蒽醌用量的增加影响碱回收效率，仍有硫污染等缺点，没有得到推广。

我国1978年开始对烧碱—蒽醌法蒸煮草浆的研究，取得了提高得率和强度，缩短蒸煮时间的良好效果，其试验结果见表2-8所示。

表 2-8 烧碱—蒽醌法与烧碱法比较

工艺条件及浆的质量	烧碱法	烧碱—蒽醌法	工艺条件及浆的质量	烧碱法	烧碱—蒽醌法
用碱量(Na_2O)/%	16.4	13	黑液残碱浓度/(g/L)	5.5～7.2	4.4～5.9
蒽醌用量/%	0	0.05	卡伯值	16.0～19.2	15.7～20.5
最高蒸煮压力/kPa	540	540	高锰酸钾值	10.4～11.4	10.7～13.4
装锅时间(时:分)	1:30	1:30	漂率/%	4.95～6.18	5.78～6.99
升温时间(时:分)	1:00	1:00	粗浆得率/%	45.85	51.00
保温时间(时:分)	4:00	2:30	细浆得率/%	39.58	46.00
放锅时间(时:分)	0:15	0:15	漂后浆得率/%	38.93	45.52
蒸煮总时间(时:分)	6:45	5:15			

蒽醌在碱法制浆中的反应机理是蒽醌在有葡萄糖基存在时，则被纤维素的还原性末端基氧化成暗红色的蒽氢醌，溶于热碱中，同时，纤维素的还原性末端基变成了偏变糖酸基，从而阻止其剥皮反应的进行，减少纤维素的降解。

蒽醌与木素反应，主要是使木素大分子的β-醚键断裂，然后加成产物发生歧化反应重新生成蒽醌。由此可见，蒽醌在蒸煮中实际上是起到一种"催化剂"的作用，而自身并没有损失，但因其成本高，用量过多对碱回收系统有一定的影响，所以，一般加入量都控制在最低限度。而最低加入量也随制浆方法和原料品种的不同而不同。实践表明烧碱法的最低用量为0.001%(对绝干料片)，硫酸盐法则为0.025%。

综上所述，蒽醌用于碱法制浆具有如下特点。①可提高纸浆得率，节省化工原料；②加快了脱木素速率，缩短了蒸煮时间；③成浆物理强度高；④减少了环境污染；⑤由于蒽醌不能回收，成本高，对碱回收系统有不利的影响。

三、硫　化　氢

将硫化氢用于硫酸盐蒸煮过程中，一般是分两段进行的，即先用硫化氢处理料片，然后再进行硫酸盐蒸煮，该法是稳定碳水化合物，提高得率的又一有发展可能的方法，此法又称硫化氢预处理硫酸盐法。

硫化氢预处理木片已由最初用单一硫化氢处理发展为硫化氢与水或硫化氢与水和碱性缓冲剂(如碳酸钙、碳酸钠、稀硫酸盐绿液等)的预处理方法。各种预处理方法的效果比较见表2-9。

表 2-9 几种硫化氢预处理方法效果比较

项　目	不经预处理	硫化氢预处理	硫化氢和水预处理	硫化氢、水和Na_2CO_3预处理
细浆得率/%	44.1	46.1	47.6	50.5
浆渣/%	0.4	0.3	0.3	0.2
高铝酸钾值	22.8	22.5	23.0	22.7
黏度/(Pa·s)	0.0367	0.0362	0.0591	0.0496
白度/%	23.1	24.1	23.1	26.0

由上表可见，经硫化氢预处理（木片水分50%）后，再用硫酸盐蒸煮时，纸浆得率只增加2%，浆的黏度和白度没有明显变化。在用硫化氢和水处理木片时，浆的得率提高了3.5%，同时，浆的黏度显著增加。在此基础上再加入温和的碱性缓冲剂时，纸浆的得率增加约6.5%，黏度也有较大的提高，白度也略有提高。由此可见，硫化氢、水和碱性缓冲剂的预处理效果为最佳。

硫化氢预处理的最适宜条件为：硫化氢用量1.0%左右，液比1∶4，锅内总压力为890～960kPa，最高温度127℃，保温40min。

硫化氢预处理硫酸盐法主要特点是：①不需要明显地增加系统中的硫含量，就可以提高得率；②降低化学品用量，在用硫化氢处理料片时，聚糖的稳定作用是在末端基有一个还原性羟硫基，末端基的这种变型防止了末端基参与剥皮反应，减少了蒸煮过程中的糖酸的生成，活性碱需用量可降低2.5%左右（对木材而言）；③对硫酸盐蒸煮中的硫化度无影响；④不适于用间歇蒸煮锅进行硫化氢预处理，易于发生爆炸和污染大气。用连续蒸煮器进行预处理就可克服此缺点。

四、氧　　气

通氧的碱法蒸煮技术，即碱—氧制浆法，是为了解决碱法草浆的污染问题，尤其是在硫酸盐法蒸煮中硫化钠所造成的污染，而新近发展起来的一种无污染制浆法。

（一）碱—氧制浆的分类

由于植物纤维原料品种不同，其化学和物理特性差异较大，所以在碱—氧制浆的实践中，一般分单段和二段蒸煮两类。

1．单段蒸煮

在碱—氧制浆中，由于单段蒸煮很难使氧气均匀渗透至原料内部，蒸煮匀度较差，影响成浆质量，所以，此法较适用于草类原料的蒸煮。在蒸煮时，一般采用草片球外预浸，然后把预浸好的草片装入球内，进行碱—氧蒸煮的工艺方式。此法蒸煮工艺流程比较简单，适合于小型草浆厂采用。

2．二段蒸煮

二段碱—氧法蒸煮工艺过程是，第一段：原料预煮，在预煮阶段可通氧气或不通氧气，其主要目的是脱除原料中的部分木素，减轻第二段蒸煮脱木素的负荷，使原料软化，减少机械疏解对纤维的损伤。预煮后的料片经机械疏解后再送入蒸煮器进行碱—氧蒸煮。机械疏解的主要目的是增加原料与氧气的接触面积，使氧气能均匀地向木片内部渗透。

（二）碱—氧制浆的反应机理

碱—氧制浆是原料在碱的作用下加入氧气从而强化木素的降解和溶出。其主要反应机理是：

1．氧与木素反应

在碱性条件下，通入氧气后，氧首先使木素的游离酚基氧化生成共键稳定的苯氧自由基和过氧基，最易使β-酚基醚键和α-β间的碳—碳键断裂，分别生成愈疮木酚和羟基，使木素大分子断裂并溶出。这一点已通过分析氧碱蒸煮黑液得以证实。在碱—氧蒸煮黑液中，其羰基和羧基的量比碱木素显著增加，全部羟基及酚羟基的量也有增加，其水溶性木素比烧碱法蒸煮多15%～30%。

2．氧与纤维素的反应

在碱—氧制浆过程中，氧易与纤维素的还原性末端基作用，生成稳定的糖醛酸型末端基，从而抑制纤维素的剥皮反应。

纤维素中的葡萄糖甙键，一般来说对碱是相当稳定的，但是，已被氧化的多糖类的葡萄甙键对碱则不稳定，很容易断裂，使碱—氧蒸煮成浆的黏度下降。因此，为了减少氧对纤维素的降解作用，一般需加入少量保护剂如碘化钾、碳酸镁等。

（三）影响因素

在碱—氧法制浆中，受用碱量、蒸煮温度、浓度及氧气压力的影响较大。

1．用碱量

一般来说，在单段碱—氧法制浆中，氧压相同而提高用碱量时，氧耗增加，纸浆得率则大幅度的降低，白度也下降。在二段碱—氧蒸煮时，若提高二段用碱量，虽可提高脱木素的速度和数量，但到蒸煮后期脱木素的速度变慢，会使纤维素和半纤维素受到较大的降解。因为氧与木素的反应较快，约在10min内绝大部分氧即被消耗，因此到后期脱木素的速度影响不一。所以一般木素含量较高的原料，宜采用多段碱—氧蒸煮，使其在较温和的条件下逐步脱除木素。

2．温度

蒸煮温度是影响碱—氧蒸煮的主要因素，无论是单段还是二段碱—氧蒸煮，提高温度均可加速脱木素的速率。但温度太高，则使纤维素的剥皮反应增加，使成浆得率和强度下降，所以，碱—氧蒸煮温度一般控制在100～120℃为好，最高也不得超过140℃。

3．浆浓

碱—氧脱木素是在三相体系中进行的，气态的氧首先要溶解在碱液中，然后才能进入料片中与木素反应。但氧在碱液中的溶解度很低，常因氧供应不足而影响氧与木素的反应速度。因此，一般采用提高浆的浓度或采用搅拌措施，促进氧与纸浆接触，加速脱木素反应，一般浆浓度控制在10%～17%。

4．氧气压力

在其他条件一定时，增加氧气压力，溶解氧量增加，脱木素效率提高，用碱量可相应减少，纸浆的得率有一定的提高，但氧的压力过高容易引起设备的爆炸，因此，氧压一般不超过690kPa，应按设备的耐压状况而定。

（四）碱—氧制浆的特点

（1）可以消除或减小对环境的污染；

（2）成浆得率高，一般两段碱—氧法木浆的得率可比硫酸盐法高2%～6%，麦草浆得率可达到51%～52%；

（3）碱耗低，可比一般化学浆降低42%～43%的耗碱量；

（4）投资省，易于漂白；

（5）碱—氧制浆存在着氧向料片中均匀渗透的困难。两段碱—氧制浆工艺流程复杂，氧耗较大，动力消耗高；

（6）氧气有爆炸的危险，且难于回收。

五、硫酸盐法预水解助剂

采用水、汽、酸预水解的硫酸盐法是作为特殊的制浆工艺而用于制造高纯度的精制浆（又称人造丝浆）。此种浆的质量指标比一般造纸用浆要求高，具有α－纤维素含量高，半纤维素含量低等特点。主要用于生产人造丝、玻璃纸及一些特殊纸张。

此法制浆一般分两步进行，即首先对原料进行预水解处理，而后再用硫酸盐法进行蒸煮。

（一）预水解处理

1. 预水解的方法

目前，常用的预水解处理方法有三种。

（1）酸预水解法　酸预水解法就是用无机酸（盐酸、硫酸、硝酸、亚硫酸等）作为预水解剂处理原料。其中以硫酸比较便宜，应用比较普遍。在以硫酸作为预水解剂时，一般酸的浓度为0.3%～0.5%，温度控制在100～125℃。研究表明，预水解酸浓如果超过0.5%，温度高于125℃，多戊糖含量虽有所下降，但蒸煮所得纸浆的木素含量迅速上升，说明在此条件下有许多木素发生酸缩合。

（2）水预水解法　此法是以清水为预水解剂，对纤维原料进行预水解的处理方法。在水解过程中，原料在热水中分离出乙酰基与甲酰基，形成醋酸与蚁酸，得以供给 H^+ 离子进行酸水解作用。与此同时，还有其他的有机酸产生，使酸度逐渐增加，水解作用逐渐激烈，到水解终了时，pH最低能降至3.0左右。可见，水预水解作用原理虽与酸预水解相同，但在水预水解过程中，主要影响因素是时间、温度。温度高、时间长的水解程度较温度低、时间短的水解程度高，多戊糖除去多，纤维素降解大，木素缩合较多。一般水预水解的温度在140～180℃，时间在20～180min不等，并且可在一般的硫酸盐蒸煮器中进行预水解处理。

(3)汽预水解法　汽预水解法是以高温饱和蒸汽作为预水解剂，在高温下进行原料预水解的方法，其作用原理与水预水解相同。但由于汽预水解液比小，水解液中 H^+ 离子浓度大，作用迅速，且升温时间短，一般只需10～30min。如果预水解时间过长，反而使 α - 纤维素及聚合度下降过甚，木素缩合也较严重。但在预水解过程中，要保证通汽均匀，防止局部过热。

由于此法预水解过程液比小，所以在水解终了可不排出水解液或只排出部分水解液，在压力降至90～140kPa时，即可压入蒸煮碱液进行硫酸盐蒸煮。这样，可提高设备利用率，节约蒸汽，提高黑液浓度。

上述三种预水解方法中，水、汽预水解法都可在一般的硫酸盐蒸煮器内进行，因此，应用比较广泛。酸性预水解法需用昂贵的耐酸材料容器进行水解处理，故而应用受到限制。

2. 预水解作用原理及成浆特性

在预水解过程中，不管采用哪种处理方法，预水解总是在酸性条件下进行的。在水、汽预水解时，酸性是由于水解时产生的有机酸引起的。在酸性条件下，半纤维素发生酸性水解而浮出，使纤维原料中半纤维素（尤其是多戊糖）含量大大下降，并使残留于原料中的半纤维素的结构发生变化，再在碱性条件下进行蒸煮就易于溶出了。因此，经预水解处理后的纸浆具有如下特性。①降低原料中的半纤维素含量，提高纸浆的 α - 纤维素含量；②因预水解类似于亚硫酸盐蒸煮，能破坏纤维的初生壁，使富含纤维素的纤维次生壁暴露出来，从而使浆粕具有较强的反应能力；③成浆具有较高的黏度和聚合度。

（二）预水解后半料的碱法蒸煮

预水解后半料的硫酸盐法蒸煮同一般的硫酸盐法蒸煮。但由于预水解过程木素的缩合和其他物质结构的变化，使预水解后半料浆的颜色变深，所以为了保证成浆质量的要求，蒸煮用碱量要高于一般造纸用浆，最高温度和时间也要适当控制。

第六节　蒸煮过程的工艺计算

一、碱液化学成分间的相互换算

在碱法蒸煮中，同时会涉及到几种化学药品，那么，在进行工艺计算时必须将不同的化学药品换算为某一种化学药品表示，一般常用 Na_2O 和 NaOH 表示。各化学药品间的换算关系见表 2-10。

表 2-10　　碱法蒸煮液中有关化学药品的相对分子质量及换算关系

化学药品名称 A	分子式 B	相对分子质量 C	相当于 Na_2O 相对分子质量 62 的质量 D	各化学药品换算成 Na_2O 质量的换算因数 E=62/D	Na_2O 换算成其他化学药品质量的换算因数 F=D/62	各化学药品换算成 NaOH 质量的换算因数 G=80/D	NaOH 换算成其他化学药品质量的换算因数 H=D/80
氧化钠	Na_2O	62.0	62.0	1.000	1.000	1.290	0.775
氢氧化钠	NaOH	40.0	80.0	0.775	1.290	1.000	1.000
硫化钠	Na_2S	78.0	78.0	0.795	1.258	1.026	0.975
硫氢化钠	NaHS	56.0	112.0	0.554	1.807	0.714	1.400
碳酸钠	Na_2CO_3	106.0	106.0	0.585	1.710	0.753	1.303
硫酸钠	Na_2SO_4	142.0	142.0	0.437	2.290	0.563	1.775
硫代硫酸钠	$Na_2S_2O_3$	158.1	158.1	0.392	2.635	0.506	1.976
亚硫酸钠	Na_2SO_3	126.0	126.0	0.492	2.032	0.635	1.575

二、蒸煮药液的配制计算

（一）每锅（球）需加活性碱量（以 Na_2O 表示）m

$$m = G_1 \times A = m_1 + m_2$$

式中　G_1——总装锅量（kg 绝干料片/锅）

A——用碱量（活性碱%）（以 Na_2O 表示）

m_1——用碱总量中 Na_2S 的量（kg）

m_2——用碱总量中 NaOH 的量（kg）（以 Na_2O 表示）

$$m_1 = m \times B$$

式中　B——蒸煮液的硫化度（%）

$$m_2 = m - m_1 \quad \text{(kg)}$$

（二）每锅（球）需用白液量 V

$$V = \frac{m_2}{\rho_2} \quad (\text{m}^3)$$

式中　ρ_2——白液中 NaOH 的浓度（kg/m^3）（以 Na_2O 表示）

$$\rho_2 = \rho_1(1 - B_1)(\text{kg/m}^3)$$

ρ_1——回收白液中活性碱浓度（kg/m^3）（以 Na_2O 表示）

B_1——白液的硫化度（%）

（三）每锅（球）应补加硫化碱液量 V_1

$$V_1 = \frac{m_3}{\rho_3} \quad (\text{m}^3)$$

式中　m_3——每锅(球)应补加 Na_2S 的量(kg)(以 Na_2O 表示)

$$m_3 = m_1 - m_4$$

m_4——每锅(球)用白液中所含 Na_2S 的量(kg)(以 Na_2O 表示)

$$m_4 = V \times \rho_3 = V \times \rho_1 \times B_1 \quad (\text{kg})$$

ρ_3——白液中 Na_2S 的浓度(kg/m^3)(以 Na_2O 表示)

(四) 烧碱(NaOH)用量 m_2 及硫化钠用量 m_1

以上各式一般是用于具有碱回收的工厂,在一些没有碱回收的中、小厂,采用外购 NaOH 和 Na_2S 配液时,其每锅(球)的用碱量按下式计算。

1. 烧碱(NaOH)用量 m_2

$$m_2 = \frac{40G_1A(1-B)}{31p_1} \quad (\text{kg})(Na_2O\text{计})$$

式中　p_1——购入烧碱的纯度(%)

40——NaOH 的当量

31——Na_2O 的当量

其余符号的含义同前式。

2. 硫化钠(Na_2S)的用量 m_1

$$m_1 = \frac{39VAB}{31p_2} \quad (\text{kg})(Na_2O\text{计})$$

式中　p_2——购入硫化钠的纯度(%)

39——Na_2S 的当量

其余符号的含义同前式。

三、装锅量和补充水量(或黑液量)的计算

(一) 每锅(球)总装锅量 G_1

$$G_1 = G_2(1-w) \quad (\text{千克绝干料片/锅})$$

式中　G_2——装入锅(球)内总料片量(kg/锅)

w——装入锅(球)内料片水分(%)

(二) 每锅(球)需补加的水量(或黑液量) V_2

$$V_2 = V_3 - (V + V_1 + V_4) \quad (m^3)$$

式中　V_3——每锅(球)需要的总液量(m^3)

V_4——原料带入的水量(m^3)

$$V_3 = G_1 \times H \quad (m^3)$$

H——液比

$$V_4 = G_2 \times w \quad (m^3)$$

四、蒸煮器的生产能力计算

蒸煮的生产能力 Q

$$Q = \frac{24aV}{b} \quad [\text{kg 风干浆/(锅·日)}]$$

式中　V——锅(球)容积(m^3)

a——单位锅容产浆量(kg 绝干浆/m^3)

b——每次蒸煮周转时间(h)

$$a=\frac{G_7\times n}{90}\quad (\text{kg 风干浆}/m^3)$$

G_7——单位锅容装锅量(kg 绝干浆/m^3)

n——粗浆得率(%)

90——把绝干浆量转换成风干浆量的换算系数

五、应用计算实例

例 1：某厂立锅容积 165m^3，装入料片 30t，料片水分 25%，求绝干装锅量、风干装锅量和料片含水量。

解：绝干装锅量 $G_1=G_2(1-w)=30\times(1-25\%)=22.5(t)$

风干装锅量 $=\dfrac{22.5}{1-10\%}=25(t)$

料片含水量 $V_4=G_2\cdot w=30\times25\%=7.5(t)$

例 2：某厂 75m^3 蒸煮锅，绝干装锅量 13t，料片水分 25%，液比 1∶3.1，用碱量 18%，白液浓度为 95g/L(Na_2O 计)，求总液量、总碱量、液碱量和补充水量？

解：(1) 总液量 $=13\times3.1=40.3(t)$

(2) 总碱量 $=13\times18\%=2.34(t)$

(3) 液碱量 $=\dfrac{2.34\times1\,000}{95}=24.63(t)$

(4) 补充水量 V_2

$$V_2=40.3-\left(\frac{13}{1-25\%}\times25\%\right)-24.63=40.3-4.33-24.63=11.34(t)$$

例 3：某厂 75m^3 蒸煮锅，装入料片 16.25t，原料水分 20%，用碱量 18%(Na_2O)，硫化度为 26%，液比 1∶3.2，白液活性碱浓度 100g/L(Na_2O)，白液硫化度 20%，求：①共需多少硫化碱？②应加入白液量？③应补充的硫化碱量？④工业用硫化碱纯度为 63%，需用工业硫化碱多少？⑤补充硫化碱浓度为 200g/L，共需加多少立方米？⑥总药液量多少？⑦应补充水量多少？

解：① 总用碱量

$$m=16.25\times(1-20\%)\times18\%=2.34\quad (t)(Na_2O)$$

$$\text{需用硫化碱量}=2.34\times26\%=0.61\quad (t)(Na_2O)$$

② 应加入白液量 V

$$V=\frac{\text{总用碱量}-\text{需用硫化碱量}}{\text{白液浓度}\times(1-\text{白液硫化度})}=\frac{1.73}{0.1\times(1-20\%)}=21.63\quad (m^3)$$

③ 应补充的硫化碱量 m_3

$$m_3=\text{硫化碱总用量}-\text{白液浓度}\times\text{白液量}\times\text{白液硫化度}=0.61-0.43=0.18\quad (t)(Na_2O)$$

④ 需用工业硫化碱量

$$\text{工业硫化碱量}=\frac{0.18}{63\%}=0.286\quad (t)$$

⑤ 应补充液体硫化碱体积量 V_1

$$V_1=\frac{0.18\times1\,000}{200}=0.9\quad (m^3)$$

⑥ 总药液体积量＝白液量＋补充硫化碱量＝$21.63+0.9=22.53$（m^3）

⑦ 应补充水量＝$16.25\times(1-20\%)\times3.2-16.25\times20\%-22.53=15.82$（$m^3$）

例 4：某厂 25m^3 蒸球用烧碱蒽醌法蒸煮麦草，绝干装球量 3 600kg，草片水分 15%，用碱量 10%（NaOH 计），液比 1∶3，液碱浓度 302g/L，相对密度 1.26，求：①蒸煮一球麦草原料需用相对密度 1.26，浓度 302g/L 的液体碱多少千克？②应补充水量多少千克？

解：①蒸煮一球麦草原料需用液体碱量＝$\frac{3\,600\times10\%\times1\,000}{302}\times1.26=1\,502$(kg)

② 需补加的清水量＝$3\times3\,600-\frac{3\,600}{1-15\%}\times15\%-(1\,502-360)=9\,023$(kg)

作业题

1．什么叫碱法制浆？碱法制浆常用的有几种方法？

2．硫酸盐制浆蒸煮液的主要成分是什么？硫酸盐法与烧碱法相比有哪些优缺点？

3．何谓硫化度？硫化钠在硫酸盐制浆中起什么作用？

4．说明碱法制浆过程中的物理机理？它受哪些因素的影响？

5．在碱法制浆过程中，木素溶出分几个阶段？草类原料蒸煮和木材原料有哪些不同？

6．纤维素和半纤维素与碱发生哪些反应？

7．蒸煮过程中进行小放气目的何在？

8．硫酸盐法制浆过程的主要影响因素有哪些？试述它们之间的相互关系。

9．蒸煮有哪种放锅方式比较好？为什么？

10．熟练掌握蒸煮生产中的相关计算。

第三章　亚硫酸盐法制浆

第一节　概　　述

亚硫酸盐法制浆的蒸煮液是亚硫酸盐和亚硫酸的混合液。把切成片的植物纤维原料和亚硫酸盐蒸煮液一起加热蒸煮，使蒸煮液与原料中的木素作用，从而使木素溶出而制取纸浆的过程称为亚硫酸盐法制浆，简称酸法制浆。

亚硫酸盐法制浆发明于1866年，1874年用于工业生产。由于此法具有纸浆得率高、颜色浅，漂白剂及其他化学药品的用量小，作黏液人造丝浆可不用预水解而使生产过程简化，蒸煮的废液可作工业酒精、饲料酵母、黏合剂等优点，所以从1890年起，已发展成为当时世界上产量最大，纸浆质量最高，采用最广泛的化学制浆方法。但是由于本法对原料的选择性较强，所制得的纸浆强度较差，特别是在亚硫酸盐法的碱回收及漂白技术等方面还存在一些不足，所以，从1937年以后，亚硫酸盐法制浆，逐渐失去优势，为硫酸盐法取代。

20世纪50年代后，由于亚硫酸盐法中可溶性盐基的应用，使蒸煮的pH范围扩大，也出现了亚硫酸盐法多级蒸煮，从而扩大了原料的种类，提高了浆的质量和得率，并为废液的回收提供了条件，使亚硫酸盐浆的一些固有缺点得到了克服，从而使这种方法得到保留。特别是到了20世纪70年代末期，出现了碱性亚硫酸钠—蒽醌法制浆，使得率进一步提高，而且浆的强度可与硫酸盐浆相媲美，还保留了亚硫酸盐浆的易漂白、易打浆的优点，因而进一步增强了亚硫酸盐法制浆的竞争力，今天亚硫酸盐法制浆仍然是世界上具有一定地位的主要制浆方法之一。

一、亚硫酸盐法制浆的分类

按蒸煮液所含主要组成成分和pH的不同，亚硫酸盐法制浆一般可分为成四类。

（一）酸性亚硫酸盐法

pH＝1～2，药液中除含有亚硫酸氢盐外，还含有过量的亚硫酸亦即溶解SO_2。由于pH低，易使半纤维素水解而受损伤较大，一般草类原料不宜采用，同时此法还易使木素发生缩合，或使木素与木材中所含的多酚类物质缩合，故适应的材种受到限制。

所用的盐基通常用钙盐，也可用镁、钠、铵等盐基，本法主要用于制取化学木浆或化学工业用浆。

（二）亚硫酸氢盐法

pH＝2～6，其药液的组成主要是亚硫酸氢盐，还可能有亚硫酸盐、亚硫酸及溶解SO_2。在pH＜4.5范围内，一般对半纤维素的损伤较大，而在pH＞4.5时，对半纤维素的损伤就较小。草类原料，可采用本法。而且用本法木素不易缩合，适用的材种较酸性亚硫酸盐法广，盐基可用镁、钠、铵盐等。通常用于木浆或草浆的生产。

（三）中性亚硫酸盐法

pH＝6～9，药液的主要组成为亚硫酸盐和部分碳酸盐。本法对半纤维素的损伤小，由于药液中的pH较高，一般用来蒸煮草类原料，也常用于阔叶木半化学浆或化学机械浆。

盐基通常使用钠盐或铵盐，但在pH偏向6情况下，也可以用镁盐基。

（四）碱性亚硫酸盐法

pH≥10，药液组成主要有亚硫酸盐和碱。可适用于各种原料。盐基只能用钠、铵盐基，本法多用于多级蒸煮。

二、亚硫酸盐法制浆的特点

与硫酸盐法比较起来，亚硫酸盐法制浆有着自身的优点和缺点。

（一）优点

①本色浆颜色浅容易漂白，漂白剂及其他化学药品消耗量较低，且在蒸解度相同时，得率高一些，也较容易打浆；②制造精制浆不需预水解，得率高，生产过程简单；③蒸煮用的化学药品比较便宜，制浆废液可以用来制取酒精、饲料酵母、香兰素、黏合剂等。

（二）缺点

①蒸煮时，由于原料磺化需一定时间，故蒸煮时间较长；②因蒸煮液需要自己制备，需要耐酸设备和管道及配备制酸车间，因此本法适用于大型纸浆厂。中小型厂不宜采用；③钙盐基蒸煮液的完全回收尚未解决，对水源及空气的污染比较严重；④对原料品种、质量选择性强。一般含心材较多或含树脂较多的木材特别是含多酚类的纤维原料，不大适合亚硫酸盐蒸煮。

第二节 蒸 煮 原 理

一、概 述

亚硫酸盐蒸煮的目的是用亚硫酸盐蒸煮液与纤维原料中的木素作用，生成木素磺酸和木素磺酸盐，溶于蒸煮液中而溶出，从而分离纤维，制取亚硫酸盐纸浆。

在蒸煮过程中如果条件控制不当，木素将会发生缩合难以溶出，纤维素和半纤维素也可能产生酸性水解。因此亚硫酸盐蒸煮的关键是使木素溶出的同时，尽量避免木素的缩合及纤维素、半纤维素的水解。

蒸煮的整个过程一般认为分成两个阶段。①渗透磺化阶段：蒸煮液充分而均匀地渗透到纤维原料的内部，并与木素发生磺化反应；②溶出阶段：磺化后的木素溶出并扩散到蒸煮液中，这是纤维原料的成浆阶段。

这两个阶段不是截然分开的，只是主次的不同，蒸煮初期以渗透磺化为主，后期以木素溶出为主。

二、药液的渗透

在亚硫酸盐蒸煮过程中，药液对纤维原料的渗透十分重要。如果渗透得均匀充分，则可获得质量均匀，筛渣少，得率高的纸浆。如果渗透不均匀，而又很快地提高温度，纤维原料内的木素就会产生缩合，这时筛渣生片增多，严重时甚至产生黑煮，不能成浆。因此如何使纤维原料能充分均匀渗透，这是煮好一锅浆的关键条件之一。

渗透的形式有压力渗透和自然渗透两种。

所谓压力渗透主要是以料片内外压力差为推动力，使药液进入料片的内部。压力差的大小决定于毛细管作用和料片外所加压力的大小。

自然渗透则主要依靠料片内外药液浓度差所引起的扩散作用来进行，浓度差越大，扩散作用就越大。扩散作用的大小除与药液浓度的大小有关外，还与药液的种类、温度的高低等因素有关。

影响渗透的因素主要有以下几个方面。

1．纤维原料的结构及性质

不同品种的纤维原料，其结构及性质是不同的，因此渗透的难易也不同，甚至同一品种，不同的部位或不同的产地，其渗透的难易也有差异。①阔叶木的纹孔膜、纹孔腔较针叶木简单，阻力小，所以易于渗透，但阔叶木的密度一般比针叶木大，其总的渗透量比针叶木小；②草类原料组织疏松，料片薄，比木材渗透容易得多；③同一种类的木材，边材较心材易渗透。这是由于边材密度较心材小之故，含树脂少的较含树脂多的易渗透，这是因为树脂堵塞在纤维原料的纹孔及胞腔内，阻碍了药液浸入。晚材的纤维壁较厚，胞腔小，较早材难渗透。

2．切片规格

蒸煮液浸入料片，主要是从纤维的轴向由细胞腔经纹孔进到料片的内部及中胶层，生成物则以相反的方向按同一途径溶出，如图3-1所示。

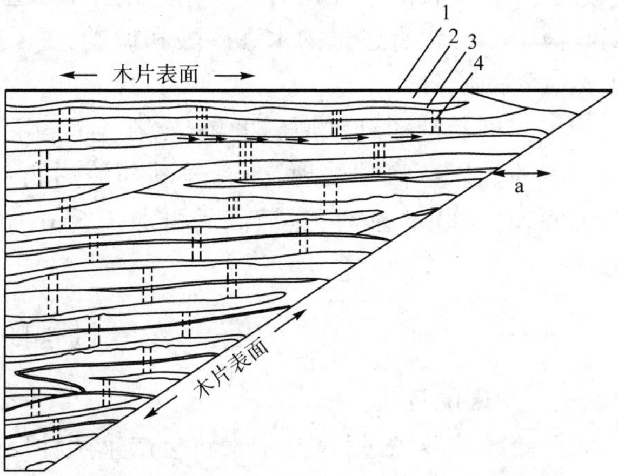

图 3-1　蒸煮液渗透进入木片示意图
1—中胶层　2—细胞壁　3—细胞腔　4—纹孔道
a—化学药品进入和溶出物的溶出途径

实验证明，轴向的渗透速度比其他方向的快得多。因此，料片长度越短渗透速度就越快。料片越厚渗透相对困难，但不是起决定作用，宽度则影响不大。若将木片斜切，由于增大了纤维细胞腔的暴露面，也能加速渗透的进行。

目前我国有关工厂多把木片切成长16～18mm、厚度3～5mm的规格，而草类长度则切为18～30mm。这既有利于渗透又避免了纤维原料切损过大，影响了浆料的强度和得率。

3．木片水分

木片水分过少或过大都会造成渗透困难。水分过少时，纤维的细胞腔被空气充填，细胞壁不易被湿润，阻碍了药液的渗入，这时只有靠压力渗透这种方法起主要作用。水分过大时，由于木片被水饱和，减少了木片对药液的吸收量，这时以自然渗透为主。渗透的动力主要来自于料片内外的药液浓度差，只有在料片含水量适中的情况下，渗透速度才会加快。实验证明，当木片含水量在35%～40%时，渗透速度最快，这是由于两种渗透方式均起作用之故。因此在生产过程中应尽量控制好原料的水分，在切片时对含水量少的木片可喷水湿润。

4．温度

提高蒸煮液的温度，可使药液黏度下降，药液分子的热运动加剧，扩散作用增强，有利于渗透的进行。但在木片未被充分渗透的情况下温度不能超过110～120℃这一临界温度，否则，木素将会发生缩合，破坏了正常的蒸煮进程。

5．压力

纤维细胞内外压力差越大时，渗透速度就越快，而压力差的来源主要有下列几个方面。①由毛细管作用产生的压力差；②在蒸煮过程中采用抽真空操作所产生的压力差；③采用蒸汽装锅、汽蒸、连续通风和排气等操作，使原料内的空气受热膨胀而排出一部分，在毛细管留存的一定量蒸汽，当冷酸液与木片接触使木片内的蒸汽冷凝造成部分真空而产生的压力差；④蒸煮送液时，用泵加压而造成的压力差等。

其中以毛细管作用产生的压力差最大。

6. 药液的组成

总酸增加，纤维原料内外浓度差增大，有利渗透。当溶解 SO_2 增加时，药液的 SO_2 分压增加，由于气体 SO_2 比液体的渗透速度更为迅速，因此也使渗透加速。而这种气态 SO_2 是由逐渐渗透到充满空气的木片缝隙内的酸液分解出来的。

化合酸增加时，不利于渗透。这是由于容易产生沉淀，堵塞毛细管之故。

另外蒸煮回收液的存在有利于渗透的进行，这因为可使化合酸下降，药液温度升高之故。但回收液中不能含有过量的木素磺酸和糖类，更不能含有其他过量的有机酸，否则将会严重影响了蒸煮液的质量。

为了促进药液对纤维原料的渗透，在生产实际操作中，最常用的一种方法是采用蒸汽装锅或对料片通入蒸汽预处理，亦有送满药液后再用泵进行加压，强制药液渗入木片的内部。实践证明，对 $100m^3$ 锅容，送液满后再加压至 0.5MPa，送液量可增加 $4m^3$ 左右（即可增 4%左右）。

三、蒸煮过程的化学反应

（一）木素的反应

在亚硫酸盐蒸煮过程中，木素将会产生两种反应，一种是磺化反应，另一种是缩合反应。

磺化反应是指木素与蒸煮液中的磺化剂作用，生成木素磺酸或木素磺酸盐溶解于溶液中，从而使纤维结构松弛，纤维细胞互相分离而制成纸浆。磺化反应是蒸煮过程中脱除木素的主要反应。

磺化反应的位置是在木素结构中酚羟基对位的三碳侧链的 α 碳原子上。

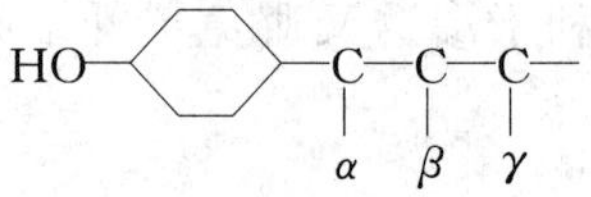

当前人们多认为磺酸根 HSO^- 是主要的磺化剂。也有人认为在温度低时 SO_2 是主要的磺化剂，温度升高后 HSO^- 的磺化作用也很显著。

缩合反应是指当蒸煮条件控制不当或磺化剂不足的情况下，木素分子互相合并变成更大的分子，使木素难以溶出。

缩合反应发生的位置与发生磺化反应的位置相同，也是在同一木素结构单元中的 α 碳原子上。缩合严重时会使纸浆和废液的颜色变黑，即在亚硫酸盐蒸煮中产生特有的"黑煮"现象。结果生片增加，纤维受到严重破坏，纸浆的得率和强度均大大下降，严重时甚至不能成浆。

磺化和缩合这两个反应是互相竞争、互相制约的，缩合了的木素在缩合的部位将难以磺化，要使其磺化，则磺化的速度也比未曾缩合的木素慢得多，缩合越严重，磺化就越困难，要使磺化后的缩合木素溶解也比未缩合过的需要更高的磺化程度。相反，磺化了的木素也很难缩合，这是由于木素经磺化后，磺化剂占据了木素能产生缩合的位置，因而使缩合的可能性减少。在蒸煮过程中，一定要掌握好工艺操作条件，尽力促进磺化反应的进行，减少或避免缩合反应的发生。

在酸性亚硫酸盐法蒸煮时，木素的溶出过程可分成磺化和水解溶出两个阶段，两者是同时存在的。蒸煮初期先以形成固态木素磺酸为主,木素的溶出在蒸煮初期已经开始,随着蒸煮过程的进行,木素的溶出加剧。在蒸煮后期主要是木素的水解作用,使相对分子质量降低而溶解于蒸煮液中,木素磺酸溶出的速度关系到蒸煮时间的长短和脱木素的程度,木素的分子量愈小,磺化程度愈高,温度升高均有利于木素的溶出。盐基在不同阶段所起的作用是不同的,在木素磺化阶段,因为生成的木素磺酸是一种比亚硫酸离解度还大的强酸,在反应区域内由于木素磺酸和其他有机酸的生成而使 pH 降低,使木素的水解作用加强。若无充足的磺化剂,则会产生木素的缩合,而盐基的存在则减少了反应区域内的酸度,起了一个缓冲剂的作用,抑制了缩合反应的进行。但在木素的水解溶出阶段,盐基的存在则起了阻滞作用,这是因为固体木素磺酸的溶出需要有足够的酸度,而盐基的存在却使酸度减少。

(二)半纤维素的反应

半纤维素的吸湿性和润胀性都较纤维素高,其聚合度又较纤维素低。在亚硫酸盐蒸煮中,半纤维素更易产生酸性水解,使其聚合度除低,部分并以多糖的形式进入溶液,进入溶液的多糖还可进一步降解成单糖。部分单糖脱水后形成糖醛酸和糖的磺酸盐。也有一部分单糖脱水后形成杂环化合物如糠醛等。单糖中的己糖,如葡萄糖、甘露蜜糖可经发酵制取酒精,戊糖可生产饲料酵母。

对于造纸用浆,含有一定量的半纸维素是具有好处的,不仅可增加产量而且还能改进它的物理性能。这是由于半纤维素的吸收水和保水能力强,打浆时易使纤维润胀柔软和细纤维化,成纸时增加了纤维间的结合强度。但半纤维素含量过多又会引起纸张发脆,不透明度降低。对于精制浆,半纤维素越少越好。

(三)纤维素的反应

纤维素在酸性条件下也将产生水解,特别是当木素大量(95%)溶出,纤维素失去保护后,水解更加剧烈起来,在高温低 pH 的条件下,水解溶出更严重。

适当的水解使短链的纤维素分子溶解于蒸煮液中,长链的变短,这在某种意义上对纤维素分子的均化作用是有利的,它使打浆容易。但剧烈的水解,纤维素将受到严重破坏,聚合度直线下降,必将导致纸浆的强度降低,得率下降。为了使纤维素少受破坏,蒸煮时宜采用较高浓度的药液,较低的温度和较短的蒸煮时间。

在亚硫酸盐制浆的过程中,除了上述三种主要成分的反应外,尚还有一些次要成分的反应,在此从略。

四、蒸煮过程的影响因素

(一)温度

蒸煮初期,适当提高温度可以加速药液的渗透,从而缩短蒸煮时间,但对 $pH<4$ 的蒸煮液,在料片未充分渗透前,不能超过临界温度(木片约 120℃,其中马尾松为 117℃,苇片 140℃),否则木素将会缩合,对 $pH>4$ 的蒸煮液,则不受限制。

在蒸煮后期,温度每升高 10℃脱水素的速度约加快一倍,但纤维素和半纤维素的溶出速度也加大一倍,因而使纸浆的得率和强度下降。不同 pH 的亚硫酸盐蒸煮和不同的材种,都各有其适宜的最高温度。正常亚硫酸盐蒸煮使用的最高温度范围是,酸性亚硫酸盐蒸煮 130~155℃,亚硫酸氢盐蒸煮 140~170℃,中性亚硫酸盐 140~180℃,此外蒸煮最高温度的选择还与浆的类型有关,制取可漂浆温度应较高,生产高强度的浆宜用较低的温度。一般认为,药液浓度高,压力高,蒸煮温度较低时,浆的收获率和强度均较高。

（二）压力

亚硫酸盐蒸煮，蒸煮锅内的压力是由流体静压、水蒸气和 SO_2 及其他气体所具有的压力组成。由于锅内存有 SO_2 气体，使锅内压力比相应温度的水蒸气的压力增加得快，酸液中溶解的 SO_2 越多，压力也增加得越快，故酸法蒸煮，锅压与温度的关系不能完全套用水蒸气压力与温度之间的关系。但压力高时，温度也将增高（用泵加压则除外），此趋势是一致的。改变压力不仅会影响温度的变化，也影响到锅内 SO_2 分压的变化，从而影响到锅内酸液的组成。

适当的提高蒸煮压力，不但有助于初期药液的渗透，并且对在高温下能有较高的总酸进行蒸煮有决定的作用。当气相的压力高时，由于平衡的关系也保证了液相中有较高的 SO_2 浓度，从而防止了亚硫酸钙沉淀的发生。

但蒸煮压力的提高，却受到锅体强度的限制，而且由于压力高，温度也随之会提高，而温度过高的结果将会使纸浆的得率和强度下降，因此不能随意地提高蒸煮压力。一般是木浆的蒸煮压力控制在 590～830kPa，蔗渣浆和苇浆的压力控制在 590～640kPa。

在日常操作中，为了能提高温度又不超压，常用不断小放气的办法来调节锅内压力。

（三）液比

液比是指蒸煮总液量对绝干原料重量之比。总液量包括原料中的水分和加入蒸煮锅内的其他液量。

当药液的浓度一定时，液比的大小，将直接影响到硫耗和汽耗的增减，液比大时，硫耗大，汽耗大，液比小时则相反。为了减少硫耗和汽耗，在蒸煮初期，往往首先用较大的液比，以保证料片的充分渗透，待渗透完毕，即将多余的药液回收，此时在能满足循环量要求的情况下，最宜把液比降到最小值，这样不但可以减少硫耗和汽耗，也有利于废液的回收利用。

在硫耗一定的条件下，液比过大，必然会降低药液的浓度，这时虽可增加渗透的均匀性，但由于浓度低，将使渗透速度减慢，影响了磺化反应的进行，甚至煮不成浆。药液浓度过低也给废液的回收利用带来很大的困难，若液比过小，药液浓度虽然高，但由于渗透不完全，在 C·A 不足的情况下，很容易产生红煮或黑煮。

若药液浓度既高，液比又大，则不但造成药液的浪费，还会使纤维素和半纤维素受到损害，造成纸浆的强度和得率降低。

在实际生产中液比的大小往往是根据具体条件变动的，一般常用的液比见表 3－1。

表 3－1　　常用液比表

浆种	盐基种类	浆用途	液比	浆种	盐基种类	浆用途	液比
木浆	钙盐基	人造丝浆 造纸用浆	5～6:1 5.5:1	苇浆	镁盐基 钠盐基	造纸用浆	3～4:1
草浆	钠盐基	造纸用浆	4～5:1				

（四）蒸煮液浓度与组成

酸液中 SO_2 的总量称为总 SO_2 或总酸，以 T·A 表示；以亚硫酸盐正盐形式存在的一部分 SO_2 称为化合的 SO_2 或化合酸，以 C·A 表示；总的 SO_2 减去化合的 SO_2，所得余数称游离的 SO_2 或游离酸，以 F·A 表示。三者的关系为 T·A＝C·A＋F·A。

蒸煮液浓度主要是指总酸浓度，也指化合酸和游离酸的浓度，改变药液的浓度对渗透、水解、磺化及缩合过程都有影响，由此也直接影响纸浆的质量和得率。

1．总酸的影响

当 C·A/F·A 之比不变时，提高总酸浓度，不但有利于渗透，也有利于木素的磺化和溶出。在一定的蒸煮时间内提高 T·A，温度可以降低，反之在一定温度的条件下可缩短蒸煮时间，因此提高 T·A 是有利的，但也不能过高，否则会增加药品的消耗，且影响到纸浆的质量。

2．游离酸的影响

当 T·A 一定时，提高 F·A，pH 会下降，如果渗透充分，可降低蒸煮温度（当 T·A＝5～8％时 F·A 每增加 1％，温度可降低 2℃）或缩短蒸煮时间。必须指出，游离酸浓度与蒸煮锅锅压是有直接关系的，提高游离酸浓度时，鉴于气液平衡的关系，锅压必须相应提高。

对钙盐基，蒸煮后期要保留一定的游离酸，以防止 $Ca(HSO_3)_2$ 转化为 $CaSO_4$ 沉淀，但保留的游离酸不能过高，否则将会使盐基相对缺乏而影响浆的质量和得率。

3．化合酸的影响

当总酸一定时，适当提高化合酸，在蒸煮前期有利于中和因反应生成的木素磺酸等强酸，从而防止木素缩合，保护了纤维素和半纤维少受破坏，提高了浆的得率、浆的白度和强度（除了撕裂度）。但化合酸过高，则会阻滞木素的溶出，从而延长了蒸煮时间，当化合酸增加到一定程度后，纸浆的白度和强度也不会再有显著增加。在钙盐基蒸煮中，过高的化合酸还会促使盐基沉淀，造成硫耗及纸浆的灰分提高。一般入锅时药液的化合酸控制在 0.8～1.2％为宜。

（五）盐基种类

亚硫酸盐制浆，使用的盐基主要有钠、铵、镁、钙四种，由于价格原因，其中后两种最为常用，钠盐基和铵盐基为一价可溶性盐基，镁为二价易溶性盐基，钙为二价难溶性盐基。

事实证明，可溶性盐基能加速木素磺酸盐溶出，并能得到洁净柔和及易漂的纸浆，从质量角度来看，无论哪一种纤维原料，使用可溶性的钠盐基或铵盐基效果都好。易溶性镁盐基较差，难溶性钙盐基最差。

可溶性盐基（Na^+、NH_4^+）所以能加速木素的磺化和溶出，主要是因为这两种盐基是单价离子，所形成的木素磺酸盐分子小，易润胀溶出。不像 Ca^{2+}、Mg^{2+} 盐基那样可联接两个磺酸基而使木素磺酸盐分子增大，且 Na^+、NH_4^+ 盐溶解度又较高。

对相同价数的镁盐基和钙盐基，由于镁盐的溶解度高于钙盐，故可提高酸液中化合酸的比例而降低了游离酸，从而保护了纤维素和半纤维素，而且，亚硫酸氢镁比较稳定，温度升高时也不易分解产生沉淀。用镁盐蒸煮得到的纸浆也相当柔软，颜色也较白。钙盐则不同，由于其溶解度较前二种盐基都低，易产生沉淀，被纸浆吸附后难以洗出，造成纸浆灰分增加，浆质粗硬。但经济上优于其他盐基。

（六）时间

蒸煮时间不是一个独立的变数，其长短是由蒸煮过程中的各种因素所决定的，在高温下，不适当地延长时间，会使纸浆的得率和强度大大下降，甚至造成“黑煮”，相反必要的适当延长时间，又可补救其他条件的相对不足。

在实际生产中，对硬度要求较高的纸浆宜采用较剧烈的蒸煮条件，用较高温度和较短的时间；对要求强度高和纯度高的软浆宜采用较温和的蒸煮条件，用较低的温度和较长的蒸煮时间。

此外，纤维原料的种类、水分含量的大小及料片的规格等都会影响到蒸煮进程和质量。

第三节　蒸煮设备及蒸煮作业

一、蒸 煮 设 备

（一）蒸煮锅

亚硫酸盐蒸煮锅的结构与硫酸盐相类似，只是为了使锅体不受药液腐蚀，锅壁必须用耐酸砖，或用耐酸钢板做成耐酸衬里。

（二）循环设备

为使锅内各处温度比较均匀，必须设有循环设备，通常为外循环，即在锅外设循环泵，将药液从锅的中上部或中下部抽出，经循环泵和加热器，再分别从锅的上锥部送入锅内，通常在最后保温开始即停止循环。泵的能力使药液循环次数不低于 3～6 次/时，循环泵的扬量以每 m^3 锅容取 0.05～0.08m^3/min，扬程一般取 15～20m。有关设备方面的其他知识，将在设备操作的有关章节中详细介绍。

二、蒸 煮 作 业

蒸煮的操作过程基本上包括装锅，送液与药液循环，第一段通汽与保温，第二段通汽与保温，移液或转注，蒸煮终点的确定，放气与放锅等主要阶段。

（一）装锅

装锅的要求是使锅内各部分的原料松紧均匀一致，以保证酸液循环时能均匀流动，从而得到质量均匀一致的浆料。装锅的方法有多种，其中常用的有自然装锅和蒸汽装锅两种。自然装锅是将料片从料片仓自然落入锅内，缺点是装锅量低，料片在锅内分布不均匀，往往是中部紧密周边疏松，造成蒸煮液在锅内循环不均，且各锅的装锅量也不一致，故较难控制液比和做到均匀蒸煮。

目前，我国各亚硫酸盐制浆厂，比较普通地使用史文生式蒸汽装锅器。采用蒸汽装锅器时，由于要排出不凝结气体和空气，故应在循环系统上设置抽真空设备，以吸去这些气体，防止气返现象的产生。蒸汽装锅可达到一定程度的蒸汽预处理作用，有利于渗透和缩短升温时间，对挥发性树脂也可除去一部分，就木片装入量而言，较自然装锅量高 30%左右。

实践经验证明，并不是任何一种原料都适合蒸汽装锅，南方马尾松由于相对密度大，采用蒸汽装锅的结果导致送液量减少，后期 C·A 不足，总酸下降，生片率增高。

另外，不论是自然装锅或是蒸汽装锅都要采取措施，防止和减少料仓架桥现象的发生，以免延长装锅时间。对 100m^3 锅容每锅装锅的时间约 10～15min。

（二）送液及药液循环

对亚硫酸盐蒸煮，由于酸液中有 SO_2 气体挥发出来，刺激气味大，故送液是在装锅完毕盖上锅盖后才进行，这点不同于碱法蒸煮。蒸煮的药液由高压回收锅用泵抽出，经加热器加热至 80～90℃后才从蒸煮锅的中下部送入，送满液后继续用泵加压至 0.5MPa 左右才停止。送液时锅内空气不断从锅顶排出，这样可以消除假压，并防止这部分空气转入回收锅降低 SO_2 分压和酸液的浓度，也避免了过量空气的存在，使钙盐药液产生石膏（$CaSO_4$）沉淀。当在空气中嗅到较浓的 SO_2 气味时，即可转换排气截门，把排出含有 SO_2 的气体转向低压回收锅进行回收，这样再经过 12～15min，当排出的 SO_2 浓度增大再转向高压回收锅排放。

送入锅内的药液量与装锅量、木片水分、药液的温度等因素有关。送液至 70%～80%，即可开动循环泵进行药液循环，至最后保温开始才停止，以使锅内药液浓度均匀一致。采用间接加热循环较直接通汽自然循环有下列优点：温度与药液浓度较均匀，锅内的冷凝水少，药液不会被稀释，蒸汽及化学药品的消耗相对小，纸浆粗渣少，细浆得率高。

（三）第一段通汽与保温

送液后即开始通汽，为了防止药液被稀释，多采用间接加热方式进行升温，升温后由于蒸汽的压力及料片中的不凝结气体和酸液中的 SO_2 逸出使锅压升高。为了避免超压，必须在锅顶不断排出气体，故称小放气又称小瓦斯，排出的气体含有大量的 SO_2，还可能带有少量药液，这些气体和药液含 SO_2 浓度都较高，故应向高压回收锅排放。

为了使药液充分渗透到料片内部，并使锅内的温度均匀一致，升温至临界温度时应保温一段时间（俗称中间保温）。保温时间的长短应视具体条件而定，以南方某厂蒸煮马尾松为例，第一段通汽的时间约为 1.5h，中间保温时间 20min 左右。

（四）第二段通汽与液体回收

经第一段通汽和中间保温后，料片已被充分渗透，即可进行第二段通汽，并把温度逐渐升至最高温度后进行最后保温，为木素磺酸的溶出提供良好的条件。最高温度的决定及最后保温时间的长短应视原料的品种规格、浆料的质量要求及其他工艺操作条件而定。

在最后保温过程中，要密切注意锅内压力的升降。如果开气截门开得较大，停止通气时的温度比规定的最高温度应略低 2～3℃，这是由于锅内实际温度常有滞后之故，停止通汽后温度还可会窜升数度。但是如果通汽截门开得较小，停止通汽后温度反会下降，这是由于锅皮散失掉一部分热量之故。

为了使料片渗透完全，送入蒸煮锅的药液量比实际需要的大，因此，一般在第一次升温结束，中间保温开始，即进行药液回收，把多余的药液回收到高压回收锅。药液回收的目的，主要是回收大量的硫和热，提高下一锅蒸煮酸的浓度和温度，减少单位浆料的硫耗和汽耗。同时降低本锅的盐基含量，以利于木素磺酸及其盐类的溶出。

回收药液一般要在 125℃ 前结束，若超过 130℃，则回收液中的有机酸及硫代硫酸盐增高，降低了药液的稳定性，对下一锅蒸煮不利。

药液回收的方法可采用移液法或转注法。移液法是将蒸煮锅内多余的药液利用蒸煮锅与高压回收锅之间的压力差，直接压入高压回收锅。而转注法是生产过程的合理调度，使本锅次的药液回收时间恰好是另一锅次的送液时间，这时可将本锅次的回收液直接送入另一锅。回收液是从锅的底部抽出，回收的速度不宜太快，以免造成蒸煮锅内药液的短暂分布不均。

（五）蒸煮终点的确定

蒸煮终点的确定也即最后保温终点的确定，这关系到纸浆的质量和得率能否达到要求，因此必须慎重确定。如果确定过早，必然会生浆增多，漂率偏高。但确定过迟又会造成纸浆的强度和得率下降。

决定蒸煮终点的根据主要有两点：一是药液的颜色变化，二是蒸煮过程中酸液浓度的下降速率情况，特别是第二段保温后酸液消耗的情况，然后再结合有关的工艺操作条件及实际经验作出判断。

随着蒸煮的进行，药液的颜色由浅变深，这是半纤维素水解及木素磺酸溶出的结果，半纤维素水解作用越大，木素磺酸溶出越多，则药液的颜色越深。药液的颜色深浅还与原料品种、水分、盐基含量及木素缩合程度等诸因素有关，例如当化合酸含量高时，颜色来得浅而慢，相反快而深，升温时间短而急，则颜色变深来得快。

随着蒸煮的进行，药液的总酸、游离酸、化合酸会不断下降，到了蒸煮后期，当木素磺酸的大量溶出及糖类分解氧化时，化合酸甚至会出现负值。判断时可根据本锅次药液颜色的深浅及酸液浓度的下降情况与上锅次进行对比，结合上一锅的浆料质量情况来决定终点。

（六）大放气

蒸煮到达终点后，即进行大放气，俗称大瓦斯。大放气的目的，一方面是降低锅压，为安全放锅作准备，另一方面是回收废液中的 SO_2 及热量，这对提高塔酸的浓度和温度是十分有利的。大放气通常是按时间的长短及压力的高低把排出的 SO_2 送到各低压回收锅进行回收。放气时间的快慢要考虑到蒸煮锅砖衬的安全和回收 SO_2 的吸收率，为了提高对 SO_2 的吸收率，大瓦斯排入回收锅前要先经冷却器冷却，在生产过程中，最适宜是大放气与低压回收锅的药液移送同时进行，在移送管路中设有文氏管，使药液与大瓦斯在文氏管中充分混合，充分吸收 SO_2。在大放气时由于锅压的突然降低，有时候会出现“液上”现象，即蒸煮锅内的废液会随大瓦斯排出管倒流到回收锅内，严重的影响到塔酸的质量，若关小了排瓦斯截门仍出现带水现象时，可从锅底排走部分废液，即可消除此现象的出现。

（七）放锅

大瓦斯完毕，即进行放锅。放锅的基本方法有喷放法和洗放法两种。喷放法是使蒸煮锅经放气后压力降至 0.2～0.25MPa 时，将浆料喷放到喷放锅中，特点是放锅时间短，但未蒸解分易受冲击而碎裂，增加了纸浆纤维性尘埃度，也损失了一定量的 SO_2。洗放法是将锅压降至常压，然后向锅内注入热的废液或温水，冲洗浆料到洗涤池，特点是放锅时间长，回收的废液浓度较稀，增加回收及利用的困难。

（八）SO_2 的回收和热回收

由上述可知，蒸煮时，在小放气、大放气及液体回收的过程中，均有相当量的 SO_2 和热量排放出来，为了降低硫耗和汽耗，提高酸液的浓度与温度，同时为了减轻对环境的污染，很有必要将排放出来的热量和 SO_2 尽量回收。

回收的方式有冷法回收、热法回收及综合回收三种。冷法回收是将 SO_2 冷却后用塔酸来吸收，增加 SO_2 的溶解度；热法回收则必须使回收锅保持较高的压力，由于冷却回收造成热量损失大，热法回收造成回收率低，故这两种方式基本上已被淘汰。我国现采用的方法是冷热综合回收法，可克服冷法和热法回收的缺点。

冷热综合回收流程见图 3－2 所示。

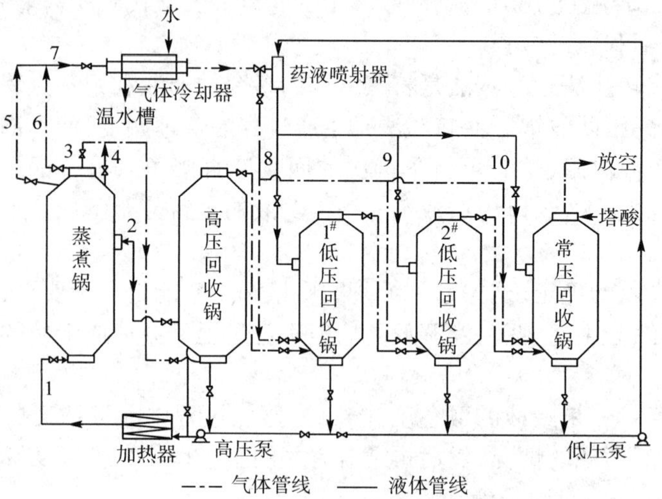

图 3－2 综合回收流程

1—底部管线 2—药液回收线 3—顶部排放管线
4—小放气排放管 5、6、7、8、9、10—锅顶管线

蒸煮酸由高压回收锅用泵抽出，经过加热器将酸液加热至 80～90℃，再经锅底管线进入蒸煮锅底部；管线 3 用作送液时排气及酸液在蒸煮锅与高压回收之间的循环管路；4 为小放气排

放管;2 为药液回收管,这几部分气体和液体都直接回收到高压回收锅;吸收不完的气体再依次通过管线 8、9、10 进入 1#、2# 低压回收锅及常压回收锅;大放气的气体经管线 5、6、7 进入气体冷却器冷却至 30~40℃后,经药液喷射器、文丘里与低压泵送来的药液充分混合,然后依次进入 1# 低压回收锅、2# 低压回收锅及常压回收锅;1#、2# 低压回收锅及常压回收锅的压力依次降低,酸液则按 SO_2 气体排放的相反方向向前移送,即气体回收与药液移送同时进行。简言之,小瓦斯及液体回收是采用热法回收,不经冷却器直接向高压回收锅排放,大瓦斯则用冷却回收,经冷却器排放至压低回收锅及常压回收锅。由于上述系统是采用了高压→中压→低压→常压回收装置,每段均保持一定的压力,可对蒸煮锅排出的 SO_2 进行分段吸收,因而提高了 SO_2 的吸收率;另外回收系统中装置有气体冷却器和药液喷射器,强化了气液的混合,从而提高了吸收效率。

第四节　蒸煮流程及示例

一、蒸 煮 流 程

亚硫酸盐法制浆的生产过程主要是包括蒸煮酸的制备及蒸煮两部分。蒸煮酸的制备是首先制取塔酸,然后用塔酸再吸收蒸煮过程中排出的 SO_2,使之成为浓度符合要求的蒸煮酸,并加热酸液送入蒸煮锅进行蒸煮。塔酸的制取是把硫铁矿焙烧,制取 SO_2,并将炉气冷却及净化,除去炉气中的矿尘、SO_3 以及升华硫、碘、砷、汞、镉等有害物质,再用吸收剂吸收而制成。由于塔酸制备属于矿山及化工行业,多与造纸业分离,故在此不做详述。

亚硫酸盐法的生产基本流程如图 3-3。

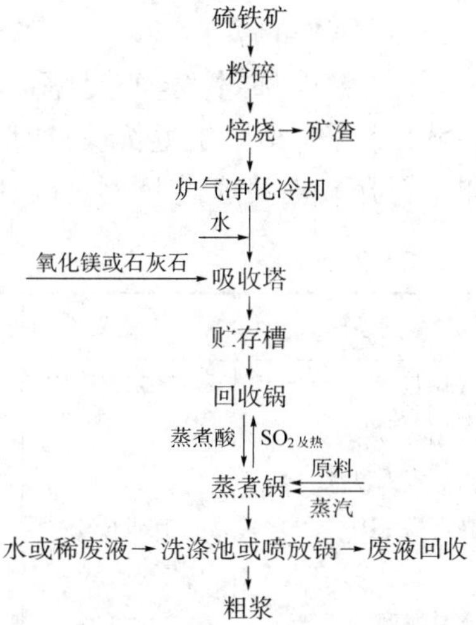

图 3-3　亚硫酸盐制浆流程图

二、蒸 煮 示 例

(一) 木材纤维类

1. 白松及白松与杨木、桦木混合材的蒸煮

白松是我国东北各浆厂使用的较为理想的原料,白松是鱼鳞松、沙松、臭松的混合材,都是杉属木材,色浅,树脂分少,制浆容易。除用作高级纸用浆外,还可用来生产人造丝浆。白松的蒸煮工艺及白松与杨木、桦木混合材的蒸煮工艺示例见表 3-2。

表 3-2　蒸煮工艺条件示例

蒸 煮 条 件	本色浆	漂白浆	漂白浆	人造纤维用浆
木片规格(长×厚)/mm	18~22×12	18~22×12	18~12×12	18~22×12
木片水分/%	40~50	40~50	40~50	40~50
原木配比/%: 白松	100	70	100	100
桦木	—	10	—	—
杨木	—	20	—	—
蒸煮条件: T·A用量/%	6.5~7.0	6.5~7.0	6.5~7.0	6.5~7.0
C·A用量/%	1~1.2	1~1.2	1~1.2	1~1.2

续表

蒸煮条件	本色浆	漂白浆	漂白浆	人造纤维用浆
最高温度/℃	150	150	150	142
最高压力/kPa	650	650	650	650
蒸煮总时间(时:分)	约 7:15	约 7:25	约 7:25	10:00～12:00
其中：装锅	0:40	0:40	0:40	0:40
第一次升温	1:05	1:05	1:05	3:00
第一次保温	0:45	0:45	0:45	2:00
第二次升温	3:00	3:00	3:00	4:00
第二次保温	约 1:00	稍大于 1:00	稍大于 1:00	1:20 左右
放气	0:30	0:30	0:30	1:00
放锅	0:18	0:18	0:18	0:20
纸浆漂率/%	12～16	8～12	8～12	6～10
纸浆黏度/Pa·s	—	—	—	0.04～0.05

2．马尾松的蒸煮

马尾松为松属木材，心材率高，树脂多，密度大。用酸性亚硫酸钙盐法制浆有一定困难。但在我国南方，马尾松生长快，产量高，在用马尾松制浆方面积累了不少的经验，取得了较好的效果。马尾松蒸煮工艺示例见表 3－3。

表 3－3　马尾松蒸煮工艺条件示例

蒸煮条件	半漂浆	全漂浆	蒸煮条件	半漂浆	全漂浆
T·A 用量/%	7.5 以上	7.5 以上	第一次升温	1:40	1:40
C·A 用量/%	1.2～1.3	1.2～1.3	保温	0:40	0:20
最高蒸煮温度/℃	145	145	第二次升温	1:50	1:50
最高压力/kPa	上部 650	上部 650	保温	0:55	1:20
	下部 750	下部 750	放气	1:00	1:00
蒸煮总时间(时:分)	6:30	6:30	放锅	0:10	0:10
其中：装锅	0:15	0:15	纸浆漂率/%	20:8	13:9
送液	0:30	0:30			

（二）非木材纤维类

非木材纤维类亚硫酸盐蒸煮示例见表 3－4。

表 3－4　非木材纤维类蒸煮工艺条件示例

原　料	芦　苇	蔗　渣	原　料	芦　苇	蔗　渣
装锅量(风干)/t	—	23.5～26	其中：装锅	0:25	0:25～0:35
蒸煮液总酸量/%	3.8	2.6～2.9	升温	1:06	4:00～4:30
C·A/F·A	2.7	2.1～2.4	保温	1:24	
送液量/m^3	100	103～105	大放汽	0:22	0:25
装锅压液量/m^3	—	25～35	放锅	—	0:15
蒸煮最高压力/kPa	650	630	蒸煮残酸/%	0.224	—
蒸煮最高温度/℃	163	160	粗浆漂率/%	2.3	—
蒸煮总时间(时:分)	3:20	5:00～5:45			

（三）亚铵法制浆

近年由于对减少环境污染和节约纤维原料两个问题的重视，人们在亚硫酸盐法制浆领域中进行了长期不懈的努力，促进了亚硫酸盐法制浆的进一步发展，以可溶性盐基代替钙盐，同时在蒸煮设备和方法等方面也有不少的改进，为亚硫酸盐法制浆开辟了新的途径。尤其亚铵法制浆（中性亚硫酸铵法制浆的简称）技术，由于它有很多的优点，近年来发展较快。有关亚铵法制浆的详细内容将在后面“半化学浆和化学机械浆”中详细介绍。

1．铵盐蒸煮的主要特点

①溶解度特别高，可用于制造 pH 很宽的蒸煮液，但目前多用于 pH＝1～2 和 pH＝7～11 范围；②脱木素速率较钙盐基高，故蒸煮时间短，蒸煮温度较低，相应减少了蒸汽消耗和硫耗；③对材种适应性强，细浆得率较钙盐基高 2％～6％，浆渣也较钙盐基少 50％；④浆料容易洗涤，有利于洗选效率的提高；⑤废液可直接施放农田；⑥腐蚀性较大，国外多用于酸性亚硫酸盐蒸煮。需要耐腐蚀设备和管道；⑦不易漂白，漂率较高；⑧浆中含氮较多。

2．亚铵法麦草浆

近年来亚铵生产在四川、山东等地得到了很好地发展，为了更好地探讨亚铵法制浆，现结合山东某厂亚铵法制浆的实例，介绍一下亚铵法麦草浆生产瓦楞纸的生产情况。

①所用原料：稻麦草。②质量标准：无霉烂、变质，无杂质。③药液制备：自制，工艺流程：固体硫磺经空气压缩机将空气和硫磺送入燃烧炉，在 650～700℃ 的温度下，燃烧产生 SO_2 气体，$S + O_2 = SO_2$，SO_2 气体经第一吸收塔底部进入（第一吸收塔内贮存有 12％～13％的氨水），$SO_2 + NH_4OH = (NH_4)_2SO_3$，多余的 SO_2，进入第二吸收塔，再和低浓的氨水吸收，然后尾气排入大气中（水蒸气）。④备料及操作：切草长度 20～40mm，合格率不小于 70％。⑤蒸煮设备：40m^3 蒸球。⑥装草量：5.2～5.5t/球（风干草）。⑦亚铵用量：绝干草的 10％，浓度按 100％计。⑧氨水用量；绝干草的 2％加入，浓度按 100％计。⑨液比：1∶2.0～1∶2.2。⑩升温曲线及操作时间：空运转 0∶20，升温 0∶20 压力达到 0.4MPa，再升温 0∶30 压力达到 0.75MPa，然后在 0.75MPa压力下，保温 2∶30，喷放大约需要 0∶10。⑪蒸解度：45～50 卡伯值。⑫黑液 pH≥7。⑬黑液残亚铵 4～6g/L。

3．几种亚铵法生产稻草浆的工艺条件示例

表 3－5　　几种稻草浆的蒸煮工艺条件

纸（浆）种	单面胶版纸	有光纸	纸（浆）种	单面胶版纸	有光纸
蒸球容积/m^3	2 520	1 000	保温时间/h	3.5～4.0	5.5
亚铵用量/％	15.0	15	粗浆收获率/％	61～65	
氨水用量/％	0.97	1.45	粗浆硬度（卡伯值）	7～10	14
液　比	1∶2.8	1∶2.8	残余亚铵/（g/L）	10～25	
压强/（kg/cm^2）	7	7	废液 pH	6.5～7.0	7

作业题

1．何谓亚硫酸盐法制浆？

2．亚硫酸盐法制浆分为哪几类？各有什么特点？

3．亚硫酸盐法蒸煮的目的是什么？

4. 亚硫酸盐法蒸煮分为哪几个阶段？有哪些作用？

5. 什么叫压力渗透和自然渗透？

6. 影响药液渗透的主要因素有哪些？常用哪些方法促进渗透？

7. 何谓磺化反应和缩合反应？为什么说磺化反应和缩合反应是互相竞争互相制约的？盐基在蒸煮的前后期起何作用？

8. 木素的溶出分为哪两个阶段？

9. 半纤维素在蒸煮过程中有什么反应？

10. 纤维素在蒸煮过程中有什么反应？

11. 蒸煮过程中主要影响因素有哪些？并分别分析之？

12. 简述亚硫酸盐蒸煮的生产流程。

13. 蒸煮作业的操作有哪些？并说明各项操作的操作要点。

14. 为什么要进行 SO_2 回收和热回收，回收的方法有哪几种？

15. 什么叫亚铵法制浆？

16. 了解亚铵法蒸煮稻麦草浆的工艺条件。

第四章　机械法制浆

第一节　概　　述

利用机械方法磨解纤维原料，所得的纸浆称为机械浆。以木材为原料所得机械纸浆，称为机械木浆或磨木浆；以草料为原料所得的机械纸浆，称为机械草浆。目前机械法制浆所采用的方法主要是磨石磨木浆和盘磨机械浆。

磨木浆的生产开始于 18 世纪，当时生产磨木浆的目的在掺入破布浆中，以降低成本和填平纸面。1884 年以后，磨木浆广泛用于生产新闻纸。1880 年，美国首创热磨浆，使磨木浆的生产迅速发展起来。

磨石磨木浆是所有浆种中得率最高，生产成本最低，环境污染最小的制浆方法。虽然其强度与白度不稳定，但具有成纸的吸墨性强，不透明度高，柔软而平滑，印刷适性好等优点，所以在新闻纸、印刷纸的生产中仍占有一席之地。

盘磨生产机械浆是近年来得到迅速发展的一种方法，在 1960 年以前机械浆主要是磨石磨木浆，而目前利用盘磨来生产机械浆已超过了机械浆总量的一半。盘磨机械浆之所以发展如此迅速，主要原因有如下几点。

①可用枝桠材和边角料，以及锯木厂的木片和锯屑来代替原木；②浆和纸张的强度提高；③降低人工费用，降低劳动强度。由于盘磨技术的发展，单机生产能力提高，阔叶材的应用增多，促进了各种改进质量的有效措施出现。

第二节　磨石磨木浆

一、概　　述

磨石磨木浆是应用机械力或水力作用，将木材压在磨石表面（木材的纹理与磨石的轴向保持平行），由旋转的磨石将木材磨解成纤维，再用水将其从磨石表面上冲洗下来，即成磨石磨木浆。

普通磨石磨木浆的生产过程可分为：备木、磨浆、浆料的筛选、净化和浓缩等几部分，有的还需要进行漂白。图 4-1 所示为普通磨木浆的生产流程。

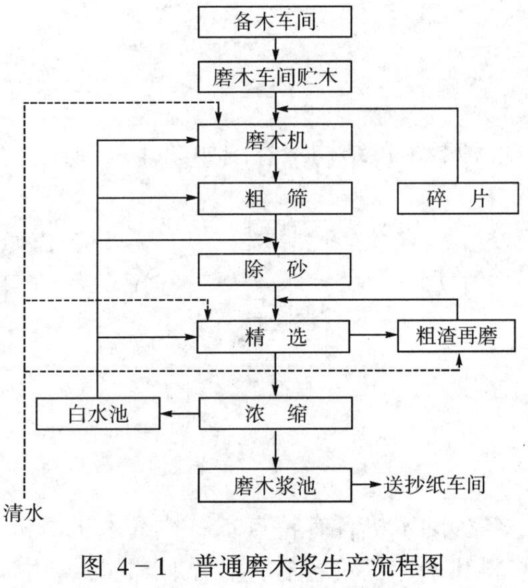

图 4-1　普通磨木浆生产流程图

普通磨木浆色泽较白，一般用于制造不需久存，价格低廉和要求印刷性能良好的纸张，如新闻纸、中低档印刷纸等。

如果木片在磨解之前，先在蒸煮器内予以汽蒸，然后在磨木机上磨解成浆，则所得纸浆呈棕黄色，称为褐色磨木浆。木材由于经过汽蒸处理，其结构松软，容易磨浆，并且所得纸浆纤维较长，分散性好，强度高，滤水性好。但由于颜色较深呈棕黄色，所以仅适于生产强度较高的包装纸和纸板。

二、褐色磨木浆的汽蒸过程

（一）汽蒸作用

汽蒸过程基本上是水解过程，当木材在 120～130℃ 温度下汽蒸时，木材的化学组成发生了一定的变化，主要是去掉易水解的聚糖、部分挥发性的酸类等物质。当温度升高到 160℃ 或以上时，难水解的糖类也开始水解，但此时纤维组织受到破坏，机械强度下降。故在汽蒸时温度一般不超过 160℃。

（二）汽蒸条件

木材汽蒸可分为升温、汽蒸和放汽三个阶段。升温阶段：一般在 0.5～1.5h 内升到规定的最高温度或压力（一般为 396～589kPa）。汽蒸阶段（又称保压阶段）：在规定的温度或压力下进行汽蒸，其汽蒸时间的长短，可根据材径大小和含水量以及生产的纸浆品种而定，通常为 4～18h。放汽阶段（又称减压阶段）：汽蒸结束后，排出汽蒸锅内的蒸汽，将装料小车拉出，然后将原木倒入水池中，用水趁热洗涤，可使颜色稍有变浅。

三、磨石磨木设备

（一）磨木机

磨木机种类很多，根据压送原木机构的特征和加压方式可分为水力加压和机械加压两大类。按其生产操作的连续性可分为间歇式和连续式两大类。按形式可分为链式磨木机、袋式磨木机、库式磨木机、环式磨木机等。根据结构不同，有双袋式磨木机还有大北式、卡米尔式等类型。水力加压的磨木机多为间歇式操作，各种机械加压磨木机均为连续操作，其分类如下所示。

间歇式 { 袋　式、库　式、大 北 式 }
水力加压式 { 袋　式、库　式、大 北 式、卡米尔式 }
连续式 { 链　式、螺 旋 式、环　式 }
机械加压式 { 卡米尔式、链　式、螺 旋 式、环　式 }

各种磨木机结构示意图如图 4－2 所示。

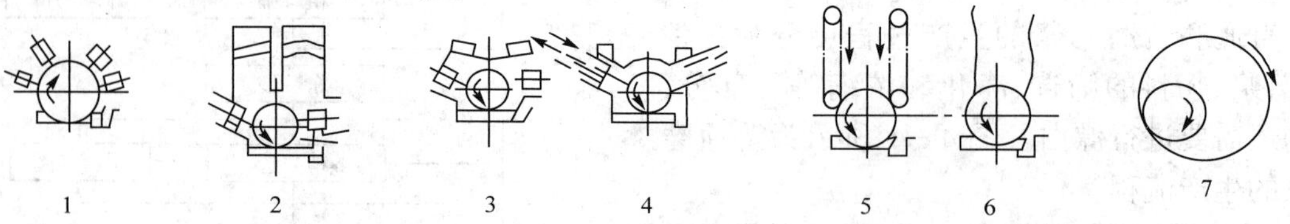

图 4－2　各种磨木机示意图

1—多袋式　2—库式　3—大北式　4—卡米尔式　5—链式　6—螺旋式　7—环式

各种磨木机各有特点：链式磨木机电机负荷较稳定，对磨石喷水和刻石方便，由磨碎区除去浆料和木片比较容易，主要缺点是设备占地空间较大，链条翅片易损坏。卡米尔式磨木机和大北式磨木机利用水力加压，压力较为灵敏、稳定，浆料质量也容易控制。卡米尔磨木机两个袋能独立连续工作，原木与磨石的有效接触面积也较大，因而生产能力较高，但由于其自动化程度较高，构造复杂，各阀门与液压缸容易磨损漏水，维修工作量大，此外磨浆时产生的蒸汽由装料口排出，影响操作。大北式磨木机由于间歇操作，电机负荷变化大。环式磨木机结构紧凑，设备安装占地面积小，所有轴承和轴都能自动润滑，并设有通风机以排除蒸汽，但刻石机位于环内，更换刻石轮与磨石不方便，需人工装木，并注意保持木库中原木量稳定，以免引起负荷与浆料质量的波动。

（二）磨石

磨石是磨木机的基本组成部分，它的质量、工作层组成的均一性和机械强度等在很大的程度上决定了磨木机的生产能力、动力消耗以及纸浆质量等技术经济指标。

磨石有天然磨石和人造磨石两类。人造磨石又分水泥磨石和陶瓷磨石两种。天然磨石由于含石英 80%～85% 和黏土 15%～20%，其耐压强度只能达到 2.5MPa，线速度不能超过 17m/s，固不能满足生产发展的要求，目前已被淘汰。

人造磨石，主要由磨料粒子与黏合剂两种物料组成，磨石的性能主要取决于磨料粒子的形状、粒度、磨石的气孔率和硬度。

磨料粒子的粒度和形状，不仅影响磨石的生产能力，而且影响纸浆的质量。磨料粒度大的磨石，磨出的浆粗劣，但生产能力大；粒度太小的磨石，磨出的浆料，滤水性能差，生产能力小。磨料粒子过于锋利时，磨碎时切割作用剧烈，得到的是含大量短纤维的粗浆，反之，如果过于圆钝，则浆料纤维细小，生产能力低，只有在经常刻石的情况下，才能正常生产。最适宜的磨料粒子形状应该呈多角形，棱角较为平钝。

磨石的气孔率和硬度，取决于黏合剂的性质及与磨料粒子的配比。黏合剂的黏结强度小，制取的磨石软，磨料粒子易磨脱，磨纹很快磨损；反之，磨石硬度大，刻石较困难，刻石后磨纹在很长时间内保持尖锐的锐角，使磨出的浆料质量粗劣，理想的黏合剂，应可与磨料粒子同时磨掉，或比磨料粒子磨掉的时间稍快，这样可使磨石表面不断暴露出新的磨料粒子，并长时间保持磨石粗糙的表面。

水泥磨石具有较高的机械强度，并能适应一定范围的温度变化，其制造成本低，并可根据用户的要求而生产不同规格的磨石。其次，线速度可达到 19～20m/s。但水泥磨石耐用性差，每块磨石只能用 2～3 个月，导致生产作业时间减少，并由于刻石频繁，致使纸浆质量波动大。另外，由于制造养生时间太长和较高的运输和保管条件，故有被陶瓷磨石代替的趋势。

陶瓷磨石的物理性能良好能适应温度变化，其表面工作层硬度大，机械强度高，线速度可达 25～30m/s。由于其表面工作层硬度大，故刻石周期长，使纸浆质量稳定，纤维形态好，浆中含砂量少，磨石使用周期长（可达 2～3 年），故可提高其生产作业时间。但在磨块拼砌时，技术要求较高，难度大，否则易出现掉磨块的现象。陶瓷磨石分软、中、紧三级，以磨料率也就是磨料在磨石中所占的质量分数来表示。通常采用的陶瓷磨石属中级 6～8 号，磨料率 50%～46%。

四、磨石磨浆原理

现代磨木浆的磨浆理论，是压力脉冲理论，根据这个理论，磨木过程中纤维的离解，分为以下三个阶段：①由于磨石对原木产生周期性的压力脉冲作用，使木材加热，引起木素软化；②在剪切力作用下，自木材上将纤维分离下来；③分离下来的纤维与纤维束进行复磨和精磨。此三个阶段密切相关，互相影响，不能截然分开。

这种磨浆理论将磨浆过程看作是一个能量传递和转换的过程，能量以摩擦能与振动能两种形式表现出来。摩擦能的作用大小取决于多种因素，如：磨石的表面结构，磨料粒子的状况及磨碎面积等。而振动能的作用大小主要由磨石刻纹决定，当磨石表面的刻纹纹峰在运转中越过木材结构某一点时，就会使木材表面产生依次压力脉冲，从而将能量传递给木材。

在磨浆的第一阶段，由摩擦及压力脉冲产生的能量被木材吸收后，转化热能，使木材温度升高，引起胞间层木素的软化。木材表面的升温，足以软化木材贴近磨石表面约10层纤维的厚度。而木素的软化为下一步纤维的完整离解，创造了必要的条件。反之若未经充分软化的木材，在磨浆中会在细胞壁任意处破裂，导致碎片的增多，或产生破损了的纤维或粉状细料。

软化后的纤维在摩擦力及剪切力的作用下，可由木材表面剥离下来，通常这种剥离作用，是从纤维一端开始。纤维以严格的次序和同样的方向进行剥离。剥离下来的纤维物料，聚集在磨石刻纹的沟槽中，在由磨碎到移出的过程中，经受精磨与复磨。

五、磨木过程的影响因素

在磨木浆的生产过程中，由于涉及到多次的能量转换，因此影响磨木浆质量的因素很多，但主要是原木、磨石、输入功率以及磨浆用水等方面，并且各因素间又相互联系和相互制约。因此要达到优质、高产、低消耗，必须掌握这些因素之间的关系，全面考虑，灵活处理，以提高磨浆质量。

（一）原木的质量

原木的材种不同，则其相对密度不同；同一树种，部位不同，则其组织紧密状况不同。但原木的质量直接影响纸浆的质量、动力消耗以及生产能力的大小。

通过对测定的数据进行分析，可得到如下几方面结论。

（1）水分　木材含水量以40%～45%为最佳，小于20%～30%的不好，大于50%的也不佳。含水少，浆的产量和质量差，电耗高。含水过多，浆产量明显下降。

（2）相对密度　相对密度大的木材，其单位重量生产浆量高，纤维细长。

（3）材种　白松（包括臭、沙、鱼鳞松）好，纤维细长，色白，电耗低；马尾松则电耗高，色灰黄，滤水性差；青扬比白杨好，但其颜色不及白杨的白。

（4）树节　树节的硬度大，不均匀，加工时使磨石受到磨损，且耗电高，纸浆质量不高。

（5）弯曲（度）　弯曲的木材不利装料，浪费料箱的空间，从而降纸磨木机产量。

（6）腐材　腐材使浆中细粉料增加，强度变低，颜色加深。

（7）年轮　窄年轮的材，组织紧密，相对密度较大，纤维细长，产量较高。

（二）磨石表面

磨石表面粗糙的程度，直接影响纤维的分散性。当磨石表面较粗糙时，磨出的浆料较粗糙，纤维束较多，产量较高，动力消耗低，滤水性能好；反之，则产量低，动力消耗大，滤水性差，但纤维的分散性好，成浆质量相应比较好。根据实验测定，可得出如下关系式：

生产能力　细:中:粗＝1.0:1.25:2.0

动力消耗　细:中:粗＝1.0:0.8:0.5

磨石颗粒的均匀性，对纸浆质量和动力消耗的影响较大。均匀性高，则纸浆质量好，动力消耗低。

一般说来，刻纹细而浅和变钝的磨石，所磨出的纸浆的纤维细小；刻石刀刀号愈低，刻石愈重，则纸浆愈粗；季节不同时，应采用不同的刻石方法，一般由于夏季其木材水分较多，则宜采用高号细纹，刻石不宜太深，应运用勤刻、浅刻的原则；但在冬季，由于木材的水分较夏季小，则其刻石可以较深。

（三）磨石线速度

在其他条件不变的情况下，线速度愈大，则其生产能力愈大，相应其动力消耗增高，但单位电耗反而略有降低。

若磨石线速度增加过大，而进料压力不足，则由于原木进料的速度与相应的线速度不适应，因而易造成磨石对浆料研磨珠作用，使纤维变细，成浆质量有所提高，但动力消耗相对增加；同时线速度的增大，造成摩擦的热能有所增高，从而增大了原木与磨石接触的表面温度，磨出细长而富有弹性的纤维，提高其磨浆质量。

但由于磨石的结构，限制其线速度不能太高，否则会造成磨石破裂的设备事故。

（四）磨木弧长

磨木弧长，是指磨木袋前后壁之间的磨石圆弧长度。若磨木弧长愈长，则磨石与原木接触的路程愈长，相应会提高磨浆产量。由于接触的时间愈长，则相应增大纤维研磨的路程，因而对成浆质量有利。

但若磨木弧长过大，则动力相应增大，并且纤维磨的过碎，会造成副作用。

在决定磨木弧长时，应考虑如下两方面的因素：

一方面应考虑原木不会卡进磨木袋与磨石形成的区间；另一方面，应考虑纤维是否会受到过度的复磨作用。

（五）磨木比压

磨石单位有效面积上原木所受的压力，叫磨木比压。在磨碎过程中，原木与磨石的接触面积是不断变化的，因而比压在一个很大的范围内变化。由于主要是磨石粒子与木材接触，因此磨木比压以平均压力表示。不同的磨木机加压方式不同，因此比压的计算式不同。如水力加压式的磨木机，其磨木比压可按下式计算。

$$p_0 = \frac{p\pi d^2 \beta_1}{4A_0} \quad (\text{kPa})$$

式中 p——水压缸表压（kPa）

d——水压缸活塞直径（cm）

β_1——压力利用系数，一般取 0.75

A_0——磨木有效面积（cm^2）

$$A_0 = \beta \times l \times L$$

β——磨石工作面的有效选用系数，一般为 0.75～0.95

L——磨木长度（cm）

l——磨木弧长（cm）

对机械加压式的磨木机，磨木比压可按下式计算。

$$p_0 = \frac{102 \times 98.04 P_0}{f_0 A_0 v} \quad (\text{kPa})$$

式中 P_0——磨木时实用有效功率（kW）

f_0——磨木时总摩擦系数，一般为 0.15～0.25

v——磨木线速度（m/s）

在实际生产中，由于要求计算快速，及时调整操作系数，故磨木比压可按下列经验式计算。

$$p_0 = (0.025 \sim 0.04)c(\text{kgf/cm}^2) = (0.025 \sim 0.04)c \times 98.04(\text{kPa})$$

式中　c——磨木进料速度(mm/min)

磨木机一般比压范围：普通链式 176～245kPa；大型链式 274～353kPa；大北式 147～253kPa；环式 196～294kPa。

增大磨木比压，则磨石的颗料嵌入原木深度增加，相应能提高其生产能力，但动力的消耗也相应增大。适当增加磨木比压，可改善浆料质量，而当增大比压过大时，浆中的粗纤维量也相应增大，反而导致成浆质量下降。

应当指出，在磨木的过程中，由于磨石与原木的接触面积在不断的变化，由前式可知，磨木的比压也发生变化。因此，为稳定产量和成浆质量，在实际生产中应严格控制其磨木的比压，不应使其有太大的变化。

（六）磨浆温度与浓度

由于磨石磨碎区表面的温度是很难测定的，故一般都是用浆坑温度表示磨石磨碎区表面的温度。根据磨浆温度的高低，可分为冷磨法和热磨法两种。在冷磨法中，磨浆温度一般只有35～40℃。由于温度较低，故所磨的纸浆纤维分散性差，纤维显得粗短，并且是分离不完全的游离状浆料，使成纸物理强度差，故只适于生产低级包装纸和纸板，为此目前已被淘汰。

在热磨法中，磨浆温度一般为 60～75℃。磨浆温度的升高，相应可以提高其生产能力和降低电耗，并使纤维的分散性有所改善，从而提高成纸的物理强度减小其滤水性。

由于要提高磨浆温度，势必要增大线速度和磨木比压以及磨浆浓度，但磨石线速度的提高又受到磨石结构的限制，而增大磨木比压和磨浆浓度，又会降低其成浆质量，故磨浆温度的升高，受诸方面因素的制约。

磨浆温度与磨浆浓度间的关系相当密切，即浓度大，则浆坑温度高。浆坑的温度由喷入的白水来调节，改变白水温度和喷水量，可调节浆坑温度和浓度。

根据浆坑中浆料的浓度，可分为高浓(浓度大于2.0%～2.5%)磨浆和低浓(浓度低于2.0%)磨浆，目前生产中多采用高温低浓磨浆，其原因如下。①由于磨浆浓度低，故易使磨石表面保持干净，从而减少复磨作用和糊化现象。②由于分离完全，细长纤维含量增加，相应减少短少纤维的百分率，改善其成浆质量，提高纸张的物理强度。③由于复磨的作用减少，故可提高约 10%的生产能力，相应降低 5%～10%的动力。④由于浓度较低，不易出现磨木卡料现象，使负荷均匀，生产稳定。⑤由于白水的温度较高(一般不低于 45～50℃)，故减少了喷水和磨石表面的温度差，从而延长磨石寿命。

（七）磨石浸渍深度

浸渍深度有理论深度和实际深度。

理论深度是指挡板顶边与磨石底部切线之间的距离(H)；

实际深度是指浆坑中浆料液位高度与底部切线之间的距离(H_1)。两者关系为：

$$H_1 = H + d$$

式中　d——挡板顶边上浆层的厚度

由于磨石浸入浆料中，使磨木机的生产能力降低，单位动力消耗上升。但却能清洗磨石表面并使磨石均匀冷却，使成浆质量有所改善。磨石在浆中的浸渍深度由浆坑挡板调节。

现在国外发展了无浆坑的磨木设备，即将浆坑的挡板放低，使磨石不浸入浆中，减少了磨石运行中的阻力，使磨石可在较大负荷与线速度下磨浆，采用高压喷水，消除了复磨，降低了浆料打浆度及能耗，延长了刻石周期，使浆料质量更稳定。无浆坑磨浆简化了生产过程控制，但需严格控制喷水温度、压力和喷水量，在整个磨石面喷水均匀，既可控制浆的质量，又能保证磨石安全。

第三节　盘磨机械浆

一、概　　述

盘磨机械浆是近30年才发展起来的一种机械制浆方法，它是在不用化学药品的情况下，分离纤维并精磨而成的纸浆。由于盘磨机械浆是采用木片，故可不用原木，扩大了原料的使用范围。木片的磨浆采用大功率盘磨机，在高温、高浓、高速磨浆的工艺条件下，浆料中长纤维含量高，较相同打浆度的普通磨木浆强度大，滤水性好，不透明度和印刷性能也高，可减少抄纸中化学浆的配用量。由于盘磨机生产能力大，占地面积小，自动化程度高，从而大大提高劳动生产率。由于这种制浆方法操作稳定，控制方便，质量适应范围广，生产不用化学药品，因而成为制浆工艺改革的一大成就。但盘磨机械浆的电耗高，比普通磨木浆高50%，甚至一倍以上；另外盘磨机的齿盘使用寿命短，设备维修费用高；成纸强度低，平滑度较低，白度稍差。

二、盘磨机械浆的分类

根据其制浆工艺过程的不同，分为木片磨木浆和预热木片磨木浆两种，又称为盘磨机械浆和预热盘磨机械浆。

（一）普通盘磨机械浆

木片不经预热，直接喂入开口卸料的盘磨机，磨碎所得的纸浆，称为木片磨木浆。如图4－3所示为典型的普通盘磨机械浆生产流程。

贮于木片仓的木片，用螺旋输送器卸出，经称重后用风力送至旋风分离器，然后进入木片洗涤器，用50℃白水洗涤后，经隔栅式脱水机脱水，木片水分含量越65%。洗后木片，用螺旋输送机送至一段盘磨机的木片仓，仓中有料位指示器，用以控制木片仓的开启与关闭。经过二段磨的浆料，落入盘磨机下的浆槽中，加白水稀释至浓度4.5%左右，用循环白水维持浆温在70℃左右，有助于木片磨木浆消潜，然后送至筛选、除渣、浓缩。

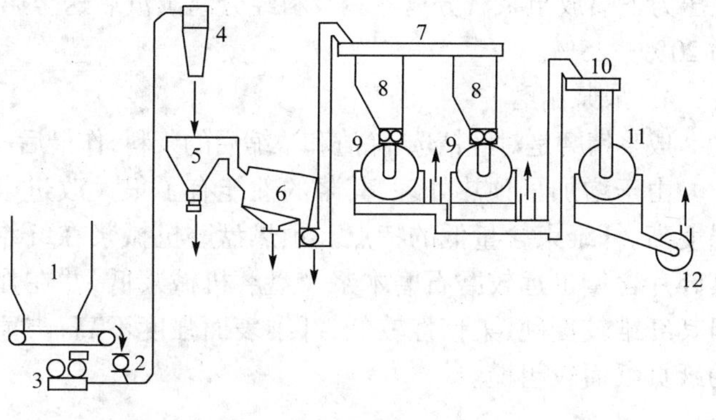

图 4－3　普通盘磨机械浆生产流程

1—木片仓　2—旋转阀　3—鼓风机　4—旋风分离器　5—木片洗涤器　6—洗涤脱水器　7—分配输送器　8—平衡木片仓　9—第一段盘磨机　10—刮板运输机　11—第二段盘磨机　12—泵

（二）预热盘磨机械浆

木片经短时间预热处理，然后在一定压力或常压下，用盘磨机磨浆所得的纸浆，称为预热盘磨机械浆，如图4－4所示为具有代表性的预热盘磨机械浆生产系统。

主要过程包括：木片的洗涤、预热、磨浆、成浆精磨等。

1．洗涤

木片自木片仓送至旋风分离器分离杂质后，落到分离器下部的皮带运输机上，经电子称计重后送入木片洗涤器。在热式搅拌器搅拌下，将木片强制浸入水中洗涤，分离其中所含的杂质。洗涤后的木片，落到斜式螺旋输送器中，多余的水由外壳的筛孔排出。木片洗涤用水采用封闭循环系统，螺旋输送器排出的水用泵送至除渣器分离杂质后，一部分送往圆筛，把小木屑筛出，一部分水送回洗涤器，木片洗涤时间1～2min，洗涤水温度30～50℃。

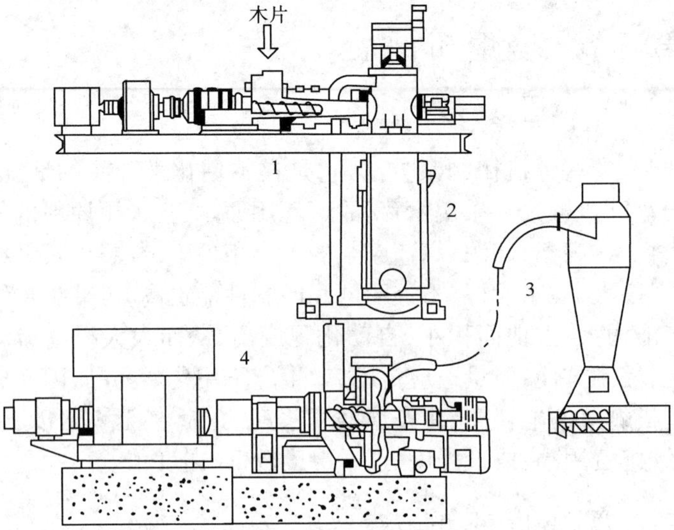

图 4-4　预热盘磨机械浆生产流程

1—螺旋进料器　2—预热器　3—浆汽分离器　4—蒸汽压力磨浆机

2. 预热

木片经过洗涤后，送入振动式木片仓，通过仓下部变速螺旋进料器，可调节进入木片预热器的木片量，木片在螺旋进料器中被挤出多余水分及空气，形成密封料塞以保持预热器内压力。

预热器为一直立锥形圆筒，内有搅拌器，经压缩的木片进入预热器后，立即吸热膨胀，很快被加热到相当于饱和蒸汽压力的温度。预热器内压力147～196kPa，温度115～135℃，木片在预热器内停留2～5min。

3. 磨浆

预热后木片经双螺旋输送机，以与预热器内相同的压力喂入第一段压力盘磨机中磨浆，浆料在压力下喷放至浆汽分离器。浆料经分离蒸汽后送至第二段盘磨机常压磨浆。磨浆浓度第一段为20%～25%。

4. 成浆精磨

成浆精磨是对经精选、除渣和浓缩后的浆料，作最后一次磨解，目的在于降低浆中纤维束含量。

由于增加了预热处理，其浆的性能有了很大改进，与磨石磨木浆及盘磨机械浆相比，具有强度高、纤维束含量低的特点。预热盘磨机械浆在纤维形态上，保留了较多的中长纤维组分，其碎片含量也远较磨石磨木浆及盘磨机械浆低，并在强度性能上较盘磨机械浆有了较大改善。但其纤维较挺硬，柔韧性较低，纤维表面强度不高，与磨石磨木浆相比，松厚度较大，因此抄出的纸页纸面较粗糙。

三、盘　磨　机

盘磨机是生产盘磨机械浆和化学机械浆的主要设备，主要有三种类型，既单盘磨、双盘磨与三盘磨，如图4-5所示。

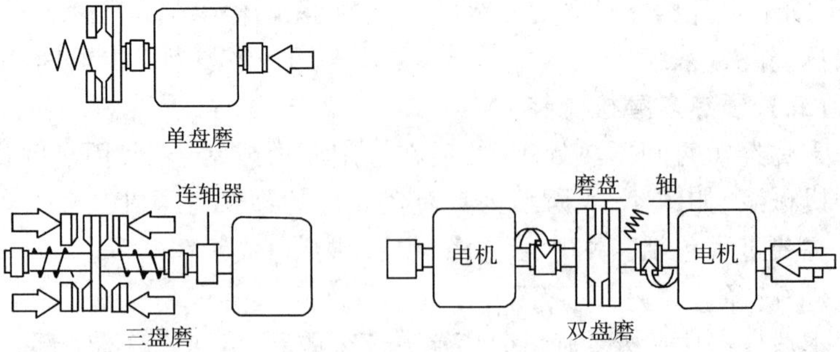

图 4-5　三种形式的盘磨机

单盘磨由1个定盘和1个动盘组成，由1台电机带动转轴上的动盘旋转进行磨浆，浆料由定盘中心孔进磨，磨盘间隙通过液压系统或齿轮电动机进行调节。单盘磨产量较低，但其设计与制造简单，成本较低，仍有一定市场。

双盘磨由两个转向相反的动盘组成，各由1台电机带动，通过双螺杆进料器强制进料，利用线速传感器，可准确控制盘磨间隙。双盘磨在20世纪70年代发展较快，由于盘磨机所作的功，是在磨盘的刀缘上完成的，单位时间内刀缘与纤维接触次数越多，则纤维经受处理的程度越大，浆的强度提高越大。因此盘磨机转速越高，则运转中齿刀作用于纤维的频率越高；另一方面，提高转速与增大磨盘直径，均可提高盘磨机的单机生产能力。因此，不论单盘磨或是双盘磨，都有向高速、大直径发展的趋势。

三盘磨由两个定盘和中间一个动盘组成，动盘两侧具有两齿面，分别与2个定盘组成2个磨浆室，即使转速很高，也不存在动盘偏斜问题，磨浆过程产生的蒸汽，可由2个进料口和1个出料口排出。轴向联动的2个定盘，通过液压系统，可调整间隙和对动盘施加负荷，这种构型的盘磨机不需使用大的推力轴承。对于单盘磨和双盘磨来说，提高转速会使盘磨机产生很大离心力，影响盘磨间浆料的正常分布，并使设备产生稳定性问题。而三盘磨的发展，从增加磨浆面积入手，在不提高转速及增大盘径情况下磨浆面积增加2倍，既有利于产量提高，也有利于改进磨浆质量，同时便于热能回收。

四、盘磨机磨浆原理

盘磨机械浆在磨浆过程中存在着非常明显的三个重叠交叉阶段，如图4-6所示。

第一阶段：磨浆时木片首先进入磨区中心部分的破碎区。此区齿盘间隙最大，刀片厚，刀数少，在此区段，木片在高温下首先被碎解成火柴杆状的小木条；第二阶段：在磨区中部即粗磨区，此区域齿盘间隙由内向外逐渐变窄，原料停留时间长，逐渐被磨成针状木丝，在互相摩擦及受齿盘作用下，进而被离解成纤维束及部分单根纤维；第三阶段：在磨区外围齿盘间即精磨区，此区域齿数增多，齿沟变窄，由粗磨区流过来的纤维束及单根纤维，在此同受到进一步离解及一定程度的细纤维化后，离开盘磨。其中最重要的是第二阶段，粗纤维束在磨区内呈不定向排列，在齿盘刀缘的剪切力作用下被打碎，与盘齿平行排列的纤维束被离解成纤维，而与盘齿垂直排列的纤维束则被磨成碎片。

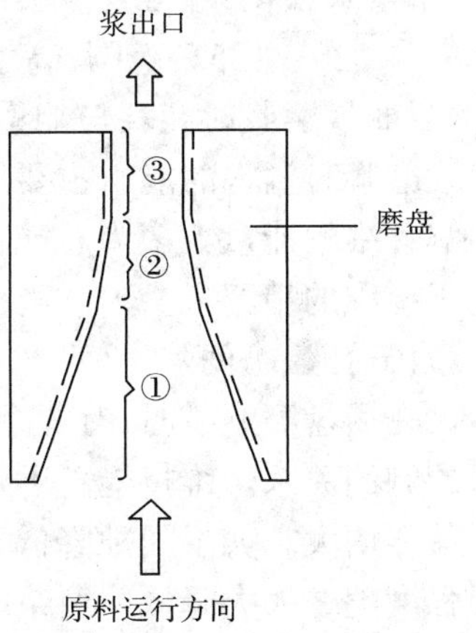

图 4-6 磨浆的三个阶段

木片在磨浆时的变化过程为：木片在破碎区前受到轴头上转动的星形螺帽的撞击，而破裂成粗大纤维束与少量的碎片。在盘磨机磨浆区内圈，有相当数量的粗大纤维束产生再循环作用，即沿定盘的齿沟回流到破碎区，再沿动盘齿沟流向磨碎区外圈。在粗磨区，纤维受到盘齿剪切力、压力、纤维间摩擦力及离心力等应力的复合作用而分级。在精磨区，纤维沿齿和齿沟向前流动，对纤维所作的大部分功在此区完成，且不会显著降低纤维长度，浆强度在这个区得到迅速发展。

研究表明，合理的磨浆过程应该分为两步：首先将木片离解成单根纤维，而尽量减少碎片生成及保持纤维长度。这个阶段，磨浆浓度应该高些，磨浆间隙大些，使木片在相互摩擦作用下离解，减少纤维的切断；其次使离解的纤维束及单根纤维，进一步纤维化与细纤维化，纤维应受到较多的机械作用，增加单位时间内纤维与齿盘刀缘接触的次数，此时磨浆浓度应低些，盘磨间隙小些。根据这个原则,盘磨机械浆的生产通常采用分段磨浆。

五、盘磨机械浆的主要影响因素

(一) 原料种类与料片规格

所用原料种类不同,会带来物理性质、纤维形态及化学组成上的差异,磨出的纸浆的性质也相应变化。如在针叶木中掺入阔叶木生产盘磨机械浆,则浆中长纤维组分减少,浆强度降低。人们根据对火炬松的研究表明:用密度小、生长快、秋材含量高、抽出物含量低的木材,可生产出强度较高的盘磨机械浆。

(二) 磨浆浓度

磨浆浓度是盘磨机械浆生产的重要影响因素,一般认为应在20%~30%范围内。当采用分段磨浆时,第一段目的在于分离纤维,为减少纤维的切断,主要应靠纤维间的相互摩擦作用分离纤维,因此,浆浓度宜高些,一般在25%左右。第二段磨浆主要在于发展强度,磨浆浓度不宜太高,在20%左右。

(三) 预热温度和预热时间

预热温度和预热时间对盘磨机械浆和预热盘磨机械浆的质量有很大影响。汽蒸的作用,主要是在于软化纤维胞间层的木素,使磨浆时,纤维的分离易于发生在纤维的胞间层与初生壁之间,从而获得完整的纤维。因此预热温度过高,超过木素玻璃化转移温度,则软化的木素附着于纤维表面,冷却后形成玻璃状木素覆盖层,使纤维难于细纤维化,造成磨浆障碍;而温度过低,木素未软化,纤维发生不规则分离,产生大量碎片,使纤维长度降低。因此,适宜的预热温度应在120~135℃范围,高于或低于此温度范围,将对纸浆性质产生很大影响。

(四) 磨浆时能耗与能量分配

磨浆时输入的能量主要用于纤维的离解与精磨上。纤维的离解与细纤维化都需要能耗,离解纤维的能量大多为总能耗的1/3,而木片的纤维化占总能耗的20%~30%,主要能耗则消耗于纤维的精磨上。

(五) 盘磨间隙

在用盘磨磨浆时,有3个可控的重要参数,即浆浓、能耗、盘磨间隙,3个参数具有相互关联的制约关系。维持能耗不变时,提高磨浆浓度则间隙就要加大;如浓度一定,则减小间隙,能耗就会增大。如果间隙降低到0.2mm时,已达到磨盘的震动范围,此时纤维长度剧烈下降,撕裂强度随之大大降低。磨浆时,用于离解纤维,间隙应大些;用于发展浆强度,间隙应小些。

(六) 磨盘特征

磨盘特征主要包括齿型、磨盘锥度与齿盘材料等。

齿型包括齿的长短、粗细、数量,齿的排列与分布,齿沟的深浅与宽窄,浆挡的设置,齿盘各区的划分与面积等。齿型与磨浆产量、质量及能耗关系很大,磨浆时纤维与刀缘的接触次数可以用IC/M(英寸接触长/min)表示,IC/M越大,则纤维与刀缘接触频率越高,表明纤维经受齿盘刀缘处理的次数越多,纤维强度发展越好。IC/M可以由齿数与磨盘转速来控制,当齿数一定,提高转速时,可以使IC/M增大,但同时增大了浆料流体阻力,无效负荷会增大,加大了无效能耗的比例。当增多齿数时,势必使齿纹变细、齿沟变窄,而细齿纹结构强度较低,窄齿沟也限制了浆料的流动,因而影响生产能力;浅齿沟虽可增加齿盘寿命,但由于浆流量降低,也增大了无效负荷,因此齿型的设计要兼顾到磨浆质量与降低能耗的要求。一般来说,宽齿主要用于离解纤维,窄齿主要用于发展纤维强度。

盘磨锥度是另一重要特性,它是指单位径向上坡度的大小。它随材种、得率、齿型结构而变化,磨浆浓度不同,锥度也有差别。提高磨浆浓度,锥度应相应加大。磨盘在破碎区设计成有锥度的目的,一是使原料易于进入,二是避免机械能量骤增。

磨盘材料是影响磨盘寿命的最重要因素,除磨盘材料外,齿型的不同及磨木材种的不同,都对磨盘寿命产生影响。

作业题

1. 什么叫做机械浆?机械浆有哪些分类?
2. 磨石磨木浆的特点有哪些?
3. 简述盘磨机械浆的特点。
4. 磨木机有哪些形式?各有何特点?
5. 磨石的类型有哪些?各有何特点?
6. 磨石磨浆的基本原理是什么?
7. 影响磨石磨木浆质量的因素有哪些?各有何影响?
8. 什么叫做磨石弧长?什么叫做磨浆比压?
9. 盘磨机械浆可分为哪几类?
10. 盘磨机有哪几种类型?
11. 盘磨机械浆在磨浆过程中存在哪三个阶段?
12. 影响盘磨机磨浆的主要因素有哪些?

第五章　半化学浆和化学机械浆

第一节　概　　述

高得率半化学浆和化学机械浆都是采用温和的化学预处理和机械后处理的两段制浆方法而生产的。二者所不同的是在化学预处理阶段,生产化学机械浆要比生产半化学浆更温和,而在机械处理阶段,生产化学机械浆要比生产半化学浆更剧烈。由于它们的化学预处理均比生产化学浆温和得多,生产半化学浆只除去原料中25%～50%的木素和30%～40%的半纤维素,木浆得率可达65%～85%;而生产化学机械浆则基本上保留了原料中的木素,只溶出抽出物和部分半纤维素,木浆得率可高达85%～90%。鉴于它们的生产特点,木材中的阔叶木最适合用来生产半化学机械浆。因为阔叶木不仅材质密度小,而且木素含量相对比针叶木少,又几乎集中在纤维的胞间层,便于温和的化学处理和机械处理,可生产出合格的纸浆。另外,草类原料木素含量低,而且组织疏松,也可用于生产半化学浆。至今采用草类原料生产化学机械浆尚不多。

与化学浆相比,由于半化学浆和化学机械浆木素含量高,纸浆强度差,纤维束较多,不易漂到高白度,易返黄,纸的外观和适印性差,不宜生产高级纸张。可用来生产新闻纸、包装纸和包装纸板,经漂白的半化学浆可用来生产书写纸和杂志纸等。

尽管半化学浆和化学机械浆的使用受到局限,但是生产半化学浆和化学机械浆不仅能充分利用阔叶木,合理使用纤维原料,而且具有药品用量少,纸浆得率高,生产成本低,环境污染小等优点,在国内外发展较快,已成为主要制浆方法之一。

第二节　半 化 学 浆

一、中性亚硫酸钠法半化学浆

生产普通化学浆的方法均可生产半化学浆。但是,中性亚硫酸钠法最适合用阔叶木和草类原料生产半化学浆,因为其纸浆得率高,颜色浅,滤水快和强度好。生产的过程,一般是将阔叶木或草类原料切成小片,在适当的高温下(170～190℃),用含有缓冲剂的 Na_2SO_3 蒸煮液经过一定时间的蒸煮,最后在盘磨机中进行离解而成纸浆。如果生产漂白半化学浆纸浆经洗涤后送往漂白系统漂白。

(一) 中性亚硫酸钠半化学浆的蒸煮

蒸煮的作用指经过温和的化学处理,除去原料中少量木素和半纤素,使纤维组织松软,便于盘磨机离解成较多完整的长纤维组分,以利提高纸浆的质量。

1. 蒸煮药液的制备

中性亚硫酸钠蒸煮液是在 Na_2SO_3 溶液中加入一定数量的缓冲剂,控制在 pH 7～9 的范围,缓冲剂的作用是中和蒸煮初期产生的有机酸,控制蒸煮终点 pH 在中性范围,这样既可防止设备的腐蚀,又可避免糖类的酸性水解,以利提高纸浆的得率和物理强度。尤其用 $NaHCO_3$ 作缓冲剂,不仅有较强的缓冲作用,而且纸浆的颜色浅,漂剂消耗低。

Na_2SO_3 药液的制备，一般是用 Na_2CO_3 溶液吸收 SO_2。制备中掌握不同 pH，可以得到不同组成的药液。

当 pH 8.5～9.0 时：

$$2Na_2CO_3 + SO_2 + H_2O \longrightarrow Na_2SO_3 + 2NaHCO_3$$

当 pH 8.0～8.5 时：

$$3Na_2CO_3 + 2SO_2 + H_2O \longrightarrow 2Na_2SO_3 + 2NaHCO_3 + CO_2$$

吸收设备可采用填料塔、喷淋塔或文丘里。药液一般含有 120～200g/L 的 Na_2SO_3 和 30～50g/L 的 Na_2CO_3。蒸煮时可用废液或清水稀释。

2. 蒸煮反应的机理

中性亚硫酸钠法半化学浆是在高温下降低脱木素速率，以木素的酚型结构单元的磺化为主要反应，非酚型结构单元稳定，其反应和化学法制浆中的中性亚硫酸钠法制浆相同，但反应程度较轻。

3. 蒸煮的影响因素

(1) 原料性质　已于前述，由于阔叶木木素含量低，又多分布于胞间层，且其性质具有非均一性，是生产半化学浆(或化学机械浆)的好原料。密度小的材种易于浸透，而密度大的材种很难生产半化学浆。阔叶木中的桦木和白杨相对密度小，颜色浅，药液渗透容易，纸浆白度好。其次是山毛榉，最差是栎木。

草类原料有木素含量低、活性大和半纤维素含量高等特点，用中性亚硫酸钠法生产的半化学浆具有得率高、白度好和强度大等优点。

(2) 药品用量　亚硫酸钠的用量，由原料的种类和制浆得率来决定。例如，白杨蒸煮纸浆得率为 75%～80%时，亚硫酸钠的用量为绝干木材重量的 8%～14%；而生产含木素为 10%左右，其相应得率为 68%～72%的可漂浆时，亚硫酸钠的用量为绝干木材重量的 15%～20%。按一般蒸煮规律，同一种原料和同一种蒸煮条件，增加药品用量，会降低纸浆得率，而纸浆强度相应增加。中性亚硫酸钠法生产半化学浆其典型的药品用量(以 Na_2SO_3 对绝干木材重百分比表示)与得率的关系如表 5-1。

表 5-1　　药品用量与得率关系

得率/%	70	75	80	85
Na_2SO_3 用量/%	14～18	12～16	10～14	8～12

缓冲剂的用量由蒸煮中产生有机酸的性质和数量来决定，一般为木材绝干重的 2.5%～5.0%，保持蒸煮终了时废液的 pH≥7。

(3) 药液浓度　药液浓度与药品加入量和液比有直接关系。在药品加入量足够的情况下，药液浓度在一定范围内变动对蒸煮速度和纸浆的强度影响较小。蒸煮液比一般为 1.5∶1～4∶1。低的液比用直接蒸汽在气相下进行蒸煮，可充分利用锅容，节约蒸汽，蒸煮均匀，在同样得率的情况下可除去较多的木素，而且废液的浓度高，便于回收。

(4) 蒸煮温度　由于中性亚硫酸钠法蒸煮的条件比较缓和，必须适当提高蒸煮温度加速蒸煮的反应，以利缩短蒸煮时间。高温快速蒸煮不仅可以提高纸浆得率，还可降低药品的消耗。蒸煮温度一般宜控制在 160～190℃。

(5) 蒸煮时间　蒸煮时间是由多方面因素决定的。生产中控制蒸煮时间以使加入药品消耗到 90%～95% 为止。若延长蒸煮时间，使废液中药品消耗至尽，纸浆的颜色就会变深。废液残留浓度稍高一些不会明显地影响到得率和强度。一般在间歇蒸煮锅中高温保温时间为 1～2h；在连续蒸煮器中瓦楞纸浆蒸煮时间为 15～20min。

4．蒸煮操作的条件

在制定蒸煮工艺技术条件时，应根据原料的性质、产品的种类和质量要求以及蒸煮的条件来制定。表 5－2 为生产阔叶木中性亚硫酸钠半学浆的代表性蒸煮操作条件。

表 5－2　代表性的蒸煮操作条件

项　目	纸板用浆	漂白用浆	项　目	纸板用浆	漂白用浆
纸浆得率/%	70～80	65～72	蒸煮温度/℃	150～185	160～175
药品用量(对原木)/%			保温时间/h	0.3～4	3～8
Na_2SO_3	8～14	15～20	磨碎动力消耗/(kW·h/吨风干浆)	220～320	180～270
$NaHCO_3$	4～5	3～4			

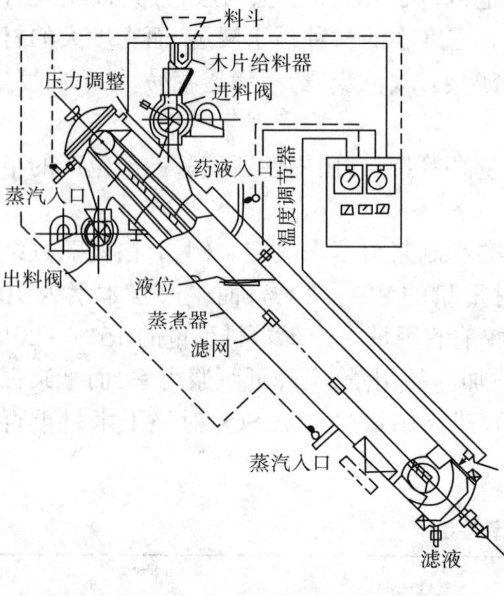

图 5－1　M－D 型斜管式连续蒸煮器

5．蒸煮流程及设备

中性亚硫酸盐法半化学浆的蒸煮，可用蒸球或立式蒸锅进行间歇蒸煮，但最适合用连续蒸煮器进行连续蒸煮。

(1) M－D 型斜管式连续蒸煮器　如图 5－1 所示。这是由木片的蒸汽预热、药液浸渍、气相蒸煮和液相蒸煮组成的综合性的连续蒸煮设备。木片由装料斗经过给料器进入管内上部，而后由刮板运输器的下行链把木片送到管下端，由于再被送入管上端的放料装置。管内药液面保持一定高度。以直接蒸汽成通过蒸汽套来保持必须的蒸煮温度。生产能力为 40～120t/d。

图 5－2 所示则为采用 M－D 型斜管式连续蒸煮器生产阔叶木半化学浆的生产流程。

(2) 汤佩拉－BC连续蒸煮器　汤佩拉－BC连续蒸煮器如图5－3所示。该流程是利用锯末生产中性亚硫酸钠半化学浆。锯末由锯末仓 1 进入蒸煮器 2 到变速计量螺旋喂料器 3，再通过高压旋转阀式喂料器 4 喂进有预热蒸煮药液的立式预浸渍器 5，进入蒸煮器 6(蒸煮时间用管内缓慢转动的螺旋送器来控制)，再进入立式

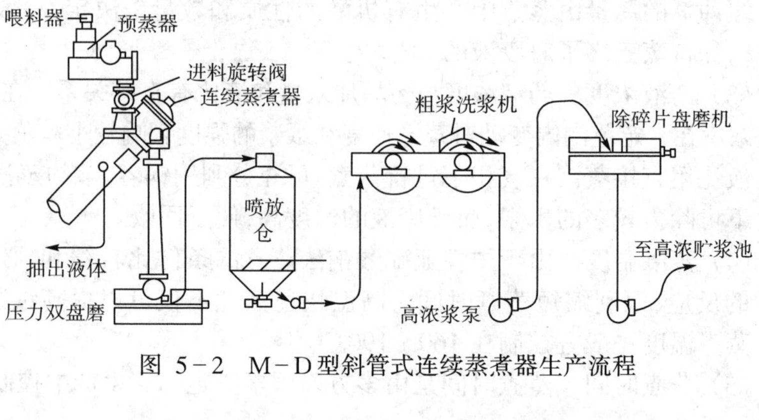

图 5－2　M－D 型斜管式连续蒸煮器生产流程

蒸煮管7的上半部继续蒸煮，最后浆料由下部（设有搅拌器）的冷喷放装置喷到喷放锅8中。喷放浓度约5%，温度约130℃（用冷碱黑液在冷喷放装置中调节）。生产能力为30～400t/d。

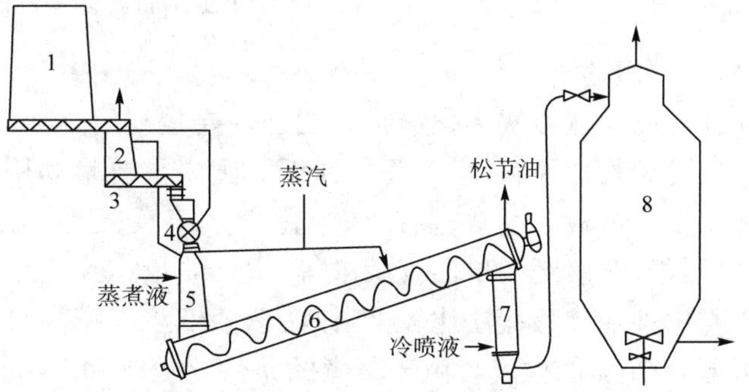

图 5-3 汤佩拉-BC蒸煮器锯末制浆流程

（二）中性亚硫酸钠半化学浆的机械处理

1. 机械处理的作用

经过温和蒸煮的纤维原料只是除去了部分的木素和半纤维素，纤维组织变得较为疏松，基本上保持原来的形态，还必须经过盘磨机的机械处理才能使纤维离解成纸浆。

纤维的离解过程，首先由于纤维与磨盘和纤维与纤维之间的摩擦产生的热量加热和软化木片或草片，进一步削弱纤维之间的连接；再利用纤维原料与盘磨和纤维与纤维之间的摩擦，使软化的纤维裂开或断裂，离解成单根纤维；最后利用单根纤维与磨盘或单根纤维与单根纤维之间的挤压和摩擦，使单根纤维进一步细纤维化，以利提高纤维之间的结合力和成纸的强度。根据生产的需要，经过一段或多段盘磨机的机械处理，可形成由单根纤维、细小纤维和碎片组成的半化学浆。

2. 机械处理的设备

半化学浆机械处理所采用的主要设备为盘磨机，其种类、结构及特点与机械法制浆所用盘磨机相同，可参考第四章第三节。

3. 机械处理的影响因素

（1）磨盘齿纹　磨盘齿纹对纸浆的质量和单位动力消耗有很大影响。如带弧形浆挡封闭圈的斜放射形直齿纹比扇块无浆挡封闭圈的平行直齿纹有离解好、纤维切断少、电耗低等优点。

（2）磨盘转速　提高磨盘转速，有利于纤维的离解。单盘磨转速增加到1 800r/min时纤维离解效果较好。盘磨机的线速度应在360～600m/min之间。小盘径的转速要大于大盘径的转速，以保持较好的纤维离解效果。

（3）磨浆温度　磨浆温度越高，木素的软化程度越高，纤维易离解和细纤维化，纸浆的强度也越大，动力消耗也越低。在生产中应稳定一切操作条件（主要是磨盘间距和磨浆负荷），保持一定的磨浆温度，使纸浆质量一致。磨浆温度一般保持在50～100℃之间。

（4）磨浆浓度　高浓磨浆不仅能保持纤维的原有长度，减少纤维束，提高耐破度和撕裂度，而且能降低磨浆能耗，提高生产能力。磨浆浓度一般应保持在20%～30%之间。

（5）磨盘间距　磨盘间距的大小，直接影响纤维离解程度和浆料质量。磨盘间距的大小，应根据工艺技术要求进行调节，并保持稳定。操作间距最大只有几毫米，精度高的磨盘操作间距在0.1mm以下。要求离解纤维为主时，主要靠纤维之间的摩擦来完成，磨盘间距要调节大些；而要求进一步细纤维化和适当切短时，主要靠两磨盘面齿纹对单根纤维的摩擦来完成，磨盘间距要调节小些。磨盘间距要保持平行，以减少动力消耗和提高纤维的均整性。

（6）磨浆负荷　在磨盘间距一定的情况下，磨浆负荷主要是控制磨浆浓度和磨浆通过量。磨浆负荷直接影响磨浆质量和磨浆能耗。在生产中，根据纸浆质量要求，调节适宜的磨浆浓度和磨浆通过量，并稳定在一定磨浆负荷上，以保持纸浆质量的稳定。

二、中性亚硫酸铵法半化学浆

（一）概述

此法简称亚铵法半化学浆。国外主要是利用阔叶木（桦木最合适），并充分利用板皮、枝桠及锯末等废材作原料，生产瓦楞原纸。国内主要是利用稻麦草、荻苇、蔗渣、棉秆等原料，生产包装用纸和纸板。通常，亚铵法半化学浆蒸煮，还可制得漂白化学浆，用来生产有光纸、打字纸、书写纸、凸版纸及单面胶版纸等，生产质量达到产品的质量标准。

与中性亚硫酸盐法比较，亚铵法蒸煮纸浆得率高，但颜色暗淡。漂白的用氯量高，单段漂白可漂到70%的白度。由于蒸煮的条件比较缓和，浆料中半纤维素保留较多，容易打浆，成纸的裂断长较高，挺硬度及透明度大。

亚铵法半化学浆同亚硫酸钠法半化学浆一样，需经盘磨机等设备处理后，方能进行纸和纸板的抄造。

亚铵法制浆的另一个特点是蒸煮的废液可直接用作肥料，故对环境的污染相对较轻。但因运输及贮存方面存在的问题，又使得废液利用方面的优势没有得到良好的发挥。有的企业曾探索将废液进行浓缩固化，以便于运输和贮存，但大多成本较高，经济效益差。为此，怎样经济、有效地进行废液的固化，还是一个亟待解决的课题。

（二）亚铵法的性质及蒸煮液的制备

亚硫酸铵为无色晶体，易潮解，在空气中易被氧化，受热分解为氨和二氧化硫，易溶于水，在水中的溶解度随温度的升高而增加，水溶液呈弱碱性。

工业用亚硫酸铵有两个品种即固体亚铵和液体亚铵。固体亚铵为白色或黄色的针状晶体，其分子式为$(NH_4)_2SO_3 \cdot H_2O$，相对分子质量为134.15，25℃时的相对密度为1.41。液体亚铵为亚硫酸铵的水溶液，一般呈淡黄色，分子式为$(NH_4)_2SO_3$，相对分子质量为116.14。亚铵的化学性质比较活泼，除上述反应外，当遇强酸、强碱时能放出二氧化硫和氨气；与亚硫酸氢铵混合时，会慢慢自动分解。上述反应如下。

$$(NH_4)_2SO_3 \xlongequal{150℃} 2NH_3 + SO_2 + H_2O$$

$$2(NH_4)_2SO_3 + O_2 = (NH_4)_2SO_4$$

$$(NH_4)_2SO_3 + 2NaOH = Na_2SO_3 + 2NH_3\uparrow + 2H_2O$$

$$(NH_4)_2SO_3 + H_2SO_4 = (NH_4)_2SO_4 + SO_2\uparrow + H_2O$$

$$2NH_4HSO_3 + 2(NH_4)_2SO_3 = 2(NH_4)_2SO_4 + (NH_4)_2S_2O_3 + H_2O$$

蒸煮液可将化肥厂的SO_2尾气用氨水吸收制成固体亚铵。有的厂也自行生产亚铵，即燃烧硫铁矿或燃烧硫磺生成SO_2炉气，再用氨水进行吸收，反应为：

$$NH_4OH + SO_2 = NH_4HSO_3 + 100kJ/mol$$

吸收过程放出大量的热，使药液被逐渐加热，NH_3从氨水中解析出来，在气相中与SO_2生成亚铵的气溶胶，很难吸收而随尾气流失，造成NH_3及SO_2的损失。因此，一般用亚铵来吸收SO_2，再用氨水与生成的亚硫酸氢铵混合生成亚铵，即将反应分两步进行，减少生成热，以利于SO_2的吸收：

$$(NH_4)_2SO_3 + SO_2 + H_2O = 2NH_4HSO_3 + 44kJ/mol$$

$$NH_4HSO_3 + NH_4OH = (NH_4)_2SO_3 + H_2O + 56kJ/mol$$

但仍嫌温度过高，可将亚铵溶液在冷却器中冷却至35～40℃，然后进行吸收。

（三）蒸煮的原理

亚铵法蒸煮由于在中性条件下反应，可以避免纤维素及半纤维素在酸性溶液中水解和在碱性溶液中产生的剥皮及碱性水解反应，从而可以提高制浆得率。同时也可以减轻药液对设备的腐蚀。

亚铵法蒸煮，木素的磺化与溶出的机理及规律与酸性亚硫酸盐法一致。但蒸煮液在中性范围，木素的磺化、溶出的速度较慢，必须采用较高的温度蒸煮。为了中和蒸煮过程中由于纤维素及半纤维素降解等反应产生的有机酸，常需加入氨水或尿素作为缓冲剂，使蒸煮终了废液的pH等于或略大于7，以减轻设备的腐蚀和提高制浆的得率。

（四）影响蒸煮的因素

1．亚铵用量

亚铵的用量与蒸煮的纤维原料及纸浆的质量要求有关。增加亚铵的用量，木素的磺化和溶出增多，抑制木素缩合，也有利于蒸煮液对料片的浸透。但成浆硬度及得率相应下降，浆的质量好。改变亚铵用量可以生产不漂的瓦楞纸浆甚至可漂的软浆。但在亚铵基本满足要求的情况下，再增加亚铵用量则不起作用，反而会造成亚铵的无效浪费。用草类原料生产半化学浆亚铵用量大约在9%左右。

蒸煮终了的废液中必须残留5～10g/L的亚铵，否则，会使纸浆的颜色变深，不易漂白。

2．缓冲剂的用量

亚铵法蒸煮常用的缓冲剂是氨水，其次是尿素、碳铵、氧化镁等。氨水残留在废液中仍是农肥。

氨水的用量要适当，既要保证起到调节pH的作用，又不能过量。因氨的挥发性大，随着蒸煮温度的升高，锅内氨的分压也相应的增高，造成蒸煮“假压”，即在相同压力下，温度偏低，使蒸煮的速度减慢。蒸煮草类原料时，氨的用量为1%～2%。

由于氨的挥发性强，又具有强烈的刺激性，故装锅时不能通汽，使装锅量减少，对此，有的工厂采用装锅完毕再加氨水，但劳动条件仍然较差，工人需戴防毒面具操作。另外，在蒸煮过程中为了避免氨逸出而破坏蒸煮条件，通氨后不能进行小放汽，对此，有的工厂采取先装锅送亚铵，然后升温，再进行小放汽，之后再输入氨水重新升温的蒸煮操作，但较麻烦。

3．液比

亚铵的盐基离子浓度高，活性大，加之草类原料易渗透，故液比可低一些，一般用蒸球蒸煮，可控制在1∶2.5～3.0。液比低可降低蒸汽的消耗和废液的数量，但太低易造成原料与药液混合不匀，蒸煮粗渣率高的现象。

4．蒸煮的温度和压力

亚铵法蒸煮的条件比较缓和，必须采取较高的温度。温度提高，纤维素和半纤维素的高温水解也加剧，容易使纸浆的硬度及黏度下降，得率和粗渣减少。一般蒸球的操作压力为0.65～0.75MPa，温度在160～170℃的范围，但如设备等情况允许，在180～190℃高温下也可以正常生产。

5．蒸煮时间

如前所述，由于亚铵蒸煮液渗透容易，可以在保证无局部过热的情况下，均衡地在1h左右升至最高温度进行蒸煮。由于木素的磺化及溶出大部分在升温后期和保温初期进行，故采用高温短时间蒸煮，比用低温长时间蒸煮的浆容易漂白。根据蒸煮的条件及质量要求的不同，蒸煮时间一般在1.5～5h。

（五）亚铵蒸煮实例

据介绍，国外用阔叶木等作原料，生产瓦楞纸浆的蒸煮条件是：亚硫酸铵药液 SO_2 浓度7.2%，pH 9.3，蒸煮终了 pH 5.3，蒸煮时间55～65min，蒸煮温度170℃，得率77.5%。国内用草类原料及阔叶木生产半化学浆的工艺实例见表5-3。

表5-3　　亚铵法半化学浆

蒸煮条件	麦草	蔗渣	棉秆	棉秆皮	慈竹	阔叶木(桦木)
亚铵用量/%	12	10	20	13	15	7
氨水用量(以 NH_3%计)/%	0.8	3.5①	0.8	4①	4①	2.2
液　比	1:2.5	1:2.5	1:2.8	1:2.8	1:1.8	1:1.9
最高压力/kPa	600～650	700	650	700	700～800	750
升温时间/min	40					
保温时间/min	150	90	300	180	3kgf/cm^2　120 高压　240	60
残余亚铵浓度/(g/L)	4～9	4.8	30			4.06
废液 pH	7	7.4	7	7	>7	7.3～8.5
粗浆硬度(卡伯值)	30～35	52	22②	32～35	23～25②	117～120

①包括中和氨水；②$KMnO_4$ 值。

（六）亚铵法存在的问题

亚铵法生产存在的问题是设备的腐蚀和腐浆。对蒸煮设备，可采用在内表面覆盖一层耐酸、耐热的树脂等方法，以减缓腐蚀。亚铵中存在的微量氮元素是微生物的培养基，夏季易于浆料流动不畅处产生腐浆，给操作和纸浆质量带来不良影响。解决的方法是，一方面减少浆料流动的死角，另外可采用氯胺等杀菌剂，可用硫酸铵与漂液混合制成。一般按 $NH_3:Cl_2=1:7.3$ 配用，即用1kg硫酸铵，加有效氯为20g/L的漂液100L及7.5m^{3}的水配成。

三、其他法半化学浆

（一）其他亚硫酸盐法半化学浆

除了前面介绍的中性亚硫酸盐法外，也可采用酸性亚硫酸盐法、亚硫酸氢盐法以及碱性亚硫酸盐法生产半化学浆。

1. 酸性亚硫酸盐法

利用酸性亚硫酸钙蒸煮木材，采用间歇蒸煮，总酸4%～6%，化合酸1%～3%，蒸煮时间3h左右，蒸煮最高温度140℃，粗浆得率65%～70%。当得率超过60%时，纸浆白度和强度均较差。蒸煮后纤维离解和细纤维化用双盘磨或单盘磨两段完成。

2. 亚硫酸氢盐法

亚硫酸氢盐法适合连续蒸煮。国外生产桦木半化学浆时，木片先预热后，在浸渍管内用pH 5.0～5.5的亚硫酸氢钠在130～145℃下浸渍5～10min，然后在160～170℃下连续蒸煮40～60min，并在高温高压下热磨成纸浆，得率为65%～73%，本色浆白度可达60%。这种浆与中性亚硫酸盐法相比，蒸煮温度较低，蒸煮时间较短，少用40%的蒸煮药品。

这两种半化学浆，主要用来代替本色针叶木亚硫酸盐法化学浆，与磨木浆配抄新闻纸。由于亚硫酸氢盐半化学浆白度较高,强度较大,已逐渐代替酸性硫酸盐法半化学浆。

3. 碱性亚硫酸盐法

碱性亚硫酸钠法是在高 pH (9~11)的亚硫酸钠溶液中,在蒸煮压力和其他条件与硫酸盐法相似的情况下制浆的。浆的强度与得率可与硫酸盐法半化学浆相媲美,浆的白度更加稳定,而且没有硫酸盐工厂那样的空气污染。我国一些中小纸厂采用此法生产高梁秆、稻麦草等草类半化学浆抄造凸版纸、书写纸、有光纸等文化用纸。创造了原料撕碎、热水预浸,低碱、大液比和高温蒸煮的经验,使吨浆耗碱降低 30% ~40%,蒸煮时间缩短 30% ~60%,得率提高 5%~10%,并且纸浆质量也得到提高。

(二) 碱法半化学浆

碱法半化学浆包括硫酸盐法和烧碱法两种半化学浆。

1. 硫酸盐法

阔叶木生产硫酸盐半化学浆,蒸煮总碱为 4% ~7%(以 Na_2O 计),蒸煮温度为 160~185℃,保温时间 0.3~2.0h,得率可达 70%~75%,但得率保持在 65%以下时,纸浆的强度可与中性亚硫酸钠半化学浆相等。硫酸盐法生产草类半化学浆可大大减少耗碱量,可生产一般文化用纸。

2. 烧碱法

烧碱法主要用于非木材原料半化学浆的生产。我国在用烧碱法生产蔗渣半化学浆方面积累了许多经验。图 5-4 为我国南方某糖厂造纸车间的生产流程。

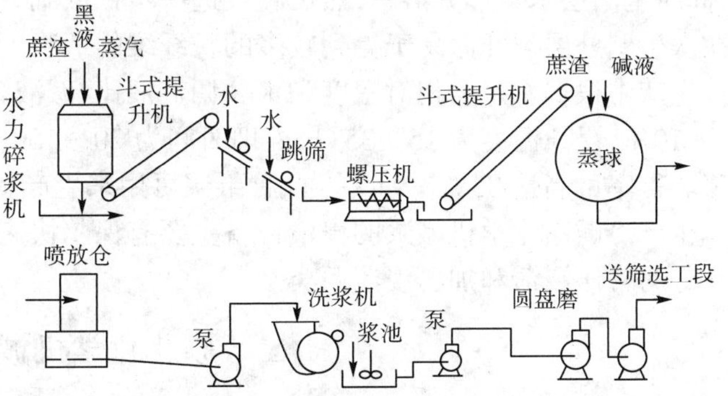

图 5-4 蔗渣烧碱法半化学浆生产流程

该流程的特点是用蒸煮黑液在蒸球前的水力碎浆机对蔗渣进行预除髓。除髓条件是黑液含残碱为 1.68~3.68g/L,预煮时间为 40~50min,液比为 1∶8~12。这种预煮后的蔗渣水分均匀,有 25%左右的溶出物和筛出物,除髓效率高。蒸煮条件是,蒸煮用碱量(NaOH)9%,蒸煮液比 1∶5,蒸煮压力 0.4MPa,蒸煮时间 100min,粗浆硬度(卡伯值)24~32,粗浆得率大于 65%。蔗渣半化学浆可生产新闻纸和印刷纸等产品。

(三) 绿液法半化学浆

此法利用硫酸盐浆厂碱回收硫化度为 25%的绿液或移走部分 Na_2CO_3 后得到高硫化度为 50%的绿液作蒸煮剂,适合连续蒸煮,药品消耗仅 7.9%(Na_2O 计,对木材)。阔叶木木片先在 70~80℃温度下用绿液进行浸渍,后在 150~160℃的气相中蒸煮 15~20min,得率为80%~82%,经盘磨机离解成纸浆。此法与中性亚硫酸盐法半化学浆相比,药品消耗低,浆料性质很相似。但颜色深,白度低,只能用来生产包装纸板和瓦楞原纸等纸种。此法可与硫酸盐浆厂联合生产较为经济。

(四) 无硫半化学浆

此法是为减少挥发性硫化合物污染空气而新推出的一种采用不含硫的蒸煮液生产半化学浆的方法。利用阔叶木,蒸煮的最好条件是,碳酸钠的用量为木材重量的 6%,升温时间 2.5h,

在 170℃下蒸煮 30min,可制成得率 85%的桦木和 88%的山毛榉半化学浆;也可用 3%的 Na_2CO_3、1.35%的 NaOH 和 0.45% Na_2SO_3 的混合液蒸煮,制成得率 75%~80%的半化学浆。与中性亚硫酸钠法半化学浆相似,可用来生产瓦楞原纸。且费用要比中性亚硫酸钠法半化学浆降低 5%~10%。

第三节　化学机械浆

化学机械浆又称 CMP,是利用阔叶木代替针叶木磨木浆的一种制浆方法。该法制浆比普通机械浆得率高,性能好,因而得到广泛采用。其制浆的基本过程为:首先进行化学预处理,然后进行常压磨浆,最后再进行纸浆的后处理如消潜、筛选、漂白等。

化学机械浆按生产时的原材料不同可分为原木化机浆和木片化机浆。而木片化机浆根据使用的药液不同,可分为冷碱法与亚硫酸盐法,后者又发展成为磺化化学机械浆。20 世纪 90 年代,又出现了碱性过氧化氢化机浆(简称 APMP)。

一、冷碱法化学机械浆

冷碱法化学机械浆是用稀 NaOH 溶液在室温下对木片进行常压或加压浸渍,同时或下一步进行机械处理离解而制得。浸渍时纤维的次生壁很快润胀,而木素集中的胞间层则略有增大,同时胞间层木素部分溶解,然后碱液进一步扩散到纤维次生壁,当纤维受到机械作用时主要在次生壁外层裂开而易于得到较多的长纤维的纸浆。

生产中根据木片的相对密度和水分调节液比,碱液含氢氧化钠 20~40g/L,碱耗为木材的 2%~10%,浸渍温度为 15~35℃,处理时间为 20~150min,后经圆盘磨二段或三段离解而成纸浆。得率可高达 85%~94%。此种纸浆可用来生产新闻纸、印刷纸、卫生纸和各种纸板等。

生产冷碱法化学机械浆的浸渍设备主要有保尔快速蒸煮锅和连续浸渍器两类。连续浸渍器又分为常压浸渍和加压浸渍两类。

二、磺化化学机械浆

20 世纪 70 年代为了取代低得率化学浆和得率在 50%~75%的亚硫酸盐高得率化学浆以减轻污染、节约能耗和合理利用木材资源,发展了磺化化学机械浆。这种方法是:木片经洗涤机与预热器进行洗涤和预热后,进入 M-D 型斜管式连续蒸煮器,用 Na_2SO_3 药液进行蒸煮,蒸煮后木片用压榨机挤出废液使干度达到约 50%,再经过两段盘磨,进行常压磨浆。其流程如图 5-5 所示。

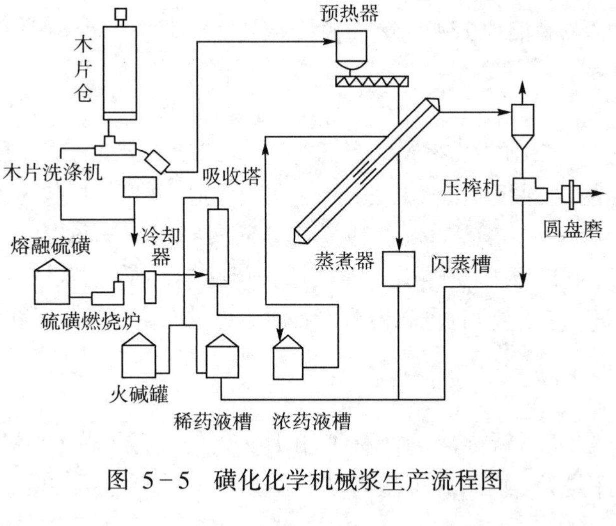

图 5-5　磺化化学机械浆生产流程图

在生产磺化化学机械浆时,当磺化度低于 1.2%时,仅胞间层的木素被磺化而软化,有助于纤维的完整离解。磺化度在 1.2%~2.0%时,磺化反应在细胞壁中进行，在磨浆中有利于微纤维的游离，产生细纤维化，从而提高浆的结合强度。而要使磺化度达到1.2%以上，关键在于控制磺化的工艺条件。

在其他条件不变时，磺化度随 Na_2SO_3 用量的增大而增大，Na_2SO_3 浓度变化对磺化度及 Na_2SO_3 消耗量也有影响。浓度提高，磺化度提高，但废液中残留的亚硫酸钠也增多，因此必须进行回收利用，而亚硫酸钠的消耗变化不大。

在相同的浸渍温度和 Na_2SO_3 浓度下，提高浸渍液的 pH 可提高磺化度，但纸浆白度下降，木素溶出增多，导致得率下降。因此应使浸渍液的 pH 保持在弱碱范围内。

在其他条件相同的条件下，提高预浸渍温度，有利于磺化的进行，但同时溶出物增多，纸浆得率降低。预浸渍的时间则由原料种类、预浸渍液浓度、pH、预浸渍温度等一系列因素共同决定，浸渍时间一般不超过 1h，通常为 30～40min。

杨木、桦木等阔叶木生产的磺化化机浆可用于生产新闻纸、印刷纸、薄页纸。针叶木生产的磺化化机浆强度性能远优于阔叶木的磺化化机浆，故可用来生产新闻纸等纸种。

三、碱性过氧化氢化学机械浆（APMP）

碱性过氧化氢化学机械浆（APMP）是在漂白预热化学机械浆的基础上发展起来的。其典型的工艺流程如图 5-6 所示。

木片在第一台常压预蒸仓进行汽蒸后，送入洗涤器洗涤。经过斜螺旋脱水后再进入第二台预汽蒸仓汽蒸。挤压撕裂机的功能是通过挤压作用将木片疏解，便于浸渍吸收药液和成浆反应。然后木片进入与之相连的第一段浸渍器，第一段浸渍液是由第一段盘磨机后螺旋压榨脱水机来的滤液，是一种弱的浸渍液。也可根据需要补充新浸渍液。经浸渍后的木片进入第一段反应仓，浸渍液中的化学药品，被通汽加热，与木片发生化学反应。由反应仓出来的物料再经过挤压撕裂机处理进入第二段螺旋压榨预浸器。第二段预浸药液是来自二级液槽，一部分来自第一段磨浆机后螺旋压榨脱水机的滤液，一部分为根据需要配制的新药液，由二级滤液槽泵，输入二段螺旋压榨预浸器中。预浸后木片进入第二反应仓，继续通汽进行化学反应。然后送入第一段盘磨机进行常压磨浆，磨后粗浆稀释后，经洗涤脱水，进入第二段磨浆机再进行常压磨浆。磨后浆料进行消潜后送筛选系统。

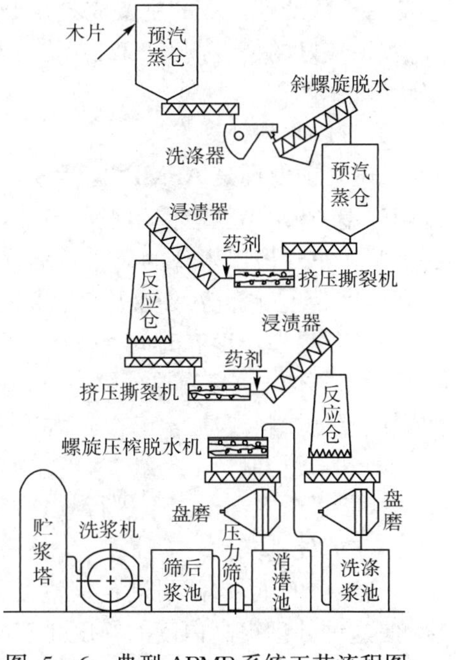

图 5-6　典型 APMP 系统工艺流程图

（一）制浆机理

① 在制浆过程中，第一段浸渍结束时，得率下降较多，由于这一段浸渍液中 NaOH 含量较高，木素和苯酚抽出物溶出较多，同时，预浸木片的白度有所降低，说明在碱性条件下，木素形成了新的发色基团。

② 第二段预浸结束时，得率下降平稳，木素与苯酚抽出物继续有所溶出，白度急剧上升。这是由于第二段预浸液中，H_2O_2 含量较高，NaOH 含量相对较少之故。

③ 磨浆后得率稍有下降，木素溶出略有增加，苯酚抽出物继续较多地溶出，戊聚糖溶出剧

增，纸浆白度也有较大幅度增加。原因是由于在第二段预浸渍液未洗去，在磨浆中仍继续发挥作用。

④ 制浆后，留在浆中地木素有了较大变化，首先由于在制浆中，低分子量的木素首先溶出，导致留在浆中木素的平均相对分子质量增高；其次由于木素集团发生了变化，说明 H_2O_2 对木素结构进行了破坏，提高了白度。

（二）特点

① 生产工艺简单，动力消耗比预热化学机械浆节省 20%，吨浆耗水量仅为 $20m^3$ 左右。

② 制浆与漂白同时进行，加化学药品的同时加入漂白剂，不需要建造漂白车间，节省大量设备和基建投资。

③ 制浆过程中不使用亚硫酸盐，只用碱和过氧化氢等化学药品，废水中不含硫化物，治理相对容易，对环境污染负荷小。

④ 制浆得率高达 85%～92%，纤维强度高，韧性好，适于抄造各种高白度纸张和配抄高档文化用纸。

⑤ 适用于白杨、青杨、桉木、松木、棉花秆、红麻秆等多种纤维原料，适用范围广。

（三）影响因素

1．螯合剂的添加

由于预处理药液的主要成分是 H_2O_2 与 NaOH，需添加螯合剂对各种过渡金属离子进行掩蔽，效果较好的螯合剂有 EDTA 类有机螯合剂和磷酸盐类，包括三聚磷酸钠、多聚磷酸钠、三偏磷酸钠等。

2．H_2O_2 预处理方法

H_2O_2 预处理是 APMP 生产中的关键环节。生产 APMP 一般需经两段预浸渍处理，第一段用弱浸渍液，第二段使用强浸渍液，主要目的在于保证预浸渍的均匀充分，以获得质量均一的纸浆。第一段以木片的润胀及皂化树脂为主，浸渍液中 NaOH 含量比 H_2O_2 高；第二段则以提高白度为主，因此浸渍液中 NaOH 含量应不高于 H_2O_2。

3．预浸渍温度和时间

为了不使 H_2O_2 受热分解，一般在 100℃ 以下，根据原料种类不同而有所差别。预浸渍时间则应保证原料浸渍均匀充分，并有一定的反应时间，一般在 1h 左右。

4．磨浆控制

磨浆尽量在高浓度下进行，以减少纤维的切断，成浆地打浆度根据纸种而有所不同。

5．后处理条件

磨浆后的纸浆，需要进行消潜处理，如纸浆白度不够，还可以加草酸进行后处理，提高白度，但这种处理提高白度的幅度是有限的。

四、化学预热机械法制浆（CTMP）

化学预热机械法制浆又称为 CTMP 法制浆，即在预热木片磨木浆（见第四章第二节内容）的基础上，加入某些少量化学药品，对预热木片进行化学处理。

如前所述，机械浆的化学预处理可分别使用 NaOH、Na_2SO_3 等，也可以混合使用。单独用碱液制出的浆硬度大而且不均匀，经两者混合对原料进行预处理后，可使纸浆的裂断长增加，散光系数降低，撕裂因子也增加，动力消耗减少，使浆的性能得到了改善。经化学预处理后的纸浆再经热磨而离解成浆。

与化学机械浆相比 CTMP 具有如下优点：长纤维组分多，纤维束含量少；成浆具有较好的柔韧性，改善了紧度、抗张强度以及撕裂度；浆料容易漂白，且能漂到较高白度；制浆过程中易于脱树脂从而提高成浆质量。

因此 CTMP 在工业上的应用不断扩大，可制造各种文化用纸、薄型纸、生活用纸及纸板等。

作业题

1. 简述生产半化学浆和化学机械浆的相同点和不同点。
2. 中性亚硫酸钠半化学浆蒸煮药液如何制备？
3. 简述中性亚硫酸钠半化学浆蒸煮的反应机理。
4. 中性亚硫酸钠半化学浆过程中影响蒸煮的因素有哪些？
5. 中性亚硫酸钠半化学浆为何要进行机械处理？
6. 中性亚硫酸钠半化学浆进行机械处理的设备有哪些？
7. 影响机械处理的因素有哪些？
8. 影响亚铵法制浆的因素有哪些？
9. 简述化学机械浆的分类。
10. 简述 APMP 的制浆机理。
11. 简述 APMP 的特点。
12. 影响 APMP 的因素有哪些？

第六章 废纸制浆

第一节 概 述

一、废纸回用的意义

利用废纸生产纸和纸板不仅具有很大的经济意义，而且也具有非常重要的社会意义。由于当今世界环境日趋恶化，人们的环保意识也日益增强，为了节约能源，减少污染负荷，减少森林砍伐，养息森林，废纸的回收利用已引起了越来越大的重视，特别是废纸利用后带来的节省投资、降低成本等方面的好处更给废纸的回用带来了巨大的推动力。近10年来，废纸的回收率和利用率逐年增长，处理废纸的技术和设备不断改进和完善，用废纸制成的纸和纸板品种和产量也逐年增多。

二、我国废纸利用现状

表6－1是我国2000年～2004年纸和纸板产量、废纸回收、耗用情况统计表。

表 6－1　　2000 年～2004 年我国废纸回收利用统计表

年　份	纸和纸板产量/万 t	废纸回收量/万 t	废纸回收率/%	废纸耗用量/万 t	废纸浆利用率/%	废纸进口量/万 t
2000	3 050	1 054	29.5	1 140	40.9	371
2001	3 200	995	27.0	1 310	44.0	624
2002	3 780	1 331	30.2	1 620	47.0	687
2003	4 300	1 470	30.6	1 920	49.0	938
2004	4 950	1 651	30.4	2 395	52.0	1 230

摘自《中国造纸年鉴 2005》。

从表中可以看到，我国不论是废纸回收量还是废纸耗用量逐年均有跳跃式的增长。

1998年夏季，我国长江、嫩江流域发生了有史以来的特大洪灾，我国政府采取断然措施，对一些江河上游省份宣布了封山育林、严禁砍伐的指令，养息森林。改善生态环境将成为我国的长远决策，由此我国造纸工业所依赖的原料组成成分势必要发生变化。一是进口木材数量将逐渐增加，另一方面更多地利用废纸造纸的趋势必将进一步加强。

三、废纸的分类及来源

我国废纸的大量收集主要是在大中城市和政治文化中心地区。废纸的主要来源有印刷厂切下的白纸边和报废的印刷品；出版单位过期的期刊、杂志；机关、工商企事业单位的废旧书刊、报纸、印刷材料及各种包装纸盒、纸箱等；居民家庭使用的各种旧报纸、废旧图书、杂志、包装纸箱等。此外，我国还大量从美国、日本、欧洲进口废纸。废纸按市场用途划分为国内废纸和国外废纸，国内废纸称为“国废”，美国废纸称为“美废”，欧洲废纸称为“欧废”。从废纸加工利用的角度出发，根据纤维原料的组成、印刷或书写特点、颜色和洁净度等大体将废纸分成如下几类。

(1) 白色废纸。这种废纸也可以看成是纸浆的代用品，其中包括未经印刷、具有比较一致的白度和无有害物的白纸。废弃物不超过0.5%。此类废纸可作为生产一般书写、印刷纸的漂白浆，常用于抄造中、高档卫生纸。这类废纸大部分为印刷厂和纸类制品厂切除的纸边，少部分是机关、学校等未经印刷书写的白纸。

(2) 瓦楞废纸与纸板废纸。此类废纸包括双层牛皮纸板，瓦楞芯纸，双面层瓦楞纸板，牛皮瓦楞纸板切边，旧瓦楞纸箱，各色废纸盒、纸箱，黄、白、灰色纸板等。其禁止物(对设备有害的物质)不超过1%，无用物不超过5%。这类废纸可用于回抄草纸板、茶纸板、箱纸板、瓦楞原纸等。其中的竹、木浆废纸还可用于生产挂面纸板。

(3) 书籍、杂志废纸。这类废纸主要包括印刷厂或书店未发行的和发行后回收的书册，印刷着色不含磨木浆的废刊物、书籍等。这类废纸要求不含禁止物，无用物不超过0.25%。此类废纸经脱墨处理除去颜色、油墨后，可生产有光纸、书写纸、凸版纸、卫生纸、箱纸板等。

(4) 旧新闻纸。由成捆的、选择过的、新的、干的报纸组成。不包括旧杂志、白色空页、印刷厂多印的纸，凸印和彩印部分不高于正常的百分率。包括必须不含焦油、禁止物，无用物不应超过0.25%。此类废纸主要用作再抄新闻纸用，也可经脱墨处理后用于抄造生活用纸和一般文化用纸。

(5) 纸袋纸废纸与牛皮纸废纸。这类废纸是指包装水泥后回收的破碎水泥袋，废牛皮纸，建材部门包装白灰用的白灰袋等。此类废纸经拆线挑选，不含杂物。可回抄代用纸袋纸，再生条纹包装纸，也可掺入木浆作箱板纸板挂面浆。

(6) 混合废纸。这类废纸是一种低级的废纸，包括部分“垃圾废纸”(从垃圾堆里拣来的垃圾纸)。主要含混合杂志书籍、传票、单据账簿、中小学生练习本、办公用纸及包装物品后的废纸，混合废纸含有大量杂质，如金属粒子、石头、瓶子、带子、破布、细绳、塑料、聚苯乙烯以及热熔物、沥青等。各种废纸的含量不限，其禁止物含量不允许超过2%，无用物含量不超过1%。此类废纸主要用于生产屋顶纸板、防潮纸板及普通的低级纸板芯层等。

四、废纸制浆的生产过程

各种类型的废纸在收集、运输过程中都不可避免要混入各种杂质。这些杂志主要包括书钉、回形针、金属薄片、铁丝、砂石等。此外尚含有塑料、金属薄膜的复合层、表面涂布的树脂、橡胶黏合物，各种油墨、湿强剂、沥青、蜡等。这些杂质要求采用不同的方法尽可能除掉。

根据废纸来源和使用的要求不同废纸制浆的生产过程，大致有两种情况：一种是利用废纸生产本色浆，一种是利用废纸生产漂白浆。其中前者的生产过程一般需要如下处理。

废纸经拣选→碎解→除渣→筛选→浓缩→送打浆

图6-1为山东某厂典型的旧瓦楞纸(OCC)废纸处理工艺流程图。

而漂白浆的生产过程一般为：

废纸经过分选→碎解→脱墨→除渣、筛选→洗涤→浓缩→漂白→送打浆

图6-2为山东某厂典型的脱墨漂白工艺流程图。

在选择废纸的加工方法、设备和生产流程时，应注意以下几点。①制浆过程力求简

化，以降低水、电、汽和化学药品的消耗，提高成浆得率。尽量扩大废纸浆掺用的配比和生产的纸种，从而节省能源。②提高碎解设备的效率，尽可能保留废纸纤维长度，保证成浆物理性能。③提高筛选设备的效率，尽量除去一些废纸中的轻、重杂质。废纸中的轻、重杂物尽量在打碎前多除去一些。疏解设备应尽可能分离出纤维而减轻对杂物的碎裂。④选用高效率的脱墨剂，并采用高效率的混合设备、反应设备、浮选和洗涤设备，使废纸浆尽量恢复纤维的本色。浮渣和废水容易处理，以减轻对环境的污染。⑤设备投资少，操作维修方便。

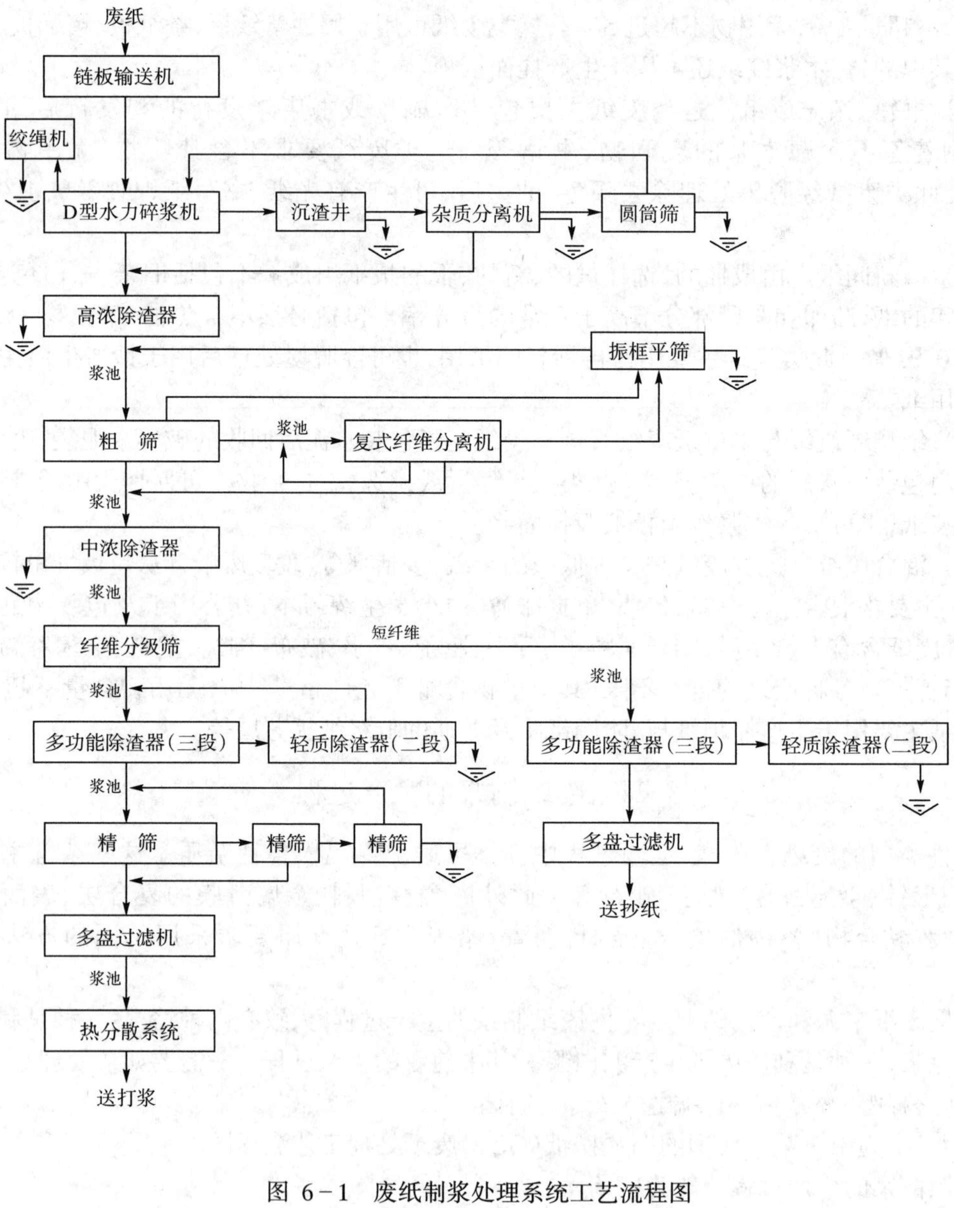

图 6-1　废纸制浆处理系统工艺流程图

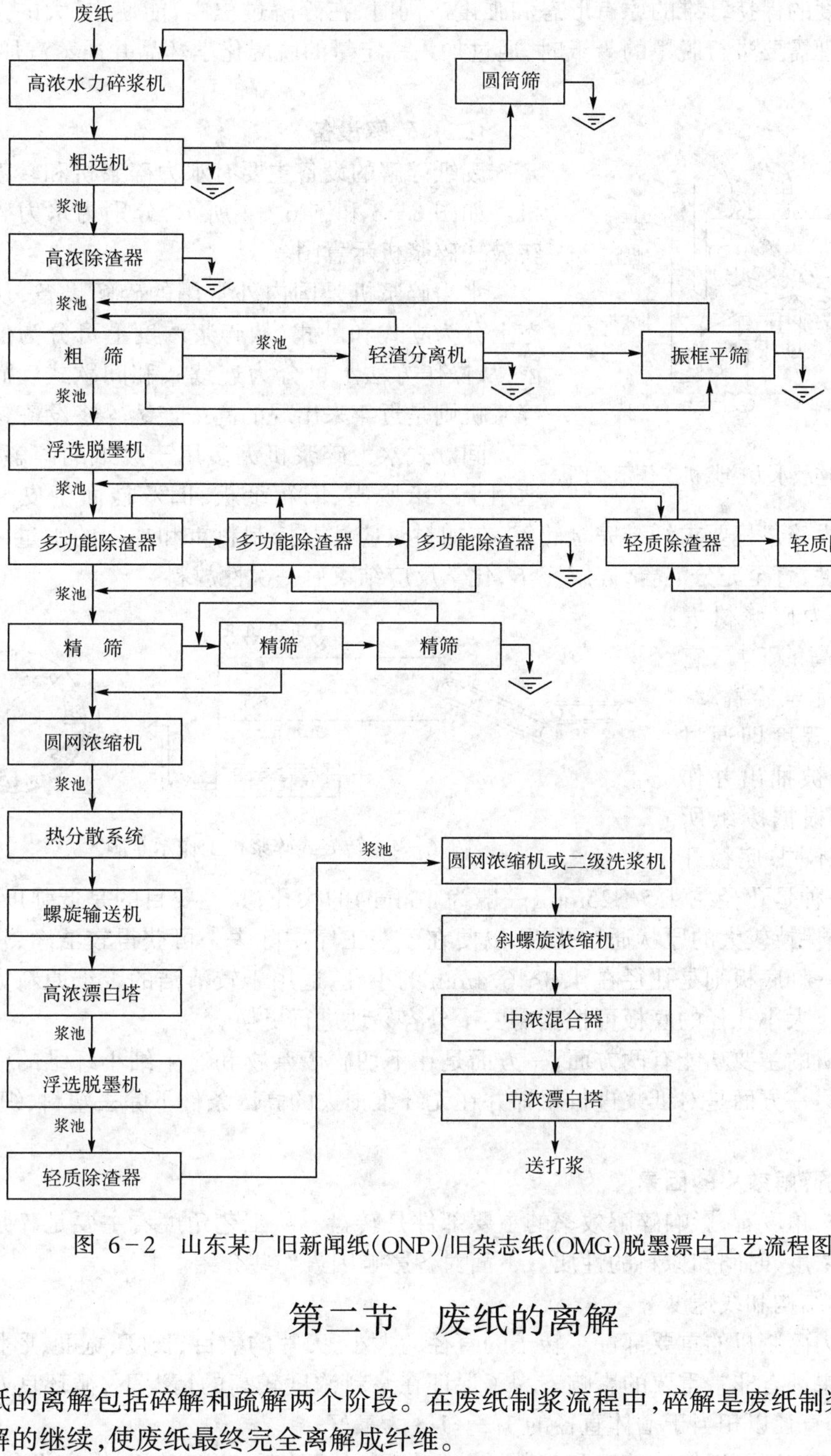

图 6-2 山东某厂旧新闻纸(ONP)/旧杂志纸(OMG)脱墨漂白工艺流程图

第二节 废纸的离解

废纸的离解包括碎解和疏解两个阶段。在废纸制浆流程中,碎解是废纸制浆的第一步,疏解是碎解的继续,使废纸最终完全离解成纤维。

一、废纸的碎解

(一) 碎解的目的

废纸碎解的主要目的是使废纸离解,使原来交织成纸页的纤维最大限度的离解成单根纤维而又最大限度的保持纤维的原有形态和强度。同时，在碎解过程中，能使重、大的杂质与纤维分离。在处理需要进行脱墨的废纸时，通过加入一定量的脱墨化学药品并通蒸汽加热，使纤维与油墨分离。

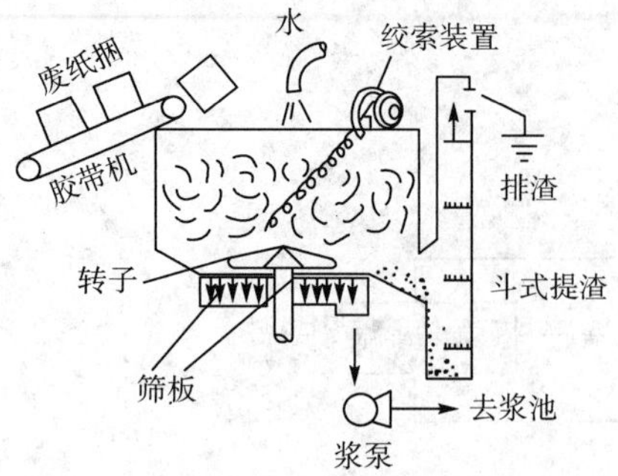

图 6-3　立式连续水力碎浆机工作示意图

（二）碎解设备

废纸碎解的设备主要有水力碎浆机和转鼓式碎浆机。如图 6－3 和图 6－4 所示，分别为水力碎浆机和转鼓式碎浆机示意图。

水力碎浆机是国内外常用的碎解设备，从结构形态上分为立式和卧式，从碎浆浓度上可分为低浓和高浓，从操作方法上可分为连续式和间歇式。而转鼓式碎浆机则是近年来出现的高浓连续碎浆设备。

间歇式水力碎浆机大多用于废纸的碎解，特别是适用于废纸脱墨、旧箱纸板、旧双挂面牛皮卡纸的碎解。间歇式水力碎浆机要求纤维完全碎解，在加料时应注意控制料重和加入的水量以保证所要求的碎解浓度，直至充分混合，碎解完毕，化学反应结束后一次性放料。

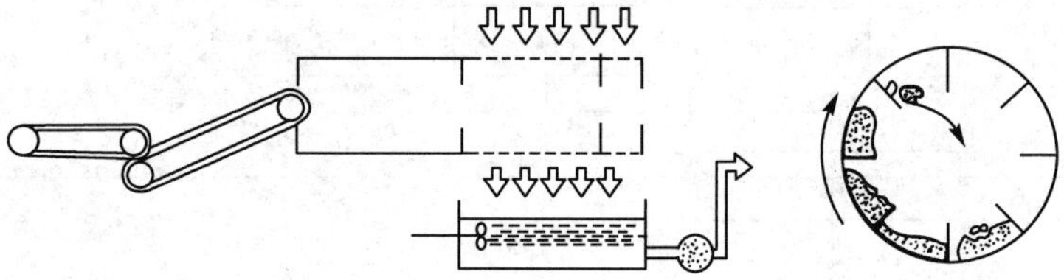
图 6－4　转鼓式碎浆机工作示意图

连续式水力碎浆机大部分用于产量高的工厂，它不要求纤维的完全碎解，纤维碎解至一定程度即通过转子下的孔板被抽出并作进一步处理。根据废纸所含杂质程度的不同，底板开孔分为两种：一种是孔径在 9.5～25mm（一般为 16mm）的大孔，其主要目的是低强度碎浆，将一些轻、重杂质保持较大的原状通过孔板，以便在下一工序中除去。可获得较洁净、较高质量的废纸浆。另一种底板则是孔径在 4.8～6.4mm 的小孔，适用于较清洁的废纸原料如纸盒和瓦楞纸切边等。大小孔径的底板可根据需要十分容易地进行更换。

转鼓碎浆机的主要功能有两方面，一方面是在不切碎废杂物和产生细小纤维的前提下分解废纸纤维。另一方面是对纸浆进行粗筛并在无纤维损失的高浓条件下除去塑料、织物、湿强物、粘胶带等。

（三）影响碎解效率的因素

从设备结构角度看，影响碎解效率的主要部件是转盘。从工艺角度看主要是碎浆机操作的速度、温度、浓度、时间和原料的性质。下面对各影响因素作些介绍。

1．转子的结构和线速度

转子是水力碎浆机的重要部件。转子的直径的大小、刀片的数目、长度、宽度、形状和排列位置对碎解效果都有非常重要的影响。为了保证在浆料浓度较高的情况下，循环良好而动力消耗又低，转子直径以相当于槽体直径的 1/2～1/3 为最好。

提高转盘线速度可以加速碎解和分散纤维的作用，从而缩短碎解时间，提高设备利用率。但转速过高，容易产生较大磨损作用，而且动力消耗也相应增加。

2．温度

提高碎解温度可使废纸软化，对于重施胶或印刷过的废纸将因温度上升而易吸收水分，使碎解、脱墨容易；并使纸浆黏度降低而增加其流动性，促进浆的循环而减少动力消耗。碎解温度由废纸种类及施胶轻重等决定，一般为75～80℃，通常利用废汽或热水加热。

3. 浆料浓度

在保证浆料循环良好，温度一定和间歇式碎解的情况下，提高浆的浓度（例如从3%～4%提高到7%）所需的碎解的碎解时间几乎相等，总的动力消耗虽然增加，但单位产量的电耗则随浓度的增加反而减少。并且在碎解需要脱墨的废纸时，提高浓度，有利于化学反应的进行。

4. 废纸种类

废纸种类不同其碎解效率是不同的，这主要取决于废纸的湿强度和纤维结合力的不同，如湿强度很高的废纸则碎解时效率低，有时需进行加热和加化学药品进行预处理。

5. 碎解时间

在一定的操作条件下，每种废纸都有一个碎解效率最高的碎解时间范围，企图超越这个范围以提高碎解效率是不经济的。一般废纸的最高碎解率在60%～75%，超过这一限度后继续碎解，则电耗增加，而碎解作用却减弱。

根据生产规模，对于各种类型的废纸则可选用不同的碎解设备。

二、废纸的疏解

（一）疏解的目的

如前所述，如果只利用水力碎浆机使废纸达到完全碎解的程度，会使动力消耗增加，而碎解度的提高却很慢，导致碎解时间延长，工作效率降低。对于一般的废纸来说，当碎解率达到75%时，不宜继续采用水力碎浆机碎解，否则会严重损伤纤维，降低纤维强度。所以完成后期的碎解任务应采用专用的疏解设备来完成，这样可以提高碎解效果，保证纤维强度，降低动力消耗。

（二）疏解设备

废纸疏解常用的设备主要有高频疏解机、纤维分离机、复式纤维分离机以及盘磨等。

1. 疏解机

疏解机在工作过程中，是通过工作部件在高圆周速度下旋转产生足够的剪切力使废纸纤维化。我国常用的疏解机为高频疏解机，高频疏解机又可分为齿盘式、阶梯式、锥形、孔板式等类型。如图6-5所示。

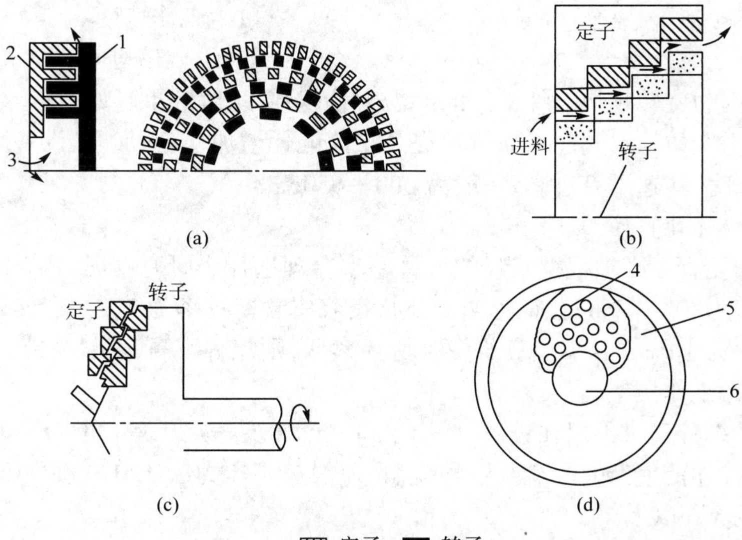

图6-5 各种形式的高频疏解机

（a）齿盘式疏解机 （b）阶梯式疏解机

（c）截锥高频疏解机 （d）孔板式高频疏解机磨盘

1—转盘 2—定盘 3—浆料 4—孔 5—孔板磨盘 6—轴孔

齿盘式疏解机的齿槽是从中心向外逐渐缩小，而齿数却逐渐增多，这种设计能提供高速的机械水力撕裂作用，使浆料中的碎纸片全部分散成浆。这种设备的主要缺点是当金属碎片或塑料等杂物随浆料进入齿环时，易造成齿的断裂。因此，仅适用于处理筛选、除渣后的废纸浆及车间内含杂质少的损纸。阶梯式高频疏解机的特点是由于浆料有充分通过“间隙”的时间，疏解性能良好。锥形高频疏解机是阶梯式和锥形相结合的一种新型疏解机，其主要特点是用截锥代替阶梯，旋转刀片和固定刀片均为截锥。孔板式高频疏解机在工作时能保持原有废纸纤维的长度和强度，并且具有产浆量高，质量好，电耗低等优点。疏解机在废纸处理流程中的安排，主要根据产品质量要求而定。一般经水力碎浆机碎解后的废纸浆料，可以全部通过疏解机疏解后再进行净化、筛选，也可以先经过筛选设备，再用疏解机处理尾渣。

2. 纤维分离机

纤维分离机是目前应用比较广泛的废纸疏解设备，它对纤维有理想的疏解作用，而切断和损伤较小。纤维分离机属于二级碎解设备，一般安装在水力碎浆机之后，主要利用废纸浆和杂质之间的相对密度差异，去除浆料中的轻、重杂质；同时利用设备中筛缝的大小和水力作用使纤维疏解。因此，它实际上又是一种优良的筛选设备。

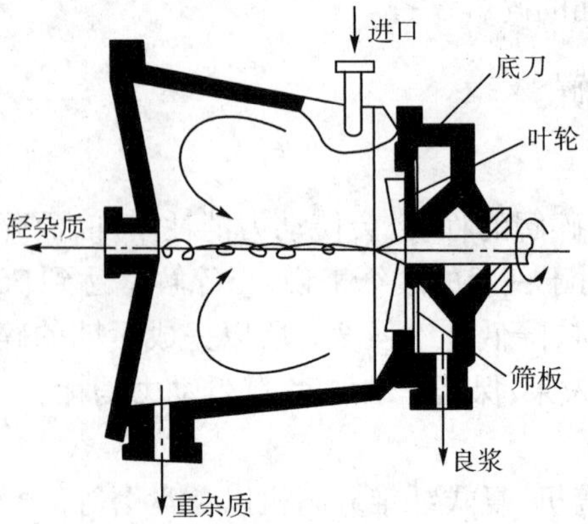

图 6-6 纤维分离机工作示意图

纤维分离机按照结构和功能不同，可分为单效纤维分离机和复式纤维分离机两种。如图 6-6 所示为一种单效纤维分离机的工作示意图。

3. 盘磨机

在水力碎浆机之后安装单盘磨浆机，会起到泵送和疏解的双重作用。其特点是设备投资少，动力消耗低，可作为废纸二次碎解设备，以补充水力碎浆机的不足，对于小型废纸制浆企业来说，是有现实意义的。

（三）影响疏解效率的因素

1. 工作速度

纤维分离机叶片的转速越高，机器的工作效率越好，因为旋转越快对纤维束的冲击力就越强，疏解效果越好，且产生离心力作用也越强，对分离轻、重杂质均有利。然而转速提高将使能耗增加，震动加剧，设备磨损严重，故在达到一定分离效果时，转速不宜过高，一般为 500～650r/min。

2. 筛孔直径

筛孔直径必须根据浆料的质量要求合理选择。研究发现当筛孔直径为 3mm 时，良浆中含薄片率为 5%～7%；孔径为 4mm 时，良浆中含薄片率为 7%～10%；孔径为 5mm 时，良浆中含薄片率为 10%～14%。良浆中含薄片率低，则疏解率高，但设备能力降低。

3. 工作压差

纤维分离机不仅在进浆口、出浆口之间需要一定压差，而且出口还应比外界高出一定的压力，这样才能使杂质和良浆顺利排出，一般进浆压力为 120～300MPa，出浆压力应控制在进浆压力的 1/6 以上。

4. 浆种和浓度

不同的浆种、不同的浆料性质以及不同的浓度，纤维分离机动力消耗是完全不同的。含长纤维的废纸浆动力消耗高于短纤维废纸浆，而且浆料浓度越高，则动力消耗越大，且浓度越高，分离机分离效果越差，机器磨损越大。所以长纤维含量高的废纸浆工作浓度以 3.0%～4.0% 为宜。

第三节 废纸浆的筛选、净化及浓缩

一、筛选、净化

废纸经过水利碎浆机碎解，疏解机分散纤维后，浆中仍含有较多的杂质，其中有粗大而轻的杂质如木片、塑料膜片、树脂、橡胶、纤维束等；还有小而重的杂质如砂粒、玻璃屑、铁屑等。前者的去除主要是依靠其尺寸大小与纤维不同进行分离，此过程称为筛选。而后者则主要利用其与纤维的密度不同来进行分离，该过程称为净化。

废纸浆筛选和净化所用设备与化学法制浆所用的筛选净化设备相似。筛选所用设备主要是振框式平筛、压力筛。目前废纸浆筛选所采用的主要设备为压力筛，可根据不同原料、不同要求合理选择适合的压力筛。振框式平筛除杂能力强，能除去比较粗大的杂质如浆渣、塑料及较大的砂石、金属物等。且筛孔不易堵塞，筛板耐磨，使用维护方便。所以一般用在多段筛选的末段。

废纸浆净化所用设备主要为除渣器。除了化学法制浆所常用的锥形除渣器外在废纸制浆过程中还广泛地使用高浓除渣器、逆向除渣器以及通流式除渣器等。

二、浓　　缩

为了便于浆料的贮存和满足流程后面工段的工艺要求，筛选后浆料须经过脱水浓缩。所选用的设备及工艺要求和化学浆浓缩设备基本一致。根据废纸浆的特殊性，废纸制浆过程要求有各种出浆浓度的设备，而且浓缩设备一般还兼有洗涤作用，为了适应这些要求，国内外发展了多种形式的浓缩设备，如倾斜式螺旋浓缩机、螺旋压榨浓缩机、V 型浓缩机以及夹网挤浆机等。

倾斜式螺旋浓缩机的结构如图 6－7 所示。

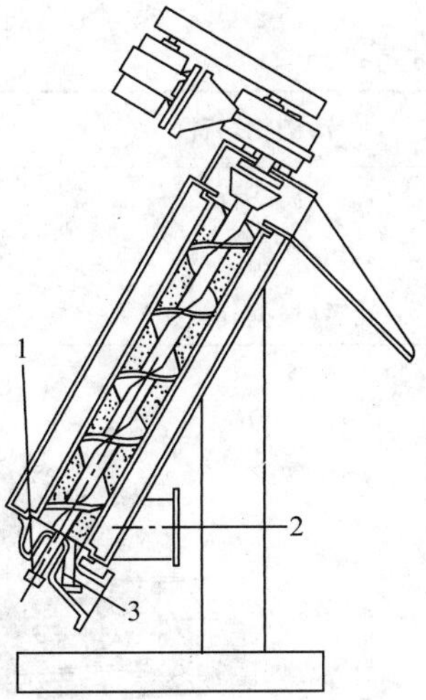

图 6－7　倾斜式螺旋浓缩机
1—浓缩浆料出口　2—滤出白水
3—浆料进口

浆料自下部进浆口送入，向上运送，浆料在螺旋推进的套筒里向上移动时，受到重力作用进行脱水。进口浓度为 2%时，出口浓度为 15%，进浆浓度为 3%时，出口浓度可达 25%。进浆浓度不同，处理后的浆料浓度差别较大。

螺旋压榨浓缩机结构如图 6－8 所示。

这种形式的浓缩机是由一个有孔的厚套筒外壳及一根从进浆口到出浆口直径逐渐变大的螺旋轴组成。由于螺旋轴的直径逐渐增大，浆料通过的截面逐渐缩小，使浆料受到挤压作用而脱水。进浆浓度为 3%时，出浆浓度可达 30%～40%。

图 6－8　螺旋压榨浓缩机

V 形浓缩机属于高浓浓缩设备，它可以将浓度为 10%的浆料，浓缩至 40%～50%。夹网挤浆机也利用机械挤压作用进行脱水，可以通过改变网的压辊数目或排列，获得不同浓度的浆料，最高出浆浓度可达 33%～35%。

第四节　热熔物的处理

有些废纸除含有轻、重杂质外，还含有沥青、石蜡、热熔胶、胶黏剂、油脂等难以用化学或机械方法除去的有机类杂质。它们的存在严重地影响废纸纸浆的质量，必须尽可能将其去除。

这类杂质的去除方法与去除轻、重杂质的方法完全不同。一般是采用分散或搓揉的方法来处理。

一、热　分　散

热分散是指在废纸处理过程中用机械方法使油墨和废纸分离，分离后将油墨和其他杂质进一步碎解成肉眼看不到的大小块，并使其均匀分布于废纸浆中从而改善纸成品的外观质量的一道工序。

影响热熔物分散处理的重要因素是温度，研究证明通过热分散(一般温度在 100℃以下，最高可达 130～150℃)，可使这些污染物软化，并将它们分散成肉眼看不到的细小颗粒。各种污染物的软化温度如表 6－2 所示。

表 6－2　废纸中各种杂质的软化温度

污染物名称	软化温度/℃	污染物名称	软化温度/℃
沥　青	100～110	苯胺油墨	85～90
蜡	85～105	紫外光固油墨	85～120
油墨(根据其类别)	85～120	热熔物	85～110

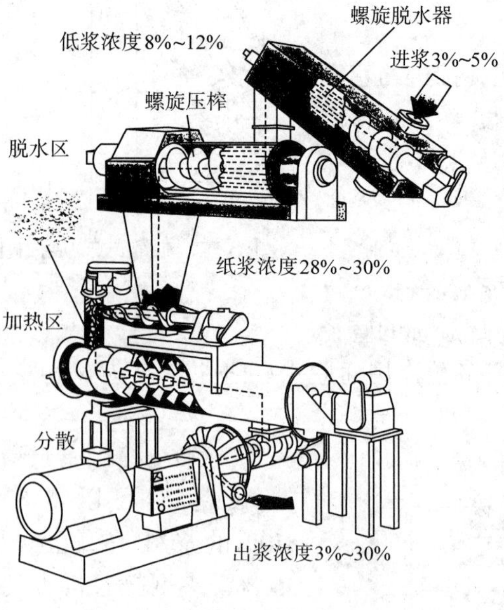

图 6－9　热分散系统流程图

热分散可以在盘磨或其他形式的热分散机中完成。在分散机中，纤维之间会产生高度摩擦并对纤维进行强力扰动，促使纤维和油墨的分离及油墨的碎解。在处理过程中，要求不能切断纤维，不能增加细小纤维量。

图 6－9 为国外某公司的热分散系统流程图。

浓度为 3%～5%的废纸浆首先通过斜螺旋浓缩机脱水至 8%～12%，而后在螺旋挤浆机中进一步脱水至 28%～30%的浓度。纸浆借一漏斗落入由堵头螺旋、疏松机和单轴搅拌器组成的设备中。温度过高会使纸浆强度下降，故温度的掌握应根据废纸的品种，废杂物的具体情况来掌握，力求做到既不损伤纤维强度又能得到良好的分散效果。

二、搓　　揉

常规的热分散系统在分散前往往需要高温以软化胶黏物和油墨粒子，磨盘的高转速和高能耗会导致游离度下降。由于油墨脱离不彻底,往往需要较多的漂白剂来使废纸浆达到所需要的白度。为了保证油墨和其他污染物与纤维有效的分离,并在随后的筛选、除渣、浮选、洗涤等工序被除去,而不是单纯将油墨和其他污染物质破碎并分散到纸浆中,以搓揉代替分散是一个良好的选择。

搓揉主要是靠高浓(30%～40%)纤维间产生的高摩擦力和因摩擦而产生的温度(44～47℃)使油墨和污染物从纤维上脱落,并在以后的工序中将这些污染物除去。搓揉机有单轴和双轴两种形式。

第五节　废纸的脱墨

一、废纸脱墨原理

为了将印刷过的废纸加工成满足生产要求的白纸浆时,必须在废纸碎解过程中加入脱墨剂进行处理,以除去因印刷而粘附在纤维上的油墨和颜料。这种处理的过程就称为废纸脱墨。

印刷的油墨主要是分散在黏着剂(包括植物或矿物油、松香和胶料等)中的炭黑、颜料以及一些填充剂等粒子,这些粒子通过印刷而粘附在纸张纤维上。有些高质量的油墨还会在纤维表面形成一层清漆膜。脱墨就是在于破坏这些粒子对纤维的粘附力,为此需要加些化学药品并借助机械外力在适当的温度下,将上述黏着剂皂化并溶解,使油墨和颜料从纤维上分离下来。整个过程大致可分成三个部分。①疏解分离纤维(完成初级脱墨)。②加化学品使油墨从纤维上脱离。③脱离下来的油墨粒子从浆料中分离。

废纸首先在水力碎浆机中进行离解,在机械作用和适当的温度条件下,纸面润胀,在水力碎浆机强烈的剪切作用下,废纸被疏解成纤维,使成片的油墨粒子分散开,为均匀脱墨创造了条件。在碎浆过程中加入化学药品,通过其中皂化剂的作用将油墨皂化,从纤维上分离出来。游离出来的油墨粒子通过洗涤、浮选或其他方法除去。

二、脱墨剂的组成和作用

常用的脱墨剂是一组混合物,各种组分在脱墨过程中所起的作用不同,有些药剂也同时起着几种作用。因而整个脱墨过程是在多种脱墨成分相互补充、相互完善下进行的。近年来也不断出现新的脱墨剂,但不管哪种脱墨剂归结起来其成分主要有以下几种。

(1) 皂化剂。皂化油墨中的黏着剂并溶解胶料,使其与纤维之间的结合松开,使涂料、填料和油墨成游离状态。皂化剂常用 $NaOH$、Na_2CO_3、Na_2SiO_3 等碱性物质。其中 $NaOH$ 碱性较强,润胀纤维和皂化油脂效果好,但使用不当会使纤维受到损伤,一般用于不含机械浆的废纸脱墨。Na_2CO_3 由于碱性较弱,对纤维的破坏作用小,故使用较普遍。Na_2SiO_3 比较适用于处理含机械木浆多的废纸,可减轻纤维的变黄,增加白度。

(2) 湿润剂。湿润剂(也称清净剂)常与 Na_2CO_3、Na_2SiO_3 等配合使用,能润湿颜料粒子,使油脂乳化并溶出。它们能渗透到纤维内部,而无破坏纤维的作用。常用的湿润剂有肥皂、油酸钠皂、萘皂、脂肪酸、石油磺酸、烷基磺酸钠、吐温等。其中肥皂价格便宜,效果较好。特制的油酸钠皂和萘皂,具有较好的润湿及乳化作用,使脱墨浆具有较高的白度。

(3) 分散剂。分散已被分离的颜料,使其保持悬浮状态,防止其再凝聚。常用的分散剂有硅酸钠、油酸钠、动物胶和干酪素等。

(4) 吸收剂。吸收剂都具有较大的表面积,可以吸收颜料,防止其沉积纤维上。常用的吸收剂有高岭土、黏土、硅藻土等。

(5) 漂白剂。稳定浆料白度,防止浆料返黄,可用 H_2O_2 等。H_2O_2 既有漂白作用也具有皂化作用,主要用于含机械浆的废纸脱墨,以稳定和提高废纸浆的白度和白度稳定性,同时还能分散纤维,皂化油墨等,与 Na_2SiO_3 配合使用,效果更好。

表 6-3 为脱墨时一些主要化学药品在浮选法中的使用情况。

表 6-3 浮选法脱墨所用化学药品示例

化学品	用量/(kg/t 浆)	作　用
NaOH	10～20	产生碱性皂化,并使油墨分离和悬浮
Na_2SiO_3	15～25	作为已分散油墨的分散剂,稳定碱性
螯合剂	1～2	通过重金属离子的复结合,稳定过氧化氢
H_2O_2	10～15	通过抑制对机械浆产生的返黄作用,提高浆的白度

三、影响脱墨的因素

废纸脱墨通常是在间歇操作的水力碎浆机内进行,也可在专用的化学反应设备中进行。要获得良好的胶墨效果,则必须考虑以下几个因素。

1. 加料顺序

必须先加药品于碎浆机内的热水中,等药品溶解后再加废纸。否则油墨粒子在纤维的解离过程中可能进入纤维内部而不能被浮选出来,因而降低脱墨效果。

2. 温度

视废纸的性质和化学药剂而定,适当提高温度可促进油墨分散,一般温度在 40～90℃。如热熔物含量很高的情况下,应考虑去热熔物后再脱墨。

3. 时间

时间越长,废纸的疏解和油墨的分散越好,但时间过长则动力消耗增加,产量降低,疏解后的纤维有被颜料返染的可能。

4. 疏解作用

疏解越充分,油墨越易脱离纸面,有利于脱墨效率的提高。

5. 油墨粒子与浆料的分离

要及时从浆料中分离油墨粒子,防止返色。

四、超声波脱墨

上面所述的是化学脱墨法。该法对大多数废纸是比较有效的。但对有些废纸(如高光泽聚合油墨废纸、紫外线固化油墨废纸、过量涂漆墨废纸)用通常的机械和加化学药品的脱墨方法时,成浆中遗留有难看的黑色或杂色碎片,使废纸脱墨造成极大的障碍。这类纸常见的有光泽夺目的杂志封面、广告、账簿、冷冻食品包装纸、仪器箱等,像这类废纸则可采用超声法脱墨。

超声法脱墨的原理是利用超声引起的空化作用将高光泽油墨或过量清漆分散。所谓空化作用是指超声波在液体中引起周期性的压缩与膨胀,压缩时所产生的压力比大气压大,称为正压;膨胀时则减少压力,使之小于大气压,称为负压。由于超声波频率高,负压时拉应力将液体拉碎，出现空穴，正压时有使空穴迅速被压碎，产生极强的冲击波，其作用力远远大于机械作用。此外用该法脱墨不需要使用任何化学药品，减少污染负担。超声波脱墨时超声频率大约为16～24kHz，在浆浓度为4%～8%的情况下超声振动2min，脱墨即告完成。经超声波处理后的纸浆性能明显改善，所以可以增大废纸脱墨浆回用的比例，节省化学浆，还可减少对精磨机的使用。超声波废纸脱墨处理设备具有结构简单，造价低，安全性好，寿命长，能耗低等优点。

第六节　油墨的清洗与分离

经脱墨后分散在废纸浆中的油墨粒子必须尽快去除。目前世界上废纸的脱墨普遍采用的有洗涤法、浮选法以及洗涤浮选相结合的方法。

一、洗　涤　法

洗涤法的原理是在分散附着油墨的纤维后，再添加表面活性剂，使油墨粒子分离出来，然后利用浓缩和反复冲洗过滤浆料，使废纸中的油墨被洗去。滤出的废水，经澄清处理后可循环使用。

洗涤法所用设备为各类浓缩机洗涤机。通常1～10μm的油墨粒子易用洗涤法去除；如果油墨粒子太大，粒子往往会嵌在纤维网体中，使脱除困难；而当油墨粒子小于1μm时，又会吸附于纤维表面，降低洗涤效率。

洗涤法的特点是，脱墨较干净，所得纸浆白度较高，灰分含量较低，脱墨操作方便，工艺稳定，电耗较低，设备费用较少，但也存在着用水量大，纤维流失率高等缺点。

总的来说，洗涤法流程简单，一般在原制浆流程稍加改造即可进行脱墨生产，投资少，上马快，适合小型浆厂或要求浆料灰分含量的废纸脱墨。

二、浮　选　法

浮选法的原理是利用纤维、填料及油墨等组成的可湿性不同，用浮选机使油墨粒子吸附在空气泡上，浮到浆面上除去，纤维和填料仍留在浆液中。浮选脱墨系统通常包括一只或一组浮选槽，将浓度为0.8%～1.2%的浆料与微小空气泡和化学药品混合均匀后送入浮选槽。分离后的油墨吸附在空气泡上，升到槽的上部形成泡沫，然后通过溢流装置、机械撇沫器或真空抽吸装置撇除附有油墨的泡沫。

浮选法是比较有效的脱墨方法，特别适用于油墨粒子为10～150μm的范围（也是大多数油墨粒子所聚集的范围），小于10μm时浮选法效果较差。

浮选法的优点是纤维流失较少，得率高，化学药品和用水量较少，污染少。缺点是白度较洗涤法低3%～4% ISO，设备费用较高，工艺条件要求严格，动力消耗较大。

浮选法占地面积较大投资较高，但综合效果比洗涤法好，省时、省水、省气、省化学品，是废纸脱墨的发展方向。

三、废纸脱墨流程及工艺

国外完全用废报纸生产脱墨浆时，大部分都是采用洗涤法。如图6－10所示为洗涤法脱墨流程示例。

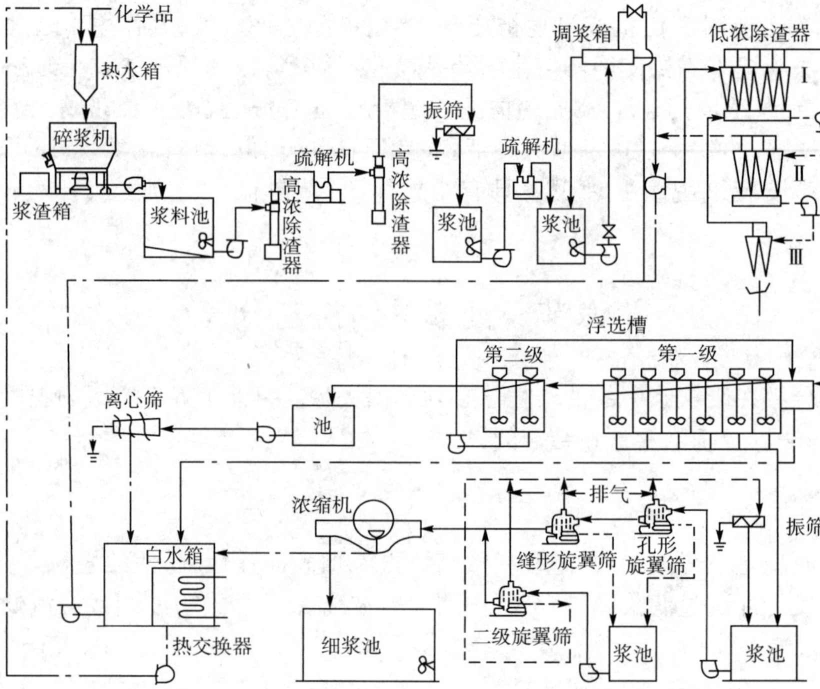

图 6－10　洗涤法脱墨流程示意图

图 6－11 所示为加拿大魁北克省的一家脱墨工厂以旧杂志和旧新闻纸为原料生产白度为 56%～60% ISO 的脱墨浆流程示意图。该厂还利用此流程用硫酸盐废纸浆为原料生产白度为 75%～83% ISO 的脱墨纸浆。

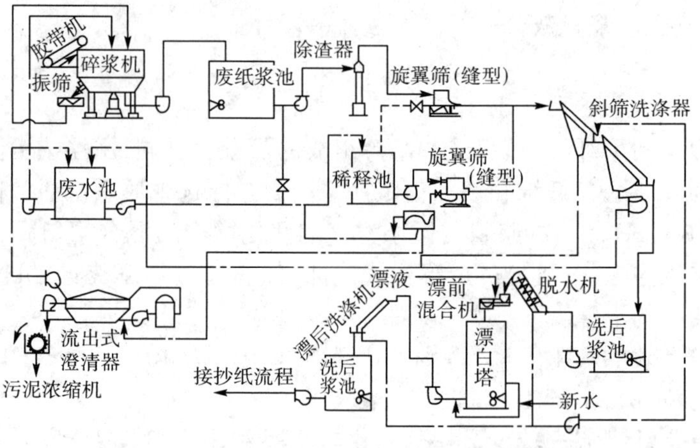

图 6－11　浮选法脱墨流程示意图

第七节　废纸浆的漂白

经去除轻重杂质，通过浮选、洗涤等工序去除油墨后的废纸浆，色泽一般会发黄和发暗，这主要是由于废纸中所含机械木浆以及当今世界上最普遍采用的碱性条件下脱墨等因素造成。因此为了生产符合市场需求的再生纸，必须进行漂白。

由于氯和次氯酸盐在漂白过程中与木素反应产生有机氯化合物，并随废水排出，污染环境，危害人类，所以现在的漂白技术向着无氯漂白和全无氯漂白方向发展。废纸处理过程中也有一定的污染物，为减少污染负荷，采用无污染漂白工艺也就势在必行。现在废纸漂白常用的漂白剂有氧气、臭氧、过氧化氢等。

一、氧 气 漂 白

由于氧漂能除去蒸煮后纸浆中残留木素的50％，减少漂白工段废水中的COD含量和色度，将氧漂废液组合到制浆厂化学回收系统中进行封闭循环，在消除企业污染方面起着重要作用。如图 6－12 为国外某工厂的氧漂流程图。

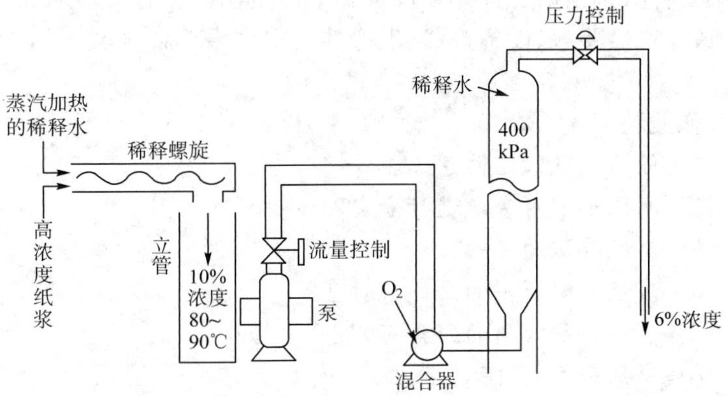

图 6－12　氧漂流程

90℃高浓度纸浆与 85℃的蒸汽加热水通过稀释螺旋进入一根立管，管内浆温为 80～90℃，浓度为10％左右。通过一台中浓浆泵脱气并加压后，纸浆经过一化学剂混合器，氧气从此加入，其余化学药剂则在泵前加入以保证低压加药系统的安全运行。然后纸浆进入一台升流塔进行氧漂。除了作为主要漂剂的氧之外，还要加入 H_2O_2 作为辅助漂剂以及 NaOH、Na_2SiO_3、$MgSO_4$ 等。氧漂对于混合办公废纸等白纸类的漂白具有其优越性。

二、臭 氧 漂 白

由于臭氧具有较强的氧化性所以一些工厂用臭氧代替氯和二氧化氯来漂白木浆和废纸浆。为获得白度较高的废纸浆，臭氧漂白通常也与 H_2O_2 配合使用。

臭氧易溶于水，但在微量金属离子存在的情况下，很容易降解成过氧化物和羟基。酸性条件能防止臭氧在溶液中迅速降解，因此在臭氧漂白之前，应先进行酸化并调节 pH 2～2.5 之间。在用臭氧漂白化学浆时，用量超过1％就会使纤维发生降解作用，而在漂白废纸浆时却能使用较高的剂量。研究证明在漂白废纸浆时，臭氧用量达到2％时，所得废纸浆质量较好。

三、过氧化氢漂白

过氧化氢漂白是用来漂白机械木浆的特效漂白剂，因此在漂白机械浆含量高的废纸浆，如旧报纸、旧杂志纸、旧电话簿纸时，也显示出与其他氧化漂白剂不同的优越性。当废纸浆要求有较高白度时，H_2O_2 经常与还原漂白剂 $Na_2S_2O_4$ 配合使用，即氧化—还原两段漂。

过氧化氢漂白旧报纸或旧杂志纸时，通常可以从三个地方加入。

(1) 将漂白剂直接加在水力碎浆机中是最通常采用的一种方法。加入过氧化氢的同时，加入 NaOH、Na_2SiO_3、工业皂、$MgSO_4$ 等，以在碱性(pH 9～10)条件下发生渗透、扩散、浸润、脱色、漂白等作用。过氧化氢用量根据纸浆的最终质量要求来确定，通常在0.8％～1.5％之间。

这一加入法的优点是简单，不必添加什么设备，故而投资少，通常在最终白度要求不高时采用。缺点就是因水力碎浆机中的废纸中含有的杂质、油墨、颜色等均未进行过处理，故过氧化氢在漂白纤维的同时，也有了一些不必要的消耗。过氧化氢价格昂贵，需要控制好用量。

(2) 废纸浆经过水力碎浆机碎解，脱水螺旋脱水后再加入过氧化氢，而后在漂白塔中进行漂白，这是部分脱除杂质后浮选前的过渡阶段的漂白。

(3) 经过脱墨后的过氧化氢漂白，通常是在热分散机或搓揉机处加入过氧化氢，而后在升、降流塔中进行漂白。

显然在相同漂剂消耗的前提下，第一种方法效果最差，第二种次之，最后一种效果最好。但第二种特别是第三种设备投资和生产费用都将有所增加，因此，废纸浆的漂白应根据所用原料、最终产品要求、设备投资、生产费用等因素综合考虑。

作业题

1. 简述废纸回用的意义。
2. 我国如何对废纸进行分类？
3. 废纸碎解的目的？
4. 废纸碎解所用的设备有哪些？
5. 影响碎解效率的因素有哪些？
6. 废纸疏解的目的？
7. 废纸疏解所用的设备有哪些？
8. 影响纤维分离机疏解效率的因素有哪些？
9. 用于废纸浆浓缩的有哪些设备？
10. 废纸脱墨可分为哪几个过程？
11. 简述脱墨剂的组成和各个组分的作用。
12. 影响废纸脱墨的因素有哪些？
13. 超声波脱墨的原理和优点是什么？
14. 废纸脱墨的方法有哪几种？各自特点是什么？
15. 废纸浆漂白的方法有哪些？

第七章　浆料的洗涤、筛选与浓缩

第一节　浆料的洗涤

一、纸浆洗涤常用术语

植物纤维原料经过化学蒸煮以后，得到50%～85%的纸浆，有近15%～50%的物质溶解于蒸煮液中，蒸煮终了排出的蒸煮液（碱法制浆称为黑液，酸法制浆称为红液）统称为废液。

洗涤的目的是将纸浆和废液分离，从而获得洁净的纸浆，同时要尽可能多地提取浓度高的废液，以利于化学药品回收或综合利用。否则，会使筛选产生大量泡沫，影响正常操作，会使漂白过多地消耗漂剂，还会降低化学药品的回收率。由此可见纸浆洗涤是制浆过程的一个重要环节。

因此，生产上必须根据纸浆的品种、质量、用途以及工厂规模的大小，合理安排废液提取工艺流程和设备选型，并控制适当的工艺条件，以取得各项较好的经济指标。

纸浆洗涤的常用术语有：

1. 洗净度

洗净度表示纸浆洗涤的干净程度。

碱法浆一般以下面两种方法表示。

（1）以洗后浆料中所带走的残碱量（Na_2O kg/吨风干浆）表示。比如，东北有些纸厂浆料中带走残碱量应小于1kg/吨风干浆（Na_2O）。

（2）以洗后浆料中所带废液中的残碱量（Na_2O g/L）表示。比如，南方某厂硫酸盐马尾松浆所带废液中含碱量为0.05g/L；硫酸盐荻苇浆中废液中含碱量在0.25g/L以下；其他草浆中废液含碱量为0.25～0.5g/L。

以上两种方法可以进行换算。

酸法浆一般以下面的方法表示：

（1）要求洗后浆中所含残酸在0.001%以下。

（2）以洗后纸浆所含水消耗$KMnO_4$的量表示（mg/L）。一般木浆小于100mg/L。蔗渣浆小于120mg/L。

亚铵法浆的洗涤以残余亚铵表示：

（1）三段淋洗废液残余亚铵小于0.3g/L。

（2）自然淋洗废液残余亚铵小于0.15g/L。

2. 置换比

置换比指洗涤过程中，纸浆中含可溶性固形物实际减少量与最大可能减少量之比。

$$置换比=\frac{S_v-S}{S_v-S_s}$$

式中　S_v——进洗浆机网槽时废液含溶解固形物的浓度（%）

S——洗后浆料中所带走的废液含溶解固形物的浓度（%）

S_s——洗浆机喷淋液中含溶解固形物的浓度(%),如用清水洗涤 $S_s = 0$

置换比可用来评价洗涤系统或单台设备的洗涤效果。在多段洗涤中,一般第一段的置换比较高,可达0.8～0.9,中间段可达0.5～0.7,末段用热水洗涤,也可达0.5～0.7。置换比大,提取率高。置换比的大小受洗涤液温度、分布、浆层均匀性、浆料的性质等因素影响,最重要的是受洗涤液质量的影响。

3. 稀释因子

稀释因子指每吨风干浆洗涤用水量与洗后纸浆含水量之差,以 m^3/t 风干浆或 kg 水/kg 风干浆表示。

$$D_f = \frac{L_w - L_E(1 - S)}{1\,000}$$

式中 D_f——稀释因子(kg 水/kg 风干浆)

L_w——进入洗涤系统的最后一段洗涤水量(kg/t 风干浆)

L_E——离开最后一段浆层中的液体量(kg/t 风干浆)

S——离开最后一段浆层所含液体中的固形物浓度(%)

稀释因子与纸浆的洗净度及送去药品回收的废液浓度有密切关系,稀释因子大,说明洗涤水用量多,纸浆洗净度高,废液提取率高,但废液浓度降低。

二、洗 涤 原 理

废液提取和纸浆洗涤是同一过程中的两个方面。纸浆洗涤的目的是将纸浆与废液分离,以保证纸浆的洁净,并为筛选、漂白等工序创造良好的操作条件。废液提取则是要尽可能多的提取具有高浓度和温度的废液,以便废液的回收或综合利用。

从洗涤的要求来讲,希望把纸浆洗得越干净越好,以减少以后工序的操作困难和漂白剂的消耗,同时应尽量减少洗涤过程纤维的损失,提高浆的得率。

从化学药品的回收角度来看,希望有较高的废液提取率,尽量少用洗涤水,以提高废液的浓度,使蒸发少耗蒸汽。

可见洗浆和废液提取是既统一又相互矛盾的。所以,这个过程在管理上、技术上和操作上的好坏,对制浆和碱回收两个车间的生产都有着密切的关系。但是如果处理得当,仍能得到洗浆质量、得率、提取总收入液的质量和提取率均较好的结果。因此,总的要求是在保证纸浆洗涤质量的前提下,尽量减少洗涤用水量,保持废液较高的浓度,同时取得最高的提取率。这就是纸浆洗涤工段的主要任务。

未经洗涤的纸浆,其废液的分布是80%～85%存在于纤维与纤维之间,15%～20%存在于纤维细胞腔内,5%存在于纤维细胞壁的孔隙中。根据这种情况,若要分离出纸浆中的废液而达到洗净浆料的目的,必须采用挤压或扩散的方法进行洗涤。在洗涤过程中,大部分的废液可以用挤压作用或过滤作用将其分离,而存在于细胞腔尤其是细胞壁内的废液则要依靠扩散洗涤的方法,即利用洗涤水与废液的浓度差才能分离出来。因此,纸浆的洗涤提取设备和流程,必须是多种作用原理(主要是过滤、扩散、挤压)的结合,才能使浆洗得干净,废液提取率高。某一种洗涤设备往往是以一种作用过程为主,其他作用为辅的。

下面分别对洗涤过程的过滤、扩散、挤压作用进行讨论。

(一) 洗涤过程的过滤作用

浆料洗涤时,首先用水将浆料稀释到一定浓度,使其充分混合,再靠洗涤液的静压力(液位静压、气体加压、抽真空等方式）过滤脱水来达到洗涤目的。

过滤速度可用下式表示。

$$Q = A \cdot v \ (\mathrm{m^3/s}), \quad v = \frac{\Delta p}{Rd} \ [\mathrm{m^3/(m^2 \cdot s)}]$$

式中 Q——过滤设备的生产能力($\mathrm{m^3/s}$)

A——过滤面积($\mathrm{m^2}$)

v——过滤速度[$\mathrm{m^3/(m^2 \cdot s)}$]

p——过滤层两面压力差(Pa)

d——滤层厚度(m)

R——过滤阻力系数(Pa·s)

R 值可由下式求得：

$$R = \frac{32\mu}{\eta \cdot d^2}$$

式中 μ——过滤液黏度(Pa·s)

η——过滤面积有效系数

d——滤层孔径平均直径(m)

从上式可以看出：①过滤面积越大，生产能力越大，所以过滤设备一般都以面积定型号，用以间接表示生产能力。②压力差是过滤的推动力，压力差越大过滤的速度越快。压力差的形成通常有以下三种方式：液柱静压、鼓风（或抽真空）所产生的气压（或真空）及机械挤压。但压力（或真空度）的增加，会影响其他因素，如温度，浆层松紧程度等，使过滤阻力增大，所以压力（或真空度）不能无限制地增加。③浆层厚，过滤速度慢，浆层薄则快，但设备的生产能力会降低（其他条件不变时）故浆层的厚度应适当。④废液的黏度越大，越难过滤。黏度随温度的升高而下降，为了减少黏度的影响，过滤时应尽量设法提高废液的温度。但温度高易起泡沫，所以一般以 70～85℃ 为宜，且随设备不同而不同。⑤纸浆品种与均匀性对过滤也有影响。一般碱法草浆纤维短小，易水化，滤水性能差，因木浆与草浆的过滤速度差别很大，所以草浆洗涤时要求的过滤面积较大。使用设备如 60$\mathrm{m^2}$ 平面阀波纹板洗浆机、25$\mathrm{m^2}$ 预挂过滤机、水平带式洗浆机等。

（二）洗涤过程的扩散作用

存在于纤维内部的废液用挤压的方法是不行的，但可以用稀释的方法，造成纤维内外溶液的浓度差，使纤维内溶解物质慢慢扩散到洗涤液中，再通过过滤的方法达到浆料与废液分离。溶解物扩散速度，可用下式表示。

$$G = DA\frac{\rho_1 - \rho_2}{L} \quad (\mathrm{kg/h})$$

式中 G——扩散速度(kg/h)

A——扩散面积($\mathrm{m^2}$)

D——扩散系数($\mathrm{m^2/h}$)

ρ_1——纤维内废液的浓度($\mathrm{kg/m^3}$)

ρ_2——纤维外废液的浓度($\mathrm{kg/m^3}$)

L——扩散物质（废液中溶解物）所经过的路程(m)

由上式可以看出：纤维内外废液的浓度差是扩散的推动力，对扩散速度影响较大。扩散面积与纸浆种类及硬度有关。扩散系数 D 表示物质在介质中的扩散能力，其大小随扩散物质、介质种类、温度、浓度、黏度等因素的变化而变化。温度高，分子动能大，D 值也大。黏度小，分子运动阻力小，扩散快。浓度大，D 值减小，所以当浓度差一定，扩散距离一定时，废液和洗涤液越浓，扩散速度越慢。扩散量与扩散面积(纤维与洗涤液的接触面积)成正比，扩散速度与扩散距离成反比。通常增大扩散面积，减小扩散距离的措施是搅拌，它可使浆料分散以增大接触面积，并使洗涤液剧烈流动，与浆料充分混合以产生对流扩散。

(三) 洗涤过程中的挤压作用

利用机械(如辊子、螺旋等)方法加大压力，可以将高浓浆料纤维间的废液挤压出来，但增加压力把浆料压到一定干度后，由于纤维被压缩，纤维间毛细管变小，纤维间毛细管压力增加。当外力大于毛细管压力时可以挤出废液，外压与毛细管压力一旦平衡就压不出废液了。因此，单靠挤压方法是不能将浆料洗涤彻底的，需要与扩散、过滤作用相配合，才能达到洗涤完全的目的。挤压的设备一般有 ZXY 型双辊置换压榨洗浆机、ZNV 型螺旋挤浆机、斜螺旋挤浆机、双辊沟纹挤浆机、SD 系列压滤机、ZL 97 2 高浓高效浆液分离机、ZL 97 2 双螺旋挤浆机、YLD 系列压滤机、ZSJ 系列双螺旋挤浆机、B－D 型卧式高浓黑液提取机等。

三、洗 涤 方 式

洗涤通常分单向洗涤和逆流洗涤。

(一) 单向洗涤

单向洗涤是单纯的用水置换蒸煮废液(如用洗涤池洗浆)，然后将废液排出。洗涤因装卸浆料而中断故又称为间歇洗涤。这种洗涤方法用水量大，排出废液浓度低，多不回收，直接排至下水道，因此污染大，但设备简单。如图 7－1 所示。

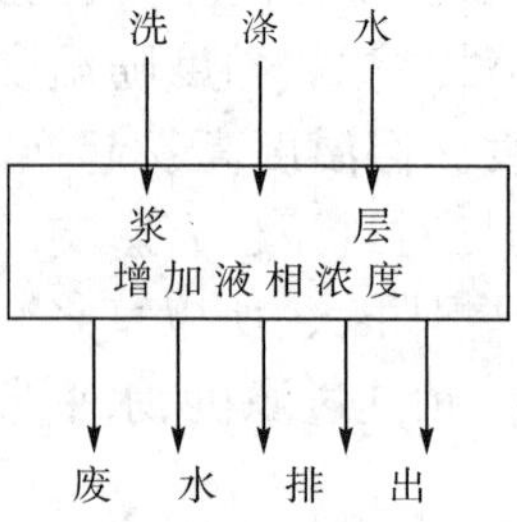

图 7－1 单向洗涤

(二) 多段逆流洗涤

逆流洗涤是洗液与浆流多次逆向接触，从而增加洗液浓度，其特点是用水量小，逆流回收或综合利用的废液具有最大的浓度和排出废水量少，有利于综合利用及减少环境污染，但其设备比较复杂。

浆料的洗涤和废液的提取都要求洗涤干净而且用水量限制到最少，这就要采用多段逆流洗涤的方法。多段逆流洗涤通常是以多台洗涤设备串联，组成洗涤机组，纸浆顺次通过各台设备，洗涤新加用水则从最后一段设备加入，而洗滤出的稀废液送至前一段设备作为洗涤液之用，以此类推经过 3～4 段，形成逆流洗涤。这就使稀洗液与含废液浓度较低的浆料接触，浓洗涤液则与含废液浓度较高的浆料接触，以保持各段洗液与浆料残液有一定的浓度差。最前段的废液也是最浓的废品滤液送去回收。这种方法不会因装卸浆料而中断洗涤，所以又称为连续洗涤。如图7－2 所示。

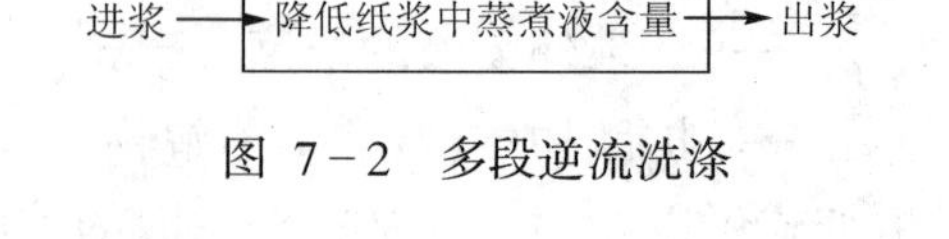

图 7－2 多段逆流洗涤

在洗涤提取过程中，段数增加，则用水量减少，洗涤效果好，但实际上段数不能太多，否则将增加设备投资，增加建筑面积和动力消耗。一般采用三段，最多不超过四段。

四、影响洗涤的因素

洗涤的效果除与洗涤设备有关外,还受下列因素的影响。

(一) 蒸煮方法、浆种、浆的硬度

不同浆料其滤水性能不同。酸法浆比碱法浆的滤水性能好,易于洗涤,因此在得率相同时,酸法浆溶出的木素多,细胞壁的空隙大,所以好洗。对草浆来讲,中性盐法较碱法浆容易洗涤。

一般长纤维滤水性能好,易于洗涤,如棉浆;草浆滤水性能差,较难洗涤,这是因草浆含杂细胞多,半纤维素含量较少,因而滤水性差。根据浆料洗涤难易程度,排列次序如下:稻草浆→麦草浆→荻、苇浆→竹浆→棉浆。

同一种原料蒸熟后浆的硬度不同,其滤水性也不同。纸浆硬度高,黏度小,一般有利于过滤但却不利扩散。洗涤开始滤水性好,但最后洗净度差,这是因为浆硬纤维表面损伤小,纤维内部的废液不易扩散出来,造成洗净度差。浆越硬,越不容易洗涤干净。

(二) 洗涤水温

洗涤水温度对洗涤速度和效率影响很大。水温高废液黏度下降,过滤阻力小,扩散快,使得洗涤速度加快,从而提高洗涤效率。实验证明,洗涤水温度每增加 40℃,扩散速度增加一倍。但洗涤水温度不能随意增加,温度过高易导致泡沫的形成。尤其在采用真空洗浆机洗涤时,温度过高能引起洗鼓内滤液发生沸腾,从而破坏真空度,使洗涤效率降低。故真空洗浆机的洗涤温度一般控制在 70~80℃,而扩散洗涤机则在 65℃左右。

(三) 压力差(或真空度)

增加洗涤脱水过程压力差,可增大过滤的推动力,从而提高过滤速度和洗涤效率,同时还能得到浓度较高的废液,有利于废液回收。但过分增加压力会使浆层压紧使过滤阻力增加,降低过滤速度。比如,当在真空洗涤机等洗涤设备的薄浆层上压力过大,则会使空气挤入真空洗鼓内与滤液混合形成泡沫,造成操作困难。一般真空度不超过 40.0~46.7kPa。

(四) 浆层厚度、上浆浓度、浆层干度

浆层厚,过滤阻力大,过滤速度慢,洗涤效率则降低,洗涤时与洗涤液接触面积小,不利于扩散,浆中残碱量高。如表 7-1 所示。但浆层太薄也不利于洗涤和操作。因此,应适当控制浆层厚度。而生产过程中,浆层厚度总是波动,为此需要操作者加强责任心,及时调节有关部位以利生产。

表 7-1

真空度/kPa	浆层定量/(g/m^2)	洗涤水量/(m^3/吨浆)	浆内残碱量(Na_2O)/%
40~46.6	800	7.5	3.1
40~46.6	1 100	7.5	4.7
40~46.6	1 300	7.5	6.2
40~46.6	1 600	7.5	9.2

在一定的条件下提高上浆浓度,能增加过滤网上的浆层厚度,提高生产能力,但会影响洗浆质量和废液提取率。

浆层厚度、上浆浓度取决于浆料的种类、滤水性、温度、压力、生产能力等诸因素。对滤水性好的浆,浆层可厚些,如木浆的浆层就可以比苇浆厚。草浆的滤水性差、废液黏度大,过滤时不易上网,故上浆浓度应比木浆高,否则浆层太薄。木浆的上浆浓度通常为 1.0%~1.5%,草浆则为 1.5%~2.5%。

洗后浆的干度越大，含残碱度越少，提取率则越高。如某厂三段真空洗浆机洗浆，在相同的条件下，将干度从12.8%提高到15%，固形物损失则从10%降至5.8%。

（五）洗涤水量

一般说来，每次洗涤水量愈多，浆洗得愈干净，提取率愈高。因为用水量多，浓度差大，扩散的推动力大，相对废液的浓度低，黏度小，过滤快。如某厂二段真空洗浆机提取黑液，真空度39.6～46.6kPa，浆层定量1 100g/m^2，洗涤水量从4t水/t浆，增加到7t水/t浆，碱损失则从7.5%降到5.2%。但是洗涤水量大，蒸发浓缩时所耗的蒸汽量多。比如，某厂每天提取10°Be的黑液200t，蒸发至45%浓度，要蒸发出水量139t，当增加用水量时，每天则提取8°Be的黑液270t，同样浓缩至45%的浓度，则要蒸发出水量205t（即多蒸发66t水），按四次真空蒸发每吨蒸汽蒸发3.1t水计，每天就要多耗21.3t蒸汽，折合煤2.6t。

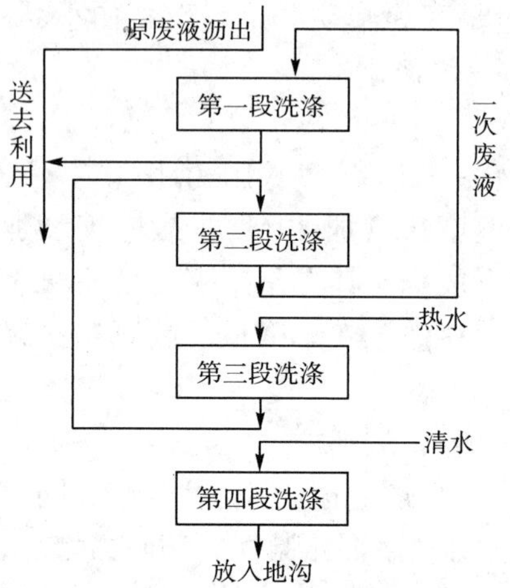

图 7-3 多段洗涤操作图

洗涤工人的基本任务，就是要根据原料品种、设备条件和生产要求，统筹兼顾，积极组织平衡，全面地完成工艺规程中的技术经济指标，为制浆生产和碱回收，提供必要的条件。

五、洗涤的工艺流程

洗涤的工艺流程，按其设备的使用情况，可分为单机洗涤和多段洗涤。单机洗涤主要用于要求不高的纸浆洗涤，如本色浆的洗涤、草板纸的洗涤等。在生产过程中一般多采用多段洗涤。现将常用的几种介绍如下：

（1）多段洗涤操作图（图7-3）。

（2）四台真空洗浆机洗涤流程（图7-4）。

（3）三台压力洗浆机洗涤流程（图7-5）。

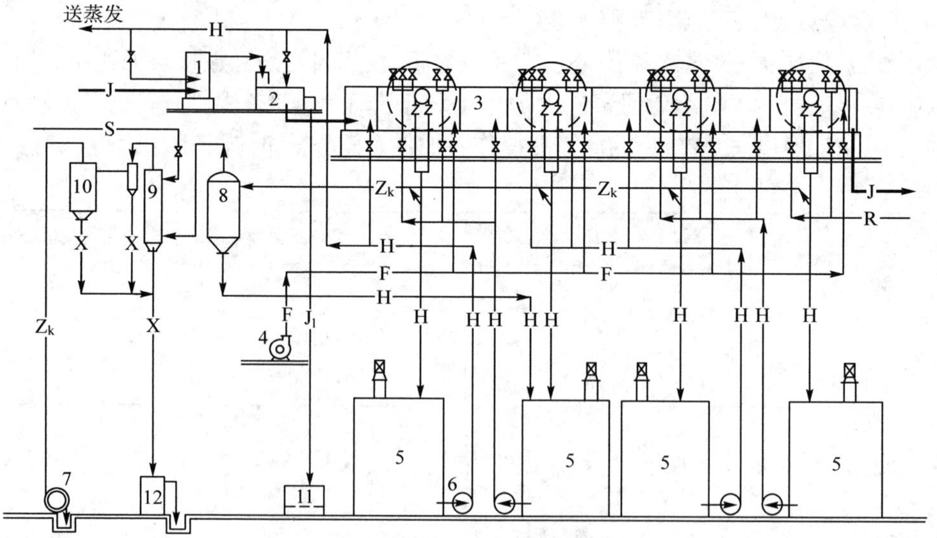

图 7-4 四台真空洗浆机洗涤流程

1—压力混合槽 2—振框式平筛 3—真空洗浆机 4—高压真空洗浆机 5—黑液槽 6—黑液泵 7—真空泵 8—收集器 9—高位冷凝器 10—收集器 11—粗渣槽 12—水封槽 J_1—浆渣 J—浆 S—清水 R—热水 H—黑液 F—高压风 X—污水 Z_k—真空

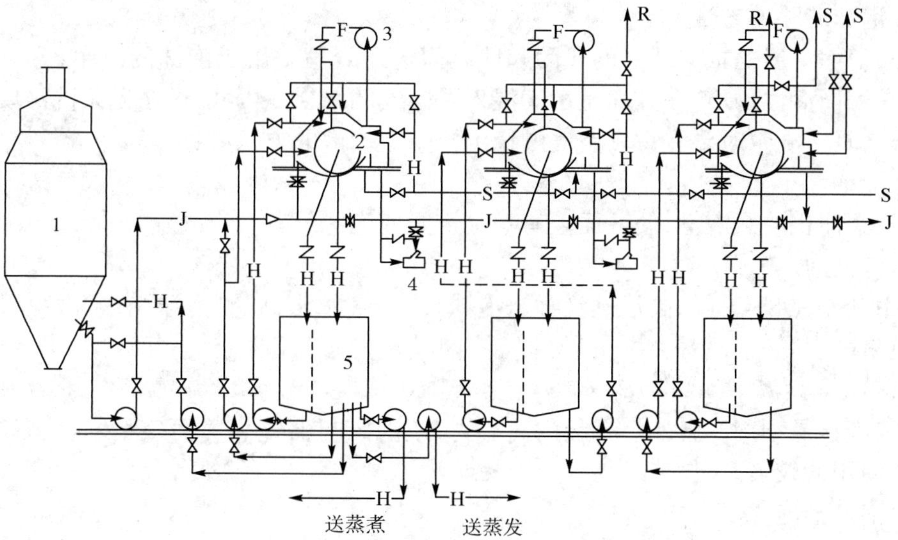

图 7-5 三台压力洗浆机洗涤流程

1—喷放锅 2—压力洗浆机 3—高压风 4—轴流泵 5—黑液槽
J—浆 S—清水 R—热水 H—黑液 F—高压风

(4) 螺旋挤浆机洗涤流程(图 7-6)。

(5) 双辊沟纹挤浆机洗涤流程(图 7-7)。

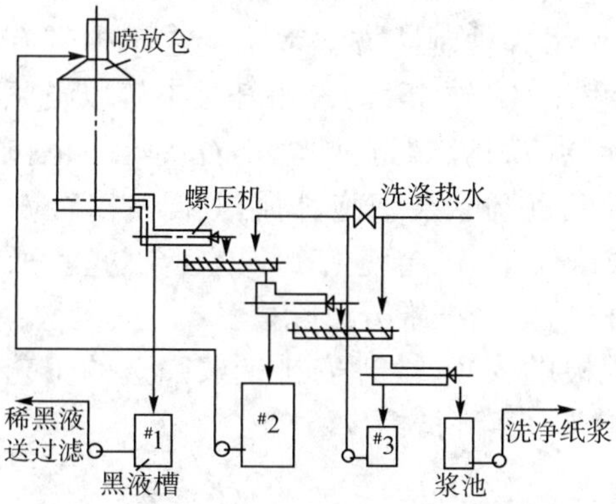

图 7-6 螺旋挤浆机洗涤流程

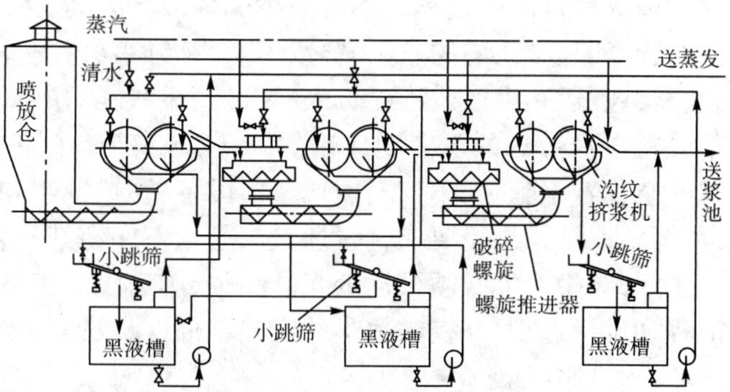

图 7-7 双辊沟纹挤浆机洗涤流程

六、泡沫的形成及消除

碱法浆在洗涤过程中,常会产生大量的泡沫,给操作和管理带来麻烦,降低洗涤质量,同时还会造成碱的损失和纤维流失,使提取率下降,增加环境污染等问题。

(一) 泡沫形成的原因

泡沫的形成原因是多方面的,从原料溶出的脂、蜡、醇、胶及其皂化物等是形成泡沫的内因。而操作过程激烈的机械搅拌,强烈的冲击喷射以及温度、黏度、pH 的变化都是形成泡沫的外因和条件。通常含树脂多或新采伐未经陈放的原料易产生较多而且较稳定的泡沫。蒸煮用碱量偏低,浆料较硬时,产生泡沫多且稳定。黑液黏度大,pH 愈大,泡沫愈稳定。温度高则泡沫少。

（二）泡沫消除的方法

泡沫的消除一般是根据洗涤的成因和性质而进行处理。由于泡沫的产生，一方面是由于黑液中存在表面活性物质，一方面是由于混入了空气的结果。因此，碱法制浆洗涤要特别注意液流的冲击，真空洗浆时要注意真空度的稳定。一般消泡的方法有：

1．消泡

采用较大体积的黑液槽，使液面上有一定空间使泡沫停留，自动破裂。

2．蒸汽消泡

一般用 784～981kPa 的高压蒸汽冲击泡沫，使空气逸出，同时泡沫受热，薄膜层的黏度下降，泡沫更易破裂。

3．机械消泡

机械消泡器是利用回转的多孔板的离心力，使泡沫与器壁碰撞而破裂，此设备结构简单，效率较高，使用的较多。

4．消泡剂消泡

采用表面活性很大而黏度较小的液体，如煤油、松节油等，以改变泡沫薄膜层的状态，使薄膜破裂空气逸出。但消泡剂用量较大，增加生产成本，并使操作复杂化，一般不多采用。

第二节　纸浆的筛选与净化

一、筛选与净化的目的及常用术语

筛选也是制浆过程中不可缺少的环节。因为，无论采用哪种制浆方法都难免在浆中带有混杂物，如化学浆中的未蒸解分、木节、纤维束、树皮等；磨木浆中的粗木条、粗纤维束等以及原料收集、贮运和生产过程中带入的泥沙、飞灰、垢块、沉淀物、铁锈、螺钉、铁丝小石块等。也包括原料本身带入的不能制成浆的物质，如苇节、苇膜、谷壳、蔗髓、杂细胞、树脂等碎片、碎粒。这些杂物若不除去，不仅会损坏机器设备，影响纸浆和成纸质量，还会使生产不能正常进行，所以，要根据纸浆质量要求，通过筛选、净化工序使其与合格的纸浆纤维分离除去。

因此，生产上必须根据纸浆的品种、用途以及工厂规模的大小，合理安排纸浆筛选的工艺流程和设备选型，并控制适当的工艺条件，以取得各项较好的经济指标。

1．良浆（细浆）

蒸煮锅放出来的浆称为粗浆（原浆）。粗浆经过筛选、净化设备后分选出来的合格纤维称为良浆（细浆）。

2．粗渣

粗浆经过筛选、净化设备分离出来的各种杂质，有纤维束及少量好纤维的混合体，称为粗渣。

3．筛选（净化）的级数

级是指良浆通过筛选或净化设备的次数，也就是将良浆进行再筛选或净化的次数。多级筛选（净化）的目的是为了提高纸浆的纯度，经过多级筛选（净化）得到的良浆质量好，洁净度高。

4．筛选（净化）的段数

段是指粗渣通过筛选或净化设备的次数，即粗渣进行再筛选或净化的次数。多段筛选（净化）的目的是回收筛渣中的好纤维，减少纤维的流失。

5. 筛选(净化)效率

衡量筛选和净化的好坏指标,用筛选效率(或净化效率)表示。

$$筛选(净化)效率=\frac{粗浆尘埃度-良浆尘埃度}{粗浆尘埃度}\times100\%$$

6. 渣率(粗渣率)

排渣率指筛选(净化)排出的渣浆占进浆量的百分率。以绝干或风干浆计算均可。

$$排渣率=\frac{排出粗渣量}{进入粗浆量}\times100\%$$

习惯上把超过10%的粗渣量称尾浆,低于10%的粗渣量称为渣浆。

二、纸浆的筛选

浆料经洗涤除去浆中所含废液及固形物后,还需进一步处理,目的是除去没有蒸好的纤维性杂质,如节子、粗纤维束、生料和未蒸解分等。同时除去一些非纤维性杂质,如泥砂、碎石、树脂、铁屑等。这些杂质若不除去不仅会影响成纸质量,同时还会损坏设备,使生产不能正常进行。因此,筛选和净化是提高纸浆及纸张质量和产量的重要工序,应予以充分的重视。

除了获得质量符合要求的浆料外,在筛选和净化中应尽量做到筛选净化的效率高,尾渣的损失少,动力消耗要低。除此之外,要求设备简单,操作维护方便,维修费用少。要达到上述要求,必须选用性能良好并适合于该浆种和纸种要求的筛选设备,合理安排筛选净化的工艺流程,正确地掌握筛选净化的工艺条件。

纸浆中尽管存在着各种性质不同的杂质,但分离这些杂质一般采用两种作用原理:一种是利用杂质外形尺寸和几何形状与纤维不同的特点,用不同型式的筛选设备(即过筛的方式)将其分离,这个过程称为筛选。另一种是利用杂质的相对密度与纤维的相对密度不同的特点,采用重力沉降或离心分离的方式除去杂质,这个过程称为净化。生产中,一般是筛选与净化相结合构成纸浆筛选和净化的工艺流程。

纸浆筛选与净化过程,一般可分为粗选、精选、净化、浆渣处理四个步骤。

(一) 纸浆的粗选

粗选是除去纸浆中尺寸较大的杂物,如木节、草节、生片、木条、砂石、铁屑等,为精选创造良好条件。对纸浆进行的这种初步筛选,称为粗选。

粗选可以在洗浆前进行,也可以在洗浆以后进行。粗选化学浆一般是在纸浆的洗涤后进行。目前较多的工厂是将筛选和洗涤同时进行。尤其在使用真空洗浆机和压力洗浆机时,最好在洗浆前进行粗选,以免粗大的块状杂物破坏工作条件。

目前国内普遍使用的粗选设备是高频振框式平筛,其特点是:除节能力高,动力消耗低,占地面积小,适用于各种浆料。生产能力大,操作简便,易维修。但喷水压力要求较大,操作环境有时较差。也有的用CJ型除节机。

(二) 纸浆的精选

精选是进一步除去粗选后浆料中仍然存留的较小粗片、纤维束、浆团等纤维性杂质。

常用的精选设备有离心筛、旋翼筛及振动筛等,需根据不同浆料种类加以选用。我国目前多数纸厂选用CX型离心筛、ZDF系列单、复式纤维分离机、ZDFF系列单、复式纤维分离机、WP型外流式压力筛、DP型内流式压力筛、JS型中浓波纹压力筛、轻渣分离机、立式高浓压力筛、卧式高浓压力筛等设备。

三、筛选影响因素

纸浆筛选过程的产量、质量及消耗指标，将受设备和工艺操作条件方面的影响，影响因素很多，且相互制约。当设备选型确定后，必须从实际出发严格操作管理，了解各影响因素间的关系，才能充分发挥设备效能，取得满意结果。就其主要影响因素讨论如下。

1．孔大小、开空率及间距

筛孔的选择主要决定于浆料的性质及纤维的长短。筛孔直径的大小与间距直接影响到筛浆机的产量和筛选效率。孔径大，产量高，但筛选效率低；孔径小筛选效率高，但产量低。浆粗硬或平均纤维长度较大，筛孔直径应稍大些。孔距小，筛板的开孔率大，筛选的有效面积大，产量大。为避免糊板，孔距一般要求稍大于纤维平均长度。通常圆形筛孔比长筛缝除去纤维束和细薄碎片的效果好，而长筛缝则能有效地除去圆形和立体状杂质。旋翼筛宜采用圆锥形筛孔（孔径为 $\phi1.2\sim\phi2.4$mm），据测定圆锥形筛孔比圆柱形的筛选效率提高 20%左右。圆形筛板的生产能力较大，处理浆料的浓度高，不易堵塞。

2．进浆浓度与进浆量

进浆浓度是影响筛选效率的主要因素之一。每一种型号的筛选设备都有其相应的最适宜的进浆浓度、进浆量和生产能力的范围，但在实际生产中，则进浆浓度往往有波动。当进浆浓度增大时，进浆量也相应增大，良浆与粗渣不能有效分离，会使尾浆中的良浆量增加，排渣量增大，且容易糊板，必须增加喷水量。相反浓度过低，生产负荷增加，筛选效率下降。因此，在一定范围内增大进浆浓度，则生产能力增加，筛选效率提高。如表 7－2 所示。

表 7－2　CX 筛选进浆浓度与筛选效率的关系

进浆浓度/%	1.0	1.2	1.28	1.42	1.6
进浆尘埃/(m^2/500g)	9 500	9 500	9 500	9 500	9 500
良浆尘埃/(m^2/500g)	2 800	2 500	2 000	2 950	3 140
筛选效率/%	70.6	73.6	79	69	57
产量/(t/h)	4.59	4.5	4.0	4.0	3.0

进浆量的大小是衡量筛浆机负荷大小的标志之一。当进浆浓度一定时，进浆量越大（电流负荷也升高），不仅产量越高，筛选效率也越好，而电耗的变化并不显著，见表 7－3 所示。尤其是对离心筛来说满负荷（允许电流范围下）运行是用好离心筛的关键之一，但其前提要求是进浆浓度恰当和稳定，否则就难以控制。

表 7－3　CX 筛进浆量与筛选效率的关系

进浆量/(m^3/h)	电流/A	电耗/(kWh/t)	产量/(t/h)	进浆浓度/%	尾浆比率/%	筛选效率/%
361	60	7.25	4.35	1.23	2.02	72
380.2	70	8.05	4.59	1.23	2.12	77
481	80	7.25	、 5.8	1.23	1.19	81

3．稀释水量、压力

筛选时，随着良浆的筛出，筛内的粗渣浓度增大，为了减少尾浆中含好纤维的量，必须有足够的稀释水量。稀释水量不仅应根据浆种、筛孔径，还必须根据进浆量和进浆浓度来决定。稀释水量太大，浆浓低，易使粗渣更多的混过筛孔，降低筛选效率。稀释水量太小，好纤维会被粗渣带走，严重时会导致筛孔堵塞。筛选时，由于浆料从进浆口到排渣口浓度逐渐增大，因此，喷水量要有相应变化。稀释水的压力在允许范围内以稍高为好。

4. 压力差

进浆与出浆间的压力差,即筛板两边的压力差,压力差与筛选效率有关。当筛孔一定,进浆浓度一定时,流量增加,压力差增加,推动浆料通过筛孔的作用力增大,筛选能力提高,但部分粗渣会被迫通过筛孔,或是嵌入筛孔,又会直接影响筛选效率。对高频振框式平筛来说,压力差对筛选效率影响不大,但对离心筛和压力筛则影响较大。压差值的大小需在生产中试验决定。压差值太小,势必要提高进浆压力,超过一定限度,设备动力的消耗也会增加。

5. 转速

对离心筛来说,转速过低,离心力不足,则好纤维与杂质的分离作用小,产量低,筛板孔易堵,纤维流失大。若转速过高,离心力过大,产量虽增加,但粗渣强制通过的也多。对滤水性差的草浆,转速应适当提高。一定的筛选设备,有一定的转速要求,生产中应尽量保持在规定的转速条件下运行。

6. 排渣率

对筛选效率影响最大的是排渣率,如图 7-8 所示。

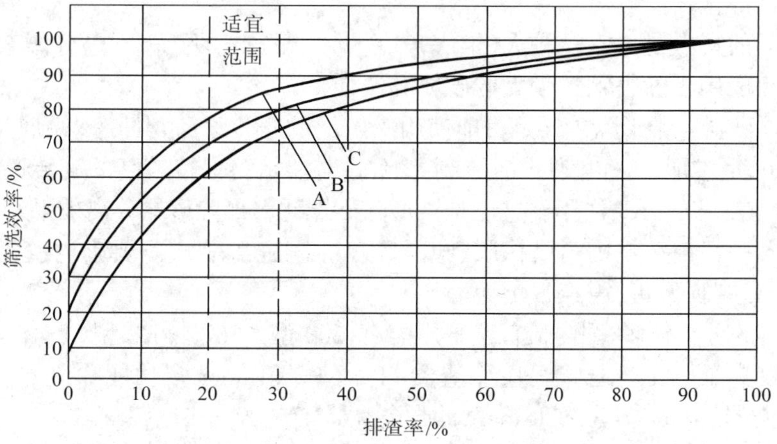

图 7-8　排渣率、筛孔大小与筛选效率的关系

曲线表明排渣率、筛孔大小与筛选效率的关系。曲线适用于任何一种筛浆机。图中三条曲线代表同一开口面积但不同孔径所得到的筛选效率。曲线 A 筛孔最小,曲线 C 筛孔最大。当排渣率从零增加到 20%时,筛选效率大大增加。但当排渣率继续增加到 20%以上时,筛选效率则增加不多。继续增加至 30%以后,筛选效率增加则很少。通常把排渣率维持在 20%～30%的范围内,可获得较高的筛选效率。同时排渣率的确定要从生产规模和对浆的质量的要求来考虑。实际生产中大都有保持排渣率在 20%～25%的条件下运行。小型工厂只有一台筛时,应将排渣率控制在 5%以下。

四、纸浆的净化

纸浆的净化一般是指分离比纤维相对密度大而颗粒小的小杂质。通常采用重力沉降和离心的方法除去杂质。

(一) 纸浆净化的目的及方法

纸浆经筛选后,浆中仍然存有一部分细小而相对密度略大于纤维的杂质。这些杂质主要来自原料中的泥沙,化学药品中的沉淀物,磨木浆的磨石磨料,生产过程带来的砂石、飞灰等。由于这些杂质的颗粒较小,经过粗选及精选后仍不能除去,因此,还须经净化除砂,进一步除去这些细小杂质,提高纸浆质量。常用的净化设备有除砂沟和除砂器。

1. 除砂沟(沉砂槽)

除砂沟是最简单、最古老的设备,它利用重力沉降原理,即把浆料稀释至0.5%左右的浓度,以一定的流速(10~12m/min)流动。由于砂粒、铁屑等杂质比纤维重,借助它们自身的重力,自然沉降落入沟底,达到浆与杂质分离的目的。除砂沟中设有挡板,以利杂质沉降和避免因浆料流动再将沉降的杂质重新带起。

沉砂槽的特点是:结构简单,不需动力。但占地面积大,沉砂效率低,纤维流失大,需经常清洗,已属淘汰设备。多为小型厂使用。

2. 除砂器(除渣器)

除砂器是利用离心分离的净化设备,常见的有筒形除砂器和锥形除砂器两种。

(1) 筒形除砂器 筒形除砂器是将浓度为1%左右的浆料以一定压力沿切线方向进入除砂器,纸浆在器内旋转运动。砂粒等到由离心力甩至器壁,由重力沉至锥底排出。良浆则沿中心盘旋上升至顶部排出。

筒形除砂器的特点是:直径较大,锥底角度大,进浆压力不高,所以分离杂质的效果不如锥形除砂器。一般用于除去颗粒较大的砂粒和杂质。

(2) 锥形除砂器 锥形除砂器是目前使用最广泛的净化设备,其除砂原理与筒形除砂器相同。但直径较小,呈锥形,这样就使浆流在锥形除砂器内始终保持较高的旋转速度,以增大离心力,保持对杂质有足够的分离作用。这也是锥形除砂器比筒形除砂器分离效果好的原因所在。

锥形除砂器一般由铸铁内衬硬橡胶、塑料、玻璃、陶瓷等制成。要求内壁光滑、耐磨、耐腐蚀,尤其是排渣口磨损厉害,需经常更换。

锥形除砂器的种类较多,国内最普遍采用的有,600型、606型、620型、T-S-Cleaner高效重质除渣器、T-D-Cleaner直通式轻质除渣器、T-M-Cleaner多功能除渣器、T-B-Cleaner逆流式轻质除渣器、T-B-S-Cleaner重质除渣器、T-M-S-Cleaner多功能除渣器、T-R-L-Cleaner逆向轻质除渣器、T-R-F-Cleaner轻质除渣器、T-R-N-Cleaner轻质除渣器、T-F-Cleaner平列双向除渣器等。通常是型号越大,产量越大,排渣率小,渣中纤维含量少,动力消耗小,净化效率高。型号小则相反。如在多段净化中,有的把606型放在头一段,600型则放在后面段,这样可减少除砂器个数,节省动力和投资,又可保证一定的效率。

锥形除砂器因容量小,使用中数量较多,通常是多台并联使用,常见有单列、双列、圆形三种排列法。为减少纤维流失需进行多段除砂。

(二)影响净化的因素

1. 压力差

压力差系指进浆压力和良浆出口压力之差,是影响除砂器净化效率的主要因素。它是产生离心力使浆渣分离的动力。在其他条件不变时,增大压力差,浆料进入的速度大,产生的离心力也大,因而净化效率提高,生产能力增加。当然压力差太大,动力消耗增加,应控制适当,若压力不足,则净化效率降低。

2. 进浆浓度

进浆浓度对锥形除砂器的净化效率有显著的影响。在压力差一定情况下,随进浆浓度的增大,净化效率几乎成直线下降。同时当浆浓度增大,排渣浓度也增大,纤维损失随之增大。

若进浆浓度太低，则生产能力下降，动力消耗增加，这是不经济的。

3．排渣口

表 7－4 为锥形除砂器的排渣口径与排渣率、净化效率的关系。

表 7－4　　排渣口径与排渣率、净化效率的关系

排渣口径/mm	进口压力/$\times 10^5$Pa	出口压力/$\times 10^5$Pa	进口浓度/%	排渣率/%	净化效率/%
7	3.14	4.91	0.63	42	73
8	3.14	4.91	0.64	42.2	69
9	3.14	4.91	0.62	45.7	73.6
10	3.14	4.91	0.60	49.8	73.2

从表上数字看出，排渣口径增大，排渣率明显增加，而净化效率变化不大，这可能是压力差一定，离心力没有变化所致。排渣口大，排渣量增加，纤维损失增大，还会给二段处理增加负荷。排渣口过小则易堵塞。对一定型号的除砂器，其排渣口径是一定的，但随着使用磨损口径会增大而引起生产条件的波动，必须随时注意及时更换。

五、浆渣的处理

浆料经筛选净化后，分离出节子、木条、生料、粗大纤维束等。随着制浆方法、纸浆品种、产品质量的不同，其筛渣量也不同。以非木浆纤维原料，生产一般文化用纸，筛渣量为 5% 左右。化学木浆的筛渣量约为 10% 左右。磨木浆、化学机械浆、半化学浆的筛渣量约为 20%～30%。为节约纤维原料降低成本，这部分粗渣必须回收利用。处理的方法有：

① 粗选后的粗纤维束、生片等，进行回煮，磨木浆的粗片送回磨木机或再磨机磨碎。

② 粗选后的浆料采用先磨后筛选，此法主要适于高得率化学浆。先磨主要起疏解作用，以减轻筛选负荷。

处理粗渣常用的设备有梳状磨节机、盘磨机和打浆机。梳状磨节机因效果不太理想而使用很少，更多的厂是采用盘磨机。盘磨机原理和打浆用的盘磨是一样的，利用盘磨机处理粗渣纤维，不仅可使粗渣变细，而且可提高纤维及浆渣的质量。磨后的纤维一般比较短小，如果浆料质量要求不高的话，可以混入良浆中一起使用。但一般都是单独使用，如抄造包装纸、瓦楞原纸、低级纸板和芯纸等。

第三节　纸浆洗涤、筛选与净化的工艺流程

一、确定工艺流程的原则

纸浆洗涤筛选的工艺流程，依据纸浆的品种与用途及生产的发展与规模条件的不同，变化较大，灵活性也较强，安排得合理就能尽量发挥设备的效能，减少纤维的损失，降低水、电、汽的消耗，降低生产的费用。

二、纸浆筛选与净化流程的组合

生产中筛选（净化）流程是根据产品质量、产量要求和所使用的设备，以及操作管理上的方便，将多台设备组合使用。其组合方式有以下几种。

（一）多段筛选（净化）

筛选过程中希望尽量减少筛渣中良浆的含量以充分回收细浆，将筛出来的粗渣送到下一

台筛选设备进一步筛选分离。这种流程形式称为多段筛选，如图 7－9 所示。

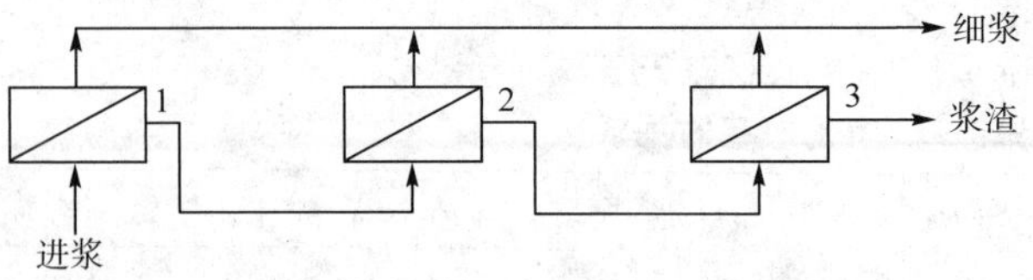

图 7－9　多段筛选

1—一段筛选　2—二段筛选　3—三段筛选

由于进入第二段的浆含渣率高，若二段筛的筛选效率与第一段相同，则筛出的良浆中粗渣的含量相对增高，这时总的筛选效率下降。采用这种流程时，提高纸浆的质量应不是主要目的。筛板的筛孔也应因第二段的进浆中粗渣含量高，孔径应相应地增大才能充分地筛出细浆。使用除砂器也可采用这种流程，以降低纤维流失。

（二）多级筛选（净化）

多段筛选（净化）是将粗渣进行再筛选，目的是回收筛渣中的好纤维，减少纤维的流失，但它不能进一步提高细浆的质量。若是将良浆进行再筛选，就可以进一步提高良浆的质量，得到纯度较高的纸浆。这种流程称为多级筛选，如图 7－10 所示。

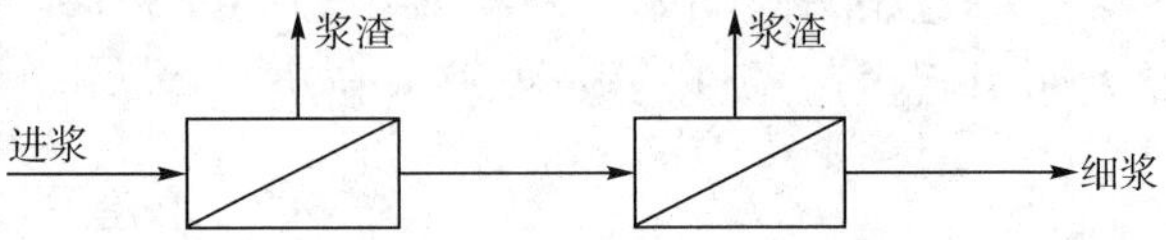

图 7－10　多级筛选

这时进入第二级筛的粗渣量少，必须使用较第一级筛小的筛孔才能保证质量。

随着级数的增加，设备投资也会增加，动力消耗也会增加，同时细浆量减少，粗浆量增加。所以多级筛选适合细浆质量要求较高的产品，或适用于产品品种较多的工厂。但最多的级数只能是 2～3 级。

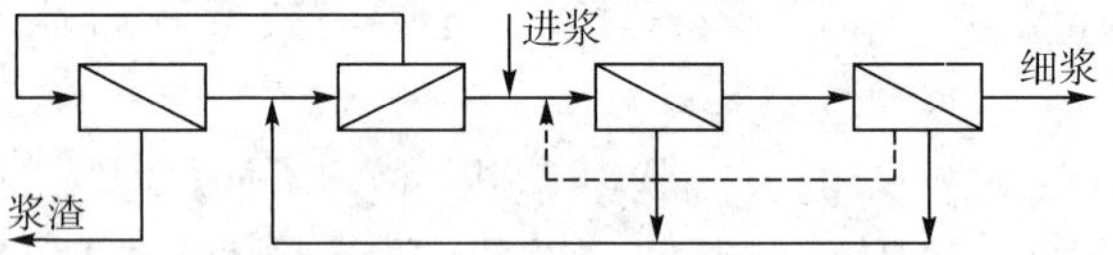

图 7－11　多级多段筛选（净化）

（三）多级多段筛选（净化）

图 7－11 是二级二段筛选流程，它综合了多段筛选与多级筛选流程的优点，克服两者缺点，适宜产品质量要求较高且纤维损失要求小的纸浆筛选。

三、几种浆料的筛选与净化流程的组合

在生产实践中筛选与净化、段与级的组合，要根据具体情况及设备特点来安排。常见的不同浆料有不同的流程。举例如图 7－12 和图 7－13 所示。

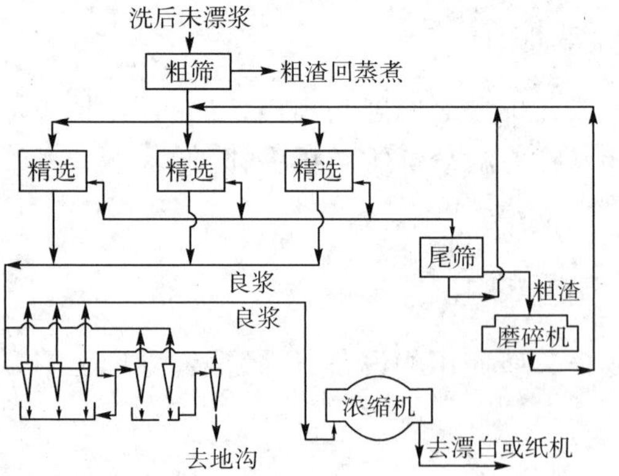

图 7－12　筛选与净化、段与级的组合

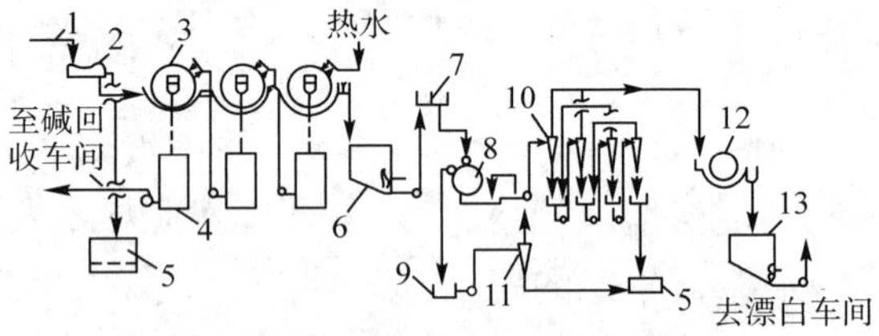

图 7－13　筛选与净化、段与级的组合

1—来喷放锅的粗浆　2—振框式平筛　3—真空洗浆机

4—黑液槽　5—筛渣槽　6—储浆池　7—调浆箱

8—筛浆机　9—尾渣槽　10—四段锥形除砂器

11—锥形除砂器（处理尾渣用）

12—脱水机　13—储浆池

第四节　浆料的浓缩与贮存

一、浆料的浓缩

（一）浆料浓缩的目的

浆料经筛选净化后，浓度较低，约0.25%～0.8%，不符合浆料漂白浓度（4%～6%）的需要。同时为了便于贮存和节省设备，必须把纸浆加以浓缩，脱去多余的水分，一般浓缩到4%以上为宜。而且浆料的浓缩过程也是进一步洗涤的过程。

（二）浓缩设备

常用的浓缩设备有：圆网浓缩机、侧压式浓缩机、落差式浓缩机等。

1. 圆网浓缩机

圆网浓缩机是由网槽和转动的网笼组成。网笼是浓缩机的主要部件，用3～4目/cm（8～10目/in）的铜网作底网，支承16～24目/cm（40～60目/in）的面网。网笼浸在装有稀释浆料的网槽中，以10～12r/min的速度在网槽中转动。借助于网内外的压力差使浆料中的纤维被吸附在网笼上形成浆层，白水则穿入网内由侧壁流走，从而达到浓缩的目的。浆层经水管冲落（或刮刀剥落）在贮浆池中。白水可用于蒸煮或漂白工段的洗涤水。

圆网浓缩机大致可分为两类：一类是无刮刀式，另一类是有刮刀式。圆网浓缩机生产能力取决于网内外水位差和网笼运转速度及浆料浓度和浆料滤水性能。一般网速为12～15r/min，网内外水位差不低于中心轴上面网笼半径的三分之一。浓度以0.3%～0.6%为宜，可浓缩至3%～6%。操作时应注意网笼两端盘根（巴筋）是否严密，以防止浆料流失。

2. 侧压式浓缩机

侧压式浓缩机结构、工作原理与圆网浓缩机相同。其特点是网槽偏向入口侧，这样增大了网内外的压力差。出口处有一压辊，既可封闭网笼与网槽之间的间隙，又可浓缩浆料。侧压式浓缩机不仅可用来浓缩纸浆也可用来洗浆。

侧压式浓缩机的工艺条件为：进浆浓度2%～4%，出浆浓度7%～12%，白水浓度0.025%～0.04%，洗涤水量100m^3/t浆，生产能力化学木浆为5～7t/(m^2·d)，稻草、麦草浆1.5～3t/(m^2·d)。

3. 落差式浓缩机

落差式浓缩机其工作原理与真空浓缩机相似，只是形成真空的方法有区别。转鼓表面分成许多个单独的格子，每个格子都与自己的吸滤虹吸短管相通。当转鼓进入浆位液面以下时，滤液穿过铜网进入短管内，在鼓面离开纸浆后，短管中的滤液逐步排出造成短暂的真空状态，吸滤鼓面浆层中的水分，然后经压辊将纸浆剥离。

进浆浓度为0.7%～1.2%，出浆浓度为10%～14%。这种浓缩机的结构比真空浓缩机简单，且不需要高位安装，也不需要真空泵系统。真空是逐步形成的，纤维流失少。这种设备也可用于纸浆的洗涤。

4. 双鼓浓缩机（CPA型浓缩机）

双鼓浓缩机由一个外筒和一个内筒偏心相切，在各自的旋转中形成楔形挤压，使内筒表面上的浆层在窄缝中逐渐被挤压脱水。浆料经浓缩后被内筒外表面上的刮刀刮下，由螺旋输送机送出。滤液收集在槽内管道送出。

CAP型浓缩机进口浆浓为1%～3%，出口浆浓为25%～30%。该机简单而紧凑，生产能力大。国内已有引进，用于热磨机械浆的浓缩。

二、浆料的贮存

浆料贮存的作用

①将连续性的生产过程与间歇式的生产环节连接起来，达到均衡生产。②纸浆的贮存起了中间缓冲的作用，不致因为一个工段或一个机台在生产中偶然出现故障而影响到整个生产。就是在全部连续化生产的工厂，中间的贮存也是必要的。③起到调节和稳定的作用。制浆过程总不免因个别因素的变动而影响到质量的波动。在连续化生产而自动控制不严格的工序更容易引起质量波动。中间贮存则可使短暂的质量波动的影响降到最低，同时在贮存过程中便于调节纸浆的浓度。

第五节　浆料洗涤、筛选与净化的工艺技术规程

工艺技术规程是生产者操作的依据，是产品质量的保证，工艺技术规程是按照流程所设的每台设备的工作依据，因此，工艺规程是每台设备的工艺要求的总和。现将常用的废液提取与纸浆洗涤、筛选的基本程序、常用的设备工艺技术要求作一下介绍。

化学浆的洗涤、筛选基本流程。见图 7－14。

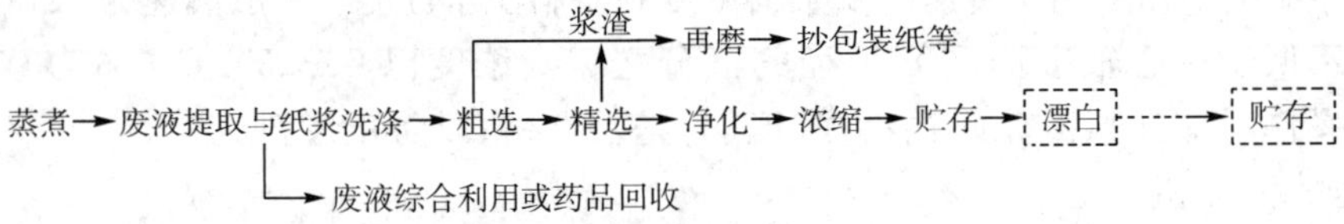

图 7－14　化学浆的洗涤、筛选基本的流程

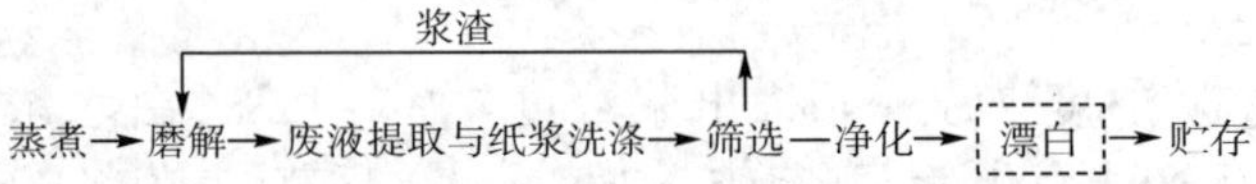

图 7－15　高得率浆与半化学浆的洗涤、筛选基本流程

高得率浆与半化学浆的洗涤、筛选基本流程。见图 7－15。

磨木浆的洗涤、筛选基本流程。见图 7－16。

木片磨木浆的洗涤、筛选基本流程。见图 7－17。

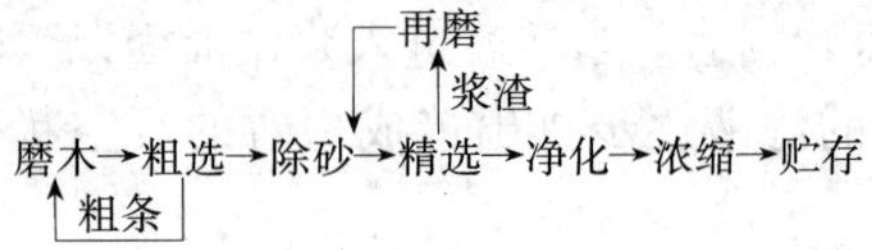

图 7－16　磨木浆的洗涤、筛选基本流程

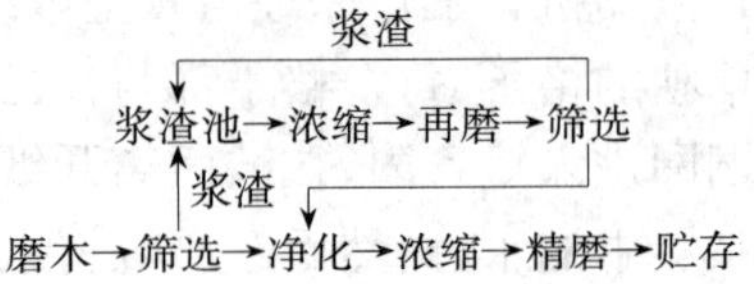

图 7－17　木片磨木浆的洗涤、筛选基本流程

下面就常用的设备的工艺条件作一介绍。

1. 真空洗浆机工艺条件

洗涤用水量	$8\sim10m^3/t$ 风干浆
水腿管内黑液流速	$1\sim2m/s$
转鼓上浆水位角度	130°
分配阀上的真空度	$2.667\times10^4\sim6.67\times10^4Pa$

2. GNJ 系列高浓高效浆液分离机

在进浆浓度 10%～12%，K 值 3～15 条件下（黄板纸、高强瓦楞纸 K 值不限）

单机：出浆浓度可达 30%～40%

提取率 70%以上		波美度	11°Be
分理出原黑液	$4m^3$/t 浆（与液比有关）	固形物含量	13%
黑液温度	85℃以上		

双机：加高温稀黑液，逆流串联

出浆浓度可达	30%～40%	两次分离出高浓黑液总量	$8m^3$/t 浆
提取率 85%以上，可使中段水负荷下降 40%以上		波美	8～9°Be
		温度	80℃

三机：加高温稀黑液，逆流串联

出浆浓度可达 35%～40%		温度	80℃
提取浓黑液总量	$8m^3$/t 浆	提取率	95%
波美度	8°Be		

3．双辊沟纹挤浆机

高位箱高度	5.77m	沟纹辊转速	1r/min
二沟纹辊间距	9.7mm	进浆浓度	4.5%
进浆阀门开启转数	3.5r/min	出浆浓度	21.5%

4．高频振框式平筛

（1）硫酸盐木浆

筛孔	ϕ8－16mm	良浆浓度	0.5%～1.2%
进浆浓度	0.8%～1.5%	节子量	<5%

（2）亚硫酸盐木浆

筛孔	ϕ8～10mm	节子量	<5%
进浆浓度	0.8%～1.0%	节子量	<3%
良浆浓度	0.5%～0.8%		

（3）机械木浆

筛孔	ϕ5～10mm	良浆浓度	0.6%～1.0%
进浆浓度	0.8%～1.2%	节子量	

（4）苇浆

筛孔	ϕ4～6mm	良浆浓度	0.6%～1.2%
进浆浓度	0.8%～1.2%	节子量	<2%

（5）稻麦草浆

筛孔	ϕ3～6mm	良浆浓度	1.0%～2.0%
进浆浓度	1.0%～3.0%	节子量	<1.2%

（6）蔗渣浆

筛孔	ϕ2～3mm	良浆浓度	0.8%～1.2%
进浆浓度	0.8%～1.5%	节子量	<1%

5．CX 筛

（1）硫酸盐木浆

筛孔	ϕ1.8～3mm	进浆浓度	1.0%～1.8%

良浆浓度	0.6%～1.2%	尾浆浓度	1.5%～2.5%
粗渣率	2%～4%		

(2) 亚硫酸盐木浆

筛孔	ϕ1.6～2.8mm	尾浆浓度	1.0%～1.5%
进浆浓度	0.8%～1.5%	粗渣率	2%～5%
良浆浓度	0.6%～1.0%		

(3) 机械木浆

筛孔	ϕ1.2～2.2mm	尾浆浓度	1.2%～2.0%
进浆浓度	0.8%～1.5%	粗渣率	2%～4%
良浆浓度	0.6%～1.0%		

(4) 苇浆

筛孔	ϕ1.0～2.0mm	尾浆浓度	1.0%～2.0%
进浆浓度	0.8%～2.0%	粗渣率	2%～4%
良浆浓度	0.6%～1.5%		

(5) 稻麦草浆

筛孔	ϕ1.0～1.8mm	尾浆浓度	1.0%～1.8%
进浆浓度	0.6%～1.6%	粗渣率	4%～6%
良浆浓度	0.5%～1.0%		

(6) 蔗渣浆

筛孔	ϕ1.0～1.6mm	尾浆浓度	1.0%～1.8%
进浆浓度	0.6%～1.2%	粗渣率	4%～6%
良浆浓度	0.5%～1.0%		

6. 立式离心筛

(1) 机械木浆

筛孔	ϕ1.6mm	进浆压力	2.9×10^4～4.9×10^4Pa
进浆浓度	0.8%～1.2%	进浆与良浆压力差	9.8×10^3～1.47×10^4Pa
良浆浓度	0.7%～1.1%		
尾浆浓度	0.9%～1.5%	生产能力	25～35t/d
粗渣率	12%～15%		

(2) 稻麦草浆

筛孔	ϕ1.2mm	进浆压力	2.9×10^4～4.9×10^4Pa
进浆浓度	0.8%～1.0%	进浆与良浆压力差	9.8×10^3～1.47×10^4Pa
良浆浓度	0.7%～0.9%		
尾浆浓度	0.9%～1.5%	生产能力	43～50t/d
粗渣率	12%～15%		

7. 旋筒外流式压力筛

进浆浓度	1.4%～1.8%	进浆压力	1.96×10^5～2.15×10^5Pa
良浆浓度	1.1%～1.5%	生产能力	75t/d
尾浆浓度	2.0%～2.5%		

8. WP 型外流式压力筛

进浆浓度	0.2%～2.5%
孔径	ϕ1.2mm～2.4mm

筛鼓面积/m^2	0.5	1	1.5	2	2.5	3	
生产能力/(t/d)	15	30	37	45	75	90	

9．ZNP 系列盘式浓缩机

进浆浓度	0.8%～1.2%						
出浆浓度	3.0%～4.0%						
筛鼓面积/m^2	60	90	120	150	180	210	240
生产能力/(t/d)	56～144	84～216	112～288	130～340	156～408	182～476	208～544

作业题

1．试述洗涤与筛选的目的及常用术语。

2．洗涤有几种作用原理？

3．影响洗涤的因素有哪些？

4．常用的洗涤设备有哪几种？

5．简述真空洗浆机与压力洗浆机的主要结构及特点。

6．简述双辊挤浆机与水平带式真空洗浆机的主要结构及特点。

7．各种洗浆机的工艺操作条件有哪些？

8．纸浆筛选与净化分几个步骤？什么叫粗选和精选？筛选与净化的基本原理是什么？

9．纸浆为什么要净化？净化都采用哪几种设备？在生产中使用锥形除砂器应注意哪些问题？

10．纸浆为什么要浓缩？采用的浓缩设备有哪些？

11．简述圆网浓缩机与侧压式浓缩机的结构及特点。

12．简述落差式浓缩机的结构原理及特点。

13．浆料贮存的作用是什么？

14．贮浆设备的基本要求是什么？

第八章　纸浆的漂白

第一节　概　　述

一、漂白的目的与作用

各种制浆方法所制的纸浆一般都较暗淡，并带有或深或浅的颜色，这种纸浆叫本色浆。构成纤维的纤维素和半纤维素是无色透明的，只是由于结构上的多孔性，孔隙间包藏着空气使纤维变成白色不透明状。一般纸浆中都含有一定数量的木素和有色物质以及其他杂质，使纸浆带有颜色。不同的原料、制浆方法、蒸煮条件，所得纸浆颜色深浅不一，其中亚硫酸盐法未漂浆最浅，磨木浆次之，碱法及硫酸盐法浆最深。

1．漂白的目的

漂白是用漂白剂与纸浆中的木素和色素作用使之变成可溶物溶出或变色的物质保留在浆中，从而达到漂白纸浆的目的，同时保持纸浆适当的物理和化学性能，满足抄造及纸张的性能要求。

2．漂白的作用

漂白是在比蒸煮缓和得多的条件下进一步除去木素，纯化纸浆，在某种意义上说，漂白是蒸煮的连续。纸浆漂白不仅提高了纸浆的白度，而且提高了纸浆的纯度，增加了纸张的耐用性。

二、漂白的方法与漂白剂

根据漂白过程所起的反应不同，传统的漂白方法分为两大类。

1．氧化漂白

氧化漂白是利用漂白剂的氧化作用除去纸浆中残留木素，破坏发色基团。该法漂白纸浆的得率低，纯度高，耐久性强。常用的漂白剂有：次氯酸盐、二氧化氯、亚氯酸盐、过氧化物，还有采用氧气、臭氧等漂白剂。

2．还原漂白

还原漂白是用还原性漂白剂，有选择性地破坏纸浆中的发色基团结构，但不除去纸浆中的木素。漂白后纸浆得率高，耐久性差，有人称之为表面漂白，常用的漂白剂有二氧化硫、连二亚硫酸锌等。

三、漂白常用术语

1．有效氯

有效氯是指漂白剂中，能与未漂浆中残留的木素和有色物质起反应的那一部分氯。有效氯的含量，可用碘量法进行测定，其单位用 g/L（或%）表示。漂液中有效氯含量高，则漂白能力大。

2．漂率（有效氯用量）

漂白到所要求的白度时所消耗的有效氯的质量对纸浆质量的百分率称为漂率（也称用氯量）。

3．残氯

漂白到终点时，纸浆中尚存在的有效氯的量称为残氯。

4．白度

用白度来衡量纸浆漂白的程度。白度是用白度计来测定的，在生产车间中可以使用氧化镁板作为测定白度的标准板，此板对光的反射率定为100％或称100度。纸浆的白度是指纸浆对光的反射率相对于氧化镁标准板对蓝光反射率比值的百分数，如纸浆的反射率是标准板的80％，则试样白度为80％。

第二节　次氯酸盐单段漂白

一、次氯酸盐漂液组成与性质

次氯酸盐漂液通常是利用氯气与氢氧化钙或氢氧化钠作用制得，按下式反应生成次氯酸钙或次氯酸钠。

$$2Ca(OH)_2 + 2Cl_2 = Ca(OCl)_2 + CaCl_2 + 2H_2O + 热$$

$$NaOH + Cl_2 = NaOCl + NaCl + H_2O + 热$$

上述反应是可逆反应，为了使制得的漂液稳定，需要有过量碱存在。次氯酸盐溶液的化学组成与氯水体系的pH有极大的关系，氯在水溶液中按下式进行水解。

$$Cl_2 + H_2O \rightleftharpoons HOCl + \underset{\downarrow \atop H^+ + Cl^-}{HCl}$$

以什么形式存在，依赖于溶液的pH，不同的pH时氯水溶液的成分如下。

pH＜2时，溶液的主要组成是Cl_2；pH＝2～3时，含氯与次氯酸；pH＝4～6时，以次氯酸为主；pH＝7～9时，含次氯酸与次氯酸盐；pH＞9时，以次氯酸盐为主。

由此可见，pH小于2时，主要以氯气的形式存在，在pH接近于中性时，则以次氯酸为多，pH在9以上，主要是次氯酸盐。一般来讲，次氯酸的活性最大，而次氯酸盐的活性最小，因此对纤维的侵蚀和损伤作用也以次氯酸为最大。

造纸工业中所用的漂白液普遍使用次氯酸钙，生产较高级纸张时采用次氯酸钠，现用次氯酸钙漂液来说明其性质。

1．水解反应

$$Ca(OCl)_2 + 2H_2O \rightleftharpoons Ca(OH)_2 + 2HClO$$

温度升高，加速反应向右进行，生成HClO对漂白不利，若pH高些可抑制水解反应的发生。

2．分解反应

$$Ca(OCl)_2 \xlongequal{\triangle} CaCl_2 + O_2\uparrow$$

或

$$3Ca(OCl)_2 \xlongequal{\triangle} Ca(ClO_3)_2 + 2CaCl_2$$

当温度高于40℃时，分解反应速度增快，生成没有漂白能力的氯酸钙和氯化物。所以次氯酸盐漂液的pH必须在碱性范围内，温度不宜超过40℃，才适应漂白的要求。

二、次氯酸盐漂液的制备

（一）溶解漂白粉制漂液

漂白粉的分子式为：

$$3Ca\begin{cases}Cl\\OCl\cdot CaO\cdot 4H_2O\end{cases}$$

漂白粉中的有效成分是 $CaOCl_2$,实际上可以看成是由氯化钙和次氯酸钙组成的络合物。

$$CaCl_2 + Ca(OCl)_2 = 2CaOCl_2$$

漂白粉溶于水时,即按上式进行逆分解,生成的 $Ca(OCl)_2$ 同样也是漂白的有效成分。

漂白粉极不稳定,受潮、遇到二氧化碳、光照和温度过高都会促使漂白粉分解。故漂白粉应贮存于干爽、阴凉的地方。但即便如此,在贮存过程中有效氯仍不可避免地会逐渐下降,一般冬季和夏季每月分别下降 0.3% 和 1.5% 左右。显然,长期大量的贮存漂白粉是不经济的。

溶解漂粉的水温度应控制在 15℃以上,温度太低,$Ca(ClO)_2$ 与 $Ca(OH)_2$ 易结合成糊状的复盐随漂粉渣一起损失。溶解缸的搅拌速度不宜太快,时间不宜太长,否则漂粉渣被分解得太细不易澄清,一般控制在 50~100r/min,每次搅拌时间为 25~30min。漂粉溶解采用逆流浸取的方法,即用清水洗涤残渣,稀漂液用来溶解漂白粉,一般溶解四次,第一次和第二次的浓漂液用于生产。

(二)用液氯制取漂液

该法是用石灰乳吸收已气化的液氯,其反应为:

$$2Ca(OH)_2 + 2Cl_2 \rightleftharpoons CaCl_2 + Ca(OCl)_2 + 2H_2O$$

用此法制得的漂液,没有次氯酸钙与氯化钙生成的络合物,有利于漂白。

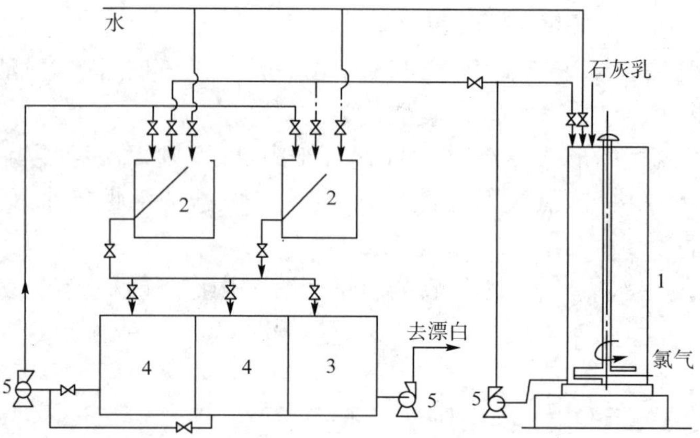

图 8-1 制备漂液的流程

1—氯化槽 2—澄清槽 3—浓漂液槽 4—稀漂液体槽 5—漂液泵

1. 漂液制备的流程

如图 8-1 所示,石灰在消化池中消化后,稀释成石灰乳送到氯化槽,通氯达终点后,将漂液送至澄清槽,澄清液放到浓液槽备用。沉淀物用稀漂液洗涤,第一次洗涤的澄清液与浓漂液混合作为成品,把沉淀物再洗两次,澄清液存放于稀漂液槽,洗涤澄清槽见图 8-2。

2. 制备漂液的影响因素

(1) 石灰用量。石灰在水中的溶解度很低,0℃时为0.13%,100℃时为 0.06%。石灰用量应适宜,用量过多,随沉渣一起排走,不仅造成浪费,而且使漂液澄清时间长,降低设备的生产能力;用量不足,则漂液不稳定,造成有效氯损失,根据反应:

$$2Ca(OH)_2 + 2Cl_2 \rightleftharpoons CaCl_2 + Ca(OCl)_2 + 2H_2O$$

可视为:

$$2CaO + 2H_2O + 2Cl_2 \rightleftharpoons CaCl_2 + Ca(OCl)_2 + 2H_2O$$

则

$$CaO:Cl = 56:71 = 0.79:1$$

即吸收氯 1 000g 只需 0.79kg 的石灰。因石灰含有杂质,一般石灰纯度 80%左右,故控制石灰过量 5%左右,所以通常石灰与氯之比约为 1:1。

(2) 通氯速度。氯气通入石灰乳中的速度不宜太快,防止产生局部过氯化,使局部地方出现 CaO 不足，使有效氯的得率降低。过氯化反应如下。

$$Ca(OCl)_2 + 2Cl_2 + 2H_2O \rightleftharpoons 4HOCl + CaCl_2$$

$$Ca(OCl)_2 + 4HOCl \rightleftharpoons Ca(ClO_3)_2 + 4HCl$$

$$Ca(OCl)_2 + 4HCl \rightleftharpoons CaCl_2 + 2H_2O + 2Cl_2$$

$$HOCl + Cl_2 \rightleftharpoons HClO_3 + HCl$$

这样，使漂液中有效成分变成了没有漂白作用的 $CaCl_2$ 和 $HClO_3$ 或 $Ca(ClO_3)_2$。另外要充分搅拌，一般为 20～40r/min，避免 $Ca(OH)_2$ 沉底。

(3) 温度。石灰乳吸收氯为放热反应，1g 氯能使 1L 溶液升高 0.3℃，当温度超过 40℃时，氯酸盐的分解加速，故一般控制在 38℃以下。

(4) 反应终点。通氯不足，溶液中的石灰未充分利用；通氯过量则使溶液分解，有效氯损失，甚至完全分解，而无漂白能力，即产生恶性循环，使漂液中 $Ca(OCl)_2$ 完全分解，所以溶液中要有剩余的 $Ca(OH)_2$ 才能保持溶液的稳定。通氯到石灰乳中，溶液 pH 逐渐降低，一般终点为 pH 11.2～11.5，也正是酚酞变色范围，操作中可用酚酞指示剂滴入漂液的液面，在 3s 钟内不退色即为终点。若发现漂液 pH 过低，应立即泵入石灰乳进行调节。

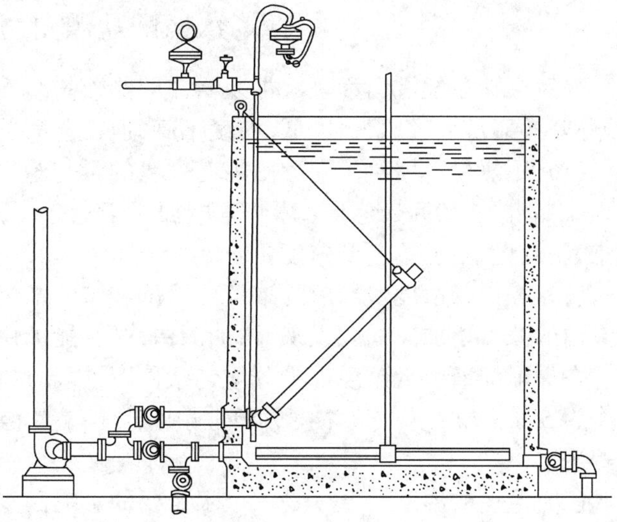

图 8-2 洗涤澄清槽

三、次氯酸盐漂白原理

1．次氯酸盐漂液漂白的有效成分

次氯酸盐漂白一般都是在碱性范围内进行，其有效成分是 $Ca(OCl)_2$，$Ca(OCl)_2$ 中与氧结合的那部分氯(即 OCl^- 中的氯)直接与纸浆中的木素和有色物质作用产生漂白反应，故又称为有效氯。

2．氧化作用

次氯酸盐溶液与纸浆中残余的木素和有色物质作用，将它们氧化成结构较为简单的物质溶出，或氧化成无色物质溶出或保留于浆中，从而达到漂白的目的。氧化的产物主要是相对分子质量较小的木素碎片和一系列的有机酸以至氧化成二氧化碳。漂白将有色物质变成无色物质或变成可溶物溶出。暴露在外面或结构内部的木素的漂白氧化作用，主要决定于漂液向内和生成物向外扩散的速度，只有生成物溶出暴露出新的表面反应才能继续进行，直至最后完全生成二氧化碳告终。显然，这与纸浆漂白作用无关，只不过是多消耗漂液。次氯酸盐漂液在漂白纸浆的同时，多少使纤维中的纤维素和半纤维素受到氧化，使纤维素的聚合度降低，纤维的强度下降。

3．氯化作用

在一般漂白条件下，漂白初期碱性比较强，但也仍有木素的氯化反应产生，漂白初期纸浆颜色变深即是生成氯化木素的缘故。其原因是，即使在碱性条件下次氯酸盐漂液中也有元素氯的存在；另一方面因木素与氯的结合力很强，极易生成氯化木素。在次氯酸盐漂白中，氯化作用是较少的，一般仅占总耗氯量的 8%～11%。生成的氯化木素极易溶于碱性溶液中，所以同样可起漂白作用。

四、次氯酸盐漂白的控制因素

次氯酸盐单段漂白为一次加入所需的漂液量直至终点。把所需漂液一次加入,漂白作用较剧烈,耗氯量大,纸浆强度低,白度不高,但设备简单,小型厂常采用。其影响因素如下。

(1) 用氯量。用氯量即漂白需有效氯的量与绝干未漂浆的质量之比,也称漂率。如漂率为4%,即指在100kg绝干未漂浆中应加入4kg有效氯。用氯量过多造成漂液浪费,增加洗涤困难,用氯量不足,达不到白度要求。

(2) 漂白的浓度。漂白的浓度由浆浓和漂液浓度两方面构成,提高任何一方浓度都使最后漂白的浓度增加。一般说来,增加漂白浓度,能加快漂白的速度,节约氯耗,又可节约热用蒸汽。在保证漂液和纸浆混合十分均匀条件下,提高漂白浓度是有利的。一般卧式漂白机漂白浓度为5%~7%,再提高浓度,循环就困难,且易使漂液与纸浆混合不匀,产生局部过漂或不足等现象。

(3) 漂白的温度。温度是一个很重要的影响因素,温度愈高,漂白反应进行愈快,一般温度每提高10℃反应速度可加快2~3倍。但当温度超过40℃时,漂液的分解加速,所以,一般都控制漂白的温度在40℃以下。另外,由于漂白是一个放热反应,在反应的同时要释放出一部分热量,故通常漂白温度控制在35~38℃为宜。以使漂白的氧化作用顺利进行。

(4) pH。在次氯酸盐漂白中,不论pH大小,对纤维和半纤维素都有或多或少的破坏作用。一般在pH为7时,对纤维氧化破坏作用最强,pH小于7时次之,pH在7以上时氧化作用随碱性增强而逐渐降低。但碱性太强,使漂白反应速度下降,时间延长,纤维的强度仍会下降。因此,次氯酸盐漂白时,要控制pH 8.5~9.5为宜,可以减轻氧化作用,减少对纤维的损伤。生产中可加入$Mg(OH)_2$等作缓冲剂,以稳定pH,通常MgO的用量为用氯量的50%~60%。

(5) 漂白终点的控制。漂白终点的控制一般是根据漂白时间和浆的白度,在漂白后期隔一定时间取一次样,分析漂液中残氯含量,一般漂白终点残氯控制在0.02~0.05g/L。若纸浆白度已达到要求,而残氯量仍过高,可加入脱氯剂硫代硫酸钠或亚硫酸钠来停止漂白作用,脱氯剂的反应如下:

$$2Ca(OCl)_2 + Na_2S_2O_3 + H_2O = 2CaCl_2 + Na_2SO_4 + H_2SO_4$$

(6) 漂后洗及其终点判定。漂白终了纸浆应立即进行洗涤,简称漂后洗,以洗去残氯及溶解物,中止漂白反应的继续发生,减少对纤维的损伤,提高纸浆的纯度,防止纸浆回色。漂后洗涤终点判定的方法通常有三种:一是用淀粉碘化钾试液鉴定,以试纸或试液不显蓝色为终点;二是测定洗后纸浆中的残氯在0.001g/L以下;三是用EDTA滴定洗涤水中Ca^{2+}、Mg^{2+}含量,使洗涤水的硬度达500mg/L左右为终点。

五、漂白操作过程

次氯酸盐漂白操作,对单段漂,可将浆料加入漂白机,当达到适应循环的最高浓度(5%以上)时,然后加漂液,逐步升温至35~38℃。当浆料和漂液充分混合后,可以暂停一下漂白机的循环螺桨,以减少动力消耗和热量散失。当达到规定白度时,立即进行洗涤,洗去残氯及溶解物。如果进行二段漂,则第一次加入漂液量为全部漂液量的60%~70%,待漂液已基本消耗时,即进行洗涤,把浑浊水及溶出物洗去,再加剩余的30%~40%漂液。直至达到规定白度，然后再洗涤。两段漂白较一段漂所需时间长，质量较好。

漂白过程的洗涤很重要，要正确地控制漂白终点及时进行洗涤，以免引起过漂或漂白时间不足，当达到所需白度及残氯量的程度时，即进行洗涤，并且要洗涤洁净，这是保证漂白纸浆的质量的重要因素。

六、漂白过程中纸浆性质的变化

如图 8-3 所示，在漂白开始 30min 内有效氯迅速地消耗，以后消耗的速度逐渐减慢直至终点。

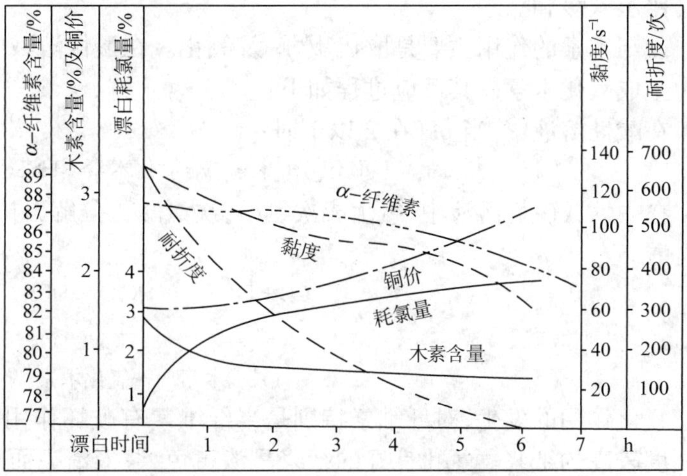

图 8-3 漂白过程中纸浆性质变化

浆中木素的含量与耗氯量的曲线相对应，即开始阶段迅速降低，以后由于反应条件缓和，木素的溶出速度逐渐减慢。

纸浆的白度在反应开始阶段迅速上升，以后随着耗氯量的减少上升速度逐渐减慢，但在纸浆洗涤的过程中由于降解的木素及有色物质的溶出，白度还会有所增高。

α-纤维素在漂白的开始阶段，由于木素的溶出略有上升，以后逐渐有所下降，漂白后期下降的速度急剧增加。

纸浆的耐折度随漂白的进行急剧降低，但是如采用温和条件进行漂白，由于除去了木素等，而纤维素的降解程度小，纤维表面接触面增大，除耐折度外，其他的物理强度都有一定程度提高。相反漂白条件剧烈，使纸浆产生过漂，由于纤维素的大量氧化降解而使纤维的强度有所下降。所以生产中应极力避免纸浆的过漂。

纸浆漂白后，由于脱除了木素，纤维的润胀力强，漂白浆较未漂浆容易打浆。

七、次氯酸盐两段漂白

次氯酸盐二段漂白是在一段漂白的基础上发展起来的，是将漂液分两次加入，并在两段漂白中间进行洗涤，除去中间溶出物，因此，排除了酸性分解物，减少了消耗于副反应的用氯量，同时保证第二段在较高的 pH 下进行漂白。

可在第一段用较高的浓度漂白，第二段用较低浓度漂白，这样就可充分发挥高浓度漂白的优点。在第一段的用氯量应能使纸浆中木素尽可能完全除去为度，第二段漂白时结壳物质已大部分除去，纤维素已失去保护，可以使第二段条件尽量缓和。如在第一段的用氯量可为总量的 60%，第二段为 40%。此外为制取较高质量的浆料，常采用二段以上的漂白工艺。

第三节 化学浆的多段漂白

在生产的实践和科学的研究中发现，元素氯比次氯酸盐更易与木素作用，生成的氯化木素在水中的溶解度不大，但却易溶于稀碱液中，氯对纤维素和半纤维素的破坏较小。因此发展成为标准的氯化(C)—碱处理(E)—次氯酸盐补充漂白(H)的三段漂白的流程，使难于漂白的硫酸盐法针叶木浆的漂白问题得到解决。

一、纸浆的氯化

1．纸浆的氯化

氯化是将氯直接与纸浆混合进入氯化塔，由于氯对木素的亲和力强，未漂浆先用氯进行处理，可以脱去大部分的木素，起到钝化作用而又不损伤纤维。在这里氯化可视为蒸煮的继续，而且比蒸煮缓和。

氯与木素的作用主要是取代、水解及氧化。在酸性溶液中生成氯化木素，在中性或碱性溶液中生成氧化木素。其反应过程如下：

在酸性溶液中，当 pH 在 2 以下时：

$$\text{氯}(Cl_2) + \text{木素} \longrightarrow \text{氯化木素} + HCl(\text{盐酸})$$

在中性或碱性溶液中，氯生成次氯酸，次氯酸再分解出初生态氧与木素反应生成氧化木素和盐酸。

$$Cl_2 + H_2O \longrightarrow HClO + HCl$$

$$HClO \longrightarrow HCl + [O]$$

$$[O] + \text{木素} \longrightarrow \text{氧化木素}$$

氧化作用的发生，对纤维素特别是半纤维素有破坏作用，故应在酸性溶液中进行，才能获得强度较高的纸浆。氯化良好的纸浆呈淡黄色，浆液清亮而透明。

2．影响氯化的因素

(1) pH。纸浆氯化时，一般控制 pH 在 2 以下，经氯化反应后约有 70% 的氯变为盐酸，使 pH 很快下降。这样一来，有利于木素与氯分子发生取代反应，减少纤维素的损伤，在生产上也容易控制。

(2) 纸浆浓度。一般采用在 3%～4% 范围下进行氯化，此范围是纸浆与氯均匀混合最适宜的浓度，同时，由于纸浆中水分多，产生的盐酸浓度低，避免损伤纤维，如果浓度太高，超过 4%，氯化就不够均匀，过低则增加氯耗。

(3) 氯化温度。增加温度能加速氯化反应，但次氯酸的生成量增加，氧化作用加强，因氯化反应是一放热反应，使温度略有升高；况且木素的氯化反应是很快的，所以在实际生产中，不必提高温度，一般是在室温下进行。

(4) 氯的用量。氯的用量决定于纸浆的硬度，硬度大则氯化阶段的用氯量高。一般用氯量最好控制在总耗氯量的 60%～70% 左右，在氯化阶段用氯量比例宜高些，而次氯酸盐补充漂白阶段的用氯量低些，这样有利于提高纸浆的强度。氯化时用氯量不足，会增加补充漂白的氯耗；若用氯量过多，超过木素吸收量，形成对纤维素不利的侵蚀。一般亚硫酸盐木浆的用氯量为 3%～6%，硫酸盐木浆为 4%～8%。

(5) 时间。氯化的时间决定于氯化时的温度、浓度和用氯量，一般控制在 45～60min。

二、碱　处　理

1．碱处理的作用

纸浆经氯化后生成氯化木素，虽然洗涤能去掉一部分(约 1/2)氯化木素以及大部分酸和残氯，但另一部分氯化木素及污物仍然附在纤维上。这一部分氯化木素只要加入适当的碱，在碱性溶液中生成碱化木素便能溶解于水，就可以洗涤除去。纸浆中木素残渣除去愈好，后面次氯酸盐漂白的氯耗量就愈少，白度愈高，返黄也愈少。

碱处理通常用 NaOH，也可用 Na_2CO_3，但不如 NaOH 好。

2. 影响碱处理的因素

(1) 用碱量与 pH。用碱量应根据制浆方法及浆料的蒸煮硬度而定，蒸煮硬度比较高的纸浆，用碱量可以适当增加大约 2% 左右，碱处理的 pH 控制在 11 左右，有利于得到质量较好的纸浆。

(2) 纸浆浓度。一般要求碱处理进纸浆浓度为 10% 左右，太低对反应不利；太高，虽然可以节约用碱量和加热用蒸汽，但浓缩纸浆的费用高，搅拌也困难。

(3) 温度。增加温度可以加快反应速度。稀薄的碱液之所以能将木素溶解物溶出，主要是扩散作用，提高温度对扩散有利，因而能改进漂白的质量。通常在浓度较高的碱液中进行碱处理时，温度可以控制得低一些，在低浓度碱液中进行处理，温度可以控制得高一些，一般温度在 40～60℃ 之间。

(4) 碱处理时间。碱处理时间一般要求 0.5～1h，时间适当延长，可以提高碱处理的效果，使氯化木素充分溶解出来。

三、次氯酸盐补充漂白

经氯化及碱处理后的纸浆，除去了大部分木素，但尚残留一些有色物质，纸浆白度变化不很大，必须再进行次氯酸盐补充漂白。补充漂白的工艺条件与单段漂白基本相同，但宜在温和条件下进行，用氯量约为总氯耗的 15%～30%。进行次氯酸盐漂白前纸浆应该是洗涤清洁的，以免一些可以洗涤而除去的物质残留在浆中而耗去漂液。

为了制得质量较高的纸浆，通常都采用 5% 左右的漂白浓度，在整个漂白过程中 pH 都控制在 9 以上，漂白温度为 35℃ 左右，漂白时间 6～8h。

四、二氧化氯补充漂白

1. ClO_2 漂白作用

ClO_2 是一种有选择性的氧化剂，能在有效地脱除木素及其他有色物质的同时，对纤维素和半纤维素的氧化作用较少，可获得白度 85% 以上的强度较高的纸浆。

2. 影响二氧化氯漂白的因素

(1) pH。ClO_2 可在碱性（pH = 8.5～9.5）、中性或酸性（pH = 3.5～4.5）的范围内进行漂白。

(2) 漂白温度。一般以控制在 60～80℃ 为宜，草浆漂白温度以稍低为佳。温度高可加快反应速度，但氧化较强烈，蒸汽消耗较高；温度低则反应速度减缓，势必要增加二氧化氯用量和漂白时间。

(3) ClO_2 的用量。ClO_2 漂白一般都是用多段漂白的补充漂白段(D)，对纤维破坏很少，较少量的使用，可以使纸浆获得较高的白度和强度。其用量决定于纸浆的白度要求及纸浆种类，一般用量为 0.5%～1.5%。

(4) 浆料的浓度。漂白的纸浆浓度宜控制高一些为好，以节约用汽，减少废水，最好采用高浓漂白，浓度到 10%～20%，但要加强二氧化氯对纸浆的混合作用，否则会使纸浆漂白不均匀。

(5) 漂白时间。漂白的时间是由以上各个因素决定的，ClO_2 与纸浆反应开始很快，以后较慢，一般控制在 3～4h。

五、酸处理

在进行三段漂白后，常在最后采用一段酸处理，其作用是中和浆料的碱性。因为在碱性次氯酸盐漂白中纤维的润胀较大，带有黄色的分解产物不易从纤维中扩散出来。在酸性溶液中纤维洗涤容易，纸浆中残余的次氯酸盐被酸分解，减少了返黄现象，纸浆白度比较稳定。

一般采用 SO_2 水溶液、盐酸或硫酸处理。

处理条件一般为：pH:5～5.5；浆料浓度：3%～4%；处理时间：30～40min；处理后的残酸应充分洗去。

第四节 纸浆漂白实例

不同原料和不同的制浆方法，所得纸浆的性能不同。对某一具体的纸浆品种来说，漂白工艺的决定，必须从未漂浆的特性及漂后纸浆用途出发，结合生产规模及技术经济指标加以综合考虑。

一、化学草浆漂白实例

草类化学浆的种类很多，但主要制浆方法是烧碱法、硫酸盐法和中性盐法。它们的共同特点是：木素含量少，纤维短，细小纤维和杂细胞多，纸浆较易漂白等。

这类浆料的漂白，在生产规模偏小的小型企业，而对白度要求又不高时，采用单段漂或两段漂；若对白度要求较高，生产规模在中等以上，则应采用三段以上的多段漂白流程。

在单段漂白，首先将浆料从贮浆池送到漂白机中，进行补充洗涤和调整漂白浓度；然后加入漂液，控制好漂白温度进行漂白。在整个漂白过程一定要控制好漂白的 pH 范围、漂白时间和残氯量；漂白至终点后可在漂白机内或用专用的洗涤设备进行充分的洗涤。洗涤后的浆料送入浆池贮存。

碱法稻麦草浆不同流程的漂白工艺实例如表 8－1 所示。

表 8－1　碱法稻麦草浆不同流程的工艺实例

未漂浆硬度	漂白段数	段次	漂白剂用量 /%	漂浆浓度 /%	漂白温度 /℃	漂白时间 h:min	终点 pH	漂后纸浆白度 (G.E.)/%
	单段(H)	H	8%(有效氯)	7	35	4:00	9.5	68
	两段	H_1	4	—	35	4:00	—	
	(H_1H_2)	H_2	2	—	35	1:30	—	70
	三段	C	2.5	3～3.5	50	0:45	1.75	
10～12 卡伯值	(CEH)	E	2	10	50	1:30～2:00	9～11	75～80
		H*	2	10	30～35	1:30～2:00	9	
	三段**	C	4	3	36	1:30	1.7～2	
8～10 卡伯值	(CEH)	E	0.9	8.3	38	2:00	10～11	85
		H	2.3	5.9	38	4:40	—	

* 加 1%NaOH 缓冲；** 漂后再用 SO_2 处理。

碱法苇浆不同流程的漂白工艺实例如表 8-2 所示。

表 8-2　碱法苇浆不同流程漂白的工艺实例

浆种与未漂浆硬度	漂白流程(段数)	段次	漂白剂用量/%	纸浆浓度/%	温度/℃	终点 pH	漂白时间/h:min	漂后纸浆白度(G.E.)/%
碱法，高锰酸钾值 9~11	H_1H_2	H_1	有效氯总量	7	35~38	—	两段用	
		H_2	5~7	7	35~33	8.5~9	3:00~4:00	75
硫酸盐苇浆，卡伯值 13.4，未漂浆白度 33.6%	CEH	C	2.5	3.5	室温	2.0	0:45	
		E	1.5	13	50	—	1:00	1.5
		H	0.75	12	35	8.7	2:60	
硫酸盐苇浆，贝克曼价 95~110	CEH_1H_2	C	4~5	3.5~4	常温	2.5	—	
		E	1.55	7.5~8	60~62	9~10	—	
		H_1	1.5~2(有效氯)	6~6.5	28~30	9~10	—	80
		H_2	0.5~1(有效氯)	6~6.5	24~26	9~10	—	
硫酸盐苇浆，高锰酸钾值 8~12	CEHD	C	4~5	3~3.5	常温	1~1.7	1:00	
		E	2~2.5	10~12	100	10~11	1:00~1:30	
		H	0.75~1	10~12	30~35	4.5~9	2:00~3:00	86~88
		D	0.4~0.6	10~12	60~75	5.5~6	2:00~3:00	

碱法蔗渣浆不同流程的漂白工艺实例如表 8-3 所示。

表 8-3　碱法蔗渣浆不同流程漂白的工艺实例

浆种与未漂浆硬度	漂白流程(段数)	段次	漂白剂用量/%	纸浆浓度/%	温度/℃	漂白时间/h:min	终点 pH	残氯/%	白度(G.E.)/%	得率/%
碱法浆	CEH	C	2.4	5.5	23	1:00	1.7	0.12	—	
		E	2.5	10	75	1:30	11.7	—	59~60	34.3
		H*	1.0	10	38	2:30	8.6	0.21	85~86	
硫酸盐浆，高锰酸钾值 8.5	CEH	C	2.3~3.5	8.5	46	1:00	1.7~2	—	—	
		E	1.4~1.9	11.5	60	2:00	10~11	—	—	—
		H	1.6	11.5	30	3:00	8.5~9	—	30~83	
碱法浆	CEH_1H_2	C	2.4	3.5	23	1:00	1.7	0.12	—	
		E	2.5	10	75	1:30	11.7	—	59~60	
		H_1**	0.5	10	38	2:30	8.3	0.06	84	94.8
		H_2**	0.5	10	38	2:30	8.3	0.12	89	
碱法浆	CEHD	C	2.4	3.5	23	1:00	1.7	0.12	—	
		E	2.5	10	75	1:30	11.7	—	59~60	
		H**	0.5	10	38	2:00	8.3	0.06	84	94.8
		D	0.3	12	60	2:00	5.7	0.08	90~91	

* 加 0.6% NaOH(对未漂绝干浆)缓冲；** 加 0.3% NaOH 缓冲。

二、化学木浆漂白实例

木浆因材种和制浆方法不同，以及对漂白浆白度的要求不同，所采用的漂白流程及工艺条件也不同。

亚硫酸盐木浆的漂白工艺实例如表 8－4 所示。

表 8-4　　亚硫酸盐木浆不同流程漂白的工艺实例

浆中与未漂浆硬度	漂白流程	段次	漂白剂用量/%	纸浆浓度/%	温度/℃	漂白时间 h:min	终点 pH	漂后白度(G.E.)/%
针叶木浆，	H	H	5.9	6	5	4:00	0	30.3
卡伯值 14.5	HP	H	3～4	3	室温	1:00	—	31～30
		P	1～1.5	5	50	3:00～4:00	—	
针叶木浆，		C	2.5	3	室温	0:45～1:00	1.7～2	
卡伯值 10	CEH	E	1.5	8～10	60	1:00	—	
		H	Cl_2 0.5					54
			NaOH 0.3	10	35～38	1:00	0.9	

不同材种硫酸盐木浆漂白工艺实例如表 8－5 所示。

表 8-5　　不同材种硫酸盐浆 CEH 三段漂白工艺实例

浆中与未漂浆硬度	漂白流程	段次	漂白剂用量/%	纸浆浓度/%	温度/℃	漂白时间/h:min	终点 pH	漂后白度(G.E.)/%
东北杂木浆，		C	6～7	2.5～2.8	室温	0:50～1:12	1.7～2.1	
高锰酸钾值：	CEH	E	—	6～7	40～60	2:00～3:00	8～9	80～86
8～22		H	3～5	6～7	40～45	1:30～2:00	7.5～8.5	
福建马尾松浆，		C	<2.5	2.8～3.0	室温	0:40～0:50	—	
卡伯值：	CEH	E	1.3～1.8	10～11	50～70	—	—	75～80
20～25		H	<4.5	9～10	35～45	2:30～3:30	7～10	
红松和落叶松浆，		C	7.2～7.8	2.0～2.5	室温	0:40～1:00	3～4	
卡伯值：	CEH	E	1.5～2.5	5～6	50±2	—	8～9	55～65
25～30		H	4.8～5.2	5.5～6.0	36～40	2:30～3:00	8～9	

对木浆的漂白，应采用多段漂白流程。如图 8－4 所示，以 CEH 三段漂为例介绍多段漂白流程。

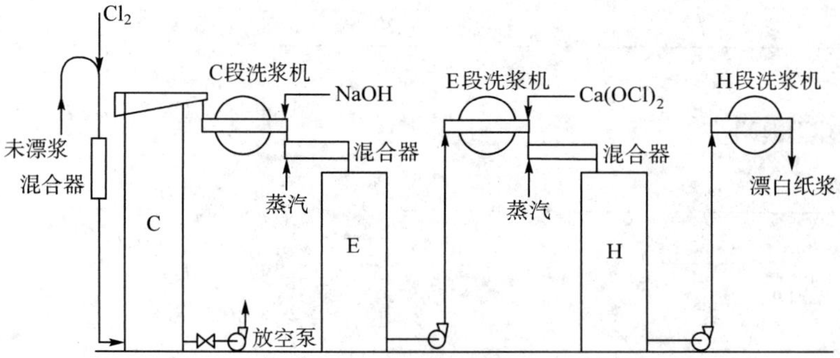

图 8－4　多段漂白流程

三、机械木浆漂白实例

机械木浆等高得率浆常用的漂白剂为 H_2O_2 和 $Na_2S_2O_4$，或将这两种漂剂组合成两段漂白，能产生有利的加合效应，达到最佳的漂白效果。PR 两段（R—连二亚硫酸盐漂白段，P—过氧化物漂白段，下同）漂白工艺条件如表 8－6 所示。PR 两段漂白流程图如图 8－5 所示。PR 两段漂白效果如表 8－7 所示。

表 8-6　　PR 两段漂白条件

预处理或漂白		药　品	药品量(对浆)/%	温度/℃	时间/h	浓度/%	最初 pH	最终 pH
预处理	DTPA	DTPA 40%	0.2～0.4	常温	1/6	1～5	4～8	4～8
	H_2SO_4	H_2SO_4 100%	1.5	常温	1/6～1/12	1～5	2～3	2～3
漂白段	P	H_2SO_4(100%)	1～2	40～60	1～4	3～3.5	10.5～11	>8.5
		NaOH(100%)	1～2	—	—	—	—	—
		Na_2SiO_3(38°Be)	3～6	—	—	—	—	—
		$MgSO_4 \cdot 7H_2O$	0.05	—	—	—	—	—
	R	$Na_2S_2O_4$(100%)	0.5～1	60	1	3～5	6～7	6～7
		$Na_5P_3O_{10}$(100%)	0.5					

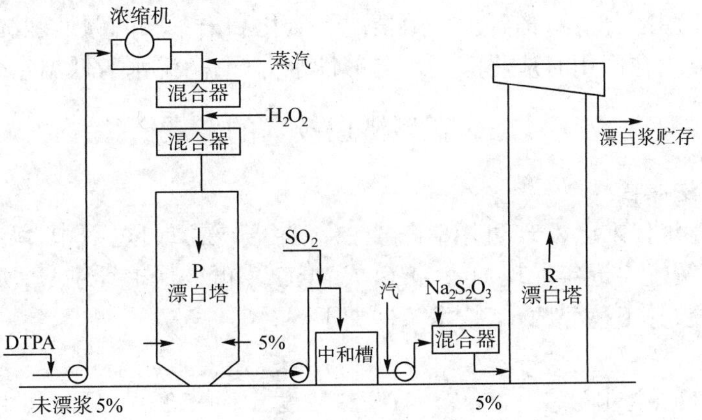

图 8－5　PR 两段漂白流程图

表 8-7　　PR 两段漂白效果

木材种类	漂白处理方法	白度/% ISO	木材种类	漂白处理方法	白度/% ISO
杨　木	原浆	67.5	60%云杉＋40%白杨	1.8% Na_2O_2＋1% ZnS_2O_4	77.5
	2.2% Na_2O_2	75	南方松	原浆	56.3
	1% $Na_2S_2O_4$	77		2% Na_2O_2	65.6
	2.2% Na_2O_2＋1% $Na_2S_2O_4$	82		1% $Na_2S_2O_4$	65.6
60%云杉＋40%白杨	原浆	62		2% Na_2O_2＋1% $Na_2S_2O_4$	71.5
	1.8% Na_2O_2	70.5		1% $Na_2S_2O_4$＋2% Na_2O_2	68.0
	1% ZnS_2O_4	74.5			

第五节　漂白技术及其发展

一、漂白中应注意的几个问题

（一）多段漂白的组合及各段之间纸浆的洗涤

纸浆漂白前后的洗涤与浓缩，有其重要的作用。氯化后纸浆洗涤，一方面是溶解部分氯化木素，另一方面是洗出残酸，可以减少碱处理时的碱耗。碱处理后及补充漂白，各段均溶出了部分的木素及糖类等，若不经洗涤除去，就会在下一段增加药品消耗，引起纸浆返黄。因此多段漂白的各段之间，一般都有洗涤设备，达到调整 pH 及浆浓并洗出溶出物，节约药品消耗和稳定白度等目的。

多段漂白由于采用不同漂白剂的组合，在取得高白度及高白度稳定性、保持较高的纸浆得率与强度方面很有效。在实际生产过程中，在考虑生产高白度、高强度，高得率的纸浆时不应单纯追求漂白段数，应重点考虑漂剂的选择，多段漂的合理组合以及漂白工艺条件与蒸煮工艺条件的恰当配合。同时加强漂白后洗涤。

（二）漂白用水

随着漂白技术的发展，漂白段数已由单段发展到多段，如用单段漂白在漂白机内进行洗涤，每吨浆耗水量约 $80m^3$，多段漂白在每段间都要进行洗涤，其用水量更大。所以必须进行回收，节约用水及减少纤维的流失。

洗涤水如何回用呢？原则上是清水应用在真空洗浆机或其他洗浆机的喷水上，最末段洗浆机的洗浆槽内应用部分清水稀释。一般情况下氯化和第一段的碱处理洗涤水应放掉或自身回用一部分。洗涤水在回用时应将酸性水与碱性水分开，高温水与低温水分开。

二、新型漂白技术的发展

（一）氯－碱法漂白

在 20 世纪 50 年代末已发现可用氧气漂白，但由于在漂白过程中，纤维素也受到氧化降解，所以发展比较缓慢。近年发现加入 MgO 或 $MgCO_3$ 可以保护纤维素，所以 20 世纪 70 年代中期就获得了发展，其工艺分两步，技术条件如下。

1．酸处理

用 H_2SO_4 或 HCl 控制浆料 pH＝1～4；浆料浓度 3%～5%；处理时间 18～60min。

2．氧－碱漂白

NaOH 用量 2%～5%；浆料浓度 15%～30%；$MgCO_3$ 用量 0.5%～1%；氧气压力 200～800kPa；处理温度 90～120℃；处理时间 60min。

氧－碱漂白的优点：①成本可以降低；②废液可回收、污染少；③返黄少；④氧漂浆易于打浆。

氧－碱漂白的缺点：①因用纯氧有爆炸危险；②不能得到高白度，只能达到 60%～70% ISO；③对设备要求高。

（二）置换漂白

置换漂白属于一种动态漂白，与一般漂白不一样。

一般的漂白，浆与化学药品混合一起运动，纤维与药液之间无相对运动。置换漂白是用高浓度的漂剂通过一定厚度的浆层，浆层与漂剂之间相对运动，纤维是连续暴露于新鲜的漂剂中，由于漂剂的浓度梯度大，可以大大加快漂剂向浆料内部的扩散速度，漂白反应生成物也加快扩散出来，因而在很短时间内完成了漂白作用。这种漂白方法只需一个氯化塔和一个带有四个置换区的 EDED 置换塔就可以实现，而且每段之间无需另设洗涤器，也不致影响质量。

（三）气相漂白

气相漂白是指用气态的氯、氨、氧、二氧化氯等与松散的高浓度纸浆进行脱木素、碱处理和漂白作用，是一种改进的漂白方法，所用设备简单，并减少了漂白废水量。

在氯化前使纸浆浓缩到30%～40%的浓度，然后用松散机将纸浆松散，纸浆与气态Cl_2接触氯化1～2min，进行快速的碱处理，在沟纹双辊挤浆机压干，再经松散后用气体ClO_2漂白，在100℃下停留20min。采用Cg—E—Dg(g表示气相)漂白白度可达90%以上。采用气相漂白化学药品及蒸汽的消耗都可降低。

气相漂白的特点：①由于纸浆在高浓度下与气态药剂反应，因此反应进行迅速，时间短；②漂后纸浆易打浆，强度有提高；③漂白废水排出量减少一半；④可以降低漂白成本。

第六节　漂白安全知识

一、氯气的使用安全知识

氯气在常温常压下是一种黄绿色气体，具有窒息气味，对人体的呼吸器官有强烈刺激作用，毒害性较严重。空气中氯含量在900mL/m^3时，人立即死亡。液氯是橙黄色，比水重1.46倍，多半用氯瓶及槽车贮存和输送。

在使用氯气时，应经常注意有关设备和管道是否有“跑气”。如怀疑有“跑气”，可用湿布醮以氨水，再将湿布置于靠近可能“跑气”的地方。找出“跑气”的位置后，可在其上覆盖用水、碱液或硫代硫酸钠溶液浸渍的破布或麻袋，吸收跑出来的氯气。

检查、修理或清洗与氯气有关的设备时，需带上防毒面具。漂白车间应备有防毒面具，并应贮备一些硫代硫酸钠溶液。用浸有硫代硫酸钠溶液的毛巾，蒙在口和鼻上可减少吸入氯气，减轻氯气中毒。

液氯瓶放气口一端应有保护罩，以保证运输安全，液氯瓶不能与松节油、乙醚、氨水，氢气容器及易燃、易爆品等一起堆放。否则易于引起火灾或爆炸事故。

如遇氯气中毒，应迅速离开现场，尽快呼吸新鲜空气。必要时，可用鼻子吸入酒精、乙醚或氨水的挥发物。中毒严重时，应立即送医院治疗。

二、二氧化氯的使用安全知识

二氧化氯是一种黄绿色的气体，有特殊的窒息性的臭味，对眼、鼻、喉等器官都有刺激作用，对于黏膜侵害性很大。

二氧化氯是不稳定气体，易受外界影响而爆炸，爆炸时反应停止。严重时每秒钟就爆炸一次，因此在操作中必须特别引起注意。引起爆炸的因素很多，其中主要的是温度、原料纯度等。因此在操作时应从多方面引起注意。①温度是造成爆炸的主要因素，应控制在32～38℃的范围。②防止光线直接照射。因此盛装ClO_2的容器及管路都应密闭而不透光。③防止油脂等有机物进入引起ClO_2爆炸。所有泵等运输设备、管道垫圈及轴承都不能用含油的填料。

三、耐腐蚀材料的选用

在纸浆漂白过程中，所用的漂白剂，均具有腐蚀性。因此对有关漂白设备、输送管件、洗涤设备等要求防腐。

氯气：干氯可用铁制品贮存。湿氯极为活泼，腐蚀性很强。氯化用设备、氯化塔、搅拌器可用钢板衬402橡胶，或用环氧树脂贴涂玻璃丝布。还可以用耐酸瓷砖、酚醛环氧树脂勾缝结构等，管件用垫圈，以聚三氟氯乙烯、四氟乙烯薄片衬垫。

次氯酸盐漂白设备：一般用耐酸瓷砖环氧树脂勾缝，也可以用钢筋混凝土结构，内涂贴环氧玻璃布。

处理设备：一般用铁制。

二氧化氯：制备设备管件用聚氯乙烯软硬管输送，反应锅铁壳内壁衬搪玻璃。贮存设备用陶瓷桶或聚氯乙烯硬板焊制。二氧化氯漂白设备用酚醛、环氧树脂，贴涂玻璃丝布。

洗涤设备：用317不锈钢或316不锈钢。

通风罩：用透明塑料或用玻璃增强聚酯。

第七节　纸浆返黄和白度的稳定

一、引起纸浆返黄的因素

纸浆经过一定漂白流程处理后，均获得一定的白度，但漂白纸浆放置一段时间或日光照射，白度都有所降低，并显现黄色，这种现象称为"返黄"。但纸浆返黄的速度差异很大，有的几年无变化，而另一些几个月内或者几天就出现严重的返黄现象。纸浆返黄使白度下降甚至会成为废品。故了解返黄的原因，改进漂白方法和操作，减少返黄现象是十分必要的。

纸浆返黄决定于漂白条件，它的退色主要是因在漂白时，生成了部分显色基团，并借助于外界的光、热、氧及湿分作用而引起。下面分别介绍影响纸浆返黄的内在与外在因素。

（一）纸浆化学组成的影响

纸浆的返黄与它的化学组成关系较大，含木素和半纤维素多的纸张在空气中暴露极易氧化返黄。这是由于木素分子结构本身就具有吸收可见光中光谱的特性，其中一些缩合的醌类对色泽的影响较大，这些醌类物有的来源于木素，有的是半纤维素降解产物的自动氧化作用而成。因此，用新闻纸印刷的报刊及书刊，返黄较严重。

纤维素从其结构上看，在可见光区不吸收光谱，但事实上一些纯度较高的化学漂白浆仍存在返黄现象。这是因为经蒸煮、漂白等化学处理后，纤维素受到一定的破坏，主要是纤维素分子上不同部位的羟基（如 C_1、C_2、C_3、C_6 上的羟基）被氧化而生成酮基、醛基或羧基，这些基团的存在是在老化条件下，使漂白化学纸浆产生返黄的主要内在因素之一，特别是当醛基部分被氧化成羧基后，产生一种复合作用，使纸浆的返黄程度加深。

生产实践证明，除了纸浆本身的化学成分引起返黄外，造纸过程添加的松香、明矾、动物胶及重金属离子，如 Ca^{2+}、Fe^{2+} 等对纸浆的老化返黄也有促进作用。

（二）漂白方法和漂白条件的影响

实践表明，单段漂白的纸浆比多段漂白的纸浆返黄严重；氧化电势高的漂白剂漂后的纸浆比氧化电势低的漂剂漂后的纸浆易返黄。次氯酸盐漂白对纸的白度稳定性有强烈影响，在中性条件下漂白，纸浆强度降低，白度稳定性下降；在高 pH 下可以减轻返黄。机械浆和高得率浆使用温和氧化剂 H_2O_2 和还原剂 $Na_2S_2O_4$ 进行保留木素的漂白方法，白度的稳定性较好；但用 H_2O_2 漂白机械浆时，碱性介质会引起返黄，漂剂耗完后在高温下也能使化学浆的白度损失。这是因为不同漂白剂的漂白性能和不同漂白条件，对纸浆化学成分的影响不同所致。

（三）其他因素的影响

纸浆的洗涤对返黄的影响很大，因为在漂白过程中溶出物具有较深的颜色，若未充分洗去，在纸张干燥时被水蒸气带至纸张的表面，使纸面上沉积一层黄色的溶出物，造成白度下降。

水分对返黄也有影响，纸浆水分越大，老化后越易返黄。这是由于纤维素的葡萄糖单元 C_2、C_3 上羟基在湿的状态下容易氧化生成有色物。表 8 - 8 是在 120℃ 下对水分不同的化学浆进行 24h 老化试验的结果。

表 8-8　　纸浆水分对返黄的影响

水分/%	白度/%		水分/%	白度/%	
	老化前	老化后		老化前	老化后
0	83	81.1	24	83	67
4	83	79	40	83	59.5

草浆中杂细胞的含量对漂白浆的返黄有直接的影响。这是因为杂细胞的木素和灰分均较高,而且其比表面积又大。由表 8－9 可看出,随着浆中杂细胞含量的增加,纸浆的返黄值增大。

表 8-9　　草浆杂细胞对返黄的影响

纤维与杂细胞比	100/0	80/20	60/40	30/70	0/100
漂白浆白度(蓝光)/%	37.3	85.4	84.1	78.3	70.9
老化后白度(蓝光)/%	79.8	76.2	73.4	69.6	66.1
漂白浆灰分/%	13.65	14.23	15.07	—	18.64
漂白浆木素含量/%	1.54	1.78	2.03	—	2.42
漂白浆铜价	1.09	0.77	0.71	1.05	—

二、稳定白度、减轻返黄的措施和方法

根据目前对纸浆返黄机理的认识,虽尚未能完全防止纸浆的返黄,但可以采取一些措施,减少漂白后纸浆的返黄,提高白度的稳定性。

1．合理选用漂白的方法

合理选用漂白方法是指根据浆料的特点和对纸浆漂白后的白度要求,来选用单段漂或多段漂以及漂白剂。

对白度要求高的纸浆,应采用多段漂白,使漂白的条件尽量缓和,减少漂白过程对纤维素和半纤维素的氧化降解,减少羰基的生成数量,从而稳定纸浆漂后的白度。

在多段漂白流程中,由于次氯酸盐对纸浆中残余木素氧化降解使之溶出的同时,不可避免地会使纤维素和半纤维素也发生一定的氧化降解作用。所以,要合理地选用漂白剂和将之正确地组合,做到先纯化纸浆,后脱色漂白。

在综合多段漂白的终漂段,如能采用二氧化氯或 H_2O_2 漂白,均可显著减少漂白后纸浆的返黄。

2．合理控制漂白的工艺条件

(1) 在次氯酸盐漂白中要控制好用氯量。若用氯量过大,漂后纸浆易返黄。特别要控制好 pH,漂白过程及漂白终点均不能在中性或接近中性的范围,否则会由于酮基的产生而造成严重的返黄。pH 应控制在 8.5 以上,这样一方面对纤维素的破坏小,另一方面可使纤维素的羰基进一步氧化成羧基,而羧基造成的返黄程度仅为羰基的 1/10,故可减轻返黄的程度。

(2) 在多段漂白中,氯化段一般不会造成漂后浆的返黄。但如果混合不均匀造成局部“过

氯化”或氯化不充分时,则会造成返黄。

纸浆用热碱处理,既可除去浆中的树脂、半纤维素,又可以破坏纤维素中的羰基,故对减少返黄有显著效果。

其他的漂白剂漂白也应按正确的漂白条件进行,以利于漂后纸浆的白度稳定。

(3) 漂白终点浆中应保留少量的漂剂,这样有利于减少纸浆的返黄,但各段漂白后必须进行充分的洗涤以洗去残氯和漂白过程中生成的可溶性氧化物。此外,纸浆在漂白前也应充分地洗涤,否则蒸煮过程中糖类降解的产物和硫化木素等带入漂白过程,也会使纸浆漂白后易产生返黄。

(4) 杂细胞含量多的草浆,如稻草浆等在漂白前要加强除杂细胞,否则会造成纸浆易返黄。

(5) 纸张在干燥过程要控制好干燥曲线,避免强干燥;干燥后的浆板经冷却后再打包,有助于减少返黄。

第八节　漂白纸浆的洗涤

一、目的与要求

漂白结束后或多段漂白各段之间,都要充分洗涤纸浆,把漂白的反应产物和残氯尽量洗去。可以减少纸浆返黄,节省药品消耗,对草浆来说,如果洗涤不彻底,草浆中杂细胞没有充分去除,还会影响草浆滤水及造成施胶困难。严重时会造成纸机糊网等。

二、漂白浆洗涤设备

漂白浆洗涤设备大致可分为两类:一类是漂白设备(漂白机)本身装有洗鼓,连漂带洗非常方便。另一类是用单机洗涤设备(如真空洗浆机,圆网浓缩机,侧压浓缩机等),用于多段漂白的各段之间洗涤,较前一类洗涤设备效率高,能力大,优点明显。

作业题

1. 纸浆漂白的目的和要求是什么?
2. 浆料白度的含义是什么?如何表示?
3. 为什么浆料在漂白前具有不同的颜色?其根源何在?
4. 有效氯、漂率的含义是什么?如何确定漂液用量?
5. 用液氯制取次氯酸盐漂液过程中,应控制哪些因素?
6. 次氯酸盐漂白的作用原理是什么?影响漂白的因素有哪些?何者最重要?
7. 漂白浆返黄的原因是什么?可以采用哪些措施来防止?
8. 试比较一段漂和三段漂的优缺点。
9. 简述三段漂中氯化的作用及其在生产中的影响因素。
10. 简述三段漂中碱处理的作用及其在生产控制中的影响因素。
11. 掌握碱法稻麦草浆不同流程的工艺条件。
12. 掌握碱法苇浆不同流程漂白的工艺。
13. 掌握硫酸盐木浆不同流程漂白的工艺条件。
14. 氯气和二氧化氯漂液的性质如何?漂白在什么条件下进行?为什么?

第九章 碱 回 收

第一节 概 述

近几年来，随着造纸工业的不断发展，对环境造成的污染也越来越严重，人们对环境保护的意识也逐渐提高，污染问题日益成为迫切需要解决的问题，但如何有效、可行地解决污染，却经历了漫长的道路。我国造纸工业的污染防治起步较晚，1973 年召开了第一次工业污染防治工作会议，虽然在舆论、宣传上做了大量的工作，但收效甚微。20 世纪 80 年代初，吸收了国际上造纸工业发达国家的经验和教训，结合我国国情逐步建立了"综合防治，厂内为主"的技术路线，与国际上造纸工业的"厂内防治为主" 的技术路线形成共识。

就我国造纸工业的具体情况而言，烧碱法、硫酸盐法麦草浆的生产是造成环境污染的主要发生源，因为我国小规模的造纸厂和一些规模较大的纸厂，把麦草化学浆的蒸煮废液直接排放到江、河、湖、海中，造成大面积的污染，而化学品的回收，不但能回收大量的宝贵资源、能源，而且可减少 95%以上的污染。尽管碱回收系统相当于一个小的化工厂。工艺复杂，投资较大，但在消除污染，回收资源的同时，仍有明显的经济效益。

一、碱回收的意义和目的

在烧碱法、硫酸盐法制浆过程中，大约有 50%的纤维原料物质溶解于蒸煮液中，因其颜色较深，称为黑液。黑液中大约有 30%～35%的无机物，主要成分是氢氧化钠、碳酸钠、硫化钠、硫酸钠和与有机物结合的其他钠盐；有 65%～70%的有机物质，主要成分是木素、树脂、淀粉及低分子化合物等。碱回收的目的就是将这些钠盐转化成氢氧化钠和硫化钠，再回到生产过程中使用，这样既可以减少对环境的污染又可降低化学药品的消耗量，同时回收有机物燃烧时放出的热量，产生蒸汽供本系统使用，可降低生产成本。

黑液的浓度，用质量分数表示，稀黑液是纸浆洗涤和黑液提取得到的浓度较低的黑液，浓度约为 14%～20%。浓黑液是稀黑液经过蒸发系统浓缩得到的浓度较高的黑液，浓度约为 45%～50%以上。一般说来，生产 1t 纸浆大约有 1t 有机物及 400kg 碱类、硫化物等无机物溶解于黑液中。对于这些碱性强、泡沫多、消耗水中溶解氧严重的黑液，如果不回收处理任其排入江、河、湖、海中，不仅造成极大的浪费，而且严重污染水源，给工农业生产、渔业生产和人民健康带来严重的危害。随着制浆造纸工业的发展，碱回收技术日臻成熟，利用碱回收技术解决污染问题，已经被越来越多的企业所接受。

二、碱回收工艺流程

目前，国内外造纸工业的碱回收都采用技术比较成熟的燃烧法，其他方法如湿空气氧化法、电渗析法、反渗透压法尚在探索阶段。燃烧法是将提取的黑液通过蒸发系统进行浓缩再送入碱回收炉燃烧，使有机物燃烧产生蒸汽回收，无机物(主要是碳酸钠、硫化钠、硅酸钠等)在高温下呈熔融状态，溶解于稀白液或水中形成绿液，然后用石灰对绿液进行苛化，使碳酸钠转化成氢氧化钠和碳酸钙，经过沉淀得到白泥即碳酸钙和由氢氧化钠和硫化钠组成的白液，白泥经过煅烧可以得到生石灰，又可用于碱回收系统循环使用，白液即回收的碱可供制浆蒸煮时使用。

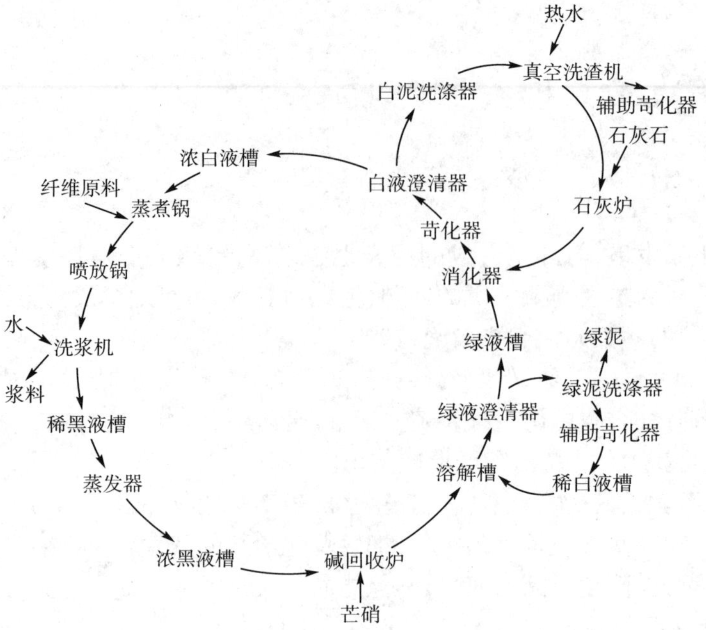

图 9-1 碱回收生产过程示意图

碱回收过程包括：黑液提取、蒸发、燃烧、苛化四个主要工段，有的工厂还有石灰回收和黑液综合利用。见图 9-1。

三、常用术语

黑液：碱法蒸煮后从纸浆中分离出来的药液。

绿液：黑液在碱回收炉内燃烧后流出的熔融物溶解于稀白液或水中得到的药液。

白液：绿液加石灰苛化后得到的澄清液。

稀白(绿)液：用热水洗涤白(绿)泥所得到的稀药液。

苛化度：溶液中碳酸钠转化成氢氧化钠的程度。国内常用的计算方法是：

$$\text{苛化度} = \frac{NaOH}{NaOH + Na_2CO_3} \times 100\% \quad (\text{以 } Na_2O \text{ 计})$$

芒硝还原率：熔融物中$\frac{Na_2S}{Na_2S + Na_2SO_4}$的百分数(以 Na_2O 计)。

黑液提取率：从蒸煮后的黑液中所提取到的固形物的百分数。

碱回收率：蒸煮用的碱经回收后(不包括补充芒硝)得到的碱量占蒸煮用碱量的百分数。

自给率：经碱回收后得到的碱量(包括补充芒硝在内)占蒸煮用碱量的百分数。

第二节 黑液的蒸发

一、黑液的组成与性质

(一) 黑液的组成

黑液是由水和固形物组成的，固形物的成分十分复杂，有些组分至今还未清楚。大体上固形物包括有机物和无机物两部分。有机物含量占 70%左右，主要是木素、半纤维素和纤维素的降解物及有机酸等。无机物含量占 30%左右，主要是游离的氢氧化钠、硫化钠、碳酸钠、硫酸钠及有机物化合的钠盐、二氧化硅等。上述主要成分在黑液固形物中的含量为：木素为 20%～30%，有机酸为 6%～10%，总钠盐为 20%～26%，总硫量为 2%～3%。

(二) 黑液的性质

1. 黑液的浓度

黑液的浓度是指黑液中固形物含量的多少，常用波美度(°Bé)或相对密度(比重)来表示。

因为波美度或相对密度可用波美比重计直接迅速测定出来，便于生产操作人员及时掌握。但是波美度或相对密度表示单位体积中固形物含量的多少，与黑液温度有直接关系。黑液固形物含量相同时，测得的波美度或相对密度与温度高低成反比例关系。为了方便比较，统一基准，把15℃时（也有20℃）测定的波美度定为标准波美度，在任意温度下测得的波美度称为直测波美度，如°Bé/65℃表示65℃时测得的波美度。二者之间可以用如下经验公式换算：

$$波美度(15℃)=波美度(t℃)+0.052(t-15)$$

波美度（15℃）可用以下经验公式换算成相对密度 d：

$$d=\frac{144.3}{144.3-波美度(15℃)}$$

波美度与固形物含量的关系，可以用如下回归方程式近似换算：

$$Y=1.51X-0.9$$

式中　Y——黑液固形物含量（%）

　　　X——黑液波美度（15℃）

2. 黑液的黏度

黑液与其他流体一样在流动过程中有产生内摩擦力的性质，称为黏性，而衡量黏性大小的物理量叫黏度。黑液的黏度表示黑液的流动性能，黏度愈大，黑液流动性愈差，黏度的单位用mPa·s表示。黏度是黑液的一项重要物理性能，它对黑液的输送、提取、蒸发、燃烧等工序都有密切关系。黑液黏度受很多因素影响。

（1）品种的影响　不同的原料其黑液黏度各不相同，我国6种主要原料黑液的黏度大小按以下顺序排列：木浆＜荻苇浆＜麦草浆＜蔗渣浆＜稻草浆＜龙须草浆。

（2）浓度和温度的影响　实践证明，黑液的温度增高黏度下降，浓度增高黏度上升，黑液在低浓度，低黏度时，温度升高对黏度的影响不明显，在高浓度，高黏度时，温度对黏度的影响十分明显。所以黑液在温度一定时有一个“临界浓度”，超过这个浓度，黑液黏度急剧增加。100℃时麦草浆黑液临界固形物浓度大约为40%。

（3）有效碱含量的影响　一般说来，提高黑液有效碱含量，可以降低黑液的黏度，当黑液有效碱含量低于1%时（对固形物，以NaOH计），往黑液中加碱，可以降低黏度；实验证明，在原黑液中增加有效碱2%（对固形物），黏度可降低10%～20%，黑液浓度越大，降低值越大。当有效碱高于5%，再往黑液中加碱，黏度值变化不大。

（4）黑液硅含量对黏度的影响　麦草浆黑液硅含量一般在2.0%～5.5%（对固形物），实验证明，增加黑液的硅含量，黏度增加，减少黑液硅含量，黏度降低。因此，硅含量高是麦草浆黑液黏度高的一个重要原因。

（5）黑液低聚糖含量对黏度的影响　麦草浆黑液中主要以戊糖为主，总糖含量不足20%（对固形物），其中，单糖约占5%，多为葡萄糖和木糖；低聚糖含量约为10%～15%，以聚木糖为主。对黏度产生影响的主要是聚糖，而单糖含量可以认为与黏度无关。

（6）黑液LCC含量对黏度的影响　LCC（Lignin-carbohydrate Complexes）是一种木素和糖类的聚合物，相对分子质量很大，通常所谓黑液中的高分子聚合物主要就是LCC。黑液中LCC含量增加，黑液的黏度也相应增大。麦草浆黑液中的LCC含量显著高于木材原料黑液中的LCC含量。

3. 黑液VIE值

等温膨胀容积指数（Volumetric Isothermal Expansivity）简称为VIE，数值间接指示燃烧炉垫层的疏松程度和燃烧状态,是描述黑液固形物在脱水、炭化时膨胀程度的物理量。不同原料黑液的 VIE 值见表 9-1,数值越大,表示单位质量固形物炭化时体积越大,燃烧垫层越疏松。实验证明,膨胀体积是原有体积的 6 倍时,燃烧速度将提高 3.8 倍,但同时也造成飞灰损失是原损失量的 1.8 倍,可见并非 VIE 值越大越好。在不同原料中,木材原料黑液的 VIE 值明显高于非木材原料。

表 9-1　不同原料黑液的 VIE 值

原料	麦草				芦苇	龙须草	马尾松
制浆法	硫酸盐法	烧碱法	碱式亚钠法	AQ-烧碱法	硫酸盐法	硫酸盐法	硫酸盐法
用碱量(NaOH)	15% 硫化度=15%	13%	12.5% 1.45%亚钠	13% AQ=0.05%	18% 硫化度=18%	14.2% 硫化度=8%	20% 硫化度=25%
$VIE/mL\cdot g^{-1}$	3.34	2.45~3.73	2.08~2.77	1.75~2.38	2.91	2.46~2.7	15~16.8

4. 黑液的比热容

黑液的比热容即每公斤黑液升高(或降低)1℃吸收(或放出)的热量,以 J/(kg·K)表示。黑液的比热容与黑液中固形物含量有关,随固形物含量增加而降低。见表9-2。比热容可用下式计算:

表 9-2　黑液的比热容

固形物含量/%	10.6	15.6	20.9	26.5	32.5	38.8	45.2	51.7
浓度/°Bé(80℃)	8	12	16	20	24	28	32	36
比热容/$J\cdot(g\cdot℃)^{-1}$	3.906	3.696	3.612	3.444	3.318	3.150	3.066	2.940

$$c_P = c_{P固} w + 4.183(1-c)$$

式中　c_P——黑液比热容[kJ/(kg·K)]

4.183——水的比热容[kJ/(kg·K)]

$c_{P固}$——黑液固形物的比热容,在 71~130℃范围内取 $w_{P固}$为 2.016kJ/(kg·K)

w——固形物的百分含量(%)

5. 黑液的沸高升高

黑液的沸点较水的沸点高出的温度称为黑液的沸点升高。黑液沸点的升高受蒸煮用碱量的影响较大。用碱量高的黑液中,无机物较多,沸点上升大。麦草浆黑液的沸点升高见表 9-3。

表 9-3　麦草浆黑液浓度与沸点升高的关系

浓度/°Bé(20℃)	11.2	23.0	29.5	33.0	38.6
沸点/℃	101.1	103.6	104.3	106.2	110.0

6. 黑液固形物发热量

黑液固形物的发热量即 1 公斤固形物完全燃烧发出的热量,单位:kJ/kg。固形物发热量的大小主要取决于有机物的含量,尤其是有机物中木素含量及其存在形式对固形物的发热量有较大的影响,固形物中木素含量较高,其发热量也高。

7. 黑液的传热系数

黑液的传热系数指黑液通过单位传热面积单位时间每升高 1℃ 传递的热量，单位是 kJ/(m^2·h·℃)。黑液的传热系数与黑液的种类，有效碱含量，含硅量，黑液的浓度，黏度及黑液在管内的流速、起泡程度、沸点升高、结垢速度等有关，黑液浓度升高，导致传热系数和蒸发强度急剧下降。

二、麦草浆黑液的降黏工艺

麦草浆黑液具有 SiO_2 含量高，半纤维素碱性降解产物低聚糖含量高，木素含量低以及游离碱少的特点，并由此导致麦草浆黑液具有很多不同于木浆的特性。如麦草浆黑液黏度大，固形物的发热量和等温膨胀容积指数下降等，这些特点对碱回收过程的各个工段都带来影响。

（1）黑液提取方面：由于黏度大纤维短，使黑液提取困难，在提取过程中很容易形成阻碍滤水的浆层，降低过滤速度，同一台洗浆设备处理草浆的生产能力比木浆要下降 30%～50%，而且用水量比木浆大，提取的黑液浓度也低。

（2）蒸发方面：由于黑液的黏滞性质，多效蒸发器的最终产品达不到燃烧要求的浓度。随着浓度的提高，黑液输送也困难，通常泵送黑液黏度最高为 200～300mPa·s。黏度大和二氧化硅含量高会促使蒸发器壁快速结垢，很快降低蒸发器的生产能力，常常需要停机清洗。

（3）燃烧方面：由于黏度大，使黑液往炉内喷射雾化困难，分散度差，黑液固形物中木素含量低，使麦草浆黑液固形物的发热量变低，仅为 12.56～13.4MJ/kg 左右，给黑液燃烧带来了困难。

（4）苛化方面：由于黑液固形物中含有较多的 SiO_2，因此，燃烧后得到的滤液含有较多的硅酸钠。硅的存在会影响 Na_2CO_3 的苛化，以及降低苛化阶段白泥的沉淀速度，这样就会影响白液的澄清度，并造成碱的流失，白泥煅烧回收石灰，也因有硅的存在造成困难。

综上所述，由于麦草浆黑液黏度大，硅含量高，给碱回收过程带来一定的困难，为了获得高效经济的碱回收工艺，必须采取措施对麦草浆黑液的性质进行改良，下面介绍两种降黏工艺。

（一）常规降黏工艺

1. 加碱降黏

麦草蒸煮一般用碱量低，造成提取黑液中游离有效碱含量低。根据方程式：$SiO_2 + H_2O \rightleftharpoons H_2SiO_3$　$H_2SiO_3 + 2Na^+ \rightleftharpoons Na_2SiO_3$，游离碱含量低，将使平衡向左移动，产生胶状的 H_2SiO_3，使黏度升高或产生 SiO_2 晶体析出，形成硅垢。

在黑液中保持高有效碱含量的方法有两种：一种是高碱量蒸煮，增加碱的投入可以在碱回收车间得到回收，且可适当缩短蒸煮保温时间；二是在提取黑液中加碱，往往是在蒸发前或半浓黑液中加回收碱，因此，可由碱回收车间视操作情况调节加碱量，并避免高碱量蒸煮所投入的碱在低提取率时的损失。

目前，具有碱回收的麦草浆厂，大多数采用高碱量蒸煮，稀黑液中能保持有效碱含量在 4% 以上（对固形物），而少数未采用高碱蒸煮的企业虽然稀黑液有效碱含量不高，但能在蒸发前或半浓黑液中再加碱。

2. 加热分解降黏

黑液中木素与糖的高分子聚合物（LCC）是导致黑液黏度高的主要原因之一，它不单存在于草浆黑液也存在于木浆黑液。由于草类原料结构疏松，蒸煮温度要求较低，故不足以使 LCC 中的木素和糖的聚合链断开，致使草浆黑液中 LCC 含量更高，通过高温加热的方法可以使 LCC 裂解。

方法一：采用高温并加长保温时间蒸煮。如麦草采用最高蒸煮温度170℃，保温时间1h。

方法二：Ⅰ效蒸发器采用中压蒸发，其他效蒸发器采用低压蒸发的全逆流蒸发系统。中压蒸发黑液温度也在170℃左右，则蒸汽温度要达到185～190℃。

3. 加强备料

加强备料可以降低黑液的黏度，因为干－湿法备料能有效地降低原料中的灰分与 SiO_2 的含量，湿法备料能在原干法备料的基础上进一步降低灰分2.50%～3.10%和降低 SiO_2 含量2.10%～2.40%。通常北方气候干燥风沙大，麦草灰分和硅含量都要略高于南方的，采用干－湿法备料的山东和江苏两企业比较，干法备料后麦草原料灰分和硅含量仍有差距，经湿法备料后两者基本一致。而采用两段干法备料的山东某企业，原料备料后的净化效果比单纯一段干法备料好得多。表9－4是三种备料方法净化效果的比较。

表 9－4　　不同备料方法的备料质量

备料方式	灰分/%	SiO_2/%	备　料　操　作
原麦草	10.94	7.63	取自造纸厂干法备料后的草片
干法备料	8.42	5.69	24目筛子过筛5min，相当于干－干法备料
湿法备料	7.98	4.90	保持缓慢搅拌，洗涤温度35℃时间5min，洗涤原料浓度2%，相当于干－湿法备料
干－湿法备料	4.38	2.85	同上干法和湿法备料操作，相当于干－干－湿法备料

（二）蒸煮同步除硅降黏工艺

在蒸煮时添加一种名为AHM的助剂，蒸煮所得黑液即为低硅、低黏、高燃烧膨胀性能黑液，称为蒸煮同步除硅、降黏工艺。

AHM是一种能溶于碱液，主要成分为氧化铝的白色粉末，可直接投加在蒸煮工段的配碱槽内，用量为绝干麦草的1.5%～2.5%。在蒸煮过程中，原料中 SiO_2 即与AHM结合生成一种不溶物，附着在浆料上，在提取工段自然与黑液分离。

麦草经蒸煮同步除硅工艺得到的黑液性质接近于芦苇，具体指标如下：①黑液硅含量1%左右（对固形物），VIE值4～5mL/g，温度80℃，固形物含量40%，黏度75mPa·s。②除硅率70%左右，缓解蒸发器结垢，延长除垢间隔，提高蒸发效率和蒸发强度，总蒸发能力提高13%～15%。③黏度降低40%，麦草浆黑液入炉浓度可提高到53%～55%以上。④改善碱回收炉操作，降低油耗，增加蒸汽产量，使麦草浆碱回收成本接近芦苇浆。⑤白泥硅含量降低70%，残碱降低，可以回收利用。

三、蒸发工艺流程

蒸发工艺流程按料液的加入方式不同可分为顺流蒸发流程，逆流蒸发流程，平流蒸发流程，混流蒸发流程，其中混流蒸发流程兼有顺流和逆流的优点，而避免其缺点。

（一）四效短管蒸发流程

短管蒸发站的典型流程见图9－2。我国纸厂短管蒸发器是由糖厂的蒸发罐转化而来，且多用于小型纸厂，所以一般以投资低，易操作为原则。

短管蒸发器通常采用4效流程，黑液流程采用混流。新鲜的加热蒸汽进入Ⅰ效的加热室，黑液被加热后在分离室内蒸发，Ⅰ效的二次蒸汽进入Ⅱ效加热室，Ⅱ效的二次蒸汽进入Ⅲ效的加热室，依次类推，Ⅳ效的二次蒸汽通过冷凝器进行冷凝。黑液采用混流流程，黑液首先进入

Ⅲ效然后进入Ⅳ效，从Ⅳ效经过加热器进入Ⅰ效，再由Ⅰ效进入Ⅱ效，Ⅱ效出来的黑液即为浓黑液。

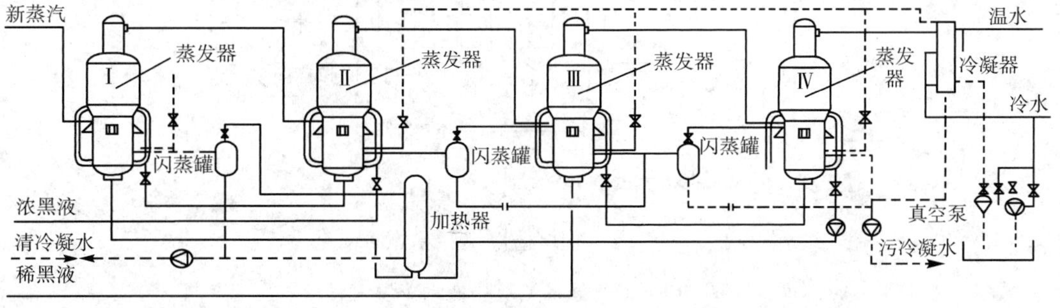

图 9－2　短管蒸发站流程图

（二）两板三管五效组合蒸发流程

板式蒸发器和管式蒸发器结合的五效组合蒸发流程如图 9－3 所示。为了克服管式蒸发器的缺点，并达到节省投资和充分利用不同类型蒸发器适用不同浓度黑液的特点，推出了板式降膜与管式升膜相结合的流程，其流程形式基本与长管升膜蒸发器的流程相同。在浓度较低的Ⅲ→Ⅴ效采用长管升膜蒸发器，而在浓度较高的Ⅰ→Ⅱ效则采用板式降膜蒸发器。黑液流程采用Ⅲ→Ⅳ→Ⅴ→Ⅱ→Ⅰ混流式。管式升膜蒸发器的投资和运行费用都较低，在黑液浓度较低时能充分发挥其特长，故出末效的黑液浓度不宜高于 22%～25%。在黑液浓度较高时由于其流速降低，黏度提高，在管式蒸发器内的传热系数大大降低，其结垢的倾向也大大增加，因而使整个蒸发系统的效率大大降低，尤其是麦草浆黑液的蒸发问题更为突出。板式降膜蒸发器在高浓度高黏度的情况下，也能保持较高的传热系数且结垢的倾向也大大降低，即使结垢也容易清洗。在出Ⅰ效的板式降膜蒸发器一般用隔板分成 A、B、C 三室，分别以 ABC、BCA、CAB 的顺序进半浓液出浓黑液，用以提高出黑液浓度及减轻结垢。在此流程中冷凝器采用板式降膜冷凝器，板式降膜冷凝器具有传热系数高，不易结垢，阻力小等优点，因此，对于水质水压要求低。

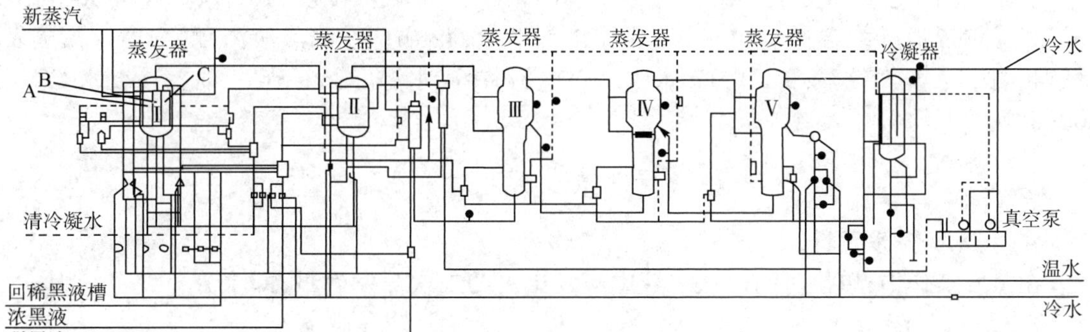

图 9－3　两板三管组合蒸发站流程图

（三）带有热处理的蒸发流程

前面已经叙述，黑液中木素与糖的高分子聚合物(LCC)是导致黑液黏度高的主要原因之一，而在高温下木素与糖的聚合物链易断开，即通过高温加热的方法可以使 LCC 裂断，以达到降低黑液黏度的目的。图 9－4 的流程图是含有高温分解热处理的麦草浆黑液板式降膜蒸发流程。

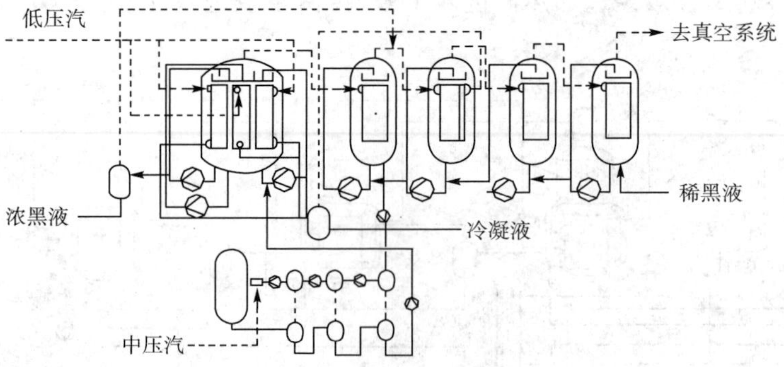

图 9-4 麦草浆黑液热处理蒸发流程

四、蒸发工艺技术参数

(一) 某厂采用含有热处理的板式降膜五效蒸发流程(见图 9-4)

该流程由于含有热处理,故能解决麦草浆黑液黏度大的问题,其主要工艺技术参数如下：

①蒸发水量:78.6t/h；②黑液固形物:225t/d；③稀黑液量:93.7t/h；④温度:70℃；⑤浓度:10%；⑥低压蒸汽量:2t/h；⑦温度:140℃；⑧绝对压力:0.4MPa；⑨中压蒸汽量:1.4t/h；⑩温度:188℃；⑪绝对压力:1.2MPa；⑫浓黑液:15.1t/h；⑬温度:112℃；⑭浓度:62%。

(二) 某蒸发站采用七体五效全板式降膜蒸发器其流程如下:

(1) 黑液流程。由洗浆工段来的稀黑液按Ⅴ→Ⅳ→Ⅲ→Ⅱ→Ⅰ(A、B、C)进行逆流多效降膜蒸发。

(2) 蒸汽流程。新鲜蒸汽供入Ⅰ效,其余各效使用相应效产生的二次蒸汽。

(3) 冷凝水流程。从Ⅰ效出来的清洁冷凝水用泵送至碱站或热电站。其余效产生的污冷凝水,经扩容后分别进入后续效,最后离开蒸发站的污冷凝水可设槽贮存并泵送洗浆、苛化工段使用。

该流程的工艺参数如下：①稀黑液量:182t/h；②稀黑液浓度:10.2%；③稀黑液温度:75℃；④稀黑液纤维含量:≤40mg/L；⑤浓黑液量:42t/h；⑥浓黑液浓度:44%；⑦蒸发水量:140t/h；⑧蒸发效率:≥3.95kg 水/kg 汽；⑨污冷凝水温度:66.5℃；⑩污冷凝水 COP:≤300mg/L。

五、蒸发工艺计算

(一) 水分蒸发量计算

在蒸发操作中,单位时间内从溶液中蒸发出去的二次蒸发汽量,即水分蒸发量。用 q_w 表示,单位是 kg/s 或 kg/h。

$$q_w = q_G\left(1 - \frac{w_0}{w_1}\right) \quad (\text{kg/s})$$

式中 q_G——原料液量(kg/s)

q_w——蒸发掉的水分即二次蒸发量(kg/s)

w_0——进效黑液浓度(%)

w_1——出效黑液浓度(%)

例 1：用一单效蒸发器将 10t/h，浓度为 10% 的 NaOH 溶液浓缩到 20%，求每小时水分的蒸发量。

解：已知：$q_G = 10\,000$kg/h，$w_0 = 10\%$，$w_1 = 20\%$代入公式得：

$$q_w = q_G\left(1 - \frac{w_0}{w_1}\right) = 10\,000\left(1 - \frac{10\%}{20\%}\right) = 5\,000 \quad (\text{kg/h})$$

（二）加热蒸汽消耗量的计算

加热蒸汽消耗量的计算可以通过蒸发器内的热量衡算求得，在单位时间内，输入蒸发器的热量等于从蒸发器输出的热量。

设：q_D——加热蒸汽的消耗量(kg/s)

R——加热蒸汽的潜热(kJ/kg)

q_G——原料液量(kg/s)

c——原料液比热容[kJ/(kg·K)]

t_1——蒸发器中溶液的沸点(K)

t_0——原料液的初温(K)

r——二次蒸汽的潜热(kJ/kg)

$Q_{损}$——损失于周围介质的热量(kW)

加热蒸汽放出的热量等于料液吸收的热量和热量损失之和，热量衡算式如下：

$$q_D R = q_G c(t_1 - t_0) + q_W + Q_{损}$$

$$q_D = \frac{q_G c(t_1 - t_0) + q_W r + Q_{损}}{R}$$

例 2：在单效蒸发器内，将某水溶液自质量分数从 5% 浓缩至 25%。每小时处理 2 吨原料液。溶液在常压下蒸发，沸点是 373K。溶质的比热容是 1kJ/(kg·K)。加热蒸汽的温度是 403K，汽化热是 2 174kJ/kg。如不计热损失，试求在下列情况下，加热蒸汽的消耗量。

（1）原料液在 293K 时加入蒸发器。

（2）原料液在沸点时加入蒸发器。

（3）原料液在 393K 时加入蒸发器。

解：先求水分蒸发量

$$q_W = q_G \times \left(1 - \frac{w_0}{w_1}\right) = 2\,000 \times \left(1 - \frac{5\%}{25\%}\right) = 1\,600 \quad (\text{kg/h})$$

查得常压下蒸汽的汽化热 $r = 2\,257$kJ/kg。

原料液的比热容　　$c = 1 \times 5\% + 4.187(1 - 5\%) = 4.03[\text{kJ/(kg·K)}]$

依题意　　$Q_{损} = 0$

（1）原料液初温为 293K 时

$$q_D = \frac{1\,600 \times 2\,257 + 2\,000 \times 4.03 \times (373 - 293)}{2\,174} = 1\,958 \quad (\text{kg/h})$$

（2）沸点加料时

$$q_D R = q_w$$

$$q_D = \frac{q_w r}{R} = \frac{1\,600 \times 2\,257}{2\,174} = 1\,611 \quad (\text{kg/h})$$

（3）原料液初温为 393K 时

$$q_D=\frac{1\,600\times2\,257+2\,000\times4.03\times(373-393)}{2\,174}=1\,587\quad(kg/h)$$

（三）蒸发器传热面积的计算

蒸发器的传热过程可以认为是恒温传热过程，可用恒温传热方程式计算传热面积。

设：A——传热面积(m^2)

Q——蒸发器的传热量(W)

K——蒸发器的传热系数[$W/(m^2\cdot K)$]

T——加热蒸汽的温度(K)

T_1——溶液的沸点(K)

则：

$$Q=KA\Delta T=KA(T-T_1)$$

$$A=\frac{Q}{K(T-T_1)}\quad(m^2)$$

第三节　黑液的燃烧

黑液燃烧就是将经过蒸发浓缩的黑液固形物在碱回收炉内使之燃烧裂解以回收黑液中的碱和热。首先将黑液固形物中无机物的钠化合物最大限度地转化为碳酸钠，同时将为补充生产中碱和硫的损失而加入的芒硝还原为硫化钠，并尽可能地回收有机物燃烧所放出的热量，供生产中使用。

一、黑液燃烧原理及控制条件

（一）黑液燃烧原理

黑液燃烧过程基本上可分为三个彼此关联的阶段。第一阶段是黑液的蒸发阶段：经过蒸发后送入碱回收炉的浓黑液仍含有30%～50%的水分并不能燃烧，因此黑液入炉后，受到炉膛内高温辐射热和上升的高温烟气流的直接加热，使之干燥成含水分10%～15%的黑灰才能燃烧。在黑液蒸发干燥过程中，由于黑液中含有游离碱和其他有机化合钠盐，将与烟气中的二氧化碳、二氧化硫、三氧化硫、氧气和水蒸气等发生下列化学反应：

$$2NaOH+CO_2=Na_2CO_3+H_2O$$

$$2NaOH+SO_2=Na_2SO_3+H_2O$$

$$2NaOH+SO_3=Na_2SO_4+H_2O$$

$$Na_2S+CO_2+H_2O=Na_2CO_3+H_2S$$

$$2Na_2S+2SO_2+O_2=2Na_2S_2O_3$$

$$Na_2S+SO_3+H_2O=Na_2SO_4+H_2S$$

$$2RCOONa+SO_2+H_2O=Na_2SO_3+2RCOOH$$

$$2RCOONa+SO_3+H_2O=Na_2SO_4+2RCOOH$$

经过反应之后，黑液中全部氢氧化钠和大部分硫化钠转化成为碳酸钠、亚硫酸钠、硫代硫酸钠和硫酸钠。黑液中有机化合的碱也生成亚硫酸盐和硫酸盐。

第二阶段，黑液的燃烧和热裂阶段：经过干燥的黑灰落在垫层上，有机物即行燃烧而裂解为甲醇、丙酮、酚、甲硫醇、硫化氢等可燃气体，并与进入的二次风及三次风混合后发生气相燃烧，变为二氧化碳、水蒸气、一氧化碳、硫化氢、二氧化硫、三氧化硫等气体，同时放出大量的热。

还有一部分有机物发生碳化作用变成元素碳，在垫层中继续燃烧放出大量的热，为无机盐的熔融和芒硝还原提供了条件。与有机物相结合的钠离子，也发生热分解，生成碳酸钠，反应如下：

$$2NaOR + O_2 = Na_2O + CO_2 + H_2O$$

$$Na_2O + CO_2 = Na_2CO_3$$

热裂解后残存的无机物中，主要是碳酸钠，部分有机结合的硫和钠变成硫化钠、亚硫酸钠、硫代硫酸钠，如碱炉操作条件适宜，仅有 50％的有机结合硫能转化为无机硫化物。因此，在燃烧过程中硫的损失量很大，成为硫酸盐法制浆污染的主要来源。

第三阶段，无机物熔融及芒硝还原阶段：由于游离碳在炉床上燃烧放出大量的热，使炉底温度达到 1 000℃左右，无机盐和芒硝被熔融为流体状态，从而为芒硝还原创造了条件，还原反应如下式：

$$Na_2SO_4 + 2C = Na_2S + 2CO_2 - 224kJ$$

$$Na_2SO_4 + 4C = Na_2S + CO - 568.5kJ$$

$$Na_2SO_4 + CO = Na_2S + 4CO_2 + 120.4kJ$$

在黑液燃烧过程中，从提高芒硝还原率而言，希望反应温度尽可能高一些，但温度过高会促成钠的升华和热分解导致碱的损失。其反应式为：

$$Na_2CO_3 + 2C = 2Na + 3CO$$

$$Na_2CO_3 = Na_2O + CO_2$$

在黑液燃烧过程中，在高温强碱条件下，熔融状态的碳酸钠和硫化钠等还会与炉衬材料中的成分发生化学反应而使炉衬遭到腐蚀破坏。

（二）黑液燃烧的条件控制

1. 黑液的组成与性质

由于制浆纤维原料、纸张质量要求和蒸煮条件不同，所得的黑液固形物含量及组成、发热量和物化性质也不同。因此，应根据黑液的不同组成和性质，确定合适的工艺条件，使燃烧顺利进行。

2. 黑液浓度

黑液的浓度对燃烧及热效率影响很大，黑液量一定时，浓度低，回收碱量和蒸汽的产生量较低，并降低碱回收炉效率。若浓度太低，会使炉温下降，炉衬脱落，灭火，严重时会发生爆炸事故。黑液浓度太高时，由于黏度较大，输送和雾化困难，流量不稳定，易堵塞，影响正常燃烧。但是在泵的性能许可的条件下，尽量采用高浓度黑液，并在黑液管道上通蒸汽预热，直到接近沸点温度，以降低黑液的黏度，但要使流量和浓度保持稳定。

3. 喷液量和黑液粒度

黑液燃烧中要求喷入的黑液流量稳定，粒度适宜，垫层分布均匀。如果喷液量过高，炉子超负荷运行，燃烧不完全，热效率低，而且烟气中的臭气增加，不仅硫的损失大，还增加对空气的污染。还会造成炉膛出口温度过高，锅炉生成熔融性积灰。反之，喷液量过小，则降低碱回收炉效率，生产操作中要控制好黑液的浓度和温度的稳定，保证黑液泵的正常运行和喷液管、喷枪的畅通，以求得到稳定的喷液量。

喷出的黑液的粒度大小要适宜，粒度小，表面积大，有利于黑液的干燥。但是，粒度太小易被气流带走，飞失增大，加重对过热器的腐蚀及锅炉管壁的积灰。粒度小，垫层太干，而且黑灰呈粉末状，容易烧掉，垫层不易保持应有的高度。粒度太大也不好，会使黑液蒸发干燥不良，影响炉子正常的运行。

黑液分散雾化粒度大小主要取决于喷嘴孔径和喷液压力。这些工艺条件的确定,要根据黑液的性质,喷嘴形式、黑液干燥方式、炉子的规格等进行综合考虑,不能一概而论。

4. 燃烧空气量的供给

供风是为了供给黑液燃烧和化学反应所需要的氧气,根据理论计算,完全燃烧1kg黑液固形物需要4～5kg的空气。生产实际中,只送入所需要的理论空气量是不能进行正常良好燃烧的,实际空气量应控制在理论空气量的1.05～1.10倍。生产中通过测定烟气中二氧化碳的含量来判断空气量的供给情况,正常燃烧烟气中二氧化碳的含量在14%～16%。为了便于控制,常采用下列经验公式估算实际空气需要量。

$$q_g=\frac{G_1\times G_2\times 6.1}{24}\quad(\text{kg 空气/h})$$

式中 G_1——每天产浆量(t/d)

G_2——每吨浆送燃烧的固形物量(kg/t 浆)

6.1——在22.6%的过剩空气量下(烟气中含有二氧化碳14%～16%)完全燃烧1kg黑液固形物所需要的空气量

入炉空气量必须控制适当,风量过小,有机物不能完全燃烧损失热量,热效率低,同时会降低炉温,不利于正常操作。反之,风量过大,虽有利于燃烧,但炉膛内烟气体积增加,流速势必变大,因而碱尘飞失大,易于污染锅炉换热面,而且增加了动力消耗。为保证黑液燃烧均匀良好,保持炉床垫层外形完整,燃烧所需的空气量都在炉内不同的标高位置,以不同的方向按不同的风量和压力送入炉膛,使其发挥各自不同作用。

距炉底450～1 000mm处送入的空气称为一次风,其主要作用是供给垫层中游离碳燃烧所需要的氧气,使垫层中有足够的热量,保证无机盐和芒硝还原反应。一次风量过大,会使垫层燃烧过快,降低垫层高度,不利于芒硝还原,而且还促使钠盐升华热分解。

在黑液喷枪口以下,一次风以上送入的空气称为二次风。其作用是加速黑液水分汽化和固形物干燥,并保持垫层高度使之完整成形。

黑液喷枪以上送入的空气称为三次风。主要是用于可燃的挥发性气体及少量未完全燃烧产物的进一步完全燃烧,以提高烟气热含量,同时起到封闭炉膛出口捕集烟气中所带的碱尘的作用。

为了稳定操作,燃烧均匀,充分发挥各次风的作用,入炉空气要加热至150℃左右,最好由单独鼓风机控制风量和风压,均匀地送入炉内,一次风压力可低一些,一般在0.8～1.2kPa;而二、三次风要送到炉膛中心空间与上升的烟气强烈混合并在炉内产生旋转,使黑液干燥和气体燃烧能均匀一致,因此风压要高一些,一般在1.3～2.5kPa。一、二、三次风的有关数据见表9-5。

表9-5　一、二、三次风的有关数据

	风温/℃	风率/%	风压/Pa
一次风	>250	50～60	800～1 200
二次风	>250	40～30	1 300～1 800
三次风	～150	～10	2 000～2 500

5. 燃烧温度的控制

对燃烧影响较大的是垫层温度。此温度应保证使无机盐和芒硝熔融以及更好地进行芒硝还原反应，同时使熔融物畅通流出，一般控制在1 000℃左右，如图9－5所示。炉温过低，虽然碱飞失少，但增加了硫的损失，同时易使无机物凝固，熔融物排不出去，甚至被迫停产。炉温过高，结果则相反，也不利于生产，所以应控制在图上两条曲线交点所对应的温度为佳。

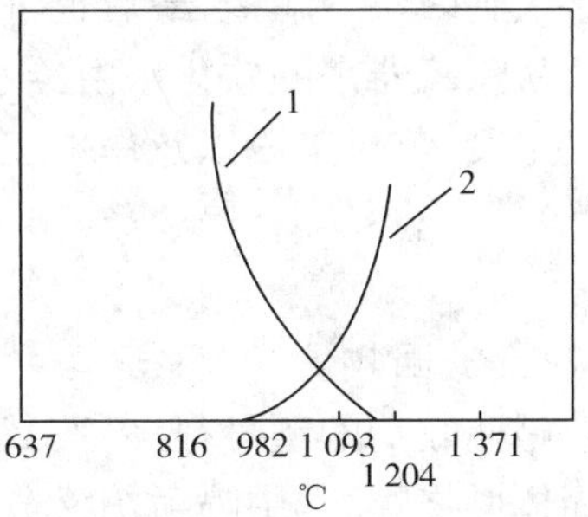

图 9－5 垫层温度和含硫气体及飞灰逸出关系

1—含硫气体 2—飞灰

6. 炉床垫层的控制

所谓垫层就是固形物经过干燥和热分解后剩余的无机物及游离碳落在炉床上所形成的高温多孔性黑灰碳层。其主要作用是使无机物不断熔融，芒硝还原成硫化钠；部分有机物热裂解气化并排出；使游离碳不断燃烧，稳定炉温。因此，燃烧过程应保持适当高度和完整均匀的垫层，垫层高度应保持在1.0～1.5m左右，其外形应是均匀的丘形，如发现垫层不均整，或偏向一边，应及时调整喷液角度或供风。

二、黑液燃烧工艺流程

图9－6为较典型的麦草浆燃烧工段的工艺流程。由蒸发工段来的黑液首先进入黑液槽，再通过黑液泵送入圆盘蒸发器，增浓后的黑液进入到黑液中间槽，再通过第二级黑液泵加压后，进入黑液加热器，加热至110～115℃，通过喷枪喷进炉内燃烧，多余的黑液通过回液管返回到黑液中间槽。而辅助燃料重油经油罐，进入重油加热器，采用蒸汽加热，再通过母管及重油燃烧器从一、二次风口进入炉内，油系统采用母管回油，将多余的重油返回到工作油箱。燃烧供风分二股，一股为一、二次风，由鼓风机送进空气加热器。加热到150℃后，进入碱回收炉的烟气——空气预热器加热，风温可达到250℃以上，再分别进入一、二次风道，经风嘴处送进炉膛。另一股风为三次风，由单独的风机先送进空气加热器，风温达到150℃进入三次风道，经风嘴进入炉膛，三次风也可使用室温空气。

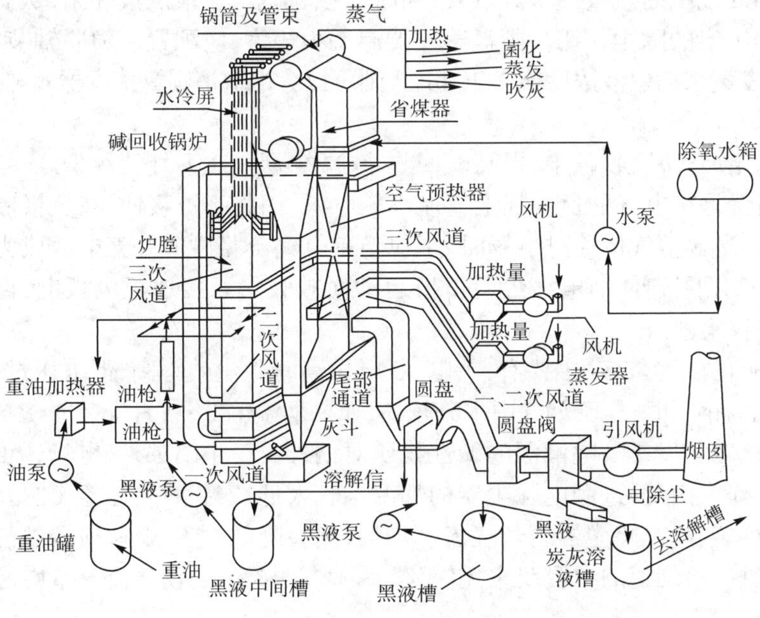

图 9－6 碱回收锅炉的工艺流程

燃烧生成的烟气，从碱回收锅炉尾部烟道出来，进入圆盘蒸发器，再通过圆盘阀到静电除尘器，除尘后的烟气由引风机引入到烟囱排出。

下锅筒及尾部排出的碱灰，通过灰斗送进溶解槽，而静电除尘器排出的碱灰经埋刮板输送机送入到碱灰溶解槽，最后也进入溶解槽与绿液混合。

从除氧器来的软化水由给水泵送进碱炉省煤器，在炉内通过热交换产生的蒸汽分别送到蒸发工段、苛化工段以及作本工段吹灰、加热空气、重油、黑液等用。

三、碱回收炉及其配套设备

1．碱回收炉

碱回收炉的型号很多，按其构造和黑液的干燥方式基本上可分为三大类，即转炉、喷射炉和固体燃烧炉，其中喷射炉又分为简易喷射炉、移动式圆型夹套熔炉半水冷壁喷射炉和全水冷壁喷射炉三种，现在常用的碱回收炉属于全水冷壁喷射炉，因其炉膛断面一般为方形或矩形，故简称“方炉”，这种碱回收炉的炉膛为全封闭的膜式水冷壁组成。整个炉体（除尾部空气预热器外）悬吊在炉顶大板梁上，有利于炉体的垫膨胀。

现在用的碱回收炉在布置上又有单、双锅筒之分，主要差别在于单锅筒布置时，取消了下锅筒，并将上锅筒移到前水冷壁上方非受热区，原对流管束区用沸腾管屏或省煤器管屏代替。

2．圆盘蒸发器

圆盘蒸发器是利用碱炉尾部排烟中的能热，对蒸发站送来的黑液直接蒸发使浓度达到入炉要求。它由槽体、转鼓及传动装置三部分组成。圆盘转动时，将浸泡在槽内黑液中心转鼓部分管束黏附着黑液带出液面，吸收高温烟气中的热量使水分蒸发，同时大颗粒碱尘也被黑液黏附，从而达到增浓黑液，降低烟气温度和一定的除尘作用。圆盘蒸发器启动力矩大，应配置液力联轴节，停机检修时应放空黑液。若蒸发站来的黑液浓度能大于46%，则可以考虑取消圆盘蒸发器。

3．静电除尘器

静电除尘器的作用是净化烟气，回收碱尘，提高碱回收率，减少烟气对大气的污染。

静电除尘器的工作原理就是在电场的负极加上直流高压电源，而将正极接地，在负极周围形成“电晕”，产生带电离子。当含尘气体通过电场时，尘粒与带电离子相碰撞并充电而成为荷电粉尘，在强电场的电位差作用下，迫使荷电粉尘向正极运动而被吸附于接地正极板上，再通过振打掉到下面灰斗中而被收集。

影响静电除尘器正常运行的因素较多，主要有：①电压：电压高时除尘效率高，但电压过高，易毁坏设备。②腐蚀：当外壳为钢板时，由于烟气中水分较高，如果烟温偏低，或者安装时密封不严导致冷风漏入，使烟气结露，碱灰发黏。除潮湿的碱性物质对钢外壳产生腐蚀外，电场还可能被击穿，使静电除尘器无法工作。因此，进静电除尘器的烟温不宜太低，安装时要注意密封及保温时的施工质量。③气流不均匀：静电除尘器内若气流不均匀，则会降低除尘效率，应调整静电除尘器内的气流分布板乃至进出口烟道的布置型式，包括弯头内增设导流板，使气流分布均匀。

4．风机

碱炉的配风方式为平衡通风，即鼓风机加引风机的配风方式，引风机可通过挡板或用变频调速电机液力调速器来调整炉内的负压。运行中应避免烟气道漏风，温度过低出现露点造成引风机的叶片挂碱灰而产生振动。

四、碱炉的安全及运行

（一）安全

影响碱炉安全的最大危险是因炉内发生泄露，使熔融物遇水而发生爆炸，造成人身伤亡及设备损坏等重大事故。

麦草浆碱炉由于热力参数偏低,炉内各种介质本身对炉管壁的腐蚀不足以危及到碱炉的安全,但设计、制造和操作对碱炉的安全却影响极大。通常,碱炉设计时已不设防爆门,而是在炉膛四角中部适当部位设计一段足够长的薄弱结构,其作用是当炉膛发生爆炸时,薄弱结构首先被撕开,将炉内爆炸时产生的能量定向卸掉。薄弱结构应设置在炉后某一侧人员和设备相对少的方位,以减少损失。另外,对中压(3.82MPa)及蒸发量大于25t/h的碱炉,还须设置紧急事故放水装置,其阀门应为电动控制,远方操作,一旦发现炉内泄露时应立即开启此阀,将炉内水位降到规定高度。制造时,应对炉内受热面的管材严格检验,工厂或工地的管子对接焊缝要有X光检查拍片等完备手段,确保焊缝质量万无一失。

运行中,尤其是在清理水冷壁面上的渣块及清理一次风口、溜子口时,要注意不能损伤水冷壁管。要严格按照锅炉操作规程,不能出现缺水、满水或给水猛增猛减现象,以免受热面损坏或降低强度。

(二)运行

一台碱炉运行的好坏,很大程度上与运行操作有着极大的关系,运行方式是设计思想的延伸与保证。在运行中对各种工况应进行及时调整,才能使碱炉处于最佳状态。

1. 燃烧的调整

黑液燃烧状态与黑液的喷雾粒度及一、二、三次风的风量、风压、风温调整及垫层高度控制有着密切的关系。当喷液量变化的时候,应相应调整好喷枪压力,避免出现水柱状喷射,或黑液撞墙现象,一般黑液喷枪压力为0.1~0.2MPa。根据燃烧情况,通过挡板调整一、二次风量的分配及风压。并根据黑液雾化情况,选用适当孔径的孔板及喷嘴(通常黑液喷枪配有不同孔径的孔板)。在调整好各个参数后,只要入炉黑液量变化不大,就不要做太大的调整。

2. 吹灰操作

为了防止碱炉堵灰并能够正常运转及受热面能充分地吸收热量,必须定时除去碱灰,灰渣在烟温偏高处,如水冷屏区域内易被烧熔而凝结在受热面上,若不及时除掉,易使烟气通道堵塞。下汽包上背及烟气折流改向的地方较易积灰也要及时吹除。

现在的吹灰系统已应用了程序控制装置,定时对各个受热面进行吹扫。正常运行时,吹扫顺序是沿烟气流向从前向后逐一吹扫,但当碱炉局部发生堵塞时,则应逆着烟气流向,从后向前吹扫。

吹灰管路的设计要有疏水装置,避免将冷凝水带入炉内发生事故。

3. 垫层熄火

当所有的一次风口处燃烧都已停止及炉膛变暗时,要是不采取挽救的措施,垫层便会发黑,熔融物溜槽会凝结堵塞。

垫层熄火的原因有:入炉黑液浓度过低;喷嘴雾化恶化,干燥不良,垫层拉稀;部分一次风嘴被升高的垫层堵死,供风无法吹入垫层;炉壁结挂及炉膛上部大块结焦物掉落使局部垫层被压死。运行中,应经常观察,及时处理上述各项造成垫层熄火的不良现象,保持碱炉处在稳定运行中。

4. 熔融物溜子口的堵塞

当熔融物溜子口通道有湿黑灰堆积或某些原因使靠近它的垫层及熔融物变冷,溜子口就有可能堵塞,使熔融物无法正常排出而堆积于炉底。若发生溜子口完全堵塞,应先停喷黑液并把助燃油枪及靠近溜子口的油枪点燃,以逐渐提高溜子口附近的温度烧熔堵塞物,同时进行打钎操作。操作时必须小心，不能伤及溜子口处水冷壁管。当溜子口打通时，要注意防止大量熔融物突然喷出，发生熔融槽爆炸，此时必须先将蒸汽消音打开，并慢慢拔出钢钎，以防万一。

5．事故紧急停炉

发现有下列情况时，必须立即进行紧急停炉，以使设备、人身损失为最小。

(1) 确定有水进入炉膛内而不能马上制止水进入炉膛时。

(2) 发现压力部件（水冷壁、水冷屏）有渗漏时（但炉子外的轻微渗漏除外）。

发现有上述情况时应按下列程序紧急停炉：①发出报警，使所有不应留在现场的人员立即离开。②立即停止输送所有燃料，并以远方操作关断锅炉的辅助燃油系统。③尽快打开快速放水（事故放水）电动阀或汽包排水阀（未设快速放水装置时）排掉锅炉中的水使水位降低至一定高度。④打开对空排气阀，切断向母管送汽的主汽阀。⑤停止鼓风机，并保持引风机运行，通过调节挡板，使炉膛保持一定的负压。⑥重新启动前，要检查所有压力部件损坏情况，在确认设备完好无损（或进行修复后）的前提下，才能重新启动。

五、燃烧工段的工艺技术参数

木浆黑液的碱回收与草浆黑液的碱回收，其各个工序的工艺技术参数都有差别，现在以草浆黑液的碱回收为例，介绍燃烧工段的工艺参数。

1．蒸发工序来的浓黑液

①浓度 24～26°Bé（直测）；②温度 100～105℃；③游离碱 20～25g/L。

2．绿液

①总碱浓度 95～104g/L（以 NaOH 计）；②温度 70～90℃。

3．蒸汽

①硬度＜30mgN/L；②压力 0.8～1.2MPa；③含盐量＜300mmol/L。

4．入炉黑液

①浓度 27～29°Bé（直测）；②温度 105～110℃；③游离碱 20～25g/L；④硬度≤0.03mmol/L；⑤含氧≤7μg/L；⑥pH 8.5～9.2；⑦含铁≤30μg/L；⑧二氧化硅≤20mg/L。

5．炉水水质

①磷酸根 5～10mg/L；②pH 10～12；③总碱量 3～5mmol/L；④氯根＜100mg/L；⑤浑浊度＜10mg/L。

6．磷酸盐品质

①$Na_3PO_4 \cdot 12H_2O$≥92%；②硫酸盐（SO_4^{2-}）≤0.5%；③氯化物≤0.3%；④水不溶物≤0.1%。

7．重油品质

①水分≤2%；②闪点≤130℃；③磷含量≤3%；④灰分≤3%；⑤机械杂质≤2.5%；⑥恩氏黏度 5.5～9.5/100℃。

8．燃烧炉工艺条件

① 黑液喷枪压力 0.10～0.20MPa

② 热风温度≥250℃

③ 垫层高度 0.9～1.2m

④ 溜槽出水温度≤75℃

⑤ 风量：一次风 50%～60%

二次风 40%～30%

三次风 10%

⑥ 风压：一、二次风 5kPa

三次风 4.5kPa

⑦ 炉膛负压 −30～−50kPa

⑧ 炉温 600～700℃
⑨ 溶解槽液位 2～2.2m
⑩ 溶解槽最低液位 1.3m
⑪ 绿液消音压力 0.3MPa
⑫ 蒸汽消音压力 0.4MPa
⑬ 一、二次风加热器出口温度 150℃
⑭ 三次风加热器出口温度 150℃
⑮ 喷油温度：重油温度 65～80℃
重柴油温度 40～50℃
⑯ 喷油压力：重油压力 1.5～2.0MPa
重柴油压力 1.0～1.5MPa
⑰ 上锅筒水位 50mm(中心线以上)
⑱ 软水箱水位≥3/4(1.5m 以上)
⑲ 除氧器水位 1m
⑳ 蒸汽压力 1.0～1.2MPa
㉑ 锅炉发汽量 8～12t/h
㉒ 给水温度 105℃
㉓ 水冷屏处烟气温度 600～700℃
㉔ 对流管束前烟气温度 550℃
㉕ 对流管束后烟气温度 450℃
㉖ 省煤器后烟气温度 370℃
㉗ 静电除尘器入口烟气温度 140℃
㉘ 水冷屏处烟气负压 - 100Pa
㉙ 对流管束前烟气负压 - 100Pa
㉚ 对流管束后烟气负压 - 100Pa
㉛ 省煤器后烟气负压 - 100Pa
㉜ 出炉烟气负压 - 400Pa
㉝ 静电除尘器入口烟气负压 - 1.5kPa
㉞ 引风机入口烟气负压 - 3.4kPa。

9. 圆盘蒸发器

①液位 1 450mm；②入口黑液浓度 24～26°Bé(直测)；③出口黑液浓度 27～29°Bé(直测)。

第四节　绿液的苛化与白泥的回收

一、苛化原理及影响因素

黑液燃烧后的熔融物，溶解于稀白液或水中形成了绿液，它的主要成分是碳酸钠或者碳酸钠和硫化钠(硫酸盐法)。将石灰加入绿液中使碳酸钠转化为氢氧化钠的过程称为苛化。

(一) 苛化原理

苛化反应分两步：

1. 石灰消化

生石灰中的氧化钙与水反应转变成氢氧化钙，并放出热量

$$CaO + H_2O \longrightarrow Ca(OH)_2 + \text{热量}$$

2. 碳酸钠的苛化

$$Na_2CO_3 + Ca(OH)_2 \longrightarrow 2NaOH + CaCO_3 \downarrow$$

苛化反应是个可逆反应。也就是说当碳酸钠和氢氧化钙反应生成氢氧化钠和碳酸钙的一瞬间起，相反的过程也就开始了。由于可逆反应的缘故，苛化反应不可能完全进行到底。反应进行的程度常以苛化度表示：

$$\text{苛化度} = \frac{NaOH}{NaOH + Na_2CO_3} \times 100\% \quad (\text{以 } Na_2O \text{ 计})$$

苛化度反映了溶液中碳酸钠转化为氢氧化钠的程度，苛化反应开始时，溶液中的碳酸钠浓度高，氢氧化钠浓度低，此时正反应速度较大，随着反应的进行，碳酸钠不断消耗，浓度逐渐减少，正反应速度逐渐减慢，逆反应速度逐渐加快，当正反应速度和逆反应速度趋于相等时，反应到达了平衡状态，这时的苛化度最大。

（二）影响苛化的主要因素

1．石灰加入量

石灰加入量是控制苛化生产的重要因素，为加速苛化过程，提高苛化度，石灰加入量应控制在理论量的105%～110%为宜，但不能过量太多，否则，不仅造成石灰的浪费而且影响白泥的沉淀与洗涤。

2．绿液浓度与组成

从苛化平衡式可以看出，$[OH^-]$增加有利于苛化反应向逆方向进行，降低苛化度，因而溶解熔融物的稀白液浓度应尽量降低，一般不超过20g/L，但绿液浓度决定白液浓度，白液浓度太低不符合蒸煮的要求，因此一般绿液总碱浓度应保持在100～110g/L（以Na_2O计）。

另外，绿液中的硫化钠在溶液中发生水解：

$$Na_2S + H_2O \rightleftharpoons NaHS + NaOH$$

$$NaHS + H_2O \rightleftharpoons NaOH + H_2S$$

水解结果也产生OH^-，对苛化不利，但为了保证白液中的硫化度，生产上不能用降低硫化度来提高苛化度。

3．温度

温度的影响可以从化学平衡与反应速度两个方面分析。石灰消化是个放热反应，温度越高，氢氧化钙的溶解度越小；苛化反应中，温度越高，碳酸钙溶解度越大。因此，从化学平衡角度来看，低温比高温有利。但是不论哪个反应，温度的升高都能提高反应速度，加速达到平衡，尤其对于消化反应，几乎是个不可逆反应，平衡影响较为次要，因此消化温度控制在92～95℃左右。苛化反应进行到后期，溶液中$[CO_3^{2-}]$已很小，正反应速度大大降低，在生产中为缩短苛化时间，加快反应速度，提高苛化后期的温度尤为重要，一般控制在100℃以上。这样整个苛化时间为1.5～2.0h就能达到接近平衡的最高苛化度。

（三）影响澄清的因素

苛化反应得到了含白液和白泥的乳液，为得到符合蒸煮要求的白液，必须将乳液进行分离。生产中常采用澄清和过滤的办法。所谓澄清即由于相对密度不同，悬浊状态的白泥颗粒在白液介质中因重力作用而沉降；所谓过滤则是利用一种多微细孔道的物质做介质，在介质两侧压力差的推动下，使白液由微细孔道通过，白泥颗粒被截留。

在苛化生产过程中，澄清和过滤同等重要，它是保证白液质量的重要环节。影响澄清的主要因素有以下几个方面：

1．石灰质量

石灰中有效氧化钙含量低，则杂质多，会影响碳酸钙的沉淀。特别是石灰中氧化镁含量大时，形成高分散的氢氧化镁吸附在碳酸钙表面上，使其细小颗粒不能凝聚成大颗粒，减慢了白泥的沉降速度。因此，生产中要求石灰中氧化镁含量不应超过1.5%。石灰中其他杂质的存在，有时和钙形成复杂的化合物，增加乳液的黏度，影响沉降。一般要求石灰有效氧化钙含量不小于82%。

2．石灰剩余量

为加速苛化反应，生产中都采用5%～10%的过量石灰。由于氢氧化钙的相对密度小于碳酸钙，因此影响沉降速度。此外氢氧化钙也增加了溶液的黏度，也影响澄清。

3．绿液浓度与成分

在燃烧过程中，炉衬受高温及碱腐蚀作用剥落进入溶解槽，使绿液中含有铝、铁、钙、镁等化合物,影响白泥沉降。另外没有完全燃烧的碳相对密度小也极难沉淀。所以在生产中,苛化前的绿液要先进行澄清处理,去掉其杂质即绿泥,再行苛化。

绿液的浓度增高时,液体的黏度增大,不利于沉降。

4. 温度

提高温度可以降低液体黏度有利于沉降,但温度太高(超过 105℃),会使碳酸钙溶解度增大,对沉淀不利,同时,提高温度对泥渣颗粒有破坏作用,不利于沉淀。

5. 搅拌

长时间或激烈地搅拌会破坏泥渣颗粒,降低沉降速度,生产中苛化器搅拌速度不得超过150r/min。而且在苛化器内不宜用蒸汽直接加热,以避免蒸汽对泥渣颗粒的冲击破坏而难于沉降。

6. 加沉淀剂

为了加速白泥的沉降,有时可以加入淀粉等作沉淀剂。

二、苛化工艺流程

苛化工艺有两种流程,一种是间歇苛化,一种是连续苛化。连续苛化自动化程度高,产品质量稳定而且生产能力较大,因此被大多数工厂采用,下面我们重点介绍连续苛化流程。

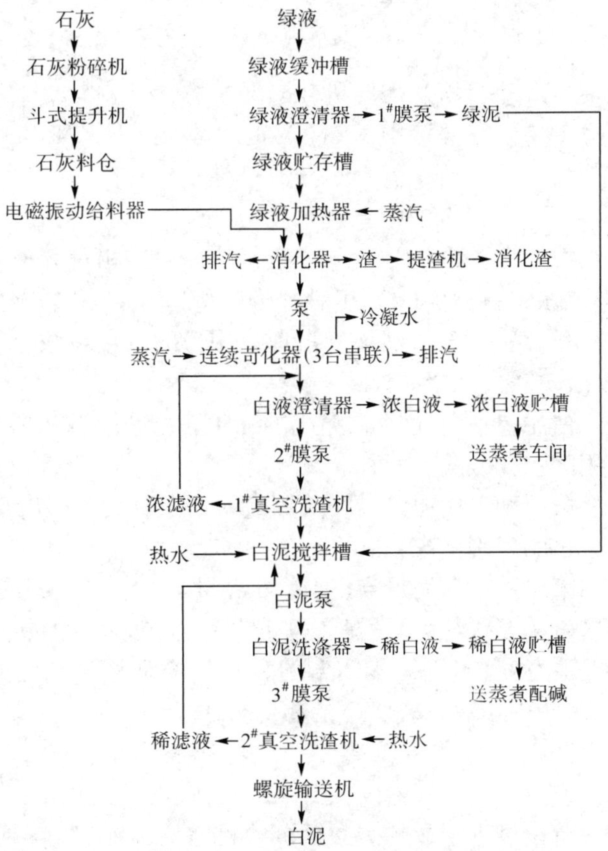

图 9-7 苛化工段工艺流程图

该流程的特点是:

(1) 绿液经过澄清后再送去苛化,这样可除去绿液中的各种有害元素,有利于苛化后白液的澄清和白泥洗涤以提高白液澄清度和提高白泥质量。

(2) 消化和苛化分别进行,即石灰先进行消化分离,除去石灰中的砂砾,不使其带入苛化器中。

(3) 采用三台苛化器串联,其反应温度逐渐升高,反应初期温度稍低些,反应后期温度提高以达到满意的苛化反应结果。

(4) 从苛化器出来的乳液进入白液澄清器,澄清器的 2# 膜泵抽泥进入 1# 真空过滤机,其滤液回到白液澄清器入口,滤饼入搅拌槽后,送入白泥洗涤器,这样可使进入稀白泥的碱量大大减少,使稀白液浓度下降,白泥含碱下降。

(5) 采用 2# 真空洗渣机洗涤白泥,用热水喷淋可进一步降低残碱。

经生产验证,连续苛化工艺较间歇苛化工艺有下列优点:

（1）绿液制取白液得率较高。

（2）石灰消耗量和碱损失率低。

（3）白泥数量少，劳动强度低，操作环境好。

上述流程特别适合于麦草浆碱回收，如果流程中产生的绿泥较多，则需单独对绿泥进行洗涤，并设置辅助苛化器。

三、苛化工艺计算

（一）石灰用量的计算

第一种方法：$$G=\frac{A}{K}\times\frac{56}{40}\times R\times\frac{100}{w}\quad (\text{kg/t 浆})$$

式中 G——石灰用量(kg/t 浆)

A——蒸煮消耗的有效碱(kg NaOH/t 浆)

K——苛化度

R——石灰消耗量占理论用量的过量的余数

w——石灰中有效 CaO 含量(%)

第二种方法：可根据生产中分析数据直接计算。

$$m=\rho V\times 0.53\times 2.65\times\frac{R}{w}$$

式中 m——石灰需要量(kg)

ρ——绿液中 Na_2CO_3 的含量[g/L(以 NaOH 计)]

V——苛化器中的绿液量(m^3)

w——石灰中有效 CaO 量(%)

0.53——CaO 相对分子质量/Na_2CO_3 相对分子质量

2.65——Na_2CO_3 相对分子质量/NaOH 相对分子质量

R——石灰消耗量占理论用量的过量余数

（二）白泥量的计算

白泥包括苛化反应生成的 $CaCO_3$，过量石灰所生成的 $Ca(OH)_2$，以及石灰中的惰性物。常用的计算方法有两种。

第一种：白泥量＝石灰用量×石灰纯度×(100/56)＋[石灰用量×(1－石灰纯度)－提渣机带出的砂砾](kg)

第二种：白泥量＝(理论石灰量×100/56＋过剩石灰量×74/56)×石灰纯度＋[石灰用量×(1－石灰纯度)－提渣机带出砂砾](kg)

注意：100——$CaCO_3$ 的相对分子质量。

74——CaO 的相对分子质量。

四、白泥的回收利用

苛化过程生成的碳酸钙沉渣称之为白泥，每吨浆大约 500kg 左右。经过洗涤，降低残碱，提高干度后，再煅烧成石灰送回苛化使用。目前回收方法有回转炉法、硫化床沸腾炉法和闪急炉回收法，这里主要介绍回转炉法。

（一）回转炉煅烧白泥机理

在回转炉内煅烧白泥主要通过干燥、预热和煅烧三个阶段。

干燥：进入转炉的白泥水分一般控制在40%左右。白泥在转炉中缓缓向热端滚动而形成颗粒，在干燥区，受炉头来的烟气作用而蒸发掉水分。

预热：干燥后的白泥，受高温烟气预热到分解的温度，当加热到600℃时，$CaCO_3$ 开始分解。

煅烧：$CaCO_3$ 在825℃时开始分解，生成CaO，反应式如下：

$$CaCO_3 \longrightarrow CaO + CO_2 \uparrow - 177.9 kJ/mol$$

（二）回转炉白泥回收工艺流程

如图9-8所示，真空洗渣机洗涤和脱水后的白泥，由回转炉炉尾（冷端）送入炉内，由于炉体有一定斜度，当炉子旋转时，白泥缓缓向炉头（热端）移动，并形成10～20mm直径的颗粒，促使煅烧均匀，减少粉尘飞失。煅烧好的石灰，掉入冷却器，通过风冷却后进入石灰仓。回转炉排出的烟气经烟气除尘系统后排空。

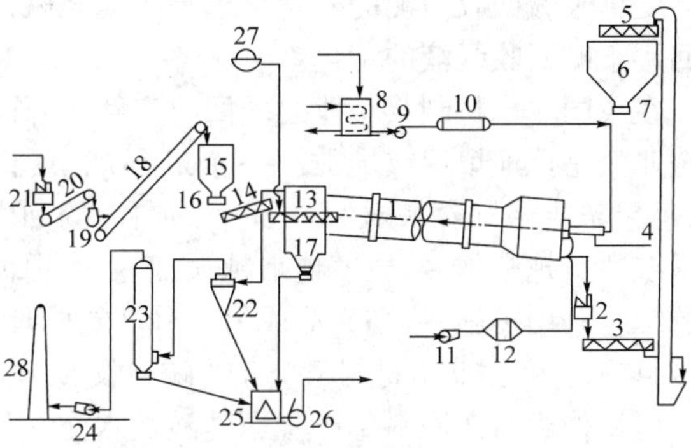

图 9-8 回转炉白泥回收工艺流程

1—石灰回转炉 2、19、21—粉碎机 3、5、13、14—螺旋输送机 4—斗式提升机 6—石灰仓 7、16—圆盘给料机 8—油槽 9—油泵 10—加热器 11—鼓风机 12—预热器 15—石灰石仓 17—沉降室 18、20—皮带运输机 22—旋风除尘器 23—水膜除尘器 24—排烟机 25—砂罐 26—砂泵 27—真空洗渣机 28—烟囱

回转炉的进料端一般设有沉降室，起沉降烟尘作用。出料端装有冷却器用于冷却石灰和加热二次风的温度。

为防止空气污染，生产过程中设有烟气除尘系统，除尘方法一般有以下几种。①干法除尘：如用沉降室、旋风分离器等除尘。②湿法除尘：即用洗涤器如水膜除尘器、文丘里洗涤器、托盘式洗涤器等除尘。③电除尘：即静电除尘器等除尘。

（三）回转炉工艺条件的控制

1. 原料和燃料

苛化生产排出的白泥是回转炉的主要原料，因此白泥的质量对白泥回收生产过程有重要的影响。

白泥含碱要求在0.5%～1.0%，含碱多时有以下不良影响：①石灰中的碱在高温下与耐火材料中的一些成分产生化学腐蚀，严重时会使炉衬发生剥落现象。②炉的出料端易产生结圈和炉瘤，造成操作困难。③烧出来的石灰含钠盐，妨碍消化过程。

白泥含碱（Na_2O）如果小于0.5%时，炉内粉尘多，飞失大。

白泥杂质含量不应超过10%～12%。杂质多，炉内易产生硬块结圈。

为了补充系统中的石灰损失，有的厂在白泥煅烧过程中，加入一部分石灰石。

煅烧白泥最好采用重油或天然气为燃料。

2. 温度控制

在回转炉内，白泥不易高温快速煅烧，那样会造成煅烧不均匀或局部过烧。过烧灰很难消化或不能消化。温度过低，白泥欠烧，呈土黄色，粉末较多。在长炉中物料停留时间长，温度控制可以低一些，约1 090℃，在短炉中温度应高一些，约1 250℃。炉尾温度一般控制在150～205℃，最高不得超过260℃，防止烧坏链条。

物料出现过烧时，可采取增加给料量，拉长火焰，减少燃料量，加快转速及调节抽力等措施。欠烧时调节方法与过烧相反。

3. 供风控制

燃料的燃烧需要供给空气，一次风通常为需要量的20%～40%，二次风为70%左右。为保证燃烧完全，过剩空气量应控制在5%～10%，烟气中一氧化碳含量不超过1%～1.5%。

4. 抽力

炉尾出口处烟气压力一般为负压。抽力太小影响烟气的排出，对燃烧不利；抽力太大会增加热量和石灰的损失。沉降室抽力一般在100～150Pa。

麦草浆碱回收白泥的硅含量远高于木浆碱回收白泥，因此无法采用石灰窑煅烧回收石灰，再回用于碱回收绿液的苛化。

在我国非木材制浆企业的碱回收实践中，除少数企业对碱回收白泥进行综合利用外，大多数企业只是择地填埋或堆放。一个最小规模（日处理25t固形物）的麦草浆碱回收系统运行时，每天需要外排含水50%～60%的白泥约20～25t。随着我国麦草浆造纸工业新建的碱回收系统数量越来越多，规模越来越大，产生的白泥将会成比例大幅度增加并积累，若不采取有效的综合利用措施，势必又造成另一种严重的环境污染问题。

目前，在我国非木材制浆企业的碱回收实际工程中，白泥综合利用的途径主要有以下几种。

(1) 作为石灰原料生产普通硅酸盐水泥。如浙江某纸厂（制浆原料为麦草，芦竹），广西贵港某纸厂（制浆原料全部为甘蔗渣）。

(2) 生产不同用途的精制碳酸钙产品。其典型如：①广西南宁某纸厂（制浆原料全部为甘蔗渣）碱回收白泥经过中和，多级洗涤和筛选，生产的精制碳酸钙作为造纸填料全部自用于本厂抄造卫生纸；②广西柳州某纸厂（制浆原料为竹子、芒秆），其碱回收白泥综合利用产品是作为塑料填料的精制碳酸钙。

综上所述，利用白泥生产硅酸盐水泥是迄今为止麦草浆碱回收白泥综合利用取得成功经验的主要途径。

五、苛化工艺技术参数

下面以山东某企业为例介绍苛化工段的工艺技术参数：

① 绿液澄清器绿液浓度：100～110g/L；
② 进消化器前绿液温度：≥85℃；
③ 消化温度90～95℃；
④ 苛化温度95～100℃；
⑤ 苛化乳液苛化度≥85%；
⑥ 过量灰量≤3%；
⑦ 生石灰有效钙含量≥75%；
⑧ 粉碎石灰粒度30mm；
⑨ 石灰渣水分≤20%；
⑩ 石灰渣残碱含量≤0.2%；
⑪ 绿液澄清器大耙电流≤4A；
⑫ 白液洗涤器大耙电流≤4A；
⑬ 白泥洗涤器大耙电流≤4A；
⑭ 各膜泵抽泥浓度25～30°Bé；
⑮ 真空洗渣机真空度≥－0.06MPa；
⑯ 真空洗渣机洗涤水温度：60℃；
⑰ 真空洗渣机白泥干度≥40%；
⑱ 真空洗渣机的白泥残碱含量≤1%；
⑲ 预挂过滤机真空度－0.06MPa；
⑳ 预挂过滤机洗涤水温度70℃；
㉑ 预挂过滤机白泥干度≥53%；
㉒ 预挂过滤机白泥残碱含量≤0.5%；
㉓ 浓白液有效碱含量90～100g/L。

作业题

一、解释下列名词

1．苛化　2．绿液　3．白液　4．绿泥　5．白泥　6．碱回收率

二、如果70℃时所测的黑液的波美度为8°Bé，问该黑液的相对密度和百分含量为多少？

三、麦草浆黑液为什么要降低黏度？降黏方法有哪些？

四、用蒸发站将流量为45t/h，浓度为12%的黑液浓缩到48%，求每小时水分蒸发量。

五、在单效蒸发器内，将某黑液自浓度为14%浓缩到至42%。每小时处理黑液3.6t。黑液在常压下蒸发，沸点是375K，溶质（固形物）的比热容假设为2.016kJ/(kg·K)，加热蒸汽的温度是408℃，汽化热是2 159kJ/kg。如不计热损失，试求在下列情况下，加热蒸汽的消耗量。

① 原料液在283k时加入蒸发器。

② 沸点进料。

③ 原料液在383k时加入蒸发器。

六、什么叫垫层？其主要作用是什么？

七、什么叫一次风，二次风，三次风？其作用分别是什么？风温，风压，风率分别是多少？

八、造成垫层熄火的原因是什么？

九、在什么情况下需要紧急停炉？

十、影响苛化的因素有哪些？

十一、回转炉煅烧白泥的机理是怎样的？

第十章　打　　浆

植物纤维原料经过蒸煮、洗涤、筛选、净化和漂白制成的纸浆，仍不适合直接用于造纸，而需要用机械方法处理水中纤维，使其具有适合造纸机抄造需要的特性，成为符合某种纸张质量指标要求的纸浆，这一操作过程称为打浆。

所谓打浆即浆料中的纤维受到剪切力的作用。这种作用可以来自打浆刀的机械作用，也可以来自纤维与流体间的速度梯度和加速度梯度所产生的剪切力。

打浆工序在造纸过程中具有极其重要的作用。没有经过打浆处理的纸浆，无法在纸机上正常抄造，或抄造出的纸强度低，成纸匀度差，疏松多孔，表面粗糙易起毛，不能满足使用的要求。只有经过良好打浆抄造出来的纸才能组织均匀、紧度大、强度高，达到预期的质量指标。且采用同一种浆料，通过不同的打浆设备、打浆方式和打浆工艺与操作，可以生产出多种不同性质的纸和纸板。

打浆主要有两大任务：

(1) 利用物理的方法，对悬浮在水中的纤维进行机械或流体处理，使纤维受到剪切力，改变纤维的形态，使纸浆改变某些特性如机械强度、物理性能等，以保证抄出的纸和纸板能取得预期的质量要求。

(2) 通过打浆控制纸料在网上的滤水性，以适应造纸机生产的需要，使纸页能获得良好的成形，以改善纸页的匀度和强度。

通常把经过打浆处理后的纸浆称为纸料或成浆。

第一节　打 浆 原 理

一、纤维在打浆中的变化

在造纸工业中，所谓纤维，有时是泛指纸浆中的一切细胞而言。但并非是所有的细胞都称为纤维。一根纤维即是一个细胞，但狭义地说，并非是所有的细胞都称为纤维，只有那些细长的、两端尖锐或钝圆、中间有空腔，细胞壁较薄，略呈纺锤状的细胞才称为纤维。除此以外的各种形状的细胞，统称为薄壁细胞或杂细胞。

打浆过程是一个比较复杂的机械和物理过程。纤维经过打浆后，无论在形态和性质上都起了很大的变化。打浆设备对纤维产生挤压、摩擦、剪切等机械作用。打浆的结果使纤维受到弯曲、扭曲、撕裂、压溃和切断，这些变化对纤维适应造纸的要求和成纸的物理性质有重要作用和影响。

前已述及，植物纤维的构造由胞间层、初生壁(P)、次生壁外层(S_1)、次生壁中层(S_2)和次生壁内层(S_3)等部分组成。其中，化学浆纤维的胞间层在蒸煮的过程中基本上除去了，打浆的主要对象是初生壁和次生壁的外层和中层。纤维在打浆过程中的变化，概括起来有：细胞壁的位移和变形、初生壁和次生壁外层的破除、纤维的吸水润胀、细纤维化和横向切断。另外，还会产生纤维破碎、纤维扭曲、卷曲、压缩和伸长等。这些作用和变化阶段是不能截然分开的，是交错进行的，随着打浆条件的不同，各种作用和变化也大不相同，现分述如下。

1. 细胞壁的位移和变形

经显微镜观察发现，在打浆初级阶段，纤维细胞发生位移和变形很少，S_2 层发生很少的润胀，打浆的机械作用只使得次生壁中层(S_2)一定位置的微纤维弯曲，使微纤维之间的空隙有所增加，以致能够进入更多的水分，纤维细胞的位移由局部逐渐扩大。但由于初生壁外层(S_1)没有破除，使 S_2 层位移和润胀都受到限制，因而这种位移和润胀是有限的。但是这会使纤维更加柔软，并对初生壁的除去有促进作用。

2. 初生壁和次生壁外层的破除

纤维经蒸煮和漂白后，仍有一定量的初生壁存在。P 层和 S_1 层中木素含量较多，其存在影响 S_2 层的吸水润胀和细纤维化，最终影响纤维的结合力。因此在打浆过程中，除了要将初生壁除去之外，还应把部分或全部次生壁外层除去，才能有利于纤维的润胀和细纤维化。

3. 润胀

润胀是纤维吸水而发生直径增大的一种现象。纤维在极性溶液中极易发生润胀，这是由于纤维的表面含有羟基，并且随着打浆的进行增加了游离羟基的数量，从而使纤维表面活化。这时由于羟基的作用，吸收水分子到纤维的外表面，形成极性水分子的胶体膜，产生了纤维的润胀和水化，从而导致纤维的比体积增加，纤维结构松弛，内聚力下降，提高了纤维的柔软性和可塑性，有利于细纤维化，能有效地增加纤维间的接触面积，提高成纸强度，使透气度下降。

纤维的吸水润胀与原料的组成、半纤维素的含量和制浆的方法等因素有关。半纤维素含量高的纸浆，有利于吸水润胀；木素含量高的纸浆不易润胀；亚硫酸盐纸浆比硫酸盐纸浆易于润胀。

4. 细纤维化

纤维的细纤维化是在细胞壁的 P 层和 S_1 层被破除时开始的，并在纤维吸水润胀以后大量产生。细纤维化是指纤维两端的帚化和纵向分丝两种作用。纤维在打浆过程中受到打浆设备的机械作用而产生纵向分裂，分离出细纤维和产生两端帚化起毛现象。细纤维化有外部细纤维化和内部细纤维化。外部细纤维化是指纤维表面和两端的分丝现象，外部细纤维化一般在打浆初始阶段发生，所以可以认为外部细纤维化是次生壁外层的细纤维化。内部细纤维化是在纤维吸水润胀之后，聚合力减弱，使 S_2 层内部产生的层间滑动。

纤维的细纤维化增加了纤维的比表面积，有利于纤维间的结合，提高成纸的强度、紧度和匀度等性能，对纸页的性质影响极大，是打浆的重要作用之一。

5. 横向切断

横向切断是指纤维受到打浆设备的剪切和摩擦作用而横向断裂的现象。一般来说，纤维吸水润胀较好，变得柔软可塑，就不容易被横向切断；反之，在纤维吸水润胀不良的情况下，纤维比较硬而脆，也就容易被横向切断。纤维切断后，断口增加，有利于吸水润胀，断口处留下许多锯齿型的末端，有利于纤维的分丝帚化和细纤维化。

在打浆的过程中通常要适当地切断纤维，以提高纸张的匀度和平滑度，但纤维过短会降低纸张的强度，特别是纸张的撕裂度。对棉麻浆，纤维过长，要求有较多的切断；针叶木浆纤维较长，应根据纸种的要求适当切断；对阔叶木浆和草类纤维浆，纤维较短，不希望有较多的切断，甚至应注意保留纤维长度。

6. 纤维的其他变化

打浆还会产生纤维碎片，使纤维扭曲、卷曲、压缩和伸长等。碎片的数量对浆料的脱水和成纸的性能均有一定的影响。纤维的扭曲、卷曲、压缩和伸长等多发生在高浓打浆中。

二、打浆的质量检查

为了掌握浆料在打浆过程中的变化情况，控制好成浆质量，必须对打浆质量进行检查。在生产中检查的项目一般是浆料的浓度、打浆度和湿重。为了进一步的实验研究，常检查纤维的长度、保水值、水化度、筛分析等。

1. 打浆度

打浆度表示纸料在网上脱水的难易程度。它综合反映了纤维被切割、分裂、润胀和细纤维化等打浆作用的效果。根据打浆度的大小可以掌握纸料在纸机网上的滤水难易程度，同时也可概括地了解纸张的性质，所以打浆度是生产过程中控制的一项重要的技术指标。打浆度通常用肖伯尔打浆度仪进行测定。国外有用游离度表示打浆程度的，打浆度越高，浆料的游离度则越小。打浆度的单位是°SR。

2. 纤维长度

通常，打浆度并不足以反映纸料的性质，例如，受到高度切断的纤维与高度细纤维化而很少切断的纤维，可能获得相同的打浆度，这样，虽然两种纸料的打浆度相同，但性质相差很大。为此，除了打浆度外，一般还要测定纤维的平均长度。

测定纤维平均长度的方法主要有显微镜法和湿重法两种。显微镜法比较复杂且速度较慢，生产中多用湿重法。该法并不直接测定纤维的长度，而是将一特别的金属框架放在肖伯尔打浆度仪的锥形盖上，然后按正常操作方法测定打浆度，当提起锥形盖时，一部分纤维即悬挂在框架上，随后取出框架称量，以挂在框架上的湿纤维质量表示纤维长度，称为纤维湿重。纤维湿重大，即表示纤维的平均长度大，其单位用克表示。

3. 保水值

保水值表示纤维打浆后水化及润胀的程度，用以反映细纤维化程度及可塑性，同时，纸张的紧度、裂断长、耐破度、耐折度等项物理指标随保水值的增加而成直线上升。所以，保水值是一项能比较确切地反映打浆质量的指标。保水值的测定，是在规定的条件下，用离心机把纸料中的游离水甩出，然后测定纤维所保留的水量。因该法测定所用的时间较长，故在生产中不便于推广使用。

三、打浆与纸浆性质的关系

打浆对纸浆的性质有着重要的影响。随着打浆的进行，发生着两个基本变化，即纤维间结合力的不断增长和平均长度的不断下降，造成了纸张的一系列性质随着发生改变。其变化规律可以分为三大类：第一类是打浆性能曲线是逐步上升，如结合力、紧度和收缩率等曲线；第二类是曲线逐步下降，如纤维平均长度、透气度和吸收性等曲线；第三类是打浆前期曲线上升并逐渐升速缓慢，然后出现转折和下降，如各种强度曲线。图 10－1 表示打浆与纸张物理性质的关系。

1. 裂断长

裂断长主要由纤维间结合力、纤维平均长度和纤维本身强度等因素决定。在打浆初期裂断长上升很快，以后上升缓慢，到了一定数值后，反而产生下降的现象。这是由于在打浆初期主要影响它的是纤维间结合力，而后期主要是纤维平均长度，随着打浆的进行，纤维的结合力在不断提高，但纤维的平均长度也同时继续下降，当后者的影响大于前者的影响时便出现了转折。

2. 撕裂度

撕裂度在打浆的初期上升比较显著，随后又慢慢下降。影响撕裂度的主要因素是纤维的平均长度和纤维本身的强度，而纤维间结合力的影响较小。在打浆初期，纤维间结合力的增加促进了撕裂度的提高，以后随着纤维长度的减少，撕裂度又逐渐降低。

3. 耐折度

耐折度除了受纤维平均长度和纤维间结合力影响以外，还与纤维的弹性有关，而纤维的弹性又与纤维的含水量密切相关。当水分较多时，耐折度随着弹性的增加而增加，但当水分达到一定限度后，则又因纤维间结合力下降过多，耐折度开始降低。

4. 耐破度

耐破度的变化与裂断长比较相似。但是，由于纸张在突破时不仅受到拉力，同时也受到撕力作用，所以在打浆度比较高的时候，耐破度下降大于纸的裂断长。

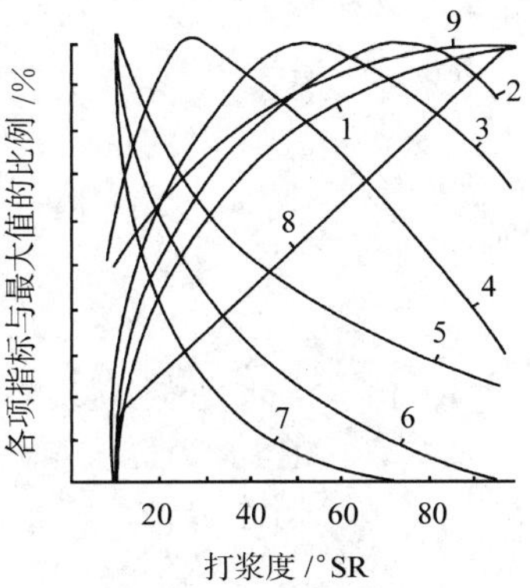

图 10-1 打浆与纸张物理性质的关系

1—结合力 2—裂断长 3—耐折度 4—撕裂度 5—纤维平均长度 6—吸收性 7—透气度 8—收缩率 9—紧度

5. 紧度

纸张的紧度随打浆度的上升、纤维间结合力的增加而不断提高。影响紧度的因素很多，主要是打浆度、纸料的种类、半纤维素含量、网上脱水情况、压榨和压光的压力等。

6. 其他

纸张的透气度和吸收性随着打浆度的增加而降低，同时纤维的化学组成、半纤维素的含量、压榨和压光也都会影响纸张的透气度和吸收性。

影响纸张的不透明度的因素主要是纤维的结合力，随着打浆度的提高，纸的透明性增加，不透明性降低。

纸张的伸长率和伸缩性都随着打浆度的提高而上升。其主要影响因素有打浆方式、纸浆的种类、半纤维素含量、纤维本身的强度和弹性、纸页干燥时所受的张力大小等。

四、纤维间的结合力及影响因素

纸页的强度主要取决于纤维自身的强度、纤维间的结合力、纤维的平均长度以及纸中纤维的分布和排列方向等，而最重要的因素是纤维间结合力。纤维间结合力有四种：氢键结合力、化学主价键力、分子间的范德华吸引力和表面交织力。其中氢键结合力是主要的，与打浆关系密切。

（一）氢键理论

氢键理论说明了纤维间结合力的形成。它能较准确地说明和解释为什么强度大的纤维原料，成纸的强度不一定大，而只有经过良好打浆的纸料才能抄出强度大的纸；为什么湿纸页的强度低于干纸的强度等问题。

氢键理论认为：打浆的机械作用增加了纤维的比表面积，纤维表面游离出大量的羟基，促进了纤维表面的吸水润胀，经网部、压榨部脱水，在纤维间形成水桥。在干燥部，当水被蒸发时，纸页收缩，纤维进一步靠拢。纤维素分子中羟基的氢原子与相邻纤维羟基中的氧原子产生了 O—H···O形式的氢键结合，如图 10-2 所示。

氢键结合只有在相邻羟基的距离小于 0.28nm 以内时才能形成，所以造纸过程中的压榨和干燥对氢键结合具有重要意义。氢键结合力小于化学键结合力，大于分子间的范德华吸引力。

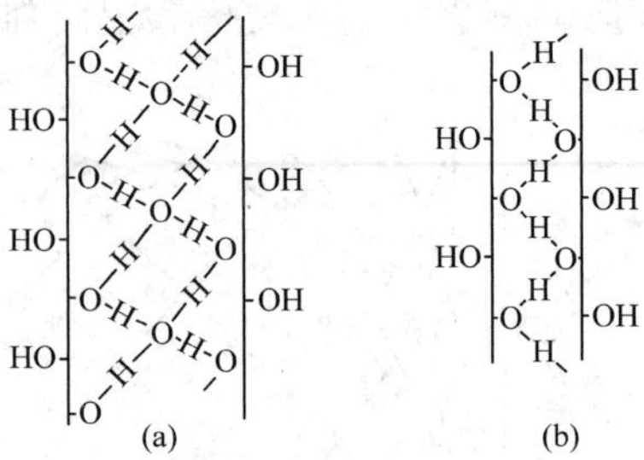

图 10－2 水桥与氢键结合结构示意图
（a）水桥结构示意图
（b）氢键结合结构示意图

通常湿纸强度低于干纸的原因，就在于纸张的水分大时，由于纤维表面纤维素的羟基受水饱和的作用，致使氢键破裂，纤维之间以水桥结合，所以纸张强度降低或消失。

（二）影响纤维间结合力的因素

影响纤维间结合力的因素主要是纤维的比表面积和氢键数量。打浆过程中纤维所受的机械处理对纤维表面所产生的作用是影响纸页中纤维间结合力的直接因素。除此之外，还与原料的种类、纤维的化学组成等有关。

1．打浆的影响

打浆的机械作用可将纤维的初生壁和次生壁外层除去，使纤维产生润胀和细纤维化，增加了纤维的柔软性和可塑性，增加了纤维的比表面积，有利于纸页在网部成形过程中的相互交织。经压榨、干燥后氢键作用结合得更为坚实，从而显著地增强了纤维的结合力，提高了纸的强度。

2．纸浆种类的影响

不同的纸浆，其物理结构和化学组成都是不同的，对纤维的结合力也会产生影响。一般来说，化学木浆的纤维间结合力大，棉浆次之，机械木浆较低。棉浆的纤维间结合力虽低于化学木浆，但成纸强度却较高，这主要是由于棉浆纤维强度大，纤维长度大，经打浆切短仍然保持相当的长度，纤维之间表面交织力较大，故成纸的强度较高。

3．纤维化学组成和形态的影响

纤维化学成分的影响以半纤维素为最大。半纤维素含量高的纸浆，打浆时容易水化、润胀，增加了纤维的比表面积，纤维间的结合力增加，因而提高了纸的强度。但必须指出，半纤维素含量过多的纸浆，由于打浆时水化过快，纤维还没有发生足够的分丝帚化时，打浆度已经上升很高了，用这种纸浆抄成的纸强度低，且透明和发脆。

纤维间的结合力随着木素含量的下降而增加，这主要是由于分布在初生壁和次生壁间的木素妨碍着纤维的吸水润胀和细纤维化。用木素含量较高的纸浆制成的纸组织疏松而强度低，但刚度较大。

纤维素的聚合度对结合力也有影响。一般认为，纤维素聚合度高的纤维抗张强度大，不易切断，通常当纤维被切断到适当长度时，纤维已得到了充分的帚化，制出的纸张强度也就较高。

纤维长度也是影响结合力的因素之一，尤其是纸张的撕裂度，随纤维长度的增加而增加，耐折度也是如此，这是因为长纤维抄成的纸，在经压榨之后纤维之间彼此不易滑动。

4．添加剂的影响

在纸浆中加入亲水性的物质，如淀粉、蛋白质、羧甲基纤维素等，会增加纤维间的结合力。因这些物质的结构中含有极性羟基，增加了纤维的氢键结合。在浆中加入松香、石蜡和填料等疏水性的物质，则会影响纤维间的结合力，降低纸张的强度。因为这些物质占据纤维的表面从而妨碍纤维间的氢键结合。

第二节　打 浆 工 艺

根据纸的质量要求、纤维原料的性质，以及打浆设备的型式和材质等，制定合理的打浆工艺和操作方法,正确地控制打浆的影响因素,这是充分发挥打浆效能、保证成纸质量的重要环节。

一、打浆方式

打浆方式分为四种类型：即长纤维游离状打浆、短纤维游离状打浆、长纤维黏状打浆、短纤维黏状打浆。

所谓游离打浆是以横向切断纤维为主的一种打浆方式,而黏状打浆是以纤维吸水润胀、细纤维化为主的打浆方式。长纤维打浆是指尽可能保留纸浆中纤维的长度,短纤维打浆是指对纤维进行切断的打浆方式。必须指出,生产中四种打浆方式不可能截然划分。打浆方式只表明打浆过程中打浆的控制方向和打浆的主要作用,并不表示打浆的程度。打浆的程度主要是用打浆度来衡量的。

长纤维游离状打浆的目的是适当切断纤维,尽可能保持纤维长度,用来抄造强度大、透气性好和变形小的纸袋纸、牛皮包装纸等,一般采用重下刀、分段下刀、短时间打浆的方法。这种打浆方式时间短,纸料在网上容易脱水,成纸的匀度不太好,缺乏透明性,表面粗糙。

短纤维游离状打浆要求高度切断纤维,使纤维尽量均匀,以生产组织均匀、吸收性好,但强度要求不高的纸,如滤纸、吸墨纸等。一般采用重下刀、一次下刀、很短时间打浆的方法,这种纸料脱水也比较容易,纤维交织能力很差。

长纤维黏状打浆要求纤维高度分丝帚化、润胀和细纤维化,尽量避免切断纤维,用以生产高强度薄纸,如电容器纸、卷烟纸等。宜采用逐步加重、分段下刀、长时间打浆的方法,打成的纸料有滑腻的感觉,在网上难于脱水,上网浓度也低。

短纤维黏状打浆,既要求高度分丝帚化、润胀,又要求适当切断纤维,常用来生产匀度好,强度较高,紧度大,吸收性小的证券纸、书写纸等,一般采用重刀,一次下刀,较长时间打浆的方法。

在实际生产中,打浆的方式要根据纸浆类别和产品的要求及纸机情况等具体选择,常见纸张的纤维平均长度及打浆度要求见表 10-1。

表 10-1　部分纸张的纤维平均长度和打浆度要求

纸的品种	纤维平均长度/mm	打浆度/°SR	纸的品种	纤维平均长度/mm	打浆度/°SR
电容器纸	1.1～1.4	92～96	打字纸	0.95～1.1	64～66
复写纸原纸	1.1～1.5	82～88	有光纸	0.8～1.0	40～44
描图纸	1.2～1.6	75～85	水泥袋纸	2.0～2.4	22～30
地图纸	1.5～1.9	55～60	卷烟纸	1.4～2.0	75～78
吸墨纸	1.2～1.6	25～30	绘图纸	1.4～1.8	60～65
电缆纸	1.9～2.1	30～35	邮封纸	—	64～70
火柴纸	—	28～30	糖果包装纸	1.0～1.2	65～68
四号凸版纸	0.8～1.1	45～50			

二、影响打浆的因素

影响打浆的因素很多,浆料性质、设备种类会影响打浆;此外,打浆比压、打浆浓度,通过量和打浆时间、温度等都会影响打浆质量。

1. 浆料性质

不同种类的纤维原料，由于其物理结构和化学成分不同，打浆难易和成纸的性质也各有差异。一般认为：纤维细长、长宽比大的，打浆时纤维结合面积大，强度高。纸浆中半纤维素含量高，木素含量低，打浆性能良好。但半纤维素含量过高，会影响纸的强度。

造纸生产是连续的，制浆过程中浆料质量的波动，也会影响打浆质量稳定，打浆工要对浆料的变化有正确的判断，以采取相应的打浆工艺。

2. 打浆比压与刀间距

打浆比压即单位面积上浆料所受到的压力。它是决定打浆效率的主要因素。打浆比压的大小与刀间距有密切的关系。一般刀间距越小，比压越大，纤维的切断作用大，打浆度上升快，但浆的游离性大，滤水快；刀间距大，比压小，切断少，纤维润胀好，分丝帚化多，浆发黏，滤水慢，抄成的纸强度高。所以打游离浆应采用小的刀间距、大的比压，在纤维充分润胀前，用较大的压力，将纤维快速切断。打黏状浆，应逐步缩小刀间距，逐步提高比压，以较长的时间，较低的压力，使纤维获得充分的润胀和细纤维化。

在生产中可以根据加压机构的间隙指示装置、气压、油压或打浆电流的大小间接地判断打浆比压的大小。打浆电流越大，比压越大。有经验的操作者还可以根据听声音、摸震动和出口浆温度等判断压力大小。操作者在进刀与退刀时，一定要按工艺条件操作，否则进刀过重，不但影响质量，而且可能发生事故。

生产中从节能角度考虑，通常让打浆设备满负荷运行，即采用接近额定电流条件操作。因此，比压的控制通常以调整打浆浓度、刀间距等因素来实现。

3. 打浆浓度

打浆浓度可分为低浓打浆、中浓打浆和高浓打浆。一般认为：纸料浓度在10%以下的称为低浓打浆，纸料浓度在10%～20%时称为中浓打浆，纸料浓度在20%～30%甚至更高者称为高浓打浆。

(1) 低浓打浆　打浆浓度对打浆方式和质量有重要的影响。打浆浓度高，进入打浆刀间的纤维层加厚，纤维所承受的压力降低，减少了纤维的切断作用，同时纤维受到强烈的揉搓和挤压作用，分丝帚化好，而且可以提高产量，降低吨浆的动力消耗。打浆浓度低，则相反，纤维切断多。因此打浆浓度要根据打浆方式、打浆设备的性能来确定，游离打浆应采用3%～4%的低浓度，黏状打浆应采用5%以上的浓度。在可能的条件下，尽量提高打浆浓度，以改善质量，降低消耗。

(2) 高浓打浆　高浓打浆主要是靠纤维间的相互摩擦、挤压、揉搓、扭曲等使纤维受到打浆作用，与此同时产生大量的摩擦热，使浆料软化，有利于浆料的离解。所以高浓打浆与低浓打浆相比，纤维长度变化不大，短纤维和细小纤维碎片减少，纤维呈扭曲状，成纸的撕裂度、收缩率、韧性、紧度、不透明度有较大的提高，但尺寸稳定性、刚性和挺度较差。

高浓打浆由于切断作用小，不适合于长纤维的打浆，比较适合于草类原料和阔叶木的打浆。由于高浓打浆动力消耗较大，实际生产中多采用高－低浓两段打浆。

(3) 中浓打浆　中浓打浆原理与高浓打浆相似，但对纸张强度的提高效果木浆和草浆不相同。研究发现，草浆中浓打浆效果较好，浓度为12%时效果最佳，打浆的能耗较低，抄片的收缩率较小。草浆中浓打浆，纤维的长度降低很少，并能破除纤维的 S_1 层，使纤维获得良好的细纤维化，纸的结合力、裂断长、耐破度、耐折度大幅度提高，并能改善纸页的脆性，但撕裂度反而下降。木浆中浓打浆后，裂断长稍有下降，耐破度略微上升，纸页的紧度下降，而撕裂度上升。另外，木浆中浓打浆能耗增大，而草浆中浓打浆能耗比低浓打浆少。

4. 通过量和时间

在间歇式的打浆机中，用打浆时间控制通过量。在连续打浆设备中，通过量大，流速高，浆料在磨区停留时间短，一般只有3～4s，降低打浆效果，纸浆的打浆度随通过量的减少而增加。因此通过量是连续设备控制打浆质量的因素之一。打浆时间主要由打浆方式、打浆设备种类及打浆质量要求来决定。

5. 打浆温度

在打浆设备中，由于打浆设备的刀片表面以及纤维间的摩擦，使浆料温度上升，在高温下打出的纸料，纸张的物理强度会发生降低，这是因为较高的温度易引起纸浆的脱水作用，降低纤维的润胀程度，使切断作用加大，分丝作用下降，最终使纤维的结合力下降。此外，过高的温度还会影响到施胶效果，所以，通常要求打浆温度在30～40℃之间，不宜超过60℃。在必要时应采取降温措施。

6. 刀片厚度和材质

刀片的厚度直接影响到打浆的比压。刀片薄，比压大，有利于纤维的切断，适于打游离浆。反之，厚刀片适于打黏状浆。传统的打浆机用钢刀打游离浆，打高黏状浆则采用石刀。

三、各种纸浆的打浆特性

棉麻浆纤维长度一般为20～25mm，通常要用切断能力强的半浆机先打半浆，进行切断，然后再用适合打成浆的设备打浆。

对平均纤维长2～3mm的针叶木浆，当用来生产水泥袋等纸张时，不希望切断纤维，但当生产某些薄纸时需适当的切断，以提高纸的匀度。对阔叶木浆，纤维较短，在打浆中应尽量避免纤维的切断。

草浆纤维较短，应尽量保持纤维的长度；草浆杂细胞含量较高，在打浆中容易破碎引起打浆度的升高，造成抄纸时的滤水困难；且草浆次生壁外层较厚、与次生壁中层结合紧密，难以帚化，若要求过多的帚化，必然造成切断过多。故草浆的打浆应轻打、快打，避免过度吸水润胀，使其表面稍加活化即可。采用草浆生产文化纸时打浆度一般控制在30～50°SR为宜。许多纸厂控制草浆的打浆度在38～40°SR以下，就是遵循了这样的原则，取得了较好的生产效果。

第三节 打浆工艺技术条件

一、打浆工艺技术条件制定的原则

打浆是决定纸张质量的重要因素，纤维原料必须经过打浆才能抄造出品质优良的纸张。由于各种纸张的用途不同，所以对质量要求也不相同，在打浆前根据纸张质量指标的要求，制定合理的打浆工艺条件，是打好浆的保证。

一般来讲，在实际生产中打浆工艺条件包含两个内容：一是打浆质量指标（打浆度、湿重）控制的范围；二是根据打浆的质量指标，确定打浆浓度、打浆比压、浆料通过量的操作要求。打浆工艺条件的制定，受多方面因素的影响，是一项复杂而细致的工作，必须符合如下原则：①打浆质量控制范围，必须保证纸张质量的各项技术指标达到标准要求。②必须保证纸页成形时有良好的匀度。③打浆度必须适合抄纸机湿部的滤水性能。④必须适合抄纸机的特性，保证纸机正常运转。⑤必须根据所用纤维原料的种类特性和各种纤维原料搭配的百分比，制定打浆工艺条件。⑥根据打浆质量的要求，确定打浆浓度、打浆比压、浆料通过量，并要考虑到三者间的相互影响。⑦根据打浆设备的特性和打浆能力，制定打浆工艺技术条件。⑧根据填料加入量对纸张质量的影响和对抄纸机抄造的影响，制定打浆工艺条件。⑨根据各种造纸助剂的使用情况，制定打浆工艺条件。

由此可见，在实际生产中，打浆工艺条件的制定案，受多方面因素的限制和影响，因此，打浆工艺条件的制定不可脱离实际，必须全方位考虑。不能只从理论上追求某一项指标。

二、打浆工艺技术示例

（一）胶版印刷纸

胶版印刷纸是供多色胶版印刷机印刷书刊、封面、插图、图片等用。

胶版印刷纸需要进行多次套色，其主要技术要求：①有较高的表面强度，印刷时纸张表面掉毛掉粉少。②纸张表面应平整细腻，确保印刷品线条、图案清晰。③纸张的伸缩变形应尽量小。

1. 生产原料的选择

胶版印刷纸可分为 A、B、C 三个等级。国外胶版纸多以针叶木配阔叶木浆生产。我国木材资源紧缺，应根据各厂具体情况决定浆料配比。多配木浆对提高纸张表面强度有益。配用草浆时，必须加强筛选净化，减少杂细胞对纸张质量的影响。A、B 等双胶纸宜采用化学木浆、棉浆、麻浆，并配入不多于 20% 的漂白草浆。若草浆净化较好，工艺条件控制适当，B 等双胶纸草浆的配入量可提高（最大不超过 60%）。此外，配入一定比例的阔叶木浆可提高纸张表面细腻程度、纸的匀度，减小纸的伸缩变形。

纤维原料配比根据双胶纸的用途和要求来决定。生产中常见的纤维配比有：针叶木浆 20%，龙须草浆 30%，竹浆 50%；针叶木浆 25%，阔叶木浆 20%，麦草浆 55%；针叶木浆 40%，巴西桉木浆 40%，麦草浆 20%；针叶木浆 25%，国产 BK 浆 20%，麦草浆 55%；针叶木浆 40%，麦草浆 60%；木浆 30%，苇浆 70%；木浆 50%，棉浆 50%；针叶木浆 50%，阔叶木浆 50%。

2. 打浆工艺的控制

一般双胶纸强度指标较易达到要求，因此在伸缩变形指标允许的条件下，可将纤维适当切短些，以提高表面细腻程度。

采用棉浆、木浆配合生产 A 等双胶纸时，打浆时应分开。棉浆先用荷兰式打浆机打半浆，再用圆柱精浆机或盘磨机串联打浆。木浆经水力碎浆机碎解后，采用大锥度精浆机、双盘磨串联打浆，控制浆料打浆度为 40～44°SR，平均纤维长 1.0～1.1mm，打浆浓度在 4.0%～4.5%。

采用木浆、草浆配合生产 B 等双胶纸时，要求草浆蒸煮硬度（K 值）控制在 14～16。硬度过低纸张变形大；硬度过高，纸张表面粗糙且强度低，并要加强洗涤、筛选。草浆打浆浓度控制在 3.0%～3.5%，以轻刀疏解为主，打浆度应适当低些，以采用盘磨机较为理想。木浆一般用商品木浆，打浆浓度控制在 3.4%～4.5%，可采用大锥度精浆机和盘磨机串联打浆。成浆纤维长度根据配比不同略有不同。草浆配比少时，木浆纤维可适当短些。一般控制范围是：针叶木浆 1.5～1.7mm，阔叶木浆 0.8～1.0mm，草浆 1.0～1.1mm，生产中应根据配比适当调整。

（二）静电复印纸

静电复印纸是现代办公自动化用量最大、使用简便、价格合适的纸种之一。静电复印技术按复印用纸分：①直接复印法（涂层法）——需特种感光复印纸。②间接复印法（转印法)——需普通复印纸。③特种感光复印纸,要有良好的涂布和感光性能。④普通复印纸,定量在 60～80g/m²,个别机型要求复印纸的厚度范围,定量在 41～157g/m²。纸的表面平滑、细腻、洁白,纸页紧密,水分较低,挺度好,双面光纸。

(1) 纸的厚度　静电复印纸的厚度应适宜,纸厚静电引力下降,纸薄电荷穿透,都严重影响复印质量。

(2) 纸的密度　复印纸的密度是指其紧密的程度,用 g/cm³ 表示。要求纸的纤维粗细组织交织,使纸的表面平整光滑,不能粗糙不平而使复印的图像不清晰,呈现斑点、白点、颜色浅淡,影响复印效果。静电复印纸的紧度应在 0.75g/cm³ 以上。

(3) 纸的表面性能　静电复印纸的表面应有较好的白度和亮度,不能呈灰白色。光亮程度不可太亮,以免在复印中对图像定影不利。静电复印纸的白度应在 85%以上。

(4) 纸面洁净　静电复印纸中产生掉毛掉粉或纸屑,易弄脏复印机,造成复印后纸面有灰底。

(5) 纸的水分　静电复印纸的水分很重要,水分大,会降低绝缘性能,电阻下降,使静电荷透过纸张与墨粉所带的负电中和或跑到感光鼓上,而影响纸张墨粉的吸引力,使墨粉黑度下降。静电复印纸的水分应在 4%～6%的范围内,并保持均衡一致,要特别注意防潮。

(6) 纸的电性能　静电复印纸要有一定的抗电性能。电压低时,使纸张背面电荷形成的静电引力不够,不能充分吸引墨粉而影响转印;纸页静电荷电压高,超过 6 000～8 000V 时,会使静电荷透过纸张与墨粉所带负电中和或减弱感光鼓的静电引力,而影响复印质量和效果。

1. 生产原料的选择

国外生产的静电复印纸都以漂白木浆为主。国内生产的静电复印纸则按高级、中级和普通纸来选择原料的品质和配比。在保证静电复印纸质量的条件下,尽可能选用质优价廉的漂白草类浆、漂白阔叶木浆或少量的棉浆。优质草浆最好选用混合的稻麦草浆或苇浆,有 2～3 种草类纤维原料的浆种更合适。

通常高级静电复印纸应以漂白木浆为主。其中针叶木浆不少于 25%～30%,阔叶木浆要保持在 50%～60%之间,可适当配用少量棉浆或优质草浆。

生产中级静电复印纸可选用相当数量的漂白木浆,即针叶木浆占 15%～20%,阔叶木浆占 30%～40%,再配以适量的漂白优质草浆 40%～55%。

生产普通静电复印纸则以优质漂白草浆为主,约占 60%～70%,辅以适量的漂白木浆和非木材长纤维浆,针叶木浆要保持在 15%～20%,阔叶木浆配用 10%～15%为宜。

2. 合理的打浆工艺

(1) 漂白木浆的打浆　对长纤维的漂白针叶木浆,选用中等或稍低的打浆浓度,用薄型钢质打浆刀片,以轻刀疏解、重刀切断的方式进行打浆。成浆打浆度 30～32°SR,纤维平均长度 1.4～1.5mm。

对漂白阔叶木浆,由于其纤维大多属于粗、短的中长纤维,打浆应采用略高或中等的打浆浓度,选用较厚的打浆刀片,以轻刀疏解、缓慢逐渐加压落刀的方式进行打浆。尽量保持纤维长度,对纤维表面进行活化、分丝帚化的打浆处理。成浆打浆度 34～36°SR。

(2) 优质漂白草浆的打浆　漂白草浆的纤维细而短,在生产静电复印纸的打浆时,为了保持纤维长度应选用石刀或工程塑料磨片,对草浆的纤维束进行轻刀疏解,在较高的浓度下打浆。优质漂白草浆成浆打浆度控制在 30～40°SR 或 44～50°SR,湿重 1.8～2.4g。

(3) 损纸或棉浆的处理与打浆　损纸可选用高浓、柔和的轻刀疏解方式,在高频疏解机进行碎解、打浆处理，损纸的打浆度应在40°SR左右。

棉浆的纤维细、长、强韧，因配比量少，单独打浆较为困难，可配在长纤维针叶木浆中用重刀切断、高浓打浆，提高打浆度有助于静电复印原纸的成纸性能和质量指标。

作业题

1. 什么叫打浆？打浆的主要任务是什么？
2. 未打浆和经过打浆的纸浆抄成的纸有何区别？
3. 打浆过程中纤维发生哪些变化？
4. 什么叫打浆度？
5. 怎样测定纸浆纤维长度？
6. 什么叫纤维的保水值？如何测定？
7. 打浆与纸浆性质的关系如何？
8. 氢键理论的内容是什么？影响纤维间结合力的因素有哪些？
9. 打浆的方式有哪些？各有何特点？生产中如何操作？
10. 影响打浆的因素有哪些？是怎样影响的？
11. 草浆的打浆特点是什么？
12. 解释打浆度、湿重与纤维平均长度的意义。
13. 打浆工艺技术条件的制定必须符合哪些原则？

第十一章 调　　料

调料是施胶、加填、染色和添加其他助剂等几个工艺过程的总称。调料的主要目的是从不同角度改进纸浆和纸张的有关质量指标,或者同时提高各种添加剂的利用效率,但是,这并不意味着一切纸和纸板都必须经过这些生产处理过程。这就是说,有的纸或纸板必须经过施胶、加填、染色和添加助剂;有的纸和纸板只需要施胶、加填;而也有的纸或纸板则完全不需要进行调料。

调料的每一项工艺过程都有自身的目的,但调料的方式却只有两种,即间歇式调料和连续式调料。间歇式调料适用于间歇打浆,它是把各种副料直接加入打浆机中;连续式调料一般是在配浆箱等设备中接连不断地加入副料。

第一节 施　　胶

一、概　　述

(一) 施胶的目的和作用

从习惯上说,施胶是指使纸或纸板取得抗水性能的加工程序。事实上,就广义而言,施胶是指对纸浆、纸张或纸板进行处理,使其获得抗拒流体渗透的性能。这种性能包括抗水性能(如包装用纸)、抗墨水性能(如书写纸)、抗印刷油墨性能(如印刷纸)、抗油性能(如食品包装纸)、抗水蒸气性能(如纸袋纸)和抗血性能(如鲜肉包装纸)等。

施胶作用在于经施胶后的纸张在某种程度上不被水和水溶液所渗透。由于加一种抗水性胶体物质到浆中,经沉淀和干燥之后就能降低水渗透进毛细孔的速度,使液体的接触角增大,渗透和扩散速度降低,使抗水性能增加。

(二) 施胶的方法和种类

对施胶纸或纸板来说,为了取得不同的施胶效果,可采用不同的施胶方法。目前应用的施胶方法有两种类型:一种是内部施胶(或称纸内施胶),是指把施胶剂直接加入纸料中,然后抄成具有憎液性能的纸或纸板。这是目前国内外采用的主要施胶方法。这种方法操作简单,不需要专门的施胶设备,投资省。最常用的施胶剂是松香胶。另一种是表面施胶(也称纸面施胶),这是将已抄成的纸或纸板浸入施胶剂溶液中或用施胶机向纸面施加一层薄层胶料,待施胶剂干燥之后就在纸面上形成一层抗液性胶膜,使纸取得憎液性能。表面施胶的施胶剂 pH 较高,对设备和成纸物理强度均无不利影响,不需要沉淀剂,胶料损失也少。所用的胶料有松香胶、动物胶、氧化淀粉、羧甲基纤维素及某些合成树脂等。

在实际生产中,有些纸种则根据其要求,可以单独用表面施胶、内部施胶,也可以使两者结合,即将内部轻施胶的纸或纸板制出后,再进行表面施胶处理。

大多数纸或纸板都要经过施胶,而只有少数纸或纸板则不需要施胶。对一种纸或纸板来说,是否需要进行施胶,施胶程度如何等,主要取决于纸或纸板的用途及要求。我们可以按需要,把纸(或纸板)分为重施胶、轻施胶或不施胶等三类。

重施胶纸包括:书写纸、胶版印刷纸、绘图纸、包装纸、书皮纸、箱纸板和纸袋纸等,这类纸或纸板，如用松香胶作施胶剂，则松香胶用量一般在1.0%～4.0%。

轻施胶纸包括：字典纸、凹版印刷纸、有光纸、打字纸、炸药卷纸和涂布纸原纸等。这类纸或纸板，如用松香胶施胶，则松香胶的用量一般在0.25%～1.0%。

不施胶纸包括：吸墨纸、电容器纸、卷烟纸、卷筒新闻纸、滤纸、卫生纸和浸渍加工纸原纸、变性加工纸原纸和钢纸原纸等。可以看出，凡要求吸液性能好的纸或纸板，都不需要施胶。

胶料的种类很多，用于内部施胶的胶料主要有皂化松香胶、强化松香胶、分散松香胶和合成胶等。用于表面施胶主要有：变性淀粉、聚乙烯醇、羧甲基纤维素、动物胶、合成树脂等。

（三）施胶剂的发展

1. 松香类施胶剂的发展

松香胶由于价格低廉易于制备，施胶度易控制，废纸容易处理等优点，至今仍是国际造纸工业长远的施胶剂。松香系胶料的发展，大体分三个阶段，一是皂化（普通）松香胶，特征是用碱与松香酸部分（或全部）反应，产生松香酸钠分散于水中（乳化）。褐色胶最易制备但效果最差，高游离松香胶效果好但难制备，白色松香胶介于其间并得到最多应用；二是强化松香胶，实质是对制胶原料松香进行改性，增加分子中羧基数量，其施胶效率比普通松香胶大1～3倍，而制胶方法仍同普通松香胶；三是制胶方法改变，用乳化剂代替松香酸钠帮助松香分子分散于水中，可用普通松香，也可用强化松香，是集原料改善和制胶方法改进于一体，产生了分散松香胶，其施胶效率更高，胶料和硫酸铝的用量大大降低。1971年起阴离子高分散松香施胶剂得到应用，之后在1984年出现了阳离子高分散松香胶。从20世纪80年代的聚合氯化铝－阴离子分散松香胶中性施胶技术，到90年代初的阳离子分散松香胶中性施胶技术，国外的中性施胶技术得到了很大的发展。尤其是阳离子化的松香胶乳具有与纤维结合速度快、成本低、稳定性高等优点，故更有发展前途。阳离子分散松香胶在我国目前处于研究开发阶段。

2. 反应型施胶剂的发展

胶料另一方面重要的发展，是20世纪50年代开始采用的合成胶料，这种胶料不用松香和矾土。1956年开发了AKD反应型施胶剂，1968年则出现了ASA树脂型反应型施胶剂。20世纪70年代后合成胶料发展迅速，AKD、ASA是当前使用的主要的中性施胶剂，但其存在施胶时间长、乳液稳定性差、成本高等问题。

总体来说，胶料的发展趋势是不断改进胶料的质量，提高施胶的效果，降低成本，并由酸性转向中性，甚至向碱性施胶发展。中性施胶，对提高施胶效果，改进纸的质量和耐久性，减轻设备的腐蚀和白水的污染，降低成本，改善纸机操作，以及充分利用碳酸钙填料等方面均带来了极大的好处。

二、内 部 施 胶

（一）松香及松香胶

松香是松脂经过蒸馏去掉松节油以后得到的固体物，其主要成分是松脂酸。外观是浅棕黄色而有透明性。松香一般含有80%～90%松脂酸，其分子式为$C_{19}H_{29}COOH$。松香的相对密度为1.01～1.09，不溶于水，但可溶于酒精、乙醚、丙酮、苯、二硫化碳和三氯甲烷等有机溶剂中。松香不软化点在73～78℃，熔化点因松香的等级不同在80～135℃。松香的质量是以颜色划分的，造纸工业所用的松香以深色透明为好，即以三级或四级松香最适于造纸使用。

1. 皂化松香胶

用烧碱或纯碱处理松香时，可得到能溶于水的松香酸的碱盐，这称为松香皂。用于纸内施胶的松香胶要先进行皂化处理，这就是熬胶。熬胶以烧碱或纯碱为皂化剂，其化学反应为：

$$C_{19}H_{29}COOH + NaOH = C_{19}H_{29}COONa + H_2O$$

$$\underset{2\times302}{2C_{19}H_{29}COOH} + \underset{106}{Na_2CO_3} = \underset{2\times324}{2C_{19}H_{29}COONa} + \underset{18}{H_2O} + \underset{44}{CO_2}\uparrow$$

根据上列的反应式计算，当用烧碱皂化100kg纯的松香需用烧碱13.2kg；用纯碱皂化时则需17.5kg。

随着皂化时的用碱量不同，熬制成的松香胶中含有不同数量的游离松香（未被皂化的松香）。根据游离松香含量的多少，可将松香胶分为：褐色胶（又称中性胶、不含游离松香）、白色胶（又称酸性胶、游离松香含量25%～40%）和高游离松香胶（游离松香含量70%～90%）等三种。褐色胶施胶效果较白色胶差；白色胶施胶剂和沉淀剂（硫酸铝）的用量较大且属酸性施胶，抄造困难多、成纸耐久性差；高游离松香胶胶料稳定性差。目前，在生产中皂化松香胶已经趋于淘汰，很少用到。

2. 强化松香胶

松香胶用于施胶，起作用的重要官能基是羧基。如能设法增加松香的羧基数量，可望提高松香的施胶效能，这就是制备强化松香胶的理论根据。

下面以马来松香胶作为示例，说明强化松香酸的制备情况。用5%～7%顺丁烯二酸酐（即马来酐）或4%～5%反丁烯二酸（即富马酸），与松香在200～220℃下共熔，历时30～60min，可制得形状近似松香的缩合物，有如下式所示：

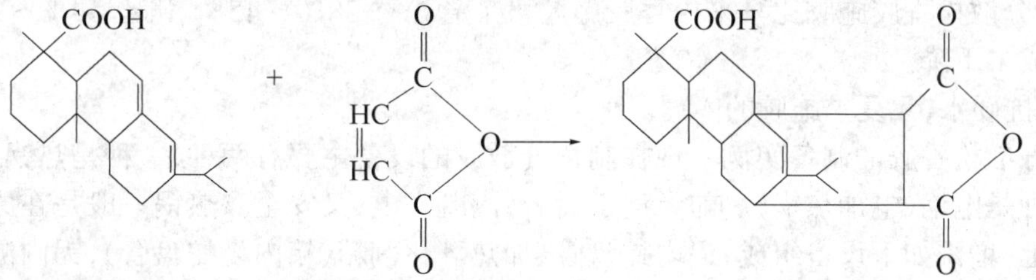

松香酸　　　　顺丁烯二酸酐　　　　马来海松酸酐

也可以采用其他二烯亲和物取代马来酐。必要时，还可以加2.2%仲甲醛和0.1%甲苯磺酸，在160℃下加热20min，借以减少结晶。

由上列反应式可以看到，制得的加成物具有三个羧基，其酸值为180～200，熔点为215～217℃。以4%左右氢氧化钠（或15%左右碳酸钠）对其进行皂化，再使之在水中分散，即可制得马来松香胶。马来松香胶具有良好的抗墨水（或其他胶体悬浮液）的性能，但憎水性能稍差，其价格又较高，为此，通常多与白色松香胶配合使用。可以与普通松香一块熬制和乳化；也可以分别熬制和乳化，稀释后再按比例混合备用。还可以在纸浆中先加白色松香胶，后加强化松香胶，再加矾土，调节pH至4.2左右，以取得预期施胶效应。生产实践证明，以强化松香胶取代10%～50%白色松香胶，能节约施胶剂用量25%～30%以上。强化松香胶能适应较高干燥温度，因此，极其适用在大直径单烘缸上进行干燥的施胶纸张。

（1）马来松香胶的一般知识　马来松香的名称，是由在松香中加入马来酐的百分数而来。如在100kg松香中加入3kg马来酐，则称为3%马来松香；在100kg松香中加入5kg马来酐，则称为5%马来松香，以此类推。

马来松香的质量标准，国内生产的马来松香有15%，5%，3%等规格。

（2）马来松香的特点　马来松香改变了天然松香的软化点低、易氧化和发脆等弱点，它具有一定的抗氧化性能。因此,马来松香性质稳定。夏季存放也不易变质。

在夏季温度高时,用马来松香熬制的马来松香胶施胶,不像用普通松香胶施胶那样,出现大量浮浆而增加抄纸过程和施胶的困难。

用马来松香熬制的马来松香胶经乳化后,颗粒比天然松香胶的小,从显微镜下观察可见,皂化和乳化情况良好的马来松香胶颗粒直径几乎全在 2μm 以下。因而能更均匀地分布在纤维表面上,使成纸获得较高而且稳定的施胶度。

由于马来松香的结构特点,马来松香胶施胶的活性比普通松香胶强得多,因此用马来松香胶施胶时矾土的用量少,这意味着浆液中铁的含量相对减少,因此对纸的白度影响也小。

3. 分散松香胶

分散松香胶是用马来松香采用特殊工艺方法制成的一种施胶剂,它的游离松香含量为100%。这种特殊的施胶剂具有施胶效果好,松香和矾土用量少,而且施胶效果不因季节而变化等优点。分散松香胶也为乳白色,较马来松香胶的白度高,pH 在 6.0 左右。

它的颗粒多在 0.5～1μm 之间,比马来松香胶的颗粒小得多。

(1) 分散松香胶的特点

a. 分散松香胶的熬制比较简单,熬制速度快。

b. 用分散松香胶施过胶的纸料,泡沫少而不会引起操作上的麻烦。

c. 分散松香胶的适应性更强,不仅适用于不同浆种,而且对纸机型式(单网单缸或长网)的适应性也很好。

d. 用分散松香胶施胶比马来松香胶施胶可节省松香 38%～45%、矾土 54%～58%,因而使成纸的成本下降。

e. 能抗硬水,无夏季施胶的障碍。

(2) 分散松香胶的制备实例　现在制备分散胶的设备主要有两种,一种是热锅(蒸汽加热锅),另一种是电锅(电加热锅)。前者优于后者,因既省电,又安全。热锅一般是在原定型熬胶锅的基础上,增添如下设备组成:锅内蛇盘管,加热乳化剂箱(箱内设蛇盘管),锅内测温计和可变转速搅拌器等。

a. 制备分散胶的工艺条件

马来松香种类：3%马来松香

每锅装入量：160kg/锅(对 1.8m^3 的熬胶锅最多不超过 200kg/锅。因高速搅拌乳液时易溅出)

分散剂有效含量：26%～28%

分散剂配比：3.6%(分散剂有效含量 100%,配比是对马来松香的量)

锅层蒸汽压力：196～294kPa

锅体内蛇管内的蒸汽压力：不小于 491kPa

熔化时间：4h

加补水量：40kg/锅

加送转水量：152kg/锅

加分散剂时间：15min

加补水时间：10min

最高搅拌转速：100～1 250r/min

分散胶的浓度：4.3%

分散胶稀释的浓度：2.0%～2.4%

b. 制备分散胶的操作：首先把直径小于 40mm 的 3%马来松香块称重 160kg 倒入锅内，然后向锅体和蛇管送蒸汽。当温度上升到 80℃时，松香块开始熔化。大约 4h 以后锅内温度达到 130℃时，开始低速搅拌，转速为 200～240r/min。当温度上升到 150℃时，继续搅拌 10min 后，用 15min 的时间加分散剂。加完分散剂关闭蛇管的蒸汽使表压为零，锅体蒸汽压力为 981kPa，搅拌器的转速略增到 220～250r/min。在这一条件下搅拌 10min 后，再用 10min 时间加入 40kg 沸腾补充水。加完补充水后，继续搅拌 4min 即全部停止通汽，开始在 1 000～1 250r/min的条件下进行高速搅拌。在高速搅拌的同时，把 150kg 的沸水，用 2～3min 的时间加完，再搅拌 3min，即可得到 4.3%的分散松香胶。最后将此分散胶加常温水稀释到 2.0～2.4%的使用浓度，即可供施胶之用。

4. 胶料的沉淀及沉淀剂

纸料中加入松香胶料，还必须进一步将胶料沉淀到纤维表面上，随湿纸在造纸机干燥部烘干，才能达到施胶效果，否则松香会在抄造时被洗掉。使胶料沉淀到纤维上的物质称为沉淀剂。通常使用的有硫酸铝（造纸明矾）、硫酸高铁及铝酸钠等，其中硫酸铝是常用的沉淀剂。

硫酸铝是铝的含氧酸盐。造纸用的硫酸铝为 $Al_2(SO_4)_3 \cdot nH_2O$。它是由含有氧化铝的土（高岭土）与浓硫酸作用而制成。反应方程式为：

$$Al_2O_3 \cdot 2SiO_2 + 3H_2SO_4 = Al_2(SO_4)_3 + 3H_2O + 2SiO_2$$

硫酸铝所含的结晶水与制备时硫酸的浓度有关。如 $n=12$ 时，三氧化铝含量为 18.3%；$n=18$ 时，三氧化铝含量为 15.3%。其余为游离硫酸及铁盐等杂质或其他不溶物质。施胶用的硫酸铝，Al_2O_3 应在 12%以上（普通为 14%～15%），铁质应在 0.2%以下，不溶物不高于 0.5%。生产高级纸（如照相纸）要求铁质含量应在 0.08%以下，这种硫酸铝应以氢氧化铝加硫酸制成。

溶解硫酸铝的设备应能耐腐蚀，可采用塑料桶，也可以采用衬铅的木桶或耐酸瓷砖衬里的钢筋混凝土槽。为了加快溶解，可在溶解槽中通汽将水加热至 50～60℃；为了减小设备的容积，含 $Al_2(SO_4)_3 \cdot 18H_2O$ 应为 43～70g/L，含 Al_2O_3 5.6～7.5g/L。

5. 施胶的原理

（1）皂化松香施胶机理　皂化松香胶是通过松香和碱发生皂化反应，再通过乳化和稀释而制得。皂化松香胶除含有松香皂外，还含有一部分游离松香。皂化松香胶在施胶时，需要靠硫酸铝来留着（图 11－1）。

当松香胶加入浆料中时，松香皂电离为 $C_{19}H_{29}COO^-$ 和 Na^+，游离松香也发生电离。硫酸铝在水中会发生水解。其水解产物与溶液的 pH 有关。当 pH <4.0时，主要以水合Al^{3+} 和 $AlSO_4^+$ 为主；pH>4 时，则形成 $Al(OH)^{2+}$，继而是$Al(OH)_2^+$ 逐渐形成多核络合物，如$[Al_8(OH)_{10}(SO_4)_5]^{4+}$；当 pH 为6.0～9.0时，则丧失其正电荷而生成硫酸铝絮凝物。皂化松香胶的施胶最佳 pH 为 4.4～4.8，此时硫酸铝水溶液的主要存在形式是 $Al(OH)^{2+}$，与松香酸皂反应生成带正电荷的颗粒较大的松香酸铝

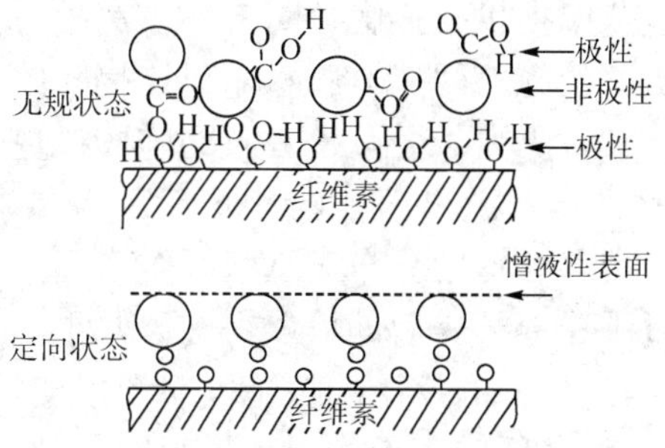

图 11－1　偶极分子取向示意图

絮凝物，这种双松脂酸铝不溶于水，并可沉淀在纤维上。带正电荷的沉淀与带负电荷的纸纤维通过静电引力结合或吸附，留着在纸纤维上，并在纸机干燥部与纸纤维反应进一步固着在纸纤维上，使松香分子的疏水基转向纸纤维外端，而亲水基则和纤维结合，产生施胶效果。

(2) 阴离子分散松香胶施胶机理　分散松香胶在纸浆中以松香乳液颗粒的形式存在，施胶时，乳液型阴离子松香胶的最佳施胶 pH 为 4.5～5.5，甚至更高，此时浆中的游离松香胶可和 $Al(OH)_2^+$、$Al(OH)^{2+}$ 及可溶性多核络合物 $[Al_8(OH)_{10}(SO_4)_5]^{4+}$ 等结合（松香酸主要是和 $Al(OH)_2^+$ 结合），生成粒度较小的表面带正电荷的游离松香酸粒子，这些表面带正电荷的游离松香酸粒子可以通过静电引力吸附于带负电荷的纸浆纤维上并均匀分布。进入纸机干燥部后，由于其烧结温度较低，带有铝离子的游离酸粒子很快软化并定位形成疏水基朝外的低能表面。同时，游离松香酸与吸附在其表面的铝离子发生反应，生成松香酸铝，进而使亲水基与纸纤维牢固地结合。

也可以认为乳液型阴离子松香胶的施胶机理是铝化合物均匀地分布于纸纤维上，只起助留剂的作用。在施胶过程中，松香酸借助于乳化剂可高度分散并铺展在纸纤维表面，和松香酸铝絮凝物相比分散松香中的游离松香酸粒子软化温度较低，更容易在纤维表面分布均匀、定位和固着。

阴离子分散松香胶必须具备以下两个条件才能发挥其施胶作用：①需有足够的"有效明矾絮凝物"，才能使游离的松香粒子充分吸附在纸浆纤维上。"有效明矾絮凝物"是以纤维物质中和部分酸性物质，使其丧失部分阳电荷，形成明矾水解物和明矾絮凝物铝离子在纤维上的吸附量和明矾絮凝物持有的阳电荷会达到一个平衡，这个平衡点称为"有效明矾絮凝物"。②吸附在纤维上的"明矾絮凝物"必须带有足够的阳电荷，以产生静电引力。使游离松香与铝离子反应，其亲水基转向纤维内侧，疏水基转向纤维外侧形成疏水层，产生施胶效果。

阴离子分散松香胶与皂化胶的施胶机理有明显的不同。松香酸皂的电离作用强，皂化胶与沉淀剂明矾的反应是瞬时的，然后沉淀到纤维上，完成施胶操作。而分散松香胶在纸浆是以松香乳液颗粒的形式存在，这些颗粒带有界面，且其电离性弱，为此它需要"有效明矾絮聚物"与其反应，它与明矾絮聚物的反应是连续的，在浆料悬浮液中以及在纸机湿部反应较为缓慢，在干燥过程中，吸附在浆料上的松香颗粒熔化，温度较高，反应速度加快，生成松香酸铝覆盖于纸张表面。

另外，皂化松香与明矾反应，生成的带阳电荷双松香脂酸铝。游离松香与明矾反应，生成表面带阳电荷的游离松香粒子。分散松香胶中游离松香粒径为 0.2μm 以下，接触角为 70°，而双松香脂酸铝粒径为 0.5μm，接触角为 85°～94°。分散松香胶游离松香含量几乎为 100%，双份皂化胶提供的接触角与一份游离松香提供的相当。这一特点决定了分散松香胶比皂化胶具有更好的施胶效果。胶料用量比皂化胶节约 50% 左右。

(3) 阳离子分散松香胶的施胶机理　阳离子分散松香胶应具有中等电荷密度，即 ζ 电位约为 20mV，游离松香含量很高，自身或乳液微粒带有正电荷，其施胶机理是借助于静电引力，自我留着和均匀分布于纸张纤维表面，然后通过干燥自身或通过少量铝盐与纤维牢固地结合，通过干燥部干燥后即可取得施胶效果。

在 pH 6.0～6.5 时，施胶系统中硫酸铝水解物以聚合氢氧化铝形式存在，并丧失其全部正电荷，但在纤维表面的铝离子吸附量却有明显增加。当吸附有正电荷松香粒子的湿纸进入纸机干燥部时，由于游离松香酸有较低的烧结温度而得以软化并和纤维上的铝离子反应，继而将松香分子定位，使疏水基转向纤维外侧，而亲水基与纤维素上的羟基牢固结合，形成一层良好疏水层。

(4) 各种松香胶施胶机理比较　根据前面的叙述,各种松香胶施胶机理总结如表11-1。

表 11-1　　各种松香胶施胶机理比较

	皂化松香胶	阴离子分散松香胶	阳离子分散松香胶
留着	在湿部与硫酸铝作用产生松脂酸铝,由静电引力和机械截留而留着于纤维上	在湿部吸附带正电荷的硫酸铝水解物,而呈正电性,由于静电引力吸附于纤维上	本身呈阳电性,无须借助于带正电荷的硫酸铝或其他阳离子助留剂,在湿部可自我留着
分布	在湿部,生成较大颗粒的松脂酸铝,分布于纤维间,均匀性差	在湿部,松香粒子吸附在带正电荷的铝离子上,均匀地分布于纤维表面	在湿部,松香粒子本身带正电荷,可均匀地分布于纤维表面上
定位	进入纸机干燥部,由于松脂酸铝烧结温度较高,需经高温软化,才能使胶料的疏水基、亲水基转向定位	进入纸机干燥部,带铝离子的松香粒子,烧结温度较低,在干燥过程中,可使松香粒子的疏水基、亲水基转向定位	进入纸机干燥部,游离的松香粒子与吸附于纤维上的铝 离子作用使松香粒子的疏水基、亲水基转向定位
固着	在纸机干燥部,松香酸铝与纤维素反应并固着在纤维上	在纸机干燥部,松香粒子与吸附的铝离子反应,使亲水基与纤维牢固结合	在纸机干燥部,松香粒子与吸附于纤维上的铝离子反应,并牢固与纤维结合

6. 施胶操作控制及施胶剂的用量

施胶一般在打浆之后进行才能得到最好的施胶效果。如果打浆之前加入胶料则打浆后所形成的纤维表面就得不到很好的施胶。

施胶可分为间歇施胶和连续施胶。间歇施胶可在打浆机内进行,也可以在打浆后的适当设备中进行。如果在打浆机内施胶,一般是在打浆终点前30min左右,向浆中加入规定量的松香胶液(胶液浓度为20g/L或2%),随同纸料在打浆机内循环,借以保证松香胶均匀分散于纸料中,经15min后,再加入规定量的矾土液(矾土液的浓度为Al_2O_3 5g/L以上或0.5%),再混合10min即可放浆。目前,很多纸厂在成浆池内进行间歇式施胶,操作顺序同前所述。

连续施胶,可在打浆后的配浆箱或贮浆池中分别加入松香胶和矾土液,也可在双管施胶机的第一根施胶管的进口处加胶,在第二根施胶管的进口处加矾土液。图11-2是连续施胶装置示意图。

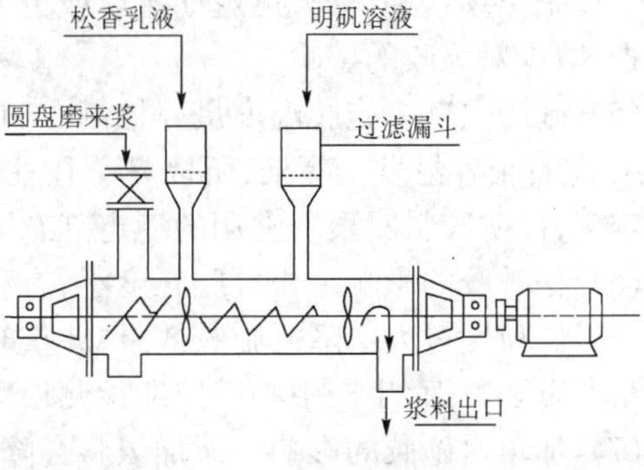

图 11-2　连续施胶装置示意图

上述施胶程序对施胶效果有一定的影响,但它与浆种、施胶剂和沉淀剂用量相比,后者的影响更大。施胶剂用量的多少,又取决于纸种、浆种和施胶剂本身的性质。大多数纸种的施胶量在0.5%~2.0%(对绝干浆)之间,少数纸种的施胶量在3.0%~4.0%。纸种不同,施胶量相同,但施胶度却差别较大。这种现象主要是由浆种和打浆方式决定的。就浆种来说,半纤维素含量多的浆,在同样条件下容易施胶。就施胶剂的用量来说,施胶剂用量在0.75%~1.5%的范围内,施胶度随着施胶剂用量的增加而明显提高;若施胶剂用量从1.5%增加到3.0%时，施胶度的增大很缓慢；若施胶剂用量由3.0%继续增加，不仅成纸的施胶度变化不大，而且产生一些副作用，如成纸成本提高，在抄纸过程中容易糊网和产生大量泡沫等。因此，在实际生产中，用松香胶作为施胶剂时，其施胶量很少有超过4.0%的。

关于沉淀剂的用量，则是由施胶剂用量和生产用水的硬度决定的。用矾土（硫酸铝）作松香胶的沉淀剂时，其用量一般为松香胶用量的2～3倍。但如果生产用水硬度过大，矾土用量可为松香胶用量的4～5倍或更多一些。

另外，在生产中，有的厂是将损纸浆按一定量配比使用。在这种情况下，由于损纸中含有一定的施胶剂，故可适当降低松香胶和矾土的用量。

7. 影响皂化松香胶施胶的因素

(1) 纸浆种类对施胶的影响　实践证明，浆料的种类不同，用同样的施胶条件（包括施胶剂用量）所得成纸的施胶效果不同。经试验提出，不同浆种施胶效果从易到难的顺序是：机械磨木浆、化学竹浆（或草浆）、未漂硫酸盐木浆、未漂亚硫酸盐木浆（或蔗渣浆）、半漂硫酸盐木浆、漂白硫酸盐（或亚硫酸盐）木浆、半漂半化学浆、精制棉浆。

打浆度高，细小纤维因表面积较大，表面电荷较高，容易吸附松香胶沉淀物，因此对施胶有利，但是浆中细小纤维很容易在纸页成形过程中随白水流失，为使纸中（特别是普通文化用纸等）能较好的保留一定量的细小纤维，以改善成纸的某些性能和提高施胶效应，可采用向浆中加助留剂的办法，效果较好。

(2) pH　施胶效应与水合铝离子有密切的关系，生产中常控制pH在5左右，有利于提高施胶效应。pH的控制应根据纸浆的性质、水的硬度和白水回用的情况进行调节，控制流浆箱pH在4.7～5.5为宜。pH过低，抄纸时会增加设备的腐蚀，还会使纸页发脆影响纸的强度。

(3) 阳离子　纸料体系中的某些阳离子（特别是碱土金属离子）的存在，会降低施胶效果。如生产用水含钙、镁离子过多或次氯酸盐漂白的纸浆，洗涤不净时浆中均会含有过多的钙离子，给施胶造成困难。生产中必须重视漂后纸浆的洗涤，如水质过硬可在加胶前在纸浆中加硫酸铝或硫酸调节pH至5左右，然后再按正常操作施胶。

(4) 阴离子　如纸浆中含有比松香或纤维素配位能力更强的其他阴离子，会优先与水合铝离子起络合反应而影响松香的施胶效应。在实际生产中，纸料中能够存在的阴离子主要是氯离子、硫酸根离子和羟基。其存在的主要原因是蒸煮或漂白后洗涤不净，或抄纸白水用量过多等。如果出现这种情况，可定期排放或更换白水；也可向浆中加少量的氢氧化钠稀溶液，中和酸根，减少对施胶的影响。

(5) 施胶温度　施胶温度最好控制在20～25℃以下，最高不应超过35℃。因为松香乳液在40℃左右很容易发生凝聚，所以夏季往往发生施胶度下降。可以采取降温措施，或加入胶料稳定剂，以防胶料凝聚。常用的稳定剂有干酪素、动物胶、羧甲基纤维素、淀粉和磷酸钠等。

(6) 松香胶的影响　松香胶粒度小，有利于松香胶的分布，扩大施胶面积，能取得较好的施胶效果。粒度过大会降低施胶效果，严重时出现松香点等纸病。游离松香含量是体现松香胶质量的重要方面，生产中必须定期检测松香胶的游离松香含量。

(7) 加填对施胶的影响　添加填料会降低纸张的施胶度，碱性填料（如碳酸钙）能与硫酸铝起反应，使施胶效果明显下降。为了避免填料对施胶的干扰，一般施胶顺序是：先加松香胶，后加硫酸铝，最后加填料。

(8) 抄纸操作对施胶的影响　抄纸时充分回用白水可以减少胶料的流失，提高胶料的留着率，在一定程度上能改善施胶。纸张定量大有利于胶料的保留，施胶效果好。

纸机网部和压榨部脱水不匀或过猛，会导致施胶不匀或施胶的两面差。

施胶是在干燥部完成的，干燥的温度和水分的蒸发速度，对胶料的固着有密切的关系。首先应控制好干燥曲线，在干燥初期烘缸的温度不能太高，纸页的水分达到40%～50%以前干燥温度不能超过70～90℃，否则，会破坏松香胶对纤维的固着或造成施胶的两面差。其次，施胶纸应防止强干燥，最适宜的温度在100℃以下，温度过高会失去施胶作用。一般白色胶不超过115℃，强化松香胶不超过120～125℃。

（二）合成胶料（中性施胶剂）

1．中性施胶与中性造纸

中性施胶是适应中性造纸发展起来的新型施胶工艺，中性施胶、中性造纸与酸性施胶、酸性造纸相比，具有许多优点：①能减轻设备腐蚀，延长设备使用寿命；②纸页不易老化，成纸强度高，保藏的时间长；③不必采用硫酸铝作沉淀剂，白水pH高，可提高白水的回用率，能使用价格低廉、白度高、不透明度好的碳酸钙作填料；④因能大量使用填料，湿纸页易于干燥，有利于提高产量，降低成本。但使用中性胶也存在一些不足：①施胶反应迟缓，施胶不够稳定；②中性抄纸的滤水性差，成纸挺度和紧度较差；③细菌和微生物易于滋长，腐浆和断头较多，损纸量大。

2．中性施胶剂的种类

中性施胶剂的种类很多，根据反应基与纤维素作用不同可分为两种类型：一类是反应型，即在中碱性条件下，胶料能与纤维直接反应，使胶料直接固着在纤维上。反应型的中性施胶剂目前应用最多的是烷基烯酮二聚体（AKD）和烯基琥珀酸酐（ASA）；另一类是定着型施胶剂，常用的有树脂型和聚合型两类。定着型施胶剂是在其分子上导入了正电性季铵盐的四价铵离子，使胶料分子能在静电作用下自动地吸附到带负电的纤维表面上去。它除了具有施胶效果之外，还具有增加纸页强度的效果。但其成本高、用量大，仅用于特种纸的生产。

3．AKD胶的应用

(1) 由于烷基烯酮二聚体（AKD）在一定温度下（特别是在65℃以上）极易水解，所以应保持在低温下贮存，而且贮存期越短越好。

(2) AKD的使用条件：①AKD与松香胶是两种完全不同的胶料，为了避免相互干扰，如交替使用时，对于流送系统必须先进行彻底洗刷，特别要注意避免残余铝离子破坏AKD的施胶效果；②AKD运用的pH为8.2左右，在此范围微生物繁殖较快，应注意采用防腐剂；③乳液加入地点应选在离心除渣器之后，加到浆中而不是白水中，以免活性组分消耗到填料上；④为了降低AKD的水解损失，与皂化胶施胶相反，第一个烘缸温度应提高；⑤各种型号AKD的熟化时间不同，早期产品的熟化时间在纸页干燥后24h仅有80%的效率，20世纪90年代后的产品熟化时间已缩短，有些产品纸页干燥后已发挥90%的施胶效率。

(3) 影响AKD施胶效果的因素。①pH的影响：提高pH，AKD反应速率加快，但pH超过10也不适合，适宜的pH为8.2左右。此外，纸页在低pH条件下干燥，由于纤维表面失去活性，使AKD施胶困难。②温度的影响：温度上升速率越快，施胶效果越好。③硫酸铝的影响：硫酸铝对AKD施胶有破坏作用，应在加AKD时先调好pH。④不同浆种的影响：不同纸浆用AKD胶有不同的反应，硫酸盐浆优于亚硫酸盐浆，未漂浆优于漂白浆，而磨木浆和草浆则需要较多的胶料。⑤助留剂的使用：AKD是电中性的物质，难于被带负电性的纤维所吸附，所以采用AKD胶，必须使用助留剂，以提高AKD的留着率。在我国较多的采用季铵型阳离子淀粉和阴离子聚丙烯酰胺或阳离子聚丙烯酰胺组成的双元助留系统。

(4) AKD胶的用量　目前AKD胶多用于一些高档纸张，如铜版原纸、照相原纸、无碳复写原纸、档案纸、证券纸、双胶纸等,其实际用量为0.025%~0.3%。AKD乳液指标见表11-2。

表 11-2　　几种 AKD 乳液的指标

型号 指标	国产 AKD 乳液	HWT—B(美国)	H3125(我国台湾)	220D(德国)
外　观	乳白色乳液	乳白色乳液	乳白色乳液	乳白色乳液
固含量/%	10	15±0.5	12.5±0.5	26
pH	2.5~3.5	3~4	3±1	
离子型	阳离子型	中等阳离子	高阳离子型	低阳离子型
粒度/μm		≤0.3(≥99%)		
贮存期	1个月	2个月	6个月	10个月

4. ASA的应用

ASA在应用上与AKD有许多共同之处,可以相互借鉴,胶料、填料及配套添加剂可以互用,操作方法也相似。与AKD相比,ASA有如下优点:①ASA与纤维素的反应速度快,在纸机干燥过程中达到90%的施胶度,而AKD却需要熟化期;②ASA与硫酸铝有良好的相溶性,而AKD则没有,所以将原来的酸性系统进行调整就比较容易;③ASA为液状物,较AKD易乳化;④ASA合成工艺简单,基本上不存在环境污染问题,成本低。其缺点是要求配备素质较高的操作人员和连续化设备,且需在造纸现场制备。

ASA属于非离子型或阴离子型的憎水有机化合物,不溶于水,必须借助乳化剂、稳定剂、促进剂使之变成稳定的乳液,并利用助留剂的电荷调节及桥联现象起到凝结和絮聚作用,使ASA留着在纤维上。由于ASA是一种高反应型的施胶剂,所以它的水解速度也很快,活性半衰期很短,对其存放的条件要求严格,要求pH在4.5~6.0,温度维持在室温,时间不得超过30~60min,因此应用时要求它能快速乳化,而且乳化后应即刻用完,适用ASA的乳化剂有烷基苯磺酸钠、山梨醇聚氧乙烯单脂肪酯、阳离子淀粉等,其中阳离子淀粉优点较多。乳化ASA的设备应采用连续化设备,这是ASA施胶正常运行的关键。一种制备ASA乳液流程示意图如图11-3所示。

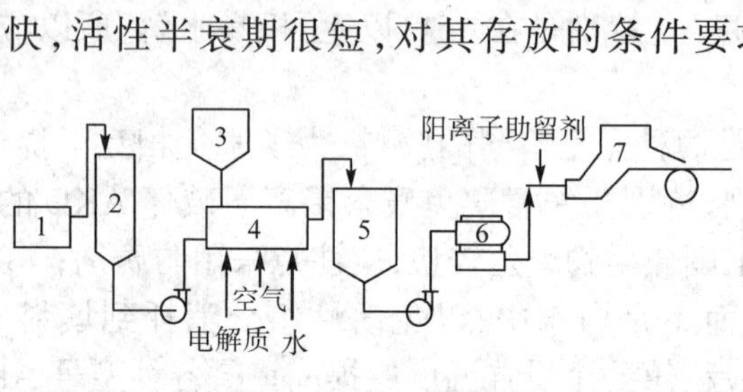

图 11-3　制备烯基琥珀酸酐乳液的流程示意图
1—喷射熬制器
2—熬制成的阳离子淀粉贮存槽固体物含量5.5%
3—ASA贮存槽　4—乳化器
5—ASA乳液贮存槽(固体物含量1.6%)
6—离心筛　7—流浆箱

采用ASA乳液施胶,可用碳酸钙作填料,用量可达25%,阳离子淀粉1%,聚丙烯酰胺0.02%作为助留剂,防腐剂亚甲基双硫氰酸酯或有机溴型防腐剂30mg/kg,含多胺的阳离子促进剂0.2%,在相同使用量的情况下,ASA的施胶效果等于或优于AKD的施胶效果。

三、表面施胶

(一)表面施胶的作用和应用范围

表面施胶是在纸的表面均匀的涂上一薄层胶料,以达到下列目的:①提高纸和纸板的憎液性能和适印性能；②提高纸和纸板的物理强度和表面性能，表面施胶使纸面紧密细腻、光滑、手感性能好，提高纸页的挺度和表面强度，降低透气度，在印刷时减少掉毛掉粉；③减少纸页的两面差和变形；④可在高 pH 下施胶，减少胶料的损失，也不受浆中其他物质的影响。

表面施胶多用于高质量的纸种，如钞票纸、证券纸、绘图纸、高级书写纸、胶版印刷纸等。为解决填料含量较多的纸张印刷时易掉粉和草浆纸易掉毛的问题，也可采用表面施胶。

（二）表面施胶的方法

表面施胶的方法分机内施胶和机外施胶。机内施胶是在纸机上进行，使用较普遍。机外施胶是将卸下的纸卷在纸机外专门的施胶装置上进行，多用于某些需要湿浸渍或湿压的特种纸。表面施胶的方法有多种，简介如下。

1. 辊式表面施胶

辊式表面施胶目前采用最多。主要分水平式和垂直式两种，近年来倾斜式和门辊式发展也较快。

（1）水平辊式表面施胶　水平辊式的装配如图 11－4 所示，由水平排列的一对施胶辊组成，其中一个是辊面镀铬或镀铜的硬质主动辊，另一个是辊面包胶（橡胶勃氏硬度为 30°）的从动辊，因断纸时纸粘在硬质辊上，硬质辊上设有刮刀装置，这样便于引纸。加压机构的型式有多种，如丝杠弹簧加压、偏心杠杆加压和薄膜气动加压等装置。施胶辊的两端有挡胶装置，使两辊之间形成一个胶槽，生产时注入胶液，在挡胶板上开有溢流口，以控制胶槽中液面的高度，溢流的胶液经过滤后重新使用，纸页垂直向下引纸，经胶槽进入两辊间，使纸页表面与胶液接触。可调节液面的高度，控制纸页两面的施胶量。水平辊式施胶，纸页所承受的张力较小，断头少，安装的位置一般位于烘缸 1/2～2/3 之间，如干燥部有三组烘缸，一般安装在 2～3 组之间，若干燥部有四组烘缸常安装在 3～4 组之间。

（2）垂直辊式表面施胶　垂直辊式施胶由一对上下辊所组成如图 11－5。上辊是主

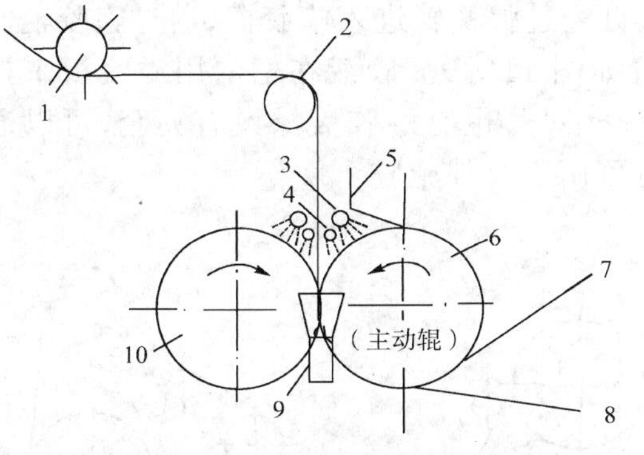

图 11－4　水平施胶压榨

1—弹簧辊　2—引纸辊　3—胶液喷管　4—喷水管　5—刮刀　6—硬面辊　7—到上烘缸　8—到下烘缸　9—胶液溢流槽　10—软面辊

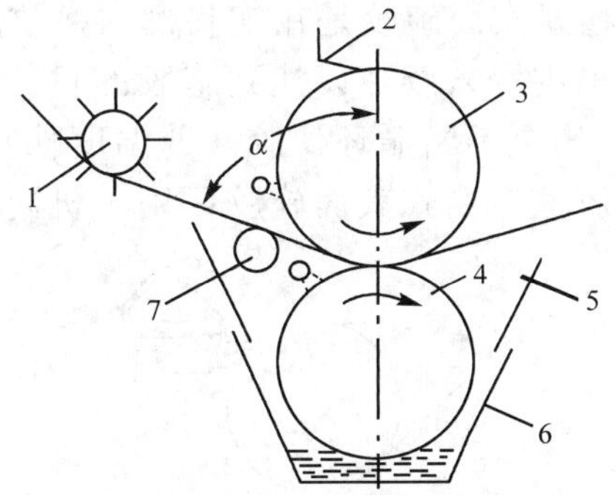

图 11－5　垂直施胶压榨

1—弹簧辊　2—刮刀　3—上压辊　4—下压辊　5—防溅板　6—胶液槽　7—引纸辊

动辊，由硬质材料制成，多为不锈钢辊或花岗岩辊，下辊是从动辊，多为胶辊，沿上下辊全宽各设一根喷胶管直接向辊面喷淋胶液，在下辊底部设有胶槽接受上下辊挤压出来的胶液，上辊有刮刀装置。上、下辊之间的线压力为 5.4～22.6kN/m，纸以 8%～12% 的水分

与上辊垂直中心线成60°进入两辊间。

垂直辊式施胶，由于纸张受到入口上辊胶液堆积层的压力，易使纸页产生断头，而且纸页顶面先于底面与胶液接触，纸页两面施胶量容易不匀，现已很少采用。

(3) 倾斜辊式表面施胶　倾斜辊式表面施胶装置如图11-6。其特点是：两个施胶辊安装的倾斜角度较大，两个辊的中心线与水平面之间的夹角约为60°，引纸比较方便；施胶前纸页水分最好控制在10%～12%；施胶后纸面产生皱褶，可用伸展辊来展开；多用于一般文化纸的表面施胶。

(4) 门辊式表面施胶　门辊式表面施胶装置如图11-7。门辊施胶压榨带有一个与纸页不接触的偏置料池，该偏置料池向计量压区输送胶料，此计量压区控制进入第二压区的胶料量，第二压区控制胶膜均匀度。门辊施胶装置比双辊施胶压榨所用胶液固含量高，可降低施胶后干燥负荷，但以6辊代替2辊，投资和维修费用增加。

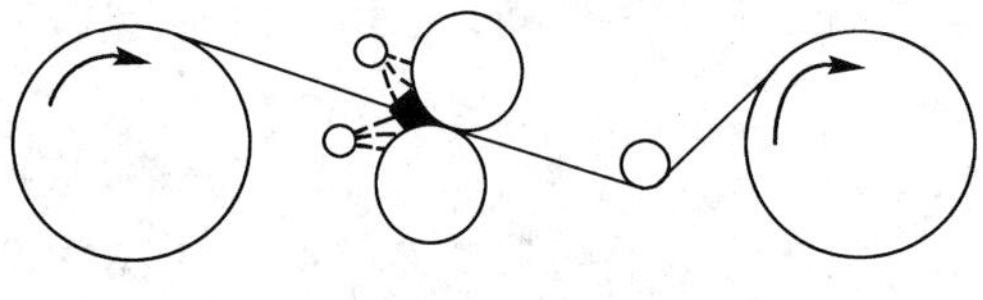

图 11-6　倾斜辊式表面施胶装置示意图

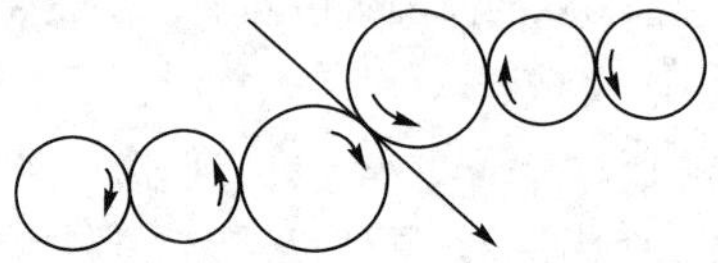

图 11-7　门辊式表面施胶装置示意图

(5) 刮刀或刮棒计量的施胶压榨　由于门辊式施胶压榨存在着辊子维护和产生"橘子皮"纸面的纸病等问题，所以又开发了刮刀或刮棒计量的施胶压榨(如图11-8)。使用刮刀计量，可以控制表面施胶的胶料用量，而且通过改变刮刀压力，很容易改变用胶量。计量棒在施胶压榨中用作计量元件，有绕线式计量棒和在棒上加工出类似绕线棒那样的沟纹计量棒。

大多数刮刀或刮棒计量的施胶压榨，使用短驻留式涂布头供给胶料。

2. 槽式表面施胶

槽式表面施胶是在施胶槽内盛放胶液，纸页经过弹簧辊进入施胶槽，通过施胶辊使纸幅在槽内浸入胶液以达到施胶的目的，其装置如图11-9。胶液在槽内用溢流板来控制深度，用泵不断循环使胶液的温度保持在50～60℃。也有的胶液槽设有夹套，可以通汽加热胶液。槽式表面施胶可用于机内施胶，也可用于机外施胶。

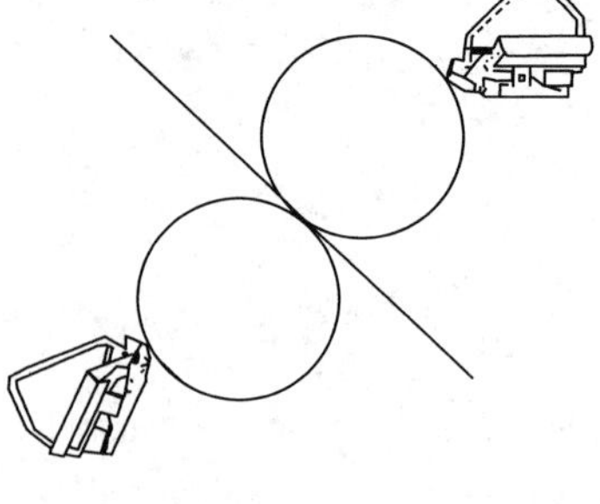

图 11-8　刮刀或刮棒计量的施胶压榨

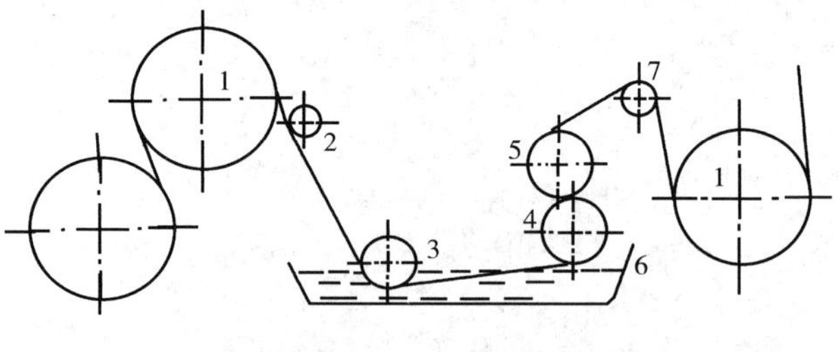

图 11-9　槽式表面施胶装置示意图

1—烘缸　2—导辊　3—浸胶辊　4—下压辊　5—上压辊　6—施胶槽　7—导辊

3. 其他表面施胶方法

(1) 烘缸表面施胶　单烘缸纸机采用表面施胶，不仅能取得施胶效应，还能提高纸张的光泽度，施胶作用是通过烘缸表面的施胶辊实现的，如图 11－10。

（2）压辊表面施胶　压辊表面施胶应用于某些光泽度要求较高的单面光纸，如条纹牛皮纸和一些强度要求高的薄纸。压辊表面施胶装置如图 11－11。

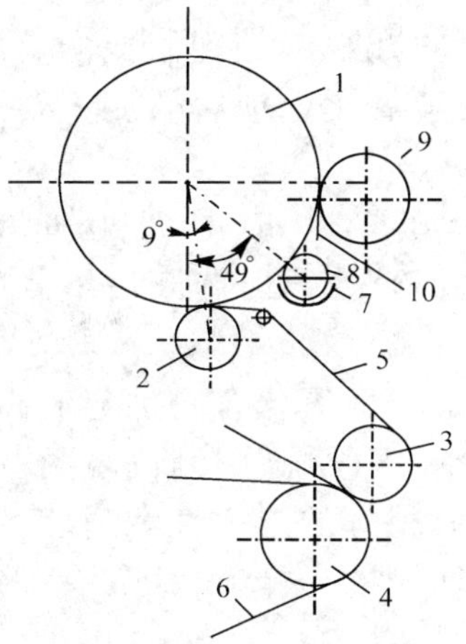

图 11－10　单烘缸造纸机的表面施胶

1—大烘缸　2—托辊　3—上压辊

4—下压辊　5—上毛毯　6—下毛毯

7—施胶辊　8—橡胶刮刀

9—纸卷　10—烘缸刮刀

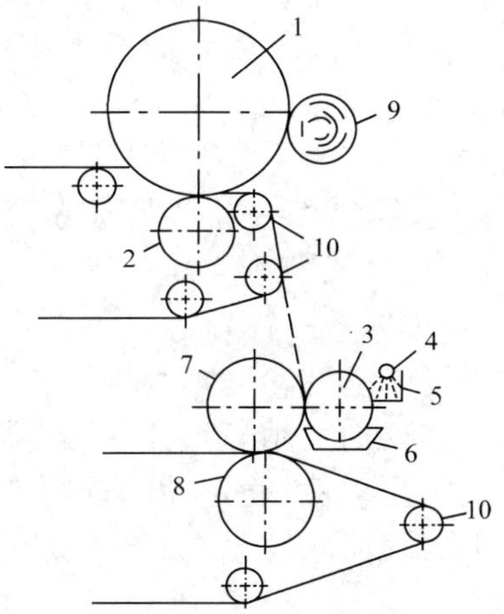

图 11－11　压辊表面施胶装置示意图

1—烘缸　2—托辊　3—施胶辊

4—喷胶管　5—塑料刮板

6—回收槽　7—上压辊

8—下压辊　9—纸　10—毯辊

施胶辊紧靠上压辊，由软橡胶制成，硬度在 45°（肖氏），辊径一般为 250～350mm，施胶辊支撑在托架上，可以前后移动，在纸机开停机或纸页断头时，能使施胶辊脱开上压辊，待生产正常后再将施胶辊压向上压辊，对纸页进行施胶处理。

（3）压光机表面施胶　压光机表面施胶只用于厚纸或纸板，其装置如图 11－12。压光机表面施胶没有辅助干燥设备，因此，要求进入压光机的纸板的水分不能太大，约为 8%。纸板的干燥主要靠施胶后其他压光辊的摩擦取得热量，可以使产品水分达到 11%，能满足生产的要求。

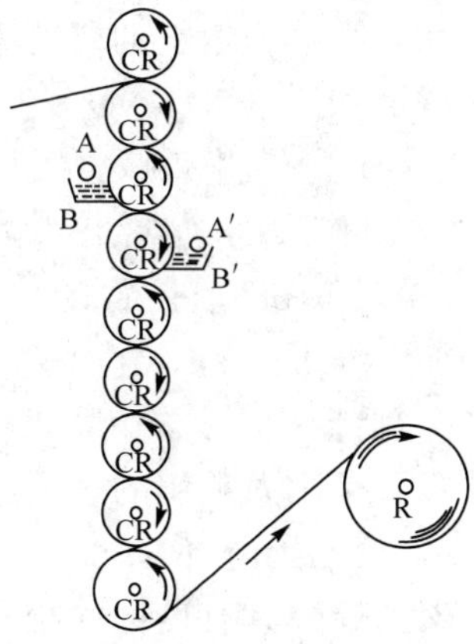

图 11－12　压光机施胶

A，A′—胶液管　B，B′—胶液槽

CR—压光辊　R—纸卷

（三）表面施胶剂

用于表面施胶的施胶剂主要有淀粉、纤维素衍生物、聚乙烯醇、动物胶等。其中改性淀粉约占总表面施胶剂用量的 90%。

1．改性淀粉

未改性的淀粉有很高的黏度和很差的成膜性，故用于表面施胶的淀粉需改性后才能使用。常用的化学改性淀粉有氧化淀粉、阳离子淀粉和羟乙基醚衍生物等。

（1）阳离子淀粉　阳离子淀粉是用阳离子剂处理原生淀粉，其制法是将预先溶解好的阳离子剂（如十六烷基三甲基溴化氨）加入已加热到 60℃ 的淀粉溶液中（阳离子剂用量为淀粉量的5%左右)，在60℃保留15min成糊状物，再稀释到50g/L即可使用。

阳电荷使淀粉离子吸引并结合到带阴电荷的纤维和填料上，而且阳电荷会减少淀粉迁移到纸内并提高其表面定位，淀粉挂胶量减少，干强度提高；改善不透明度、提高白度；改善纸张的适印性；在再制浆时仍保留在纤维上；可降低白水浓度；减少纸机断头等。

(2) 氧化淀粉　氧化淀粉是用次氯酸钠与原生淀粉在70℃下处理制成的。次氯酸钠的用量为淀粉量的2%～5%，氧化时间为40～60min，经氧化处理后的淀粉要进行沉淀脱氯。

制备淀粉胶时，先将改性淀粉置于水中，加热到88～100℃，历时10～20min使其糊化，然后将浓度调节到4%～18%。施胶温度一般维持在50～60℃，施胶后纸张的淀粉含量约为1.5%～3.5%。

(3) 羟烷基淀粉　羟烷基淀粉是将淀粉在碱性催化下与环氧化合物加热制得，其品种很多。醚化剂如用环氧乙烷，可制得羟乙基淀粉；如用环氧丙烷，则制成羟丙基淀粉。羟丙基淀粉流动性、稳定性和透明性均优于天然淀粉，具有很好的成膜性和适印性能，用于印刷纸的表面施胶，使油墨不易渗入纸内，可提高油墨印刷的光泽度，并具有一定的抗拉毛能力。

改性淀粉可单独用于表面施胶，也可与动物胶、聚乙烯醇等混合使用。

另外，最近又研制了疏水性表面施胶淀粉，淀粉上带有疏水性取代基，提供了优良的成膜性，改善透气度、耐水、耐油墨和耐溶剂性能。据报道，高直链淀粉含量的疏水性衍生物具有很高的透气度、施胶度和溶剂持留性。

2. 纤维素衍生物

造纸工业常用的纤维素衍生物主要是羧甲基纤维素，其次是甲基纤维素和羟乙基纤维素，可用于表面施胶、涂布加工纸和纸内施胶，以提高施胶效果，改进纸张表面强度和物理性能，并提高细小纤维和填料的留着率。

羧甲基纤维素(CMC)的溶解：在锅中加一半水，开动搅拌，溶液的浓度不超过3%，温度达60～70℃时慢慢倒入CMC，待溶解后加盐酸调节pH至中性稀释备用。

CMC作表面施胶剂时，浓度为0.25%，pH为7～8。用于浆内施胶时，可在配浆箱前加入，上网浆料pH应控制在6～6.4，因只有在酸性条件下，正电荷才能被负电荷的纤维所吸附，并能加强纤维间的结合力。CMC还可以作为胶料的辅助乳化剂提高松香胶的稳定性，在夏季气温高时，使用万分之五，能有效提高打字纸、书写纸、凸版纸等的抗水性。甲基纤维素和羟乙基纤维素是不太常用的表面施胶剂。

3. 聚乙烯醇(PVA)

聚乙烯醇具有良好的胶黏强度和成膜性，主要用于表面施胶也可用于浆内施胶。

聚乙烯醇液的制备：先用冷水浸泡1.5h，然后加入到85℃的热水中，保温0.5h即可全部溶解，溶液透明，浓度10%左右。

PVA可以单独使用，如用于证券纸、钞票纸时浓度3.5%～4%进行表面施胶，可以提高纸张的抗张强度和耐折度。PVA也可与其他施胶剂配合使用，能进一步改进PVA的性能，如PVA与氧化淀粉、羧甲基纤维素、聚丙烯酰胺等配合使用制成的表面施胶剂，能改善纸张的成膜性能；先用5%的硼砂溶液对纸面进行处理，待稍干后用1%～3%的PVA液进行表面施胶，能防止PVA过度渗入纸张内部。

4. 动物胶

动物胶是用动物的骨头、皮或筋等提炼出来的一种蛋白质，皮胶和骨胶都可以用于表面施胶，其中以皮胶（工业上称明胶）为好。

动物胶的制备：先将干胶在冷水中浸泡数小时，待润胀变软后置于锅中，在 50～60℃ 的热水中缓和搅拌溶解制成浓度 4%～10% 的胶液，溶解时要防止水温过热，否则胶料会发生水解而降低胶的黏度和粘结强度，必要时可在溶解过程中加入少量碱，以增加其溶解度，也可加 2%～10% 的硫酸铝，借以提高胶料的黏度，并可起防腐剂的作用，但硫酸铝加入过多又会降低黏度，因此控制硫酸铝的加入量可以调节胶液的流动性，间接控制胶料的渗透能力，从而控制了纸张对胶液的吸收量。另外还可以加少量的硫酸锌、水杨酸或蚁醛等防腐剂，防止动物胶腐败变质。

动物胶价格昂贵，只用于高级纸种，且多与淀粉混合使用，动物胶施胶应注意干燥速度不能过快，否则由于纸张发生收缩在纸面上会出现龟裂现象。

第二节 加 填

加填就是向纸料中加入白色矿物的微细颜料或合成填料，改进纸的性质，更好的满足使用要求和节省纸浆，降低产品成本。

一、加填的目的与作用

（1）改变纸的光学性能：加填能提高纸的不透明度和亮度，改善纸页的外观，解决纸的透印问题。

（2）改进纸的物理性能和印刷性能：加填可以改进纸的平滑度和匀度，增加纸的柔软性和手感，提高纸张的吸收性和吸墨性，使纸张具有更好的适印性能，减小纸的伸缩变形。

（3）满足纸张某些特殊性能的要求：如卷烟纸加用碳酸钙，不仅是为了提高不透明度和白度，改进手感，更重要的是为了改进透气性，调节燃烧速度，使烟纸与烟草的燃烧速度相适应。

（4）节约纤维原料降低生产成本：用相对密度大、价格低的填料代替纸中部分纤维，既可节约纤维原料，又能改善纸张的干燥，减少蒸汽消耗，降低生产成本。

此外，加填的纸张，由于填料分散于纤维之间，减少了纤维间的相互联接和氢键结合，使纸张的物理强度下降，在常用的填料中白土对强度的影响最大，白垩次之，滑石粉和石膏更次之。加填使纸张掉毛掉粉的现象增加，降低纸张的施胶度，尤其是碱性填料的危害更大。

二、填料的调制和使用

在填料的调制过程中，要做好计量工作，以免填料用量波动引起纸页质量波动。要控制好浓度（通常为 10%～20%），调制设备要装有搅拌器，保证填料悬浮液均匀一致，容器中有填料时不能停止搅拌，否则填料沉淀固结，再启动时搅拌叶片易遭到破坏。使用填料时必须经 80 目以上的造纸网进行过滤，以免粗粒堵塞除渣器的排渣口，或损伤造纸网，或造成纸面砂粒与破洞等纸病，并引起断头。

加填的方式可分为间歇式加填与连续式加填。间歇式加填一般在配浆池或适当位置的贮浆池中加入，其操作简单，但填料与浆料接触时间长，对施胶不利，加填引起纸张质量波动不易及时调节和纠正，填料经过除渣器时流失严重并降低除渣效率。连续式加填通常在纸机流浆箱前或者直接加到流浆箱中，这种加填方法，可克服间歇式加填的缺点，填料的留着率高。加填时要注意计量，应经常检查填料流量控制阀是否保持畅通。

除了上述的传统工艺，加填工艺又有了新的发展，如腔内加填、微孔加填和填料预处理化技术。腔内加填首先借助化学助剂通过强烈搅拌纤维和填料，填料渗入纤维腔中，然后用水连续洗涤，除去纤维外部的填料。这种加填方法与传统的相比较，具有较高的抗张强度、挺度和撕裂强度，不透明度和亮度略低于传统加填纸。微孔加填是利用纤维的微孔结构，用一种无机盐溶液浸渍，通过纹孔进入细胞腔，然后加另一种无机盐，与其发生化学反应生成沉淀盐，填充细胞腔。微孔加填纸张抗张强度和耐破因子较高。填料预处理化技术是指采用某些低分子量阳离子季铵化合物处理表面带负电荷的填料粒子，从而使填料界面活化，带有正电荷，促进加填过程中填料粒子与纤维的作用，并促进存在于纤维悬浮液中阴离子型胶状颗粒和细小纤维在界面上的聚集，获得高效的助留效果。

图 11－13 为几种滑石粉悬浮液制备及添加系统工艺流程示意图。

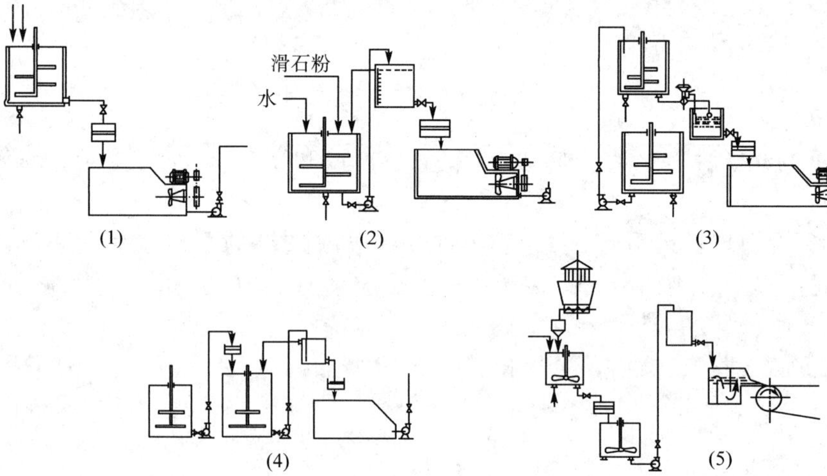

图 11－13　几种滑石粉悬浮液制备及添加系统工艺流程示意图[(1)～(5)]

填料用量是指加入填料对纤维质量的百分比，少至 2% 以下，高至 40% 以上，多数为 10%～25%。一般情况下，填料用量主要根据下述因素确定。

(1) 纸张的种类与质量要求：一般对于以提高纸张不透明度和适印性为加填目的的纸张，填料用量应大一些，如胶版印刷纸、字典纸等；对于施胶度要求较高的纸如书写纸，因加填会降低施胶度，填料用量应小一些；而配有大量磨木浆的纸，木素含量高，不透明度大，填料的用量应更小一些，如新闻纸。

(2) 浆料种类：草浆的不透明度低，配用或全部使用草浆抄成的印刷纸，为了解决不透明度和印刷性能的问题，填料用量比较高，尤其是蔗渣浆不但填料用量大，而且还要常常加入碳酸钙。

(3) 纸机车速与填料用量有关：由于加填能降低纸页的湿纸强度，因此为了保证纸机的抄造正常，在生产同一品种的情况下，一般是高速纸机的加填量低于中、低速纸机。

此外，纸张加填量还与填料的种类有关。

三、填料的特性和选用

填料的种类很多,有天然填料和人造填料,有无机填料和有机填料。目前普遍使用的有滑石粉、高岭土、碳酸钙及二氧化钛等。表 11-3 为一些造纸填料的物理特性指标。

表 11-3　　一些造纸填料的物理特性指标

填料种类	化学组成（近似值）	相对密度	粒度 /μm	折射率	散射系数 （$100S_n$）	亮度 /%	颗粒形状	备　注
滑石粉	30.6% MgO, 62% SiO_2	2.7	0.25～5.0	1.57		96.8	细小片状	
瓷　土	39% Al_2O_3, 45% SiO_2	2.58	0.5～10.0	1.56	9.5～11.5	82	细小片状	
白　垩	96% $CaCO_3$	2.65	0.1～2.5	1.65	17～24	98	圆　形	
沉淀碳酸钙	98.6% $CaCO_3$	2.65	0.1～0.35	1.658	28～36	98.9	菱　形	主要用于表面涂布
钙镁白	65% $CaCO_3$, 35% $Mg(OH)_2$	2.5	1.0～2.0	1.53	19	92～94		
钛　白	98% TiO_2	3.9	0.15～0.3	2.55	43～51	95.1	球　形	主要用于薄纸。蜡纸等
石红金钛白	90%～95% TiO_2	4.2	0.15～0.3	2.7	54～68	96	球　形	主要用于薄纸。蜡纸等
锌　白	95% ZnS	4.0	0.3	2.37		98	球　形	主要用于浸渍加工纸
硫酸钡	97% $BaSO_4$	4.3～4.4	1.0～2.0	1.64	7.8	98	铲　状	主要用于在面涂布
沉淀硅酸钙	5% CaO, 8% SiO_2,	2.08	0.08～0.13	1.45	25.4	96.5	沟　形	
硅酸铝	67% SiO_2, 12% Al_2O_3, 9% Na_2O	2.10	0.2	1.55	22.4	95	球　形	
硅藻土	92% SiO_2	2.0	0.5～4	1.47	24～40	69～88	-	主要用于克服树脂障碍

对于所选用的填料应具备下列条件：①颗粒细致均匀(一般要求通过 200 目筛子的要占 98%),理想的粒度为 0.25μm,以增加覆盖能力和填料留着率；②白度高、亮度大、无杂质、有光泽；③相对密度大,不易溶解于水；④折光率较高,散射系数大,以提高纸张的不透明度；⑤化学稳定性好,资源丰富,价格低廉等。

生产一种纸张是否需要加填,选用何种填料,用量多少,应根据纸张的质量要求与用途而定,同时要考虑生产成本与经济效益。一般生产书写纸、印刷纸、打字纸等文化用纸可选用滑石粉或高岭土为填料,生产卷烟纸和定量小于 $40g/m^2$ 的薄页纸可选用碳酸钙作填料,生产定量小于 $40g/m^2$ 不透明度要求高的高级薄页纸可选用二氧化钛为填料。

此外,近二十年来,合成有机颜料开始用作造纸填料,如苯乙烯填料(PS)、尿醛树脂填料(UF)、聚甲基苯硅醚填料等。

商业用的 PS 填料颗粒为球形,颗粒的大小分布均一。颗粒大小不同,对纸张的影响也不同,一般 0.5μm 的颗粒具有最大的光散射系数,对提高纸张的强度最有利,0.2μm 的颗粒能获得较好的纸张光泽度,0.12μm 的颗粒的油墨遮盖能力最强。PS 填料的相对密度为高岭土的一半,而其光散射系数与高岭土接近,这一特性使得其较少的用量就可达到无机填料相同的作用。

UF 用作造纸填充剂,能在滑石粉、高岭土等填料中微粒子化,使成纸不透明性及吸油性增强,另外填充后的纸张很少掉毛,且对印刷机和切纸机的磨损小。UF 填料主要应用于轻量纸、凹版印刷纸、新闻纸、电报书写纸、直接压感复印纸、轻量涂布纸等。

聚甲基苯硅醚填料是一种新型的吸附剂，主要用于电子绝缘纸，可增加热阻和击穿电压而不影响其他电气性能。一般来说，有机填料具有密度小、光散射系数高、对油墨的吸收性好、对纸张强度损失小、干燥速度快、成纸时所需压力较小、一般不用超级压光等特点。

四、填料的留着原理

加入纸浆中的填料，在抄纸过程中，将有很大一部分流入白水，只有存留于纸张的那一部分填料起着加填作用。

（一）填料留着率

所谓填料留着率，是指纸张中所含的填料量与加入浆料中填料量的百分比，可按下式计算：

1. 近似值式

$$\omega_R = \frac{\omega_A}{\omega_B} \times 100\%$$

式中 ω_R——填料留着率（%）

ω_A——绝干纸中灰分（%）

ω_R——绝干浆中灰分（%）

上述计算方法中未考虑填料灼烧质量损失、纤维本身灰分、纤维流失等因素，所求的留着率为一近似值。一般在生产中，用近似值可满足要求。

2. 精确值式

$$\omega_R = \frac{0.94(\omega_A - \omega_C)(100 - \omega_A - \omega_D)}{(\omega_B - \omega_C)(100 - \omega_A - \omega_D)}$$

式中 ω_R——填料留着率（%）

ω_A——绝干纸中灰分（%）

ω_B——绝干纸浆中灰分（%）

ω_C——纤维的灰分（%）

ω_D——填料的灼烧质量损失（%）

0.94——抄纸后纤维的得率及纤维原料和胶料中灰分平均含量的总修正系数

在科研工作中，通常采用精确计算值。近似值比精确值要高一些，相差值一般为10%～12%。

（二）填料的留着机理

填料的留着是由吸附过程、过滤过程及絮凝过程所决定的。其机理主要有两种学说：机械截流学说和胶体吸附学说，一般认为是两者双重作用的结果。机械截流学说认为由于机械过滤作用，使填料不能通过滤层而留在纸内，说明了颗粒较大的粒子具有较高的留着率。胶体吸附学说认为填料在水中带负电荷，与阳离子助留剂、絮凝剂或铝盐作用，使颗粒表面形成阳离子电荷，留着在带负电荷的纤维上。当填料颗粒较小时，胶体吸附作用占主导地位，当填料颗粒较大时，机械过滤作用占主导地位。

五、影响填料留着率的因素

在实际生产中，填料的留着率波动范围很大，有的可高达90%，有的只有50%～60%。其影响因素如下：

（1）填料颗粒形状。一般认为填料颗粒形状和表面粗糙度对留着率有影响。通常非球形的和表面较粗糙的留着率较高。

（2）浆料的打浆度。提高浆料的打浆度可以增加填料的留着率。其主要原因是：打浆度较高的浆料在网上的脱水较慢，纤维表面积和细小纤维增加，易于形成紧密的薄层，有利于填料的留着。

（3）浆料的种类。打浆度相同的浆料其留着率也是不同的，较高吸收能力和较小尺寸的纤维具有较高的填料留着率。在所有其他条件相同的情况下，含有磨木浆的纸浆有较高的填料留着率，而用具有低吸收性能的棉浆抄纸，填料留着率较低。填料留着率的增加顺序大致为：棉浆→硫酸盐浆→亚硫酸盐浆→麻浆→磨木浆。草浆有利于填料的留着。

（4）纸机的生产条件。纸张定量高，上网浓度大，留着率高；车速高，浆浓低，真空度大，网子目数小，填料流失大；网部用脱水板比用案辊填料的流失少。

（5）白水回收和使用。抄纸过程中尽量采用白水，可回收部分细小纤维和填料，填料流失是随白水流失量的增加而增加，留着率波动的范围在65%～90%，因此纸机白水封闭循环是提高填料留着率的重要途径。

（6）助留剂的使用。助留剂可有效提高填料的留着率。硫酸铝、动物胶、阳离子淀粉、铝酸钠、硅酸钠（与硫酸铝并用）、聚丙烯酰胺等，可促进絮聚作用，增加细小纤维和填料的留着率。

第三节　染　　色

染色是为了生产有颜色的纸。例如有色书写纸、包装纸、广告纸、宣传标语纸等都要进行染色。生产白纸也常常需要添加染料进行调色，消除刺目和暗淡的色调，改变纸张的观感，这是在印刷纸和书写纸的生产中经常使用的方法。

一、染料的种类和性质

染料有无机和有机、人造和天然之分。不溶于水的染料称为颜料。

颜料实际上是一种有色的填料，有天然无机颜料和人造无机颜料两种。天然颜料如赭石（黄褐色，由氧化铁及氢氧化铁的硅酸盐构成），多用于抄造裱糊壁纸及包装纸。人造颜料如群青（硫化钠的矽酸钠，矽酸铝复盐），可用于纸的调色。

染料中以人造染料用途最广。这是由于这类染料颜色多种，可根据不同的用途随意选用，易溶于水，着色力强，染色操作比较简单。在造纸工业中常用的染料有碱性染料、酸性染料、直接染料和荧光增白剂等。

1. 碱性染料

碱性染料是造纸中生产普通颜色纸最常用的一类染料，有盐基槐黄、盐基金黄、盐基玫瑰红、盐基晶蓝、盐基亮绿等。

碱性染料容易使植物纤维上色，色泽鲜艳，但耐光、耐热性能不强，容易退色。不宜使用硬水和带有碱性的水溶解，因为它能导致产生色斑。通常加入约1%的醋酸，用70℃以下的热水溶解后使用。

2. 酸性染料

酸性染料也是造纸中常用的一类染料，常用的有酸性皂黄、酸性煮红、酸性品蓝和酸性绿等。

酸性染料与植物纤维没有亲和力，需要借助于施胶加矾才能留着在纤维上，所以通常只用于施胶纸，并且必须在加胶、加矾之前加入浆内，使其有必要的时间与纤维均匀混合。酸性染料的着色力和色泽的鲜艳性不如碱性染料，但耐光、耐热等性能较好。pH在4.5～4.7染色效果最好。不施胶的纸一般不能使用酸性染料。

3. 直接染料

直接染料与纤维有亲和力，能对它直接染色。这类染料常用的有直接品蓝、直接湖蓝、直接黄、直接大红等。

直接染料特别适用于不施胶纸和不含机械木浆的施胶纸。加入染料溶液的时间，在施胶前后均可。直接染料颜色的鲜艳程度虽然不及碱性染料，但耐光性比它强些。直接染料不溶于冷水中，但能在热水中溶解。

4. 荧光增白剂

荧光增白剂又称荧光染料或白色染料。它是一种二氨基二苯乙烯的衍生物或盐类。除了能反射可见光谱的光线之外，还能将紫外线反射为可见光，使所染物质在紫外线激发后产生蓝紫色荧光。因此，被荧光增白剂处理过的纤维将会发出比原来更多的可见光线，并且由于增添的反射光线具有天蓝色和紫色，从而能够抵消纤维中的淡黄色，而起了补色效应，从而对一定白度的纸浆产生了增白的效果。

荧光增白剂可以加入浆内使用，也可以加入表面施胶剂或涂布剂中使用。通常用量为0.06%～0.12%。在交替生产有、无荧光增白剂的纸种时，应注意荧光增白剂附着的顽固性，提前洗刷流料系统、表面施胶系统、更换毛毯及提前停用荧光增白剂，待没有荧光显示时再改产无荧光增白剂纸种。

二、染色和调色

改变纸张颜色的色调称为调色。生产白纸和颜色纸都要调色。白纸的调色又称调白，甚至有人称染白。

图 11-14　调色图

在造纸行业，使用红、黄、蓝三原色体系。由此三种原色按不同比例调配，可以获得不同色彩的间色或复色。间色是两种原色的混合，如红与黄混合为橙色，红与蓝混合则成紫色。复色又称为再生色，它是两种间色的混合，如橙色与绿色混合便成橙黄以至嫩绿色。图11-14表示色的调配图。内圆为三原色，中间圆表示间色，外圆为复色。欲要得到所希望的色相，必须进行配色。两种原色即可合成一新色相，因配合的比例不同，可以得到无数的色相等级。例如蓝色与红色合成紫色。红多于蓝，可以合成紫中带红，称为樱红色，相反可以合成茄紫色。总之，改变不同的比例可以得到各种不同的色相。

利用上述的调色原理，就可以在生产中进行色相的调节和补救。例如图11-14中，红色所对绿色，如染红色过深，则酌加绿色调和。橙色所对为蓝色，若所染橙色过深，则酌加蓝色就可以减淡。所以在染色中带有其他杂色，则多采用相邻并相反的复色校正。

在白纸的生产中加品蓝、品绿、直接红的目的，就在于消除纸张的淡黄色，改变成纸的观感,使纸张显白。

三、染色和调色操作

纸张的染色方法大致可分为四种,即纸浆内染色、压光染色、浸渍染色和涂布上色等。

(1) 纸浆内染色。纸张的染色大多数是采用浆内染色,将溶解好的染液,在打浆机、水力碎浆机、混合池或其他适当的地方加入纸料中,染料的充分溶解和稀释是一项重要的工作。先以少量水将染料逐步调成糊状,在充分搅拌下,用热水进行稀释,然后过滤备用。溶解碱性染料时,温度不宜超过70℃,并先加入少量的醋酸作为助溶剂,染料的溶解浓度通常为0.1%~1.0%。染液的加入程序分为两种,一种是按胶料、染液、矾液的顺序依次加入,碱性染料与直接染料着色力强,在加胶之后加入,有利于染色均匀。另一种是按染液、胶料、矾液的顺序依次加入。酸性染料着色力差,应尽量使它与纤维混合,以增强染料的色度。

(2) 压光染色。压光染色类似纸的表面施胶,是在压光机处使纸张与溶解好的染料液接触,属表面染色。这种染色方法有染料耗用少,色泽鲜艳,耐光性较强等优点。但也有操作麻烦,吨纸蒸汽耗量大(上色后还要干燥)和纸面易出现白斑等缺点。因此,一般用于纸板或厚纸的染色。

(3) 浸渍染色。浸渍染色是在染色槽中进行的,故又称槽式染色。

槽式染色是将染料液槽设在烘缸的行列之中,经一定干燥后的纸直接进液槽染色,然后通过一对压榨辊挤出多余的染料液,再经干燥蒸去水分。槽式染色也可在造纸机外单独进行。单缸造纸机的机内染色与烘缸表面施胶相同。

(4) 涂布上色。涂布上色属于加工纸范畴,如蜡光纸等均是将色料涂于纸面上,常用的色料多为颜料。涂布上色的方法、设备均与涂布加工纸相同。

四、影响染色的因素

(1) 纸浆性质的影响。各种浆料具有不同的着色性能。木素对碱性染料、纤维素对直接染料有较强的亲和力。混合浆中不同浆料的木素含量不同,易于产生色斑,草浆比木浆易染色,也易产生色筋,解决的办法是:①应尽量降低染液浓度; ②染液加入浆料时,应快速让它分散开来,以最大限度缩短浆料对高浓度染液的吸附时间; ③先染不易着色的浆料,然后加入易着色的浆料。浆料浓度不稳定,会影响染料的用量,造成浆料色泽不一致,出现夹花;浆料打浆度不稳定,纤维比表面积不同,着色能力有差别,也能引起色泽不一致,而产生"夹花"。在同样情况下,增加打浆度,利于色料的留着,并由于增加了紧度和透光性,利于吸收光谱,使色相加深。

(2) 矾土对染色的影响。胶料对染料与纤维的吸附有阻碍作用。当加入矾土后,可起到媒染剂作用,酸性染料带有负电荷,需要借助矾土改变电荷,吸附在带负电荷的纤维上,提高染料的留着率。但过量矾土会使浆 pH 下降至 4.5 以下,对碱性和直接染料不利,色相变暗,抵抗日光的能力减弱。

(3) 填料对染色的影响。填料与染料有较强的亲和力,甚至比纤维吸收的染料还多。特别是对直接染料吸收更为强烈,使加填的纸比没有加填的纸颜色浅一些,因此染料应在加填前加入,用松香胶和矾土先将染料固着在纤维上,再加入填料。

(4) pH 对染色的影响。每种染料都有适当的 pH,因此必须严格控制,除了对矾土的用量要合理掌握外,对水的硬度、白水中的残氯等也要调节好,否则都会影响染色。

(5) 温度对染色的影响。温度对染色效果影响很大,特别是直接染料,如直接 4B(即苯紫红 4B)在 24℃下着色程度仅达 35%,温度提高至 44℃着色程度达到 90%。

(6) 纸机生产条件的影响。纸机车速高,会降低染料留着效果,烘缸温度过高,会使某些染料退色或造成块状色斑,因此生产色纸应特别注意控制烘缸温度曲线。

染色纸经压光处理后颜色变深,特别是水分较大时更为显著。如生产有色半透明纸,经过湿润超压处理,色泽非常鲜艳。

(7) 色纸的两面色差。从抄造到干燥过程,凡能导致施胶加填两面性的生产,均会造成色纸的两面差。但染料本身造成的影响更大,特别是生产各色卡纸,其中以酸性染料影响最大,直接染料及碱性染料次之,如使用活性染料则不易出现。

第四节　造 纸 助 剂

一、干　强　剂

(一) 干强剂的分类及主要品种

1. 分类

干强剂可分为四大类,分别是阳离子型、阴离子型、非离子型和两性离子型。

2. 主要品种

(1) 阳离子型　主要产品有:阳离子淀粉、阳离子聚丙烯酰胺、接枝阳离子淀粉等。

(2) 阴离子型　主要产品有:阴离子聚丙烯酰胺、羧甲基纤维素、羧甲基淀粉等。

(3) 非离子型　主要产品有:聚丙烯酰胺、羟乙基皂荚豆胶、淀粉、变性淀粉等。

(4) 两性离子型　主要产品有:两性淀粉、两性聚丙烯酰胺等。

(二) 干强剂的作用机理

干强剂的作用机理归纳如下:

(1) 纤维间氢键结合和静电吸附是纸张具有干强度的原因,特别是氢键结合点多,结合力强,是干强度产生的主要原因。加入干强剂后,这些高分子含有各种活性基,可以和纤维上的羟基产生强的分子间相互作用及氢键结合。

(2) 一些含有阴离子基的干强剂可以通过 Al^{3+} 等和纤维形成配位结合。如果纤维经特殊处理后含有羧基等,也不排除存在离子键合的可能性。长链高分子可以同时贯穿若干个纤维和颗粒,物理缠结和吸附能够起到某种补强作用。

(3) 干强剂往往也是纤维的高效分散剂,能使浆中纤维分布更均匀,导致纤维间与高分子间结合点增加,从而提高干强度。

(4) 干强剂可以增加纸中纤维间的结合力,因而提高了以结合力为主的强度指标,如裂断长、耐折度、挺度、表面拉毛速度等。但一般不能增加撕裂度、压缩性、柔软度等,甚至还能使其降低。

(三) 变性淀粉干强剂

(1) 阴离子淀粉。阴离子淀粉由于在淀粉分子链中引入了较大的亲水性的取代基使变性淀粉的水溶液在室温下可长期稳定存放,而不会形成凝胶,且具有良好的流动性,可以调节的黏度和一定的透明性等。另外,其成膜性和粘合力都可以得到改善。

阴离子淀粉有各种氧化淀粉、磷酸酯淀粉、羧甲基淀粉、淀粉黄原酸酯等。

(2) 非离子淀粉。非离子淀粉有羟烷基淀粉、酯化淀粉和磷酸双酯淀粉等。

(3) 阳离子淀粉。阳离子淀粉的助留、助滤及增强效果优于阴离子淀粉。

(4) 两性离子淀粉。两性离子淀粉的分子链上既有阳离子基又有阴离子基,使其在电性上达到某种平衡以满足不同需要。两性淀粉作为干强剂,在同时添加较多阳离子助剂时,其作用更为明显。

两性淀粉的优点是:①能明显增加干强度,特别是在要求强度较高时,可通过加大两性淀粉的用量来达到增强效果;②同时具有助留助滤作用,可使车速提高11.4%左右,助留效果明显,是一种多功能的助剂;③和其他助剂的配伍性好,适应的pH范围宽。

淀粉类干强剂的增强效果如表11-4。

表 11-4 各种改性淀粉的增干增强效果

项目	CS-01	HC-3	氧化淀粉	空白	项目	CS-01	HC-3	氧化淀粉	空白
离子性	阳离子性	中性或弱阳离子性	阴离子性	0	抗张强度/$Nm \cdot g^{-1}$	23.23	26.95	29.35	25.53
增强剂用量/%	2	2	2	0	耐破指数/$(kPa \cdot m^2) \cdot g^{-1}$	1.86	2.13	2.23	2.04
碳酸钙用量/%	35	35	35	35	透气度/$\mu m \cdot (Pa \cdot s)^{-1}$	6.65	6.70	7.08	6.38
白度/%	84.6	83.5	84.4	84.0	灰分(CaO)/%	13.60	11.50	10.28	11.66
定量/$g \cdot m^{-2}$	51.20	48.09	45.31	47.58	填料留着率/%	58.93	45.45	40.28	45.13

(四) 聚丙烯酰胺干强剂

聚丙烯酰胺具有很强的絮聚作用,可在粒子之间架桥,并且根据其粒子性,而具有不同的结合机理,同一个分子可以吸附若干个颗粒,引起聚沉。聚丙烯酰胺上的极性基还可和纤维形成氢键和强的静电结合,当改变其结构时,产品性能亦随之变化,分别可用作助留剂、助滤剂、增强剂及表面处理剂。

(五) 其他干强剂

1. 聚合物乳液干强剂

目前聚合物乳液在造纸工业和纸品加工中已成为不可缺少的物质,它大量地被用作纸浆添加剂、纸张浸渍剂及纸张涂层剂,以提高纸的干、湿拉伸强度、耐折强度及耐水性等性能,用以克服纸的渗水、渗油及透气等固有的缺点,同时用以改善纸的外观及可印刷性能等。另外它还可用作纸张黏合剂,以对纸张进行各种各样的加工和应用。

聚合物乳液广泛地用作纸浆添加剂。抄纸以前,在打浆工序,将纤维均匀地分散在水中,形成纸浆,可将聚合物乳液直接加入到打浆机中,或加到成浆池内。让乳液和纸浆充分混合,并设法使乳液聚合物均匀地固定在纸纤维上,然后经过抄纸和干燥,即可制得用乳液改性的纸张。只要加入少量乳液就可以显著改善纸的性能,例如若只添加干纸质量2%~5%的聚合物乳液就可以显著提高纸的干、湿拉伸强度、伸长率、耐化学药品性、耐擦性、施胶性、耐破度,柔韧性及耐折性等性能;若加入乳液量较大,例如加入干纸质量50%~100%的乳液,可赋予纸张很高的柔性和抗撕裂强度。

作为纸浆添加剂常用的乳液有氯丁胶乳、丁腈胶乳、丁苯胶乳、聚丙烯酸酯乳液、苯丙乳液、聚醋酸乙烯酯乳液等。

2. 树脂胶

作为干强剂,有应用价值的主要有田菁胶,又称半乳甘露聚糖胶。

生产方法由田菁种子内胚乳中提取出植物胶粉，再依应用要求进行化学改性。

性能与质量指标：外观为白色粉末，生草味。半乳甘露聚糖含量 82%～85%，水分 11.5%～12.0%，蛋白质含量 4.8%～5.0%，纤维素含量 1.67%～2.0%，灰分 0.84%～1.10%，水不溶物0.75%～0.9%，甘露糖∶半乳糖＝1∶(1.93～1.94)。

田菁胶主要添加于纸浆内，可提高卷烟纸的强度和匀度，降低浆耗，提高强度指标。

用于纸袋纸生产，可提高纸张强度等各项物理指标。用于非木材纤维抄造胶印书刊纸，也可改善纸张匀度，提高留着率，具有明显的增强效果，且可减少印刷过程中的掉粉掉毛现象及断头数，提高印刷次数。

（六）干强剂的应用条件

1．淀粉干强剂的应用

原淀粉对提高纸的干强度作用不大，一般要加入变性淀粉。各种变性淀粉干强剂只有在与纤维形成有效和快速吸附才能达到最佳效果。其电荷密度、加入量应在适当的范围内，同时不能与体系中的其他添加物有副反应。淀粉加入量较大时，往往可以提高干强度，但未吸附的淀粉会集结在白水系统。故一般用量应控制在1%以下。由于淀粉在各种不同组成上的吸附程度不同，同时吸附又是不可逆的，淀粉吸附在纤维上处于最佳状态时，可提供最好的强度，浆料中添加淀粉的一般规则是：①充分糊化，将变性淀粉配成 1%左右的水溶液，加热到糊化温度使分子链与水发生溶剂化作用，形成均一水合的胶质溶液，与浆料搅拌均匀后，加入其他添加剂进行抄片；②加入其他添加剂时，应使变性淀粉与纤维有足够的时间吸附；③避免在靠近相反电荷添加剂的地方加入；④尽可能在磨浆之后加入；⑤在纸页成形之前，变性淀粉要有足够的时间吸附在配料组分上，也应避免过量加入；⑥加入顺序：

施胶剂 → 硫酸铝 → 填料 → 干强剂

2．聚丙烯酰胺干强剂的应用

聚丙烯酰胺干强剂的应用受许多因素的限制，简述如下。

(1) 相对分子质量。在获得良好的增干强效果方面，相对分子质量是一个重要因素，要求干强剂要有一定的长度以提供良好的吸附性能和具有足够的氢键结合的数目。但相对分子质量不能大到使纤维桥联起来造成絮凝甚至破坏纸页的匀度。对于大多数聚丙烯酰胺干强剂，适宜的相对分子质量是 10 万～50 万。聚丙烯酰胺还可以根据不同的需要进行改性，引入第二、第三单体，还可以进行交联，使其作为湿强剂和表面处理剂等。

(2) 用量。一般用量为 0.5%，可提高耐破度及抗张强度约 20%，而对撕裂度影响较小。浓度为 5%，一定要充分稀释，与浆料充分混合。

(3) 两种树脂共用。将阳离子聚丙烯酰胺干强剂(CPAM)和阴离子聚丙烯酰胺干强剂(APAM)混合使用时，可取得良好的增强效果，具体方法是在加入浆料之前，先把阴离子和阳离子增强剂混合，并迅速加入浆内，但要注意不要在两种聚合物混合后较长时间放置，因静电吸附会很快产生絮凝物，如分散不开则会影响纸的匀度和造成应用效果的降低。

(4) 明矾。可加入少量明矾提高 APAM 在纤维上的附着，其用量根据松香胶填料和其他助剂而定，一般为 1.5%～3.0%。明矾加入量大，对提高干强度是不利的，因为明矾絮凝物的留着，成为一种新的填料，妨碍了纤维的结合。但明矾对提高 CPAM 的增强性没有明显的作用。

(5) pH。最大干强度的改善是通过吸附固定纤维中的树脂而实现的，纸浆最佳 pH 为

4.2～5.0。CPAM 必须要在酸性条件下才能显示出其阳离子型，以和纤维形成静电吸附结合。

(6) 加料顺序。先加松香胶，再加明矾，后加聚丙烯酰胺(PAM)。因为 PAM 作用的发挥，需要与浆料有一定的接触时间。如先加树脂，后加明矾，则至少需要 60s 的接触时间，才获得最大强度。如树脂加到已加明矾的浆料中，则需 10s 或更少时间就可获得最大强度。因为高分子对高剪切力影响很敏感，所以一般 PAM 尽量靠近流浆箱加入。

(7) 打浆度。随着打浆度的提高，加 PAM 的纸的强度比没加 PAM 的要高，说明打浆度提高有利于增加 PAM 与纤维的氢键结合点。

3. 聚合物乳液干强剂的应用

在纸浆纤维浓度与 0.3%～0.5% 时，绝大部分是水，怎样才能使乳液聚合物完全而均匀地固定在纸上，并且使纸的表面不起毛，同时不出现聚合物凝胶颗粒，一直是我们要解决的问题，在生产实际中常采取如下几种技术措施：

(1) 在搅拌下，首先向纸浆中加入扩散剂，再把稀释至 1% 的聚合物乳液缓慢地加入，充分混合均匀后，加入过量的硫酸铝溶液，使聚合物乳液破乳，聚合物就凝聚在纸纤维表面上，随着乳胶粒的析出，纸浆的连续相逐渐由乳状液变为透明清液，再经抄纸、干燥，即得纸页。

(2) 在纸浆中纤维带有负电荷，先向纸浆中加入阳性三聚氰胺甲醛树脂或阳离子聚丙烯酰胺，这些阳性聚合物会牢固地吸附在纸纤维上，使之带上正电荷。然后加入阴离子型聚合物乳液，在静电力作用下，聚合物乳胶粒就被牢固地凝聚并吸附在纤维上，最后再加入硫酸铝，以使乳液完全凝聚。

(3) 选用阳离子型乳液，把它加入纸浆中后，带阳离子的乳胶粒就牢固而均匀地凝聚在纸纤维表面上。

(4) 首先在聚合物乳液中加入热敏化剂，把这种乳液混入纸浆中以后，在通常条件下体系足够稳定，但是当温度升高，乳液便会凝聚，这种方法有助于聚合物在纤维表面上的均匀分布。

二、湿 强 剂

很多纸张如地图纸、钞票纸、广告招贴纸、药棉纸、手巾纸、工业滤纸、照相原纸等需要具有湿强度。加入湿强剂后，纸张的湿强度可达到原来干强度的 20%～40%。湿强度与施胶度不同，施胶度仅是指水分渗入纸中的速率。

(一) 湿强剂的分类及主要品种

湿强剂根据其作用机理进行分类，见表 11－5。

表 11－5　　主要湿增强剂种类

作用机理	主要产品
与纤维共价键合为主	双醛淀粉
自交联聚合物	热固型脲醛树脂、酚醛树脂、三聚氰胺缩甲醛树脂、聚酰胺多胺环氧氯丙烷、热固型丙烯酸树脂(水溶性和水乳性)
外交联聚合物	聚丙烯酰胺＋乙二醛、干酪素＋甲醛、热塑型酚醛树脂＋六亚甲基四胺(乌洛托品)
纤维静电结合为主	聚乙烯亚胺、阳离子淀粉、阳离子聚丙烯酰胺、聚丙烯酰胺接枝阳离子淀粉、聚酰胺

(二) 湿强剂的作用机理

湿强剂在纤维界面上能够形成交联网络，这种交联网络组成十分复杂，既有加入的聚合物分子间的交联，又有加入的聚合物分子与纤维的交联。后一种交联又称为共交联作用。

共交联可分为：①共价键合：如湿强剂与纤维素、半纤维素、木素残留物中羟基发生化学键合；②配位络合：如加入的高分子中极性基与纤维通过金属离子如 Al^{3+} 等形成配位络合；③氢键及分子间相互作用的加强。

在上述作用中，共价键交联网络的形成对增加湿强度最为关键。因为只有共价交联网络具有不溶的性质。轻度交联的纤维网络只能发生溶胀作用，即吸收一定量水分而使分子链扩张，但纤维－纤维的分离（强度破坏）不易发生。

（三）聚酰胺环氧氯丙烷湿强剂

聚酰胺环氧氯丙烷（简称 PAE）是目前应用最多的湿强剂，其性能受到普遍的肯定。但单独使用 PAE，在用量较高时湿强度增加不大，且会给纸张的抄造带来许多不良影响，如浆料易起泡，絮聚，揭纸困难，纸页匀度差等。因此，为了获得较高的湿强度，通常采用双元聚合物系统，可取得显著的效果。如 PAE 树脂和适量的阴离子型纤维素衍生物、聚丙烯酰胺、羧基丁苯胶乳混合，在 PAE 用量不变的情况下，能显著提高纸张的干、湿强度；或在强度基本不变的情况下，可降低 PAE 树脂的用量，并提高纸张的助留助滤性，改善施胶度。

使用 PAE 要注意以下几个问题：

（1）纤维原料。PAE 对不同种类浆料的湿增强效果是明显不同的，这与纤维原料的物理化学性质有关，一般情况下，PAE 树脂对木浆的湿增强效果可明显高于草浆和棉浆，用针叶木抄造的定量为 $40g/m^2$ 左右的纸页，其湿干强度比可高达 30%或更高，而同样条件下用苇浆或棉浆抄造的纸页，其湿干强度比略低一些。

（2）打浆和加入地点。随着打浆方式和打浆程度的不同，浆料中纤维的分丝和细纤维化程度不同，产生的细小纤维量也不同，一般来说，随着打浆度的提高，纤维的比表面积增加，纤维对 PAE 的吸附能力增大。所以在一定的打浆度范围内（一般为 20～60°SR），成纸的干湿强度均随打浆度的提高而增加，PAE 树脂一般要加在高位箱，pH 在 5～9 之间，最好在 6～8 之间，在低 pH 时树脂的反应活性会降低，典型的添加量为 0.25%～0.75%。如果为了有更好的吸附，则可加在系统更靠前的冲浆泵处。

（3）施胶和加填。目前我国大多数纸厂，浆料施胶主要采用松香胶乳，以明矾作为施胶的固着剂，过量使用明矾易使纸面返黄发脆，降低成纸强度。由于 PAE 带有阳电荷，虽然其本身并不起施胶作用，但对带负电荷的松香有吸附和助留的作用，可提高施胶效果，并可减少矾土用量。PAE 对系统中加入的无机填料也有一定的助留作用，但另一方面，施胶剂及填料的加入会使成纸强度有所下降，在一定程度上会降低 PAE 的增强效果。

（4）pH。浆料系统的 pH 对纤维素上功能基因如羧基的电离状态有较大的影响，因而将对带负电荷的纤维与带正电荷的 PAE 树脂的相互吸附作用产生影响，当在中性和微碱性条件下 PAE 树脂的湿增强效果最佳。

（5）PAE 树脂的加入量。根据纸张对湿强度的不同要求，PAE 树脂的添加量一般在 0.25%～1.0%。一般来说，随着 PAE 树脂用量的增加，成纸的湿强度增加，但其添加量超过一定的范围，纸张的湿强度的增加会大大减少，因此，过量添加 PAE 树脂达不到高湿强度的效果。相反，还会使纸页的干湿强度有所降低。

（6）细小纤维留着率。由于细小纤维具有较大的比表面积，因而比长纤维能吸附更多的添加剂。所以在制浆造纸过程中，应尽可能减少细小纤维的流失，提高其留着率。

（7）定量。纸页定量不同，对 PAE 树脂的留着率有一定的影响，尤其是定量低于某一限度时，由于添加PAE树脂流失急剧加大，其湿增强效果会明显下降。一般认为，对定量小于$18g/m^2$的纸，通常都有很好的湿增强效果。

(8) 干燥温度与熟化时间。PAE树脂是一种热固性树脂，添加了PAE树脂的纸页必须经过热干燥才能获得好的湿增强效果，生产实践证明，纸页经烘缸加热干燥，PAE树脂即可获得较好的固化，但纸页下机时的PAE树脂尚未完全熟化，需放置一定的时间(一般为半个月)才能完全熟化，在此过程中，纸页的干湿强度都有较大的增长。一般干强度可提高20%左右，湿强度可提高近一倍甚至更多。因此检测刚下机的纸页强度还不能完全代表其真正的增强水平。在实际应用中，对刚下机的纸页进行熟化是必要的。一般在烘箱内，温度为105℃，熟化10～30min即可达到自然存放半个月左右的熟化率。商品PAE的固含量一般为12%左右，为了使纤维更好地吸附树脂，使用时需将PAE树脂稀释至1%左右。然后再加入浆料中，并使浆料和树脂充分混合均匀。加入位置一般应在打浆或精浆以后，并尽量避免通过具有高剪切作用的设备，以免破坏PAE树脂的吸附。最好的添加位置在网前箱部位。水中的Ca^{2+}对PAE效果的影响较大，因其可与纤维上的羧基形成牢固的结合，使纤维与阳离子的PAE树脂的吸附作用减弱。

(9) 碱熟化与共用性。PAE必须在酸性条件下贮存，使不形成环氧基，而在使用时应加碱以形成环氧基并和纤维羟基形成交联结构，产生所需要的湿强度。当溶液的pH大于5时，稀溶液将发生凝胶，为了保持树脂的稳定，PAE树脂在制备最后要酸化到pH为3.5～6.0。PAE树脂是热固性的，可通过加热聚合成非水溶性的，所以贮存温度应低于30℃。

PAE可选择一种阴离子型的增强剂与之共用以产生增强效果，有效的阴离子树脂是APAM和羧甲基纤维素或阴离子型胶乳。由于PAE树脂具有阳离子性，因此不能与阴离子树脂同时加入。稀释的PAE溶液与一些弱阴离子物质是可相溶的，但与强阴离子物质是不能相溶的，这样，保持PAE在纸机上的加入点要远离阳离子(如松香胶施胶)的添加点，否则松香与PAE反应会形成泡沫并沉淀。

此外，PAE可与明矾共用，助剂的最佳吸附位置在长纤维上，而不是在细小纤维上，这样才能更好地发挥助剂的效能。在PAE/明矾的共用体系中，先加入适量的明矾，由于明矾的正电性，会被细小纤维所吸附，因而有可能使长纤维对随后加入的PAE树脂的吸附机会增大，从而提高其湿增强效果。

(四) 氨基树脂湿强剂

造纸工业中常用的是改性氨基树脂，即在氨基树脂的分子链上引入阳离子或阴离子。

1. 脲醛树脂

脲醛树脂加入之前要经过过滤并稀释成大约1%的溶液。应用脲醛树脂的网前箱pH一定要在4.0～4.5之间，同时抄纸的pH也应在此范围内，脲醛树脂的加入量为0.5%～3.0%(绝干浆量)，这也取决于纸页湿强度的要求。通常加在冲浆泵位置，当用松香胶施胶时，明矾、松香要先完成反应，否则阳离子脲醛树脂会与松香反应产生泡沫状的复杂沉淀物。

脲醛树脂在纸机上一般不能达到完全固化，所以必须有一个经过加快固化(5～15min，104℃)的过程。新鲜的脲醛树脂湿强剂的损纸很容易重新制浆，而完全固化的脲醛树脂必须在pH为3～4，65℃或更高温度下处理才能破坏，进行重新制浆。

当脲醛树脂是高度阳离子化时，它会强烈地与接触到的阴离子反应。脲醛树脂溶液无论稀浓，在pH低于6.0时都会发生快速聚合。

在漂白亚硫酸盐纸浆中加入阳离子脲醛树脂，在pH为4.5时，约30s内即可完成固化。

使用阴离子脲醛树脂时，应加入硫酸铝进行催化。打浆度或水化度愈高，树脂留着率和湿强度提高的愈大。

应用实例：用脲醛树脂纸浆制压模材料。将1.85kg尿素，3.32kg含量为37%的甲醛及2.6g乌洛托品混合，在40℃下加热130min，制得预聚体。12kg纸浆与5.17kg脲醛树脂、60g乌洛托品、7.5g硬脂酸锌和其他添加剂混合，搅拌均匀后，于95℃干燥，得到颗粒状的膜压母料。这种模压料在145℃、10MPa压力下模压2min，即可制得符合要求的各种模压制品。

2. 三聚氰胺甲醛树脂(MF)

MF树脂通常以干粉或者制好的直接可用的酸性胶体形式应用。干粉使用前必须在稀酸中溶解并在特殊条件下熟化。酸性条件下MF树脂带有强的阳离子电荷。

MF树脂的加入量约为1%～5%(对绝干纤维)，在大多数纸中1%～3%即可达到理想的效果。

MF树脂应尽可能靠近网前箱加入(1%的溶液)，要保证有足够的时间使其均匀和吸附，并应避免经受磨浆机处理过程，理想的添加点各纸厂也不尽相同。

当正确地应用MF时，其他添加剂如施胶、明矾和淀粉不会干扰MF，但使用不当，则会造成MF与松香或淀粉反应导致纸机出现沉淀和纸页不匀。

正常的操作pH为5～6，MF固体很快。在纸机正常干燥之后应具有适当的湿强度，然而纸机的pH为5～6时，也可能会出现不完全固化(可通过将纸样在120℃下加热10min后，检验其湿强度的改善，如果改善显著，说明未完全固化)，就应在成纸贮存前进行固化处理。

极少量的硫酸根存在对MF树脂固化是有利的。但硫酸根在浆中含量高时(大于2×10^4)将影响MF的效率。新的未完全固化的经MF处理的纸张可以直接制浆，如果MF已完全固化后，一般要采用高温(75～90℃)，低pH(2%～3%的明矾)处理。

应用实例之一：在纸浆中加入三聚氰胺甲醛树脂，经固化后可提高纸的湿强度。三聚氰胺甲醛树脂具有弱阳离子性，可吸附于纤维表面，增加纤维之间的结合力；固化后形成三维交联网络，产生水不溶性，这就意味着在水中的膨润降低，即湿强度得到提高。

在漂白硫酸盐木浆中加入三聚氰胺甲醛树脂，用量为6%左右时，于100℃以上烘干。抄出的纸具有理想的湿强度。这种纸在水中浸渍3天，湿强度仅降低10%，而继续浸渍时，湿强度变化不大。利用这种性质，可以抄造出高湿强度的各种纸张，如钞票纸，军用地图纸等。

应用实例之二：在浆中添加水溶性阳离子三聚氰胺甲醛树脂，可以提高填料和颜料留着率。在上网前，填料和颜料在树脂的作用下，沉积在长纤维上，往浆中再加入阴离子型助剂，则可使更多的填料和颜料留着。阴离子聚合物常是丙烯酰胺和丙烯酸的共聚物。如将浆料分为两份，则只加阳离子三聚氰胺甲醛树脂的纸样的灰分为4.7%，而加三聚氰胺甲醛树脂后再加阴离子型共聚物的纸样的灰分则为7.35%，即填料和颜料留着率提高了56.5%。

(五) 聚乙烯亚胺湿强剂

聚乙烯亚胺(PEI)是目前应用最多、效果得到公认的阳离子型湿强型，其分子链中含有多个阳离子基，可和纤维素上的羟基产生强的静电吸引，形成所谓次价力交联网络。聚乙烯亚胺是乙烯亚胺在酸性催化剂(如草酸)存在下聚合生成的大分子。聚乙烯亚胺是水溶性高分子，可以任意比例与水混合，一般是直接加入浆内，不必另加明矾来增加其着留率，因为聚乙烯亚胺本身在水溶液中呈阳离子，可和纤维羟基形成静电结合。

(六) 聚丙烯酰胺接枝阳离子淀粉湿强剂

阳离子淀粉中尚有未发生醚化反应的羟基在Ce^{4+}、$KMnO_4$、$M_2S_2O_8$($M = Na^+$、K^+、

NH_4^+)等引发下，可与丙烯酰胺形成接枝共聚物。这种接枝共聚物具有支链结构，综合了阳离子淀粉和聚丙烯酰胺的优点，根据分子设计原理可改变结构，使相对分子质量在合适的范围内，具有增强或助留助滤等多种功能。接枝高分子与纤维束有更强的架桥作用，并能和长纤维相互交织，从而提高了增强效果。

（七）湿强剂的应用条件

1．加入方式及部位

湿强剂的加入方式及部位往往因生产的纸张品种和树脂的特性不同而改变。湿强剂在湿部的加入量一般是绝干浆的0.1%～1%，当浆中因加入阳离子树脂而发生电荷反转后，纸页湿强度的增加不会随树脂量的增加而增加，许多树脂在高加入量时只会产生相对于干强度25%的湿强度。湿强树脂的加入可在流浆箱处采用溢流方式加入，有时为有足够的时间让其树脂留着在浆料上，还可在冲浆泵处加入，目的是为了使树脂与浆料能很好地混合；有些树脂甚至在打浆前加入。

2．纸浆纤维对湿强树脂吸附的影响

不同纸浆纤维对树脂的留着有不同的影响，主要影响因素如下：

（1）浆中的羧基含量。由于电离的羧基可为树脂提供吸附场所，故羧基含量越高，浆中留着的树脂就越快越多，一般未漂针叶木硫酸盐浆有高的羧基含量，其次是漂白阔叶木硫酸盐浆和漂白针叶木硫酸盐浆，最后是漂白针叶木亚硫酸盐浆。湿强树脂留着也遵循其相同的次序。

（2）浆浓和接触时间。浆浓和接触时间都影响树脂的留着，高浓度时，吸附过程是非常快而完全的，由于高浓度时聚合物分子与纤维表面碰撞前要移动的距离比低浓度时要短。接触时间长，则树脂的留着率高，湿/干强度之比亦大。

（3）树脂稀释。为了使树脂分布得更好，有必要将树脂用清水稀释到10∶1后加入，用清水稀释最好，由于白水和其他水可能会含有阴离子干扰物而影响树脂的吸附。

（4）浆的精磨。当湿强树脂添加量高时，精磨浆能显著提高PAE树脂的效率，由于高度精磨浆含有更大的表面积吸附树脂，相反，当湿强树脂添加量低时，对精磨浆也有一定的帮助，但湿强度增加不显著。

3．湿部环境

除上述讨论的因素之外，干扰物质对湿强树脂性能亦有影响。在浆料漂白时残留的干扰物如木素、半纤维素、循环使用的造纸添加剂、阴离子物质等会与阳离子湿强树脂发生反应，干扰树脂在纤维表面的吸附。当干扰物含量高时，在树脂添加前必须用电荷中和剂来中和这些干扰物，如用铝盐来处理浆料或完全洗涤浆料。

有时阳离子树脂与纤维表面的色料反应会增加纸的亮度，这时由于阳离子树脂与阴离子色料的作用，在重染色湿强纸中变得更突出。

4．固化温度

温度对热固性树脂湿强剂的固化的影响十分重要。但对热塑性树脂则影响较小。

三、助留助滤剂

（一）助留剂

用于纸产品性能改进的功能助剂很多不溶水，如无机颜料或其他填料、一些聚合物等。因此需要制备成悬浮液如溶胶或乳液。

使用助留剂的经济效益十分明显：

(1) 可提高纸浆中细小纤维和填料的留着率,使浆耗降低约1%～2%,填料留着率提高20%左右。

(2) 使白水封闭循环系统正常运行,发挥最大效率,降低生产成本,节约纤维原料,且由于白水中填料和细小纤维含量减少,白水易于澄清,可减少排水污染,降低流失白水浓度约40%,并降低废水中的盐类含量和BOD值,减少排污费用。

(3) 保持毛毯清洁,使纸机更好地运转。

(4) 使纸机网部滤水性加快。一般来说,具有助留作用的高分子也具有助滤作用,只不过其作用有所侧重,助留剂的作用主要是提高纸浆中细小纤维和填料的留着率,而助滤剂主要是为了提高纸机网部来的湿纸的滤水性、脱水速度。滤水作用与助留作用在促进纤维和填料的凝聚这一点上是相通的。故加入助留剂可在不增加絮凝剂等的用量下,提高白水回收装置的效率。

(5) 可改善成纸的质量,如增加其不透明度、均匀度、印刷适印性和吸收性等。

1. 助留剂的种类

助留剂可按其助留机理分为凝结型助留剂和凝聚型助留剂,见表11－6、表11－7、表11－8。

表 11－6　　无机凝结型助留剂

分　类	典 型 产 品	分　类	典 型 产 品
无机盐	硫酸铝,铝酸钠	固体粉末	膨润土,酸性白土
酸	硫酸	其　他	活性硅酸,电解氢氧化铝
碱	氢氧化钠、碳酸钠、氢氧化钙		

表 11－7　　有机凝结型助留剂

离子型	典 型 产 品	离子型	典 型 产 品
阴离子型	海藻酸钠、CMC－Na	非离子型	淀粉、水溶性脲醛树脂等
阳离子型	聚乙烯基吡啶、苯胺树脂盐酸盐、聚烯丙基二甲基氯化铵、聚乙烯基三甲基氯化铵、壳聚糖等	两性型	动物胶等

表 11－8　　凝聚型助留剂

离子型	典 型 产 品
阴离子型	聚丙烯酸钠、PAM部分水解盐、丙烯酰胺－丙烯酸共聚物、CMC－Na等
阳离子型	PAMMannich改性物、PAMHofmann降解物、丙烯酰胺－二甲胺基甲基丙烯酸乙酯共聚物、丙烯酰胺－二甲胺基丙烯酸丙酯共聚物、聚乙烯亚胺、壳聚糖、阳离子淀粉
非离子型	PAM、聚氧化乙烯、淀粉等
两性型	丙烯酰胺－丙烯酸共聚物的Mannich改性物、PAMHofmann降解物的部分水解盐、酪素、两性淀粉等

其中PAM和聚乙烯亚胺占有主导地位,而胶体硅的重要作用具有未来发展的潜力。阳离子淀粉是胶体硅的分散剂,并且还能提高纸的强度。

其他应用较多的助留剂是各种阳离子淀粉和两性淀粉,不同离子型的PAM和PAM接枝淀粉等。这些改性天然高分子及合成高分子都兼具助留、助滤和增强效果,而且作为表面施胶剂也具有令人满意的性能。

2. 单一助留剂的助留机理

通常助留的概念是指提高浆料中微细颗粒在网上的留着率，一向均通过胶体吸附和机械截留的机理来实现，所以助留剂的作用是使疏水性胶体悬浮液产生聚集，而后达到被截留在造纸机网案上成为湿纸幅的目的。

胶体吸附作用在助留机理中占主导地位，而机械截留作用分为两个方面，一是造纸机滤网的过滤作用，另一是在网上先形成的湿纸幅的过滤作用。

浆料在助留剂的作用下，形成的絮团有：单一微细颗粒组分或单一纤维组分组成的絮团，由纤维和细微颗粒两种组分组成的絮团。后者还包括细微颗粒在纤维表面的吸附机理。这些微细颗粒在纸机成形部通过迁移作用与纤维一起组成湿纸幅的网络结构。

当助留剂使用量过少时，纸页可能有良好的成形，微细颗粒的分布也较均匀，但细微颗粒的留着率大大降低。反之，助留剂使用量过多时，胶体作用形成的絮团大，纸页匀度差，靠近网面的纸页细微颗粒流失量大，纸的两面性增加。

3. 多元助留系统的助留机理

近年来，随着造纸技术的发展，使用单一聚合物助留剂产生的絮凝，经高剪切力破坏后不能有效地重聚，因此单一聚合物在高车速下不可能有良好的作用，这样新的助留系统便应运而生，一般多是两种组分配合达到协同效果。

多元助留系统的助留机理太复杂，故本节不再叙述。

4. 填料的选择及其留着率

（1）填料的选择　填料的选择及效果见表 11－9。

表 11－9　　填料的选择及效果

选用原则	原因和效果
填料有较高的白度，一般要求在 90% 以上	由于填料白度一般比纤维高，为此加填可提高纸张的白度，填料本身的白度愈大，则对于成纸白度的提高愈大
填料有较高的光折射率，较高的散射系数	使填料具有较高的覆盖能力
填料颗粒细腻且均匀，能较多地留着在纸张中	填料大小能影响纸张的不透明度，填料的颗粒愈小，在同一用量下对提高纸张的不透明度的值也就愈大，且其覆盖能力愈大
填料有较高的纯度，不含有砂粒和其他杂质或填料的密度较大，不溶于或微溶于水	填料如分散于水，则会随同白水而流失
填料的化学性质稳定，不易受酸碱等作用而产生变化	在使用时，填料性质有所改变，不符合要求
填料的灼烧减量不宜过大，一般要求不大于 6%	由于灼烧减量过高，在高温干燥时有变色现象造成损失
资源丰富，价格低廉等	以降低生产成本

填料的加入可明显改善纸的印刷性能、不透明度和降低成本等，并可使纸具有一些特殊性能，如导电性、透气性、耐热性和可塑性等。同时可以改善网上脱水，提高干燥速度，减轻树脂障碍等；但也有其缺点，如降低纸张强度、施胶度、影响压光、增加设备的磨耗等。在实际应用中，主要根据纸的品种和用途来选用填料和确定加入量等。当然还有一些纸如擦镜头纸、工业滤纸、描图纸、钞票纸、仪器记录纸等，不需要加填料。

（2）填料的留着率　填料的留着率是指纸张中所含的填料量与加入浆中填料量的百分比，可按以下公式进行计算：

$$R=\frac{0.94(A-C)(100-B-D)}{(B-C)(100-A-D)}$$

式中　R——纸中填料留着率(%)

A——绝干浆纸中灰分(%)

B——绝干浆中灰分(%)

C——纤维的灰分(%)

D——填料的灼烧质量损失(%)

0.94——校正系数

5．助留剂的应用条件

助留剂的作用效果受很多因素的影响，必须根据所用的浆种及所添加的其他化学助剂来进行选择。影响助留效果的主要因素如下：

（1）聚合物的离子类型和相对分子质量：因为留着过程非常复杂，有各种机理。不同离子和不同相对分子质量的助留剂，作用亦有所不同，作用的侧重点不同，并且受与之配合的另一种聚合物的影响，离子类型对于助留性不是关键因素。但由于目前基本上是酸性抄纸，所以阳离子型聚合物一般更具有优势，原因是其对pH的变化不敏感。高相对分子质量的助留剂在使用时，因黏度高，应配成0.1%～1%的水溶液加入浆料。

（2）助留剂加入位置：在与纸料均匀混合的前提下，助留剂加入位置应尽可能接近纸机的网前箱，使湿纸页成形区能形成微絮凝物，而不使纸料絮凝，影响纸的匀度。

（3）填料粒子大小和形状：填料粒子大小对助留效果有重要的影响，在不加助留剂时，填料粒子只能通过过滤而被留着在成形纸页上，留着性和粒子大小有着近似线性的关系。而留着性随着纤维分离程度的降低有所提高，在加入助留剂后，纤维和填料可通过凝结、凝聚或附聚而被留着。填料留着与粒子大小无关，而更主要地依赖于纤维－微粒间的絮聚强度。当粒子尺寸很小时，填料流失最可能通过纤维－微粒絮聚物的形式流失，同时细小纤维的留着率有所降低。

机械浆和低打浆度的化学浆，填料和纤维之间的作用点是十分有限的，过滤留着机理起主要作用，这样粒子大小对留着有显著的影响，大的粒子可以被更多的保留下来。在一般情况下，填料留着率低于40%，过滤机理起主要作用，而如果填料留着率在40%以上时，则填料与纤维束和纤维有物理吸附作用，这时粒子大小对留着率影响不大。

填料粒子的形状对留着亦有影响，表面较粗糙的易于留着。

6．天然高分子助留剂

天然高分子主要是淀粉、蛋白质、纤维素及动植物胶，但有时它们的性能不能满足作为助留剂的要求，故应进行改性，改性包括化学和物理两种方法。前者是引入其他活性基或接枝合成高分子链，称之为半合成高分子；后者是将天然高分子和其他添加剂复合。而作为助留剂使用的天然高分子，除壳聚糖、骨胶、皮胶等外，一般都是化学改性物。

（1）淀粉及其改性物助留剂。各种淀粉结构不同，用途亦不同。原淀粉留着率低，一般不用作助留剂。在淀粉及其改性物中有明显助留作用的是阳离子淀粉和两性淀粉。阴离子淀粉要和阳离子聚电解质配合才有明显的助留效果。

（2）壳聚糖及其衍生物助留剂。壳聚糖在酸性介质中可呈现阳离子性，其相对分子质量非常大,常在数百万左右,可加入少许醋酸等配成2%的水溶液,用作助留剂具有明显的效果,近年来受到广泛的重视,但更多是将其接枝高分子链进行改性,根据接枝的高分子链的离子性将产品分为阳离子型和两性离子型。

壳聚糖和阴离子淀粉可以组成双元助留体系。使用这一体系后,可以不加明矾而具有明显的助留效果。因在酸性条件下,壳聚糖呈现阳离子性,带正电荷,故可和填料、磷酸酯淀粉和纤维发生中和作用,使它们发生聚集;此外壳聚糖和磷酸酯淀粉都是长链高分子,可和填料和纤维发生架桥作用,同时吸附若干个粒子而达到高的留着率。随着壳聚糖用量的增加和相对分子质量的增加,助留效果显著提高。

(3) 其他天然高分子类助留剂。①羧甲基纤维素钠根据其取代度和聚合度不同,有各种不同的商品牌号,作为助留剂使用的羧甲基纤维素是中等相对分子质量的。②皮胶和骨胶属蛋白质类高分子,产品具有两性,经水解后可得到氨基酸,对纤维和填料有一定助留作用,但目前较少应用。

7. 合成高分子助留剂

(1) PAM助留剂　PAM及其改性物是目前最常用的助留剂。阴离子聚丙烯酰胺的助留效果不如阳离子聚丙烯酰胺,但其制备方法简单,使用方便,故目前仍广泛应用。PAM既可作干强剂又可作助留剂,主要区别是相对分子质量不同,助留剂的相对分子质量为50万～2 000万,干强剂的相对分子质量为10万～50万。不同相对分子质量的阴离子PAM对填料留着率的影响如表11－10所示。成浆为100%漂白亚硫酸盐木浆,打浆度40°SR,硫酸铝1.5%,滑石粉20%,APAM加入量为0.2%(对绝干浆)。

表 11－10　　不同相对分子质量 APAM 的助留效果

APAM相对分子质量×10^4	水解度/%	成浆灰分/%	成纸灰分/%	留着率/%	白水浓度/($g·L^{-1}$)
—	—	15.29	10.17	66.51	0.995
92	8.18	15.29	11.37	76.36	0.605
263	7.03	15.29	12.83	83.91	0.525
525	10.93	15.29	14.21	92.94	0.225

作为助留剂使用的主要是阳离子聚丙烯酰胺(APAM),这类助留剂可直接与纤维和填料形成吸附使之留着。同时亦可通过桥联作用与纤维结合。使用APAM对各种填料留着效果是不同的,一般来说,用量在0.15%～0.2%时,留着率提高10%以上,白水沉降速度也有相当程度改善,而对滑石粉留着效果不明显,白水澄清效果亦不理想。

高相对分子质量的阳离子聚丙烯酰胺作为助留剂有更好的效果而在造纸中得到更广泛的应用,阳离子性使其可和带负电荷的纤维发生电中和反应,而很快产生絮凝。但必须在高剪切力下应用,将形成的大的絮凝体分散,防止纸页不匀。

应用PAM应注意,PAM兼有助留助滤和增强作用,用作助留剂的一般为中、高相对分子质量的PAM,加入量为0.15%～0.75%(对绝干浆)。由于PAM的助留助滤作用随着时间的延长而减少,而絮凝作用则相反,故作为助留剂的PAM应尽量接近网部,不使产生絮凝。

(2) 聚丙烯酸及其共聚物助留剂　聚丙烯酸是阴离子型助留剂,属水溶性高分子。可加入其他单体进行改性,最常用的共聚单体丙烯酰胺,其共聚物除可起助留作用外,更多用作水处理剂和表面施胶剂。

阳离子型聚丙烯酸酯乳液助留剂在与纤维羟基作用的同时，也与松香胶中的羟基作用，提高纸张的施胶度和平滑度。

(3) 聚酰胺多胺环氧氯丙烷及其改性物助留剂　这类产品主要用作湿强剂，在助留方面应用一般是作为阳离子聚电解质，与阴离子淀粉及APAM合用，具有明显的效果。

(4) 聚乙烯亚胺助留剂　聚乙烯亚胺助留剂(PEI)是一种效果突出的助留剂，应用于造纸的是低相对分子质量和高电荷密度的阳离子型产品。聚合度一般为100万，呈无色水溶性液体。其本身具有阳离子性，故易被纤维吸附，使用时不需再加入硫酸铝也能起到良好的效果。

(5) 聚氧化乙烯助留剂　聚氧化乙烯具有极强的助留性，在每吨干纤维中加入0.025～0.05kg的高相对分子量的聚氧化乙烯时，可明显提高细小纤维和填料在纸中的留着率，减少树脂类有机物在造纸机上的沉积。在新闻纸生产中，聚氧化乙烯用量为0.066%，木素磺酸盐用量为4.59%(对绝干浆)，则留着率可达93%；不加这两种助剂，留着率只有69.2%；只加聚氧化乙烯，留着率为74.1%。

(二) 助滤剂

1. 助滤剂的种类和作用机理

(1) 助滤剂的种类　早期多以聚乙烯亚胺(PEI)作为助滤剂。目前以PAM为主，分阳离子、阴离子、非离子和两性离子型。几种主要助滤剂见表11-11。

表 11-11　主要助滤剂种类

种　类	主　要　产　品
阳离子型	聚乙烯胺、阳离子淀粉、聚乙烯亚胺(PEI)、聚酰胺多胺环氧氯丙烷(PAE)、PAM接枝阳离子淀粉、丙烯酰胺-甲胺基丙基丙烯酰胺共聚物等
非离子型	PAM、聚甘露醇半乳糖、聚氧化乙烯
两性离子型	两性淀粉、两性PAM(C-APAM)
阴离子型	水解PAM、羧甲基纤维素(CMC)、羧甲基淀粉(CMS)等

(2) 助滤剂的作用机理　助滤剂的作用是提高从抄纸网部来的湿纸的滤水性、脱水速度。滤水作用与助留作用在促进纤维和填料的凝聚这一点上是相通的，所以助留剂往往同时又是助滤剂。助滤机理可以从不同角度加以解释：①带正电荷的助滤剂能够降低纸纤维、填料的表面电荷(即发生电中和作用)，使极性有所降低，水分子难以在纤维、填料表面浸湿及定向排列；②助滤剂(同时也起助留作用的助滤剂)能够促使纤维和填料的凝聚，其结果导致纤维或填料的比表面降低，形成大的聚集体，加速了脱水作用；③助滤剂往往是高分子表面活性剂或者具有降低表面张力的作用，在纤维、填料表面吸附或结合后，能够降低其表面张力，减少接触角，使水分子难以铺展和浸湿，受应力作用后易脱离抄纸网部。

2. 提高滤水效果的方法

助滤剂的应用效果与下列因素有关：

(1) 打浆度与浆温　打浆度高的纤维滤水慢，细小纤维与水反应强烈，当然本身也能结合大量的水，从而使其本身润胀，降低了滤水速率。通常通过增加浆温可达到降低悬浮液的黏度，增加其滤水速率。

(2) 表面活性剂　加入非离子或阳离子表面活性剂可提高润湿和扩散能力，增加滤水速率,但也有不利影响,如降低纤维间的结合和施胶度,也促进泡沫的产生。

(3) 填料　填料的影响有两面性,如填料与水作用比与纤维的作用弱,有促进滤水的作用;但如填料变成沉淀物留在浆层的孔隙里,从而会阻止自由水脱去。

(4) 聚电解质　盐和低相对分子质量聚电解质能降低纤维表面的 ζ 电位,降低吸水的表面面积,有利于形成较大的聚集体,增加滤水速率。

3. 主要高分子助滤剂

(1) PAM 助滤剂

A. 阳离子聚丙烯酰胺(CPAM)。CPAM 对于加速不同浆料的滤水效率是不同的,应用结果表明,对半纤维素含量较高的草类纤维效果较好;对 α - 纤维素含量高的较纯的浆料,则效果较差。

纸机车速较低时,应选用相对分子质量小的滤水助剂,因为低或中等相对分子质量、高电荷密度的聚电解质会产生小的、紧密的絮凝体,不能强烈地结合水,从而有好的滤水效果,但不能经受太大的剪切力的作用。相对分子质量过大时,会很快形成絮凝物而影响纸张的匀度。

作为助滤剂使用时,应选择中等相对分子质量、中等电荷密度的 CPAM,这类助滤剂能吸附于各种粒子和纤维的表面上,能够降低和中和纤维填料表面的电荷,破坏充满在纤维和填料中定向排列的大分子结构,从而使水容易滤出。如选择中等相对分子质量、低电荷密度或低相对分子质量、高电荷密度的 CPAM,其加入到浆料体系中,在纤维和粒子表面均可形成嵌镶结合,产生一定的助滤作用,但由于相对分子量太低或电荷密度小,其综合效应所产生的助滤作用均不够理想。

CPAM 及其与改性皂土的混合物广泛用于改善浆料的滤水性能,适用于化学浆和机械浆,但对于这两种浆料的作用机理是不同的,CPAM 的最佳用量与聚合物的电荷密度及浆的 pH 有很大关系。在低用量时,可降低浆料的保水值,而在用量增加时,也可增加机械浆料的保水值,还会减少浆料对于阳离子淀粉的吸附。

B. 阴离子聚丙烯酰胺 APAM。APAM 是用高相对分子质量和低电荷密度的产品,但必须和阳离子聚电解质或阳离子聚合物配合才有助滤效果,单独使用则滤水性不理想。阴离子聚丙烯酰胺使浆料滤水性能劣化,其原因是阴离子聚丙烯酰胺与纤维具有相同的阳离子性,使粒子与粒子及与纤维之间相斥力增大,导致浆料的滤水性能劣化,故阴离子聚丙烯酰胺不能单独用作助滤剂。

(2) 聚氧化乙烯助滤剂　聚氧化乙烯(PEO)作为助滤剂使用时,只有相对分子质量非常高时才起作用。它主要用于含机械木浆的纸料中,尤其适用于新闻纸和某些含磨木浆的特种纸。并且对提高纸机的滤水性有良好的影响。在众多的助留剂中,PEO 以其出色的助留性和助滤性引起人们的重视。非离子型和高相对分子质量的 PEO 作为助滤剂已有多年。其提高滤水性能是通过桥联和成链的机理而实现的。聚合物网络形成与存在于纸浆中的悬浮固形物起作用,这种作用机理显然有别于其他的助滤系统。使用 PEO 时要注意的几个问题:①溶解后的 PEO 有一些不溶解的小颗粒,会带到纸机上粘网、粘毛毯,因此要在稀释槽上设有过滤网。②为了达到 PEO 与纸浆充分接触,达到更好的分散效果,需将溶解好的 PEO 用 10 倍水稀释,再与纸浆混合上网,PEO 用量以 0.1%～12% 为宜。PEO 的使用量随着相对分子质量的大小、原料的种类、打浆条件、抄纸机的型式、纸机的抄造速度和产品的种类不同,其使用量也随着不同,效果亦不尽相同。③使用时易产生大量的泡沫,影响上网,分子结构不稳定,均需进行稳定化处理。

(3) 阳离子淀粉助滤剂　阳离子淀粉作为助留助滤剂使用时，在脱水前硫酸铝与纸料接触时间为20s左右时可获得最高的留着率与滤水速度。淀粉加入量愈大，体系助留助滤作用愈显著，但并非与加入的量成正比。此外阳离子淀粉与阴离子聚合物可以组成二元聚合物体系助滤剂，纸种不同，效果亦有很大的差别。

四、消　泡　剂

(一) 消泡剂的种类及性能

消泡剂种类及性能见表11－12。

表 11－12　　消泡剂种类及性能

种　类	名　称	性　能
烃　类	煤油、柴油、汽油等	多用于制浆工序，常制成乳状液加入，与疏水颗粒如胶体 SiO_2 配合消泡效果更好
醇　类	丁醇、辛醇、十八醇、异丙醇等	小分子醇类，可直接使用，高碳醇则需乳化后使用，一般是和其他组分复合以提高消泡能力
聚　醚	聚氧化乙烯、聚氧化乙烯－环氧丙烷	可用于制浆、抄纸和涂布工序，且具有乳化、分散、渗透等多种功能，适应pH范围宽(4～10)
有机硅高分子	二甲基硅油、羟基硅油	可用于造纸各段工序消泡，常以乳液形式使用，用量少而消泡力强，并可使纸张柔软
其　他	磷酸三丁酯、硫酸化蓖麻油、羟乙基蓖麻油等	磷酸三丁酯消泡力很强，但价格昂贵。硫酸化蓖麻油、羟乙基蓖麻油消泡效果一般，有时会有发泡性

(1) 烃类消泡剂。烃类一般不单独使用，而是和乳化剂及蜡类配成W/O型乳液作为消泡剂。其扩散能力强，消泡速度快，但抑泡效果较差，多用于制浆工序，与疏水颗粒如胶体 SiO_2 配合消泡效果更好。

(2) 有机硅乳消泡剂。一般有机化合物，如烃类、醚类、醇类及磷酸酯类铺展系数较大，因此破坏作用很强，而抑泡作用较差。有机硅铺展系数很大，单纯的有机硅如二甲基聚硅氧烷无消泡作用，但将其乳化后，表面张力迅速降低，使用很少量即能达到很强的破泡和抑泡作用。作为优秀的消泡剂必须同时兼顾消泡、抑泡作用。因此，有机硅型消泡剂在各类消泡剂中的综合效果最好。有机硅消泡剂耗量少，效果显著，是一种高效消泡剂，其可分散于水中，稀释后的硅乳在介质中可形成低能表面膜，它可降低气液两相的表面张力，从而破坏空气泡的稳定性，使空气泡不断地破裂，迁移合并成较大的气泡。有机硅乳液作为消泡剂，与其他消泡剂不同，还具有显著的抑泡作用，在破坏泡沫的同时，可以防止泡沫的产生。有机硅乳化学稳定性、耐热性和抗氧化性均较高，对人体无害，适用范围大，有极好的开发前景。

(3) 聚醚型消泡剂。聚醚是常用的消泡剂，有“敌泡”之称。实际应用时，常常将这些表面活性剂与硅油及矿物油配合使用，以降低成本，并达到抑泡和消泡的综合效果。

(二) 消泡剂的作用机理

消泡剂有很多种，其作用是进入泡沫的双分子定向膜，破坏定向膜的力学平衡而达到消泡或抑泡目的。

(1) 化学反应法。消泡剂能与发泡剂发生化学反应，如发泡剂为肥皂时，可加酸使其变为硬脂酸，也可加 Ca^{2+}、Mg^{2+} 等金属离子，使其形成溶于水的固体，导致泡沫破裂。

(2) 降低膜强度法。有一种消泡剂是非极性溶剂,如煤油、柴油、汽油等,它可以迅速在液体表面铺展,带走部分发泡剂,使液膜变薄,强度降低引起破裂。但这种消泡剂必须经乳化后才能在造纸中应用,否则煤油等会对纤维造成污染。大多数消泡剂使用小分子醇类,如乙醇、辛醇等,它们可以进入泡沫双分子定向膜中,导致泡沫破裂。

(3) 造成局部张力差异。能够显著降低表面张力的表面活性剂和固体疏水颗粒,如含氟表面活性剂、硅油、聚醚、高碳醇、胶体 SiO_2,能够进入泡沫双分子膜中,导致膜中表面张力局部降低,而膜的其余部分则仍保持着较大的表面张力,这种张力差异使较强张力牵引着较弱张力部分,从而导致泡沫的破裂。

(三) 消泡剂的应用

消泡剂有多种形式,固体块状消泡剂的活性组分较高,这种消泡剂在使用前需要乳化,有些消泡剂是膏体,在使用前只需稀释而不需乳化。

液体消泡剂可以在纸厂的任何工序中加入,其容易分散到泡沫介质中和水介质体系中,抑制起泡,一般用量为0.01%~0.1%。对于制浆造纸过程来说,油基消泡剂并不能有效地控制泡沫,尤其在脱水过程中,油基消泡剂基本无效,而水基消泡剂则有很好的消泡效果。

(1) 黑液消泡及浆内消泡。主要用烃类消泡剂。黑液主要成分是脂肪酸皂和树脂酸皂,且浓度较高,这些皂本身可以发泡,同时是很好的泡沫稳定剂。而采用烃类消泡剂,基本上可解决制浆过程中的泡沫问题。

(2) 抄纸消泡剂。抄纸过程中,因为浆中含有少量的木质素、脂肪酸、树脂酸等天然和人工添加的起泡性表面活性剂,同时含有合成高分子及淀粉等稳泡剂,所以会出现泡沫,引起断头或纸上有孔斑问题。抄纸用消泡剂主要活性组分是高碳醇类、聚醚类、脂肪酸酯等,一般是配成油包水型乳液。加入时应分批并预先以热水稀释,使其在白水中易于扩散。

(3) 涂布消泡剂。涂布消泡剂的用量一定要少,以防止其影响涂布配方的乳化能力,使涂层不均匀,消泡剂可混入颜料中,也可以加入黏合剂中。涂布经常用的消泡剂是硅酮和磷酸三丁酯等,有时也使用与制浆消泡剂类似的油包水型消泡剂。涂料中加入消泡剂有前加和后加之分,前加系在调配涂料时加入,一般用抑泡效果显著的消泡剂,主要是有机硅高分子或直接加入硅油;后加则是涂布过程中在涂料辅助槽等处加入,主要起消泡作用,可加磷酸三丁酯等破泡作用显著的消泡剂。

(4) 表面施胶用消泡剂。表面施胶中会因剪切力的影响而产生泡沫,用于表面施胶中的消泡剂与浆内消泡剂相似,主要是聚醚和酯类。

(5) 污水消泡剂。污水处理中如产生大量泡沫,则隔断了污水与空气的充分接触,妨碍了充氧,污水中溶氧不足,则会引起微生物生长缓慢甚至死亡,导致污水变臭。此外污水处理中难免起泡,而加入消泡剂可解决此问题。

五、防　腐　剂

因纸浆中含有多种营养物(如糖类),且温度适于细菌生长,制浆和抄纸过程中微生物极易繁殖,产生腐浆,一旦形成腐浆,易粘附于设备、管路,并和其他无机物和有机物结合,形成腐浆黏液沉积物。由于纸机结构日趋复杂,多采用白水封闭循环系统等,在纸机网部纸料流经系统的各种设备和管道中聚积沉积物,使细菌和霉菌快速生长,故加入防腐剂则是保证纸机正常运行,提高纸张性能的有效途径。

引起腐浆障碍的微生物在中碱性系统中,增殖速度要比在酸性系统(pH 4.5~6.5)快得多,因此采用中性施胶工艺必须添加防腐剂,在中碱性的 pH 范围内,大部分有机防腐剂均已分解失效,为此适用于中性纸浆的防腐剂,除要求有高效低毒生化降解性能好等特点外,还要求在 pH≤9 时不致分解。

在涂布纸的加工过程中,由于涂料含有蛋白质或淀粉黏合剂等营养物质,会使霉菌生长。微生物的存在和生长,会影响涂料的黏结和流动性能,并使涂料品质劣化,颜色变深,最后导致涂布纸的表面强度降低,表面产生污斑。

食品及药物包装用纸、卫生纸、餐巾纸等,本身需要加入防腐剂。食品包装纸用防腐剂必须是食品防腐剂。好的防腐剂,应该具有高效、快速、广谱杀菌抑菌能力,有一定的水溶性。

(一) 防腐剂作用机理

杀菌剂是用来杀灭微生物的物质,也属于防腐剂范畴。物质的杀菌与抑菌往往与浓度及作用时间有关,同一物质,浓度高或作用时间长可以杀菌;浓度低或作用时间短则只能起抑菌作用,另外同一种抗菌物质对不同种类的微生物的作用也不完全相同。对某种微生物可起到杀菌作用的物质对其他微生物可能仅有抑菌作用。

防腐剂可使微生物细菌的蛋白质变性,消灭其细胞活性,促使细菌死亡;也可使细菌细胞生长变异,遗传基因改变,难以繁殖。所以防腐剂,实际上是杀菌剂及抑菌剂。

(二) 防腐剂的种类

1. 无机防腐剂

主要有两类,即氧化型防腐剂和还原型防腐剂,还原型防腐剂由于它的还原能力而具有杀菌作用和漂白作用。氧化型杀菌是借助于本身的氧化能力而起杀菌作用。

(1) 漂白粉　漂白粉是次氯酸钙、氯化钙、氢氧化钙的混合物,其水溶液中的有效氯具有很强的氧化杀菌和漂白作用。高温、高浓度、长时间及低 pH 条件下杀菌作用增强。

(2) 二氧化氯　白水系统为微生物提供了良好的生活环境,并由此而产生腐浆。ClO_2 与白水系统的氨不反应,故可作为有效的微生物杀菌剂。

(3) 氯化铵　纸厂所用的氯化铵是由漂液和硫酸铵制成,反应式为

$$(NH_4)_2SO_4 + Ca(OCl)_2 \longrightarrow 2NH_4Cl + CaCO_3 + 2H_2O$$

制备时是使用硫酸铵和漂液(有效氯 18~20g/L),直接混合而成。

加入方法是每次纸机停机清洗后,将清水放满网下白水池,开泵循环。先将硫酸铵加入池中,混合均匀,再加入含有效氯 19~20g/L 的漂液,待循环 30min 后,放浆抄张。加到纸浆中的氯化铵量为浆量的 0.03%~0.05%左右;若用于白水中,则氯化铵为白水量的 3~5mg/L。在制造和使用氯化铵时,应在中性或微碱性条件下进行,但 pH 过高则会降低杀菌效力。使用氯化铵的成本低,抑菌杀菌效果明显,但气味较大,对环境和人有不良影响。

2. 有机防腐剂

(1) 表面活性剂:杀菌抑霉作用是表面活性剂的派生性质,阳离子和两性离子表面活性剂在这方面的作用比较显著。阳离子表面活性剂特别是分子结构中带苄基的季铵盐具有较强的杀菌性,但在存在其他蛋白质或重金属离子的场合,某些两性表面活性剂的杀菌能力将超过阳离子表面活性剂,特别是在与阴离子表面活性剂复配的场合,更显示出两性表面活性剂的优越性。

(2) 其他有机杀菌剂:目前有机杀菌剂主要有有机硫防腐剂、有机溴防腐剂、过乙酸、对羟基苯甲酸酯类。对羟基苯甲酸酯类防腐剂是一类食品用防腐剂,故可用于食品包装纸的防腐处理。

应用实例：用 27～40g/m^2 防油纸做原纸。基本配方为：防霉剂对羟基苯甲酸丁酯 100g、增效剂二丁基羟基甲苯 1.5g、调酸剂柠檬酸 3g、黏合剂乙基纤维素 10g，将它们溶解于 100mL 乙醇中。对羟基苯甲酸丁酯涂布量为 1.7～2.3g/m^2，二丁基羟基甲苯涂布量为 0.02～0.03g/m^2。

六、其他助剂

（一）阻燃剂

纸和纸制品是可燃和易燃的，在一些特殊场合应用时，必须具有阻燃性，否则会造成重大损失，因此，要在纸浆中添加阻燃剂以达到阻燃的目的。

1. 阻燃剂的作用机理

阻燃性是指材料在接触火源时燃烧速度很慢，离开火源时能很快停止燃烧并自行熄灭。

阻燃剂一般通过下面一种或几种途径达到阻燃目的：

（1）吸热效应。阻燃剂具有吸热能力。利用阻燃剂在受热情况下发生分解反应（吸热过程）吸收热量以及热分解产生不燃性挥发物的汽化热，使纸制品在受热情况下温度难以升高而阻止聚合物热降解的发生，起到阻燃作用。

（2）覆盖隔离效应。阻燃剂燃烧时能在纸表面形成一层隔离层，起到阻止热传递、降低可燃性气体释放量和隔绝氧气的作用。

（3）稀释效应。阻燃剂在燃烧温度下分解产生大量不燃性气体，如水、二氧化碳、卤化氢气体等。这些不燃性气体将可燃性气体浓度稀释到可燃烧浓度范围以下，以阻止燃烧的发生。

2. 阻燃剂的分类及主要品种

（1）无机阻燃剂：无机阻燃剂主要是靠吸热效应起阻燃作用，优点是安全性高，兼有阻燃、抑烟和降低有毒气体的功能。主要品种有金属氢氧化物、金属氧化物和硼酸盐、钼化合物等。

（2）有机阻燃剂：有机阻燃剂主要品种有氮系阻燃剂、磷系阻燃剂和卤系阻燃剂等。

（二）防锈剂

防锈剂主要用于防锈纸的生产，防锈纸主要用于包装各种金属器具，防止其在放置和运输过程中由于空气和水的作用而发生锈蚀。

（1）防锈剂的作用机理。金属暴露于腐蚀性环境中，会发生电化学变化，这个变化过程叫做化学腐蚀过程。如能采取办法阻止金属发生电化学反应，就能防止金属腐蚀。而防锈剂可以阻止金属发生电化学反应。

（2）防锈剂的种类及主要品种。①胺类：主要品种有十八烷基胺、烷基丙二胺及三乙基四胺等，可以单独使用，也可和油溶性磺酸盐、有机磷酸盐等复配，均能获得较好的防锈效果。②酰胺类：主要品种有双十八烷基己二酰胺和双十八烷基癸二酰胺。③氨基酸：主要产品有 *N*—油酰肌氨酸和 *N*—油酰基氨酸十八胺盐。④羧酸类：主要品种有十二烯基丁二酸。

（3）防锈剂的使用。防锈剂可加入到加工纸的涂料中去使用，也可加入到防护金属表面的润滑油脂中使用。防锈纸的生产是将纸或纸板涂布或浸入防锈剂溶液，即将防锈剂溶解于水，或把它溶解于水和低级醇的混合液中。对于水不溶性防锈剂，可加水制成乳剂或水分散体，在浸渍加工的过程中，必要时可往防锈剂溶液中加少量黏合剂，用气刀毛刷或喷涂等方法进行涂布加工。

作业题

1. 施胶的目的和作用是什么？

2．施胶的方法和种类有哪些？
3．加填的目的和作用是什么？
4．影响填料留着率的因素有哪些？
5．染料的种类有哪些？
6．干强剂主要分为哪几类？主要产品有哪些？
7．聚丙烯酰胺干强剂的应用条件是怎样的？
8．湿强剂的作用机理是什么？
9．使用 PAE 应注意哪些问题？
10．简述湿强剂的应用条件。
11．使用助留剂的经济效益有哪些？
12．助滤剂的应用效果与哪些因素有关？
13．消泡剂的作用机理是怎样的？

第十二章 纸机前的供浆系统

第一节 概 述

抄纸方法虽然有干法和湿法之分,但干法仅能用于某些特种纸及纸板的生产。因此,目前纸和纸板的生产方法主要为湿法。

在湿法抄纸中,按纸机网部形状的不同,可分为圆网和长网两种基本类型。不管是哪种类型的纸机,要把经过打浆和调料后的纸料抄造成为合格的纸,都要经过网前处理、上网成形、压榨脱水、加热干燥、卷取整理等加工处理过程。如有必要则先经压光后再卷取。

为什么经过打浆调料后的纸料不能直接上网成形呢?这是因为它们浓度并不稳定,同时还可能含有各种杂质,此外纸料中还难免混入空气。以上因素不仅影响成纸质量,而且会损坏设备,妨碍纸机操作。因此,要抄出组织均匀,质量符合要求的纸或纸板,就必须在上网前对上述纸料进行一系列处理。这一处理过程所采用的流程和设备,虽然会因纸机类型、生产品种、生产规模的不同而有某些差别,但它是任何一种纸机都不可缺少的一个组成部分。一般包括以下一些处理过程:浓度调节、配浆、纸料的贮存、精整,浆量调节,稀释、精选与除气等。

纸机前的供浆流程及设备,对纸张的质量和纸机运转的稳定性影响很大。在实际生产过程中保证稳定供浆,使系统中各种设备的生产能力应超过纸机最大生产能力的15%~35%。

第二节 配 浆

一、配 浆 目 的

将两种或两种以上的浆料按一定的比例混合起来的过程称为配浆。各种浆料所占的比例叫配比。浆料的配比应根据纸张的质量要求、设备条件、纸浆的性质、来源来确定。

配浆的目的概括起来主要有三个方面:第一是改善纸张的性质。第二是满足纸机抄造性能的需要。例如以机械木浆为主生产新闻纸时,加入10%~20%的化学木浆,可以提高纸页的强度(包括湿强度和干强度),有利于纸机的抄造;又如为了稳定纸机的操作条件,要求控制损纸浆的回浆比例。第三是节约优质的长纤维,降低成本。例如以化学木浆为主生产纸袋纸时,加入部分废纸浆即是如此。

二、配浆方法及配浆箱

配浆方法有间歇式和连续式两种。间歇配浆就是先计量各浆池内纸浆的体积和浓度,然后按要求的比例分别送往混合池的配浆方法。这种方法一般在品质经常改变的中小型纸厂内使用。连续配浆是各种纸浆首先经浓度调节器稳定浓度后,再连续通过一种流量控制设备而进行的配浆。连续配浆时,各种辅料也是连续加入。此法管理方便,配比稳定,便于实现自动控制,适合品质稳定的大中型纸厂。

连续控制浆量的设备,中小型纸厂主要采用斗轮式或压力式配浆箱。大型现代化的纸厂则使用电磁流量计由仪表自动控制。

斗轮式配浆箱的结构如图12－1所示。这是一种容积式配浆箱，可同时计量5种浆料。箱内的液位由浮子和液面控制阀自动调节保持恒定。通过斗轮的浆量决定斗轮的转速和箱内的液位。其斗轮由电动机带动旋转，通过一个总的无级变速器可以同时调节各个斗轮的转速，从而达到调节总输出量的目的。此外，每个斗轮又设有各自的无级变速器，从而达到单独调节物料的目的。它的误差为最大流量的±1%，适合常见通用造纸机使用。

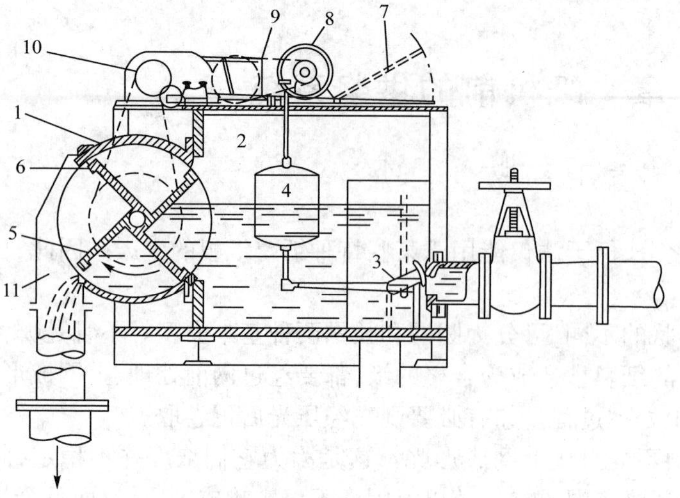

图 12－1　自动控制的配料系统
1—斗轮外轮　2—纸料箱　3—液面控制阀　4—浮子　5—斗轮
6—橡胶摩擦头　7—检查孔盖　8—电动机　9—总变速装置
10—齿轮减速器　11—出口管

图 12－2 为压力式配浆箱的结构示意图，箱体可用不锈钢或塑料板、木板等制造。纸料进入间隔 2，由可以上下移动的溢流板 A（为各纸料所公用）保持浆位的稳定。通过控制开孔 D 的面积而达到控制配比的目的。开孔 D 由一固定方形孔与一块活动的 V 形板构成。V 形板的上下移动可以改变开孔面积，但开孔的形状始终保持方形，可使流量系数不变。通过开孔的流量可用下式表示：

$$Q = C_v A\sqrt{2gh}$$

式中　Q——纸浆流量（m^2/s）
　　C_v——流量系数
　　A——开孔面积（dm^2）
　　g——重力加速度
　　h——液体高度（dm）

由上式可知，如果面积 A 不变，利用溢流板的升降来改变浆位 h，便可以改变纸浆的流量。而在 C_v 和 h 不变时，通过调节各自的 V 形板而改变开孔面积 A，便可调节浆的流速。

图12－3为自动控制的配料系统示意图。每种物料都设有由电磁流量计、调节器、比值器

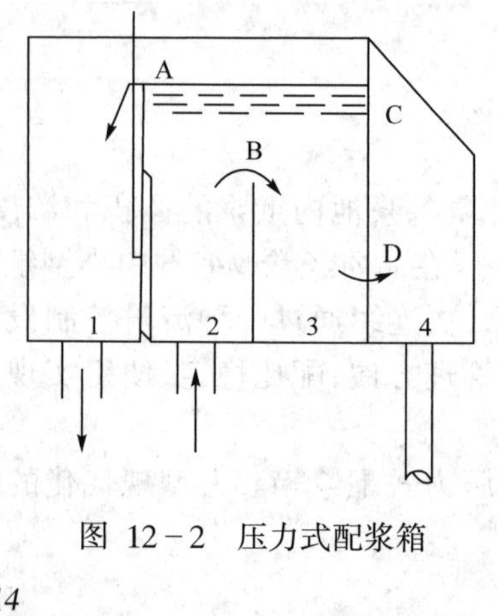

图 12－2　压力式配浆箱

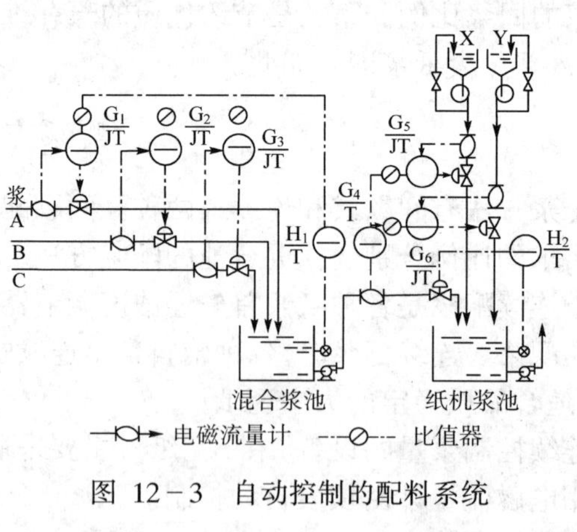

图 12－3　自动控制的配料系统

和调节阀等仪表组成的比值调节系统。它们的配比可以分别给定。三种浆料的总输出量受混合浆池的浆位控制,但保持配比不变。辅料X和Y的总输出量由混合浆池送到纸机浆池的浆量控制,同样保持配比不变。而这一浆量又受纸机浆池的浆位控制。

第三节 纸浆的浓度调节

目前,多数造纸企业采用浓度调节器来稳定纸浆的浓度,防止纸张定量波动,保证纸机连续稳定的工作。在纸机前的供浆系统中,使用浓度调节器的地方有:①连续配浆之前,先稳定各种纸料的浓度以稳定配备;②成浆池之后纸浆稀释之前,稳定调节浆料的绝干量,这是防止定量波动的必要条件;③个别还在流浆箱之前设置低浓度的浓度调节器,控制上网浓度,进一步稳定定量。

(一)纸浆浓度测量仪表的种类

目前较为成熟的纸浆浓度测量仪表按其原理分为两大类:一类是力学法纸浆浓度测量仪,用于测量中高浓度纸浆的浓度(纸浆浓度大于1.5%)。一类是光学法纸浆浓度测量仪,用于力学法难以测量的低浓度纸浆的浓度(纸浆浓度小于1%)。力学法纸浆浓度测量仪表主要有刀式纸浆浓度变送器、外旋式纸浆浓度计、内旋式纸浆浓度变送器。光学纸浆浓度测量仪表有偏振光和光电式(散射光式)低浓纸浆浓度变送器两种。

(二)各种纸浆浓度测量仪的比较及选用

各种纸浆浓度测量仪的比较与选用分别见表12-1与表12-2。

表 12-1 各种纸浆浓度测量仪的比较

测量原理	测量方法	测量范围	特点	生产厂家
力学法	刀式	2%~6%	(1) 安装容易 (2) 结构简单,维护量小 (3) 流速影响稍大	武汉自动化仪表厂 天津自动化仪表厂
	外旋式	1.5%~5%	(1) 维护方便 (2) 流速影响小 (3) 安装维护工作量大	武汉自动化仪表厂
	内旋式	0.8%~8%	(1) 测量精度高 (2) 对流速不敏感 (3) 安装维护工作量大 (4) 价格昂贵,结构复杂	武汉自动化仪表厂
光学法	偏振光	0.005%~4%	(1) 与浆料非接触,无可动部分 (2) 可测低浓度 (3) 流速无影响 (4) 价格昂贵,结构复杂	
	散射光	0.5%~7%	(1) 与浆料非接触,无可动部分 (2) 可测低浓度 (3) 流速无影响 (4) 光源变动等干扰因素大 (5) 价格昂贵,结构复杂	

表 12-2　　各种纸浆浓度测量仪的选用

用途		选用纸浆浓度变送器的品种		备注
		优先	可选	
中浓浆自动控制浓度大于1.5%	浓度目标值大于等于2%	刀式	外旋式	
	浓度目标值在1.5%以上	外旋式		
中浓浆计量		内旋式	刀式、外旋式	宜加浓度控制环节,先稳定浓度
中浓绝干浆量控制		内旋式	刀式、外旋式	宜加浓度控制环节,先稳定浓度
低浓浆测量与控制(浓度小于1%)		偏振光式	光电式	

第四节　抄纸前纸料的处理

一、纸浆的贮存和浆量的调节

(一) 纸浆的贮存

在纸机前贮存一定的浆量,可以使打浆部分送来的纸料,在经过配浆调料之后进行充分的搅拌和混合,使其质量(如配比、浓度、打浆度、施胶度、着色度等)稳定;同时可使打浆部分的间歇供料变成纸机部分的连续供料,或在连续打浆偶然停机时不致影响生产。从而保证在一定时间内连续、稳定地向纸机供料。

贮浆池的台数决定于所用浆种的数量、打浆方式等。若用单一纸料,又是连续打浆,一般配置三台分别贮存打浆后浆料、损纸浆料和混合后的浆料;若为单一纸浆但间歇打浆,则应再增加一台轮换使用;若采用数种纸浆混合抄纸时,除设一台混合池及一台损纸浆池外,每种纸浆应各设一台贮存池。用于贮存配浆后混合浆料的浆池称为成浆池。其位置应接近纸机,贮浆浓度一般为2.5%～3.5%。适当提高贮浆浓度,可增加贮浆量,提高供浆质量的稳定性,减少浆池容积,节省投资和占地面积。但过高时,循环不均匀,易产生浆团,动力消耗也大。

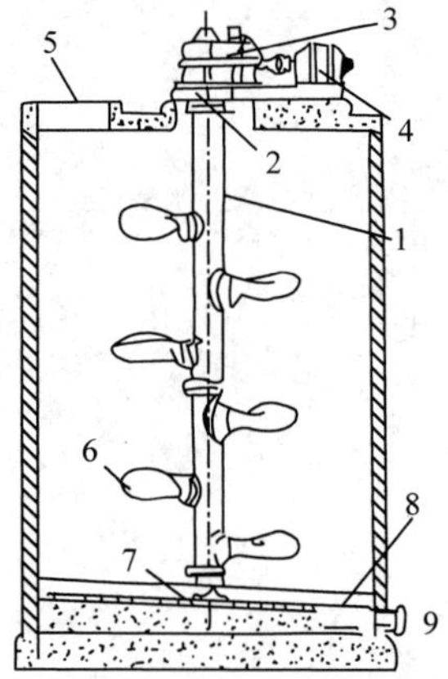

图 12-4　立式成浆池
1—搅拌轴　2—连轴器
3—减速器　4—电机
5—人孔　6—可调搅拌叶片
7—轴承　8—沉渣坑
9—出口

为了保证纸机在较长时间内不间断地工作,减少纸料质量的波动,成浆池的贮浆量应达到一定的要求。若为间歇打浆,必须保证纸机工作1.5～2h;当生产高级薄型纸时,应保证纸机工作4～6h;对于连续打浆又有自动调节设备的,则只要保证纸机工作20～30min就够了。这样成浆池的容积便可按贮浆浓度、贮浆时间及纸机生产能力进行计算。

目前使用的成浆池有立式和卧式两种型式。老式的立式成浆池如图12-4所示,为钢筋混凝土或砖石结构的圆筒形贮槽,其容积很小,通常只有10～20m^3,多用于小型低速纸机。

双沟涡轮循环器卧式贮浆池的结构如图12-5所示。一般用钢筋混凝土制成,一端为半圆形,中间隔墙与装推进器的一端连接,靠推进器出口留有通道,供浆料循环用。为减少挂浆,内壁砌有瓷砖,池底与池壁有圆角过渡。涡轮推进器如图12-6,

它装于进浆沟的末端，其作用和普通水泵的叶轮相似，适用于细浆或较低浓度(5%以下)的浆料循环。

采用螺旋桨作为循环器的卧式贮浆池结构与前者相似，但螺旋桨装于出浆沟的首端，其叶轮如图12-7。与船用螺旋桨一样，当它旋转时浆料由叶轮后面进入，在轴向力的作用

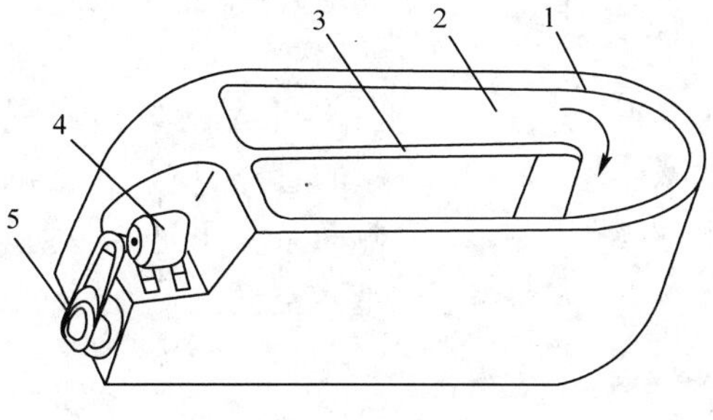

图 12-5　卧式贮浆池

1—池壁　2—浆沟　3—隔墙

4—电动机　5—推进器

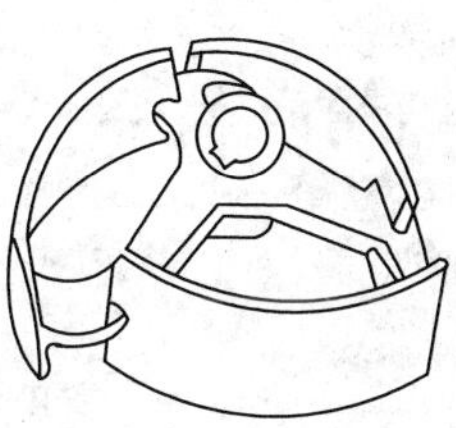

12-6　涡轮式叶轮

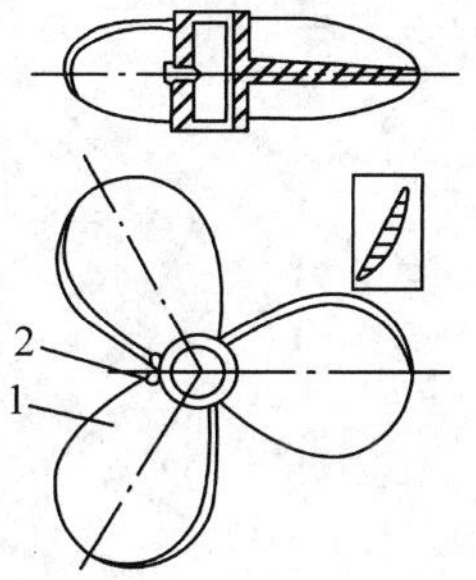

图 12-7　螺旋桨式循环器

1—螺旋叶片　2—止动螺钉

下，推动浆料前进。它的能力与叶片大小、叶片角度和转速等有关。它的循环能力较大，浆料混合均匀，适用于较粗而易缠绕在搅拌器上的浆种或浓度较高(5%以上)的浆料循环。

图 12-8 为采用循环泵作为循环器的卧式贮浆池，其叶轮如图 12-9，和螺旋桨一样，安装于出浆沟的首端，循环原理与螺旋桨相似。

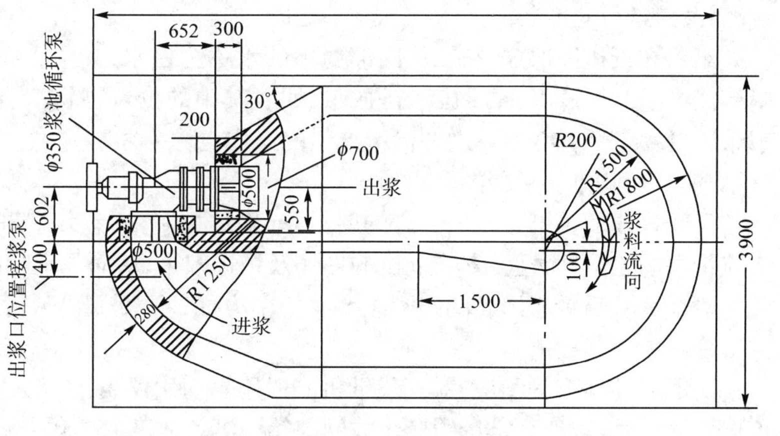

图 12-8　循环泵浆池

这种循环器的浆流量较小，浆池容积以小于 $25m^3$ 为宜。过大循环不良，特别是一些滤水性好的长纤维浆料易在池内沉淀，出现上下浓度不一致，造成纸张纵向定量波动。

图 12-9　轴流式叶轮

它具有结构简单、占地小、电耗低等优点。由于安装于池外，易于维修、管理。适用于小型纸厂。

(二) 浆量的调节

纸张的定量决定供给纸料的数量。在浆料浓度不变的情况下，若纸机车速不变，就必须改变纸料的供给量；若定量不变而改变纸机车速，同样也需要调节纸料的供给量。因此按纸机车速和纸张定量调节供浆量，这是纸张抄造的一项重要内容。

供浆量的调节一般用调浆箱进行。图 12-10(a)是一个分成三格的箱体，分别调浆和调白水，调好后混合在一起。图 12-10(b)为一种恒压溢流箱，通过溢流稳定液位，以保证上料量的稳定。需要的浆量通过装于出浆管上的阀门进行调节。此种调浆箱常用

于泵内冲浆系统。

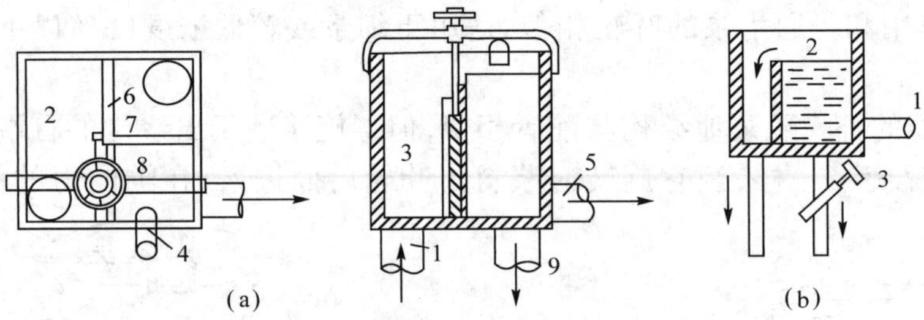

图 12-10 调浆箱

1—进浆管 2—恒液面浆室 3—闸门 4—白水管 5—出浆管 6—溢流板 7—溢流室 8—冲浆室 9—溢流浆管

为了保证良好的溢流,调浆箱应比贮浆池高2.5~3m。为了保证浆位稳定,溢流量应为进浆量的25%~30%。浆料或白水进入调浆箱或混合箱的管路,应从箱底部或侧面浆位下进入,尽量少带入空气。

二、纸料的稀释

(一) 稀释的目的和作用

成浆池来的纸料浓度一般为2.5%~3.5%,为了下一步的精选和有利于纸料上网成形,应稀释到0.1%~1.3%。因此,稀释的目的就是满足精选和抄纸的基本要求。

纸料稀释后,有利于纤维均匀地分散在水中,使纤维较长时间保持悬浮状态,避免纤维絮聚成团,改善纸页匀度。

纸料在纸机网部成形时,从网部滤出的水称为白水,其中含有少量细小纤维、填料、胶料、色料等。为了节约清水,减少废水排放量,回收其中的少量物料,改善纸页匀度、施胶度和色度,一般采用白水来稀释纸料。这种稀释纸料的操作也称为冲浆。

(二) 影响纸料稀释的因素

稀释操作的关键是根据生产的要求,准确地控制稀释后纸料的浓度。该浓度的波动不仅会影响纸页的定量,而且会影响纸机的操作及精选效果,从而又影响纸页的质量。

影响稀释后纸料浓度的因素主要有两个方面:一是进入调浆箱的纸料浓度变化;二是白水浓度变化。

为了保持生产的稳定性,现代纸机一般用自动化仪表,一方面自动调节进入调浆箱的浆料浓度,另一方面根据纸页定量的变化或网前箱中纸料浓度的变化,自动调节调浆箱的来浆量。

调节稀释后上网纸料的浓度,不仅可以维持纸料上网浓度稳定,从而保证纸机适宜的运转条件及成纸质量,而且在某些条件下,适当改变其浓度,还可以成为提高纸页质量,改善纸机操作条件的积极措施。

影响纸料稀释的因素主要有以下几个方面:

(1) 纸料打浆度。黏状浆脱水困难,应有较大的上网浓度。采用黏状浆抄纸,虽然降低了稀释度,但由于纤维具有较好的分散性和悬浮性,因此不会影响纸页的形成。

(2) 纸机类型。在所有条件相同时,圆网纸机的稀释度较长网纸机高。圆网纸机稀释后纸料的浓度范围为0.1%~0.5%,而长网纸机为0.1%~1.3%。

(3) 纸张定量。当抄厚纸时,为减轻脱水负担,稀释度应低些。当抄薄纸时,为使纤维较长时间处于悬浮状态,以改善纸页匀度,则要求比较强烈地稀释。

(4) 纸料温度。温度决定了水的黏度,而脱水速度与黏度成反比。故纸料温度高时应加大稀释度。

(5) 网部脱水能力。长网纸机的网案长度、圆网纸机的圆网形成弧长都会影响其脱水能力。

若网部脱水能力小，生产同一类型的纸张时，就要提高上网浓度，因此会降低成纸匀度。反之，脱水能力大的可采用较高的稀释度，以改善纸页匀度。

（三）纸料稀释的方法

纸料的稀释方法主要有利用高位冲浆箱、地下冲浆池和冲浆泵三种方法。

图 12－11 为高位冲浆箱的结构示意图，其结构及调节原理与调浆箱类似。这种稀释方法浓度易控制，通常用于采用敞开式筛浆机的精选系统中，因为稀释后的纸料能自动流入筛浆机内。但冲浆的白水需用流量较大的泵输送。

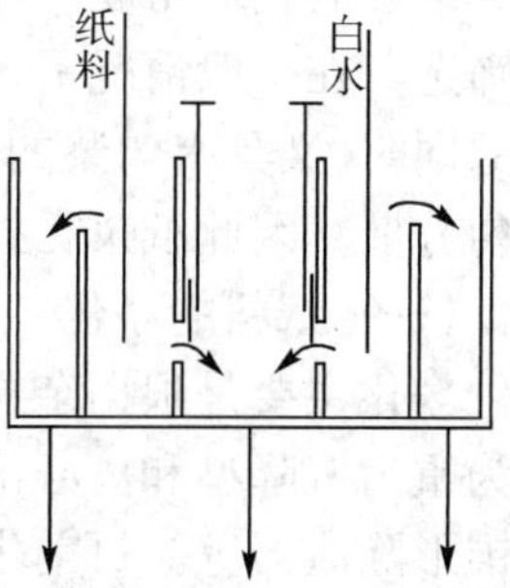

图 12－11　高位冲浆箱

图 12－12 为利用地下冲浆池进行稀释的流程示意图。此法一般用于圆网纸机及部分小型长网纸机，它省去了冲浆白水的输送流程。精选后的良浆先进入一个稳浆箱内，然后进一步稀释到上网所要求的浓度。此外，稳浆箱还有稳定上网浆流和逸散空气的作用。

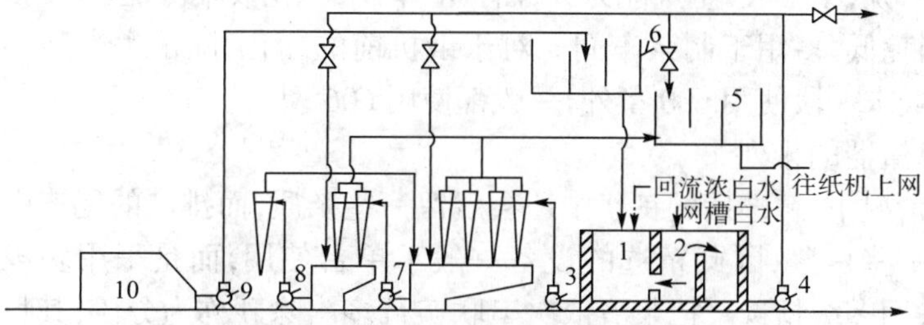

图 12－12　地下冲浆池稀释流程

1—冲浆池　2—白水池　3—冲浆泵　4—白水泵　5—稳浆箱
6—调浆箱　7—二段除渣器泵　8—三段除渣器泵　9—成浆泵　10—成浆池

图 12－13 为采用冲浆泵进行稀释的流程示意图，一般用于长网纸机。有的采用一条循环管线来调节纸料的稀释度或流浆箱内的液位。但其稀释度主要由浆量控制阀控制。

为了防止空气在管路系统中聚积而引起浆流不稳现象，应注意如下几点：①浆量控制阀的位置应位于白水池液面1.5m以下，以免空气在阀门下游分离而聚积；②浆量控制阀应采用 V 形阀或流线形阀，不宜用闸阀，以防浆料在闸门下游产生浆水分离而造成流量波动；③从高位箱到冲浆泵吸入口的浆管应避免急转弯或有水平管道。至少应达 8% 的坡度并斜向接于冲浆泵的白水吸入管中。

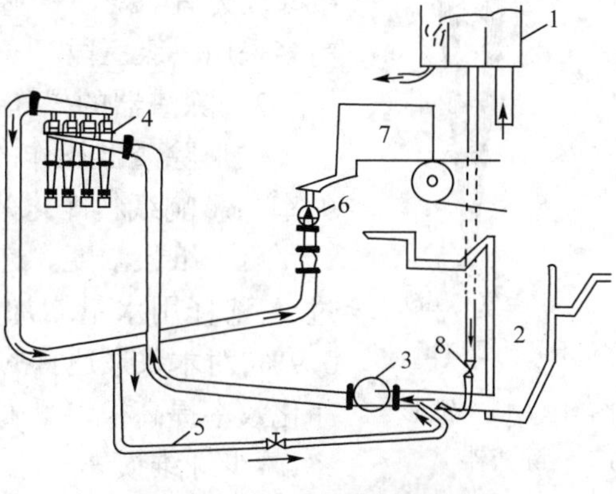

图 12－13　冲浆泵稀释流程

1—高位箱　2—白水池　3—冲浆泵　4—除渣器
5—循环管　6—布浆器　7—流浆箱　8—浆量控制阀

三、纸料的筛选与净化

纸浆中的尘埃和杂质可以分为纤维性尘埃、非金属性尘埃和金属性尘埃三大类。纤维性尘埃主要来源于制浆时蒸煮不均匀、筛选不干净；打浆和配浆中未能充分分散的纤维束和碎纸片。非金属性尘埃主要来自原料自身所含砂粒和泥土及生产过程中所带入的煤灰、灰尘等杂质。金属性尘埃主要来自生产设备的磨耗和腐蚀等产物，如铁屑、铜末、锈屑等。

纸料中含有尘埃及各种杂质对抄造生产、纸机部件及成纸质量均有不良的影响，生产中需要有效地除去这些杂质。

除去上述成浆中杂质的过程称为精选。根据分离原理不同,可分为两大类:一类是根据杂质与纸浆的相对密度不同而分离,称为净化。另一类是根据杂质与纸浆的形状不同而分离,称为筛选。在一般情况下,为了得到较好的分离效果,通常将它们结合起来使用。纸浆在得到精选的同时,又具有匀浆的作用;这是由于纸料浓度较低,又经过较高强度的湍流作用,可将纸料均匀分散。因此纸浆在抄造前的净化筛选处理是一个不可忽视的重要工序。

(一) 纸料的净化

净化主要是根据杂质与纸浆的相对密度不同除去密度较大的杂质,其设备按分离原理可分为重力沉降型和离心沉降型两种。前者主要指沉砂沟,而后者包括低压除渣器、筒形除渣器和锥形除渣器等。目前生产上常用的净化设备是锥形除渣器(图 12-14),其除砂效率高。下面介绍一下锥形除渣器实际应用中应注意的一些问题。

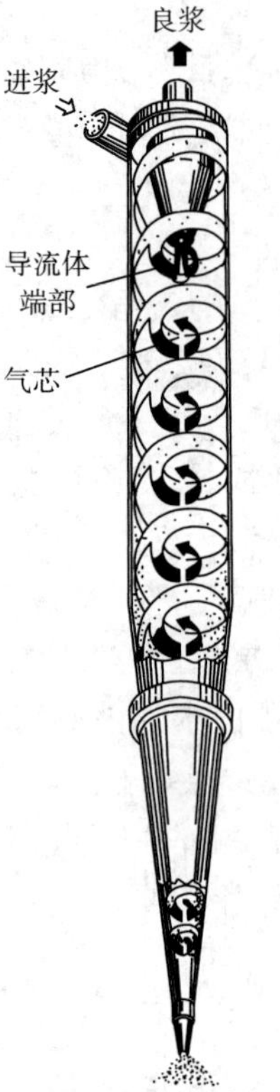

图 12-14 锥形除渣器

1. 除渣器的选型

目前使用的锥形除渣器的型号,按直径大小有 620、606 和 600 三个系列。一般来说,型号大,生产能力大,而排渣率小,净化效率低,但纤维损失小,动力消耗低,多用于制浆车间。对于纸机前的净化,除了生产某些高级薄纸和最末一段使用 600 型外,一般都使用 606 型。

2. 除渣器的排列

一般情况下,精选后的良浆中还会残留一些杂质,而排出的尾渣中又往往混有一些良浆,因此精选的设备一般不单台使用,而是采用多段精选,个别采用多级精选。把浆渣依次串联实行多次除砂称为分段,其目的是减少尾渣中好纤维的损失,但随着段数的增加,设备台数及动力消耗也增加,故多采用两至三段。把良浆依次串联实行多次除砂称为分级,其目的是提高良浆的质量,但随着级数的增加,除了设备台数和动力消耗增加外,纤维的损失也会增加,因此,除非质量要求特别高的纸浆,一般采用一级处理为宜。对于锥形除渣器通常小型号的因排渣率大,要求段数多,目前多采用一级三段。

3. 除渣器的操作要点及影响因素

锥形除渣器操作的主要质量指标是纸料的净化效率,其次是纤维损失率。影响纸料净化效率主要有以下一些因素。

(1) 纸料浓度。进入除渣器的纸料浓度越大,除渣效率越小,但浓度过小,稀释用水量增加,动力消耗增加。因此,一般进料浓度为 0.3%~0.9%,对木浆最适宜的浓度为 0.5%,对草浆浓度从 0.5%降低到 0.3%,净化效率提高很多。采用多段除渣时,其浓度应依次减小,以提高净化效率,减少纤维损失。

(2) 纸料进出口压力差。压差大,旋转速度快,纸料通过量大,生产能力大。另外,随着压差的增加,离心力增大,净化的效率也提高。若进出口压差超过 300kPa,浆料的净化效果增加不明显,而动力消耗却显著增加,其大小应根据浆料的性质和纸张的质量要求而定。对于要求尘埃少的文化用纸和工业技术用纸及其用浆,进浆压力在 280~350kPa。对于尘埃要求不严的包装纸和纸板及其用浆,进浆压力可低至 280kPa 以下,甚至 200kPa 以下。锥形除渣器的出口压力一般为 10~30kPa,若出浆压力过低,除渣器内"低压带"的负压过大,会造成浆料过早地向"低压带"转移,使净化效率降低。在生产中,中心"低压带"负压过大,表现为排渣口吸气,严重时会将已分离到排渣口的一部分渣子吸回器内，混到良浆中，影响净化质量，同时，吸入的空气会增加流浆箱的泡沫量，给纸机生产造成不良影响。

(3) 排渣率。影响排渣率的主要因素是排渣口直径的大小。直径大，排渣率大，净化效率高，但纤维损失增加；直径小，净化效率低，且易堵塞。通常大型号大些，小型号小些。如606型一般为6～10mm，而600EX型为4.5～6.0mm。在多段净化中，应逐段增加其排渣口径，排渣率一般为10%～30%，而且也应逐段增大。生产中发现堵塞应及时疏通，磨损太大时应及时更换。此外，为避免浆泵启动瞬间的超载现象，造成破裂事故，总进浆阀门应预先关小，然后逐渐开大。

(4) 浆料的性质。通常黏状浆比游离浆净化效率低，草浆比木浆净化效率低。相对密度高和粗大的杂质较相对密度低和细小的杂质容易除去。故在打浆前对粗浆进行除渣比打浆后除渣效果好。

(5) 除渣器内壁的光滑程度。内壁光滑的除渣器的摩擦阻力小，浆料的净化效率高。

(二) 纸料的筛选

筛选的目的是除去纸料中的浆团和纤维束，并使纤维均匀分散。其工作原理是根据杂质与纸浆的形状大小不同而除去形状较大的杂质。目前纸机精选系统中主要采用各种类型的压力筛，其工作原理示意图见图12－15。

压力筛又称旋翼筛，有内流式与外流式、单鼓式与双鼓式之分，使用较多的是单鼓外流式压力筛。压力筛最大的特点是密闭操作，避免了腐浆和泡沫的影响，且不用喷水，纸料浓度稳定，易于管理。其次是排渣率可调，从而可使筛选效率得到一定的控制。此外，高速旋转的旋翼可使部分纤维絮聚物得到分散。因此，压力筛是一种较理想的纸料筛选设备。

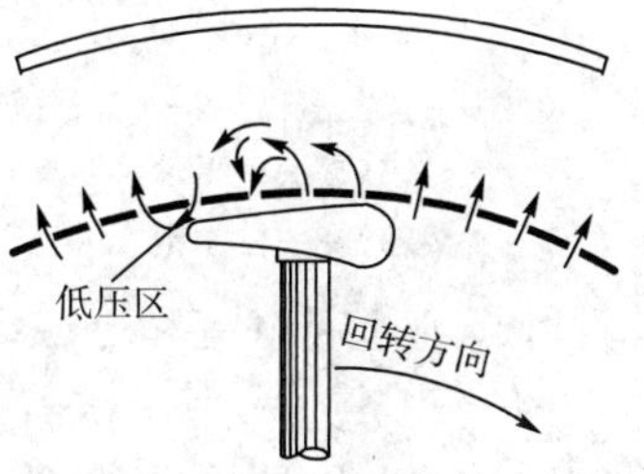

图 12－15 旋翼筛工作原理示意图

压力筛的操作要点是在维持一定生产能力的情况下，达到理想的筛选效果。影响筛选效果的因素主要有以下几点。

(1) 纸料浓度。在低浓度范围内(1%以下)，适当提高浓度，易形成一定程度的交织网络阻碍杂质通过，因此效率高。但浓度过大时，良浆通过筛孔的阻力增加，不易将混在网络中的杂质分开，往往易被旋翼冲击而强行通过，反而使效率下降，且易堵塞筛孔。因此，浓度一般小于1%，并要服从成纸质量要求所限定的上网浓度范围。

(2) 进出口压力差。一般认为进浆压力的大小对筛选效果影响不大，而筛鼓内外压差以10～20 kPa为宜。压差大虽有利于增加通过量，提高生产能力，但通过筛孔的渣也增多，从而影响筛选效果。

(3) 排渣率。一般来说，增大排渣率，可以减少粗渣通过筛孔的机会，从而提高筛选效率，但纤维损失也增加。排渣率的大小可以根据成纸质量要求以及纸料本身的洁净程度来确定，并通过排渣阀的开度来控制。对于较洁净的纸料或成纸质量要求不高时，可减少排渣率，甚至采用间歇排渣方式。若采用连续排渣，排渣率又较大时，可使用二段筛回收浆渣中的好纤维。间歇排渣多用于生产能力小的纸机，其排渣率小，一般不必再经二段筛回收。

(4) 旋翼与筛板的间隙。旋翼与筛板的间隙越小，负压脉冲越强烈，筛选效果越高。但过小时，易损坏筛板。一般为0.6～0.8mm。此外，间隙小，动力消耗大。

(5) 旋翼转速。加快旋翼转速虽然可提高生产能力和筛选效率，但电耗大，且纸料易产生脉动作用。一般为250～550r/min。

(6) 筛孔的选择。筛孔的选择主要从纸料的性质及成纸的质量要求来考虑。对于长纤维生产高级纸或者纸料中含有较多轻质颗粒状杂质如油墨球时，采用缝筛较为有效。而圆孔筛对片状杂质、细长杂质较为有效。孔径通常为1.0～3.2mm。孔径小效率高，但生产能力低且易堵塞，不过可通过适当调节通过量来解决。另外，近些年采用的仿形面的筛鼓如波浪形筛鼓，结合转子的作用，有助于产生微湍动，允许孔眼在形成纤维层以前通过更多的纤维。仿形面筛鼓通常比平滑面筛鼓有更大的通过量，可处理更高的进浆浓度和更低的筛渣率。

(7) 筛内空气。由于纸料沿切线方向进入筛内而形成自由涡旋，使涡旋中心压力降低，混在纸料中的空气容易逸出而冲于筛体上部。若不及时排气，会越积越多，最后使筛板暴露于空气中，减少有效工作面积，降低筛选效率。因此生产中应及时排除空气，保证压力筛鼓内充满浆料和保持流量与压头稳定。

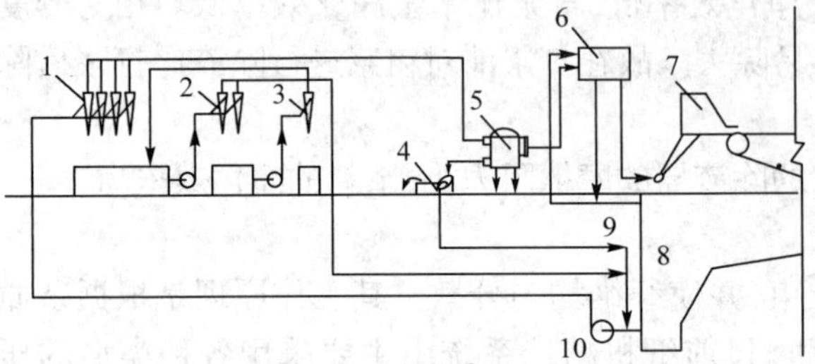

图 12-16 使用二段筛的精选流程

1—一段除渣器 2—二段除渣器 3—三段除渣器 4—高频振框平筛 5—压力筛 6—稳浆箱 7—流浆箱 8—白水池 9—高位箱来浆 10—混合泵

(三) 精选流程

图12-16为使用二段筛的精选流程。其特点是：纸料先净化后筛选，不但除渣效率高，而且可以减轻压力筛的负荷，保护筛板不受杂质的损坏。利用振框式平筛回收压力筛排渣中的好纤维，可以减少纤维损失。此外，设有稳浆箱，可起到稳定浆流和分散纤维的作用。

图12-17为采用二次稀释的精选流程。纸料先在主冲浆泵内稀释到除渣器所要求的浓度，然后进入一段除渣器中处理，其良浆进入第二冲浆泵内再次稀释到上网所要求的浓度。然后进入两台并联的压力筛进行筛选。其特点是：整个系统可以实现封闭供浆。另外，采用二次稀释的方法可以保证进入除渣器的浆量稳定，而不受流浆箱上网浓度波动的影响，并可提供较高的浆流压力，以满足某些封闭式流浆箱的进浆要求。

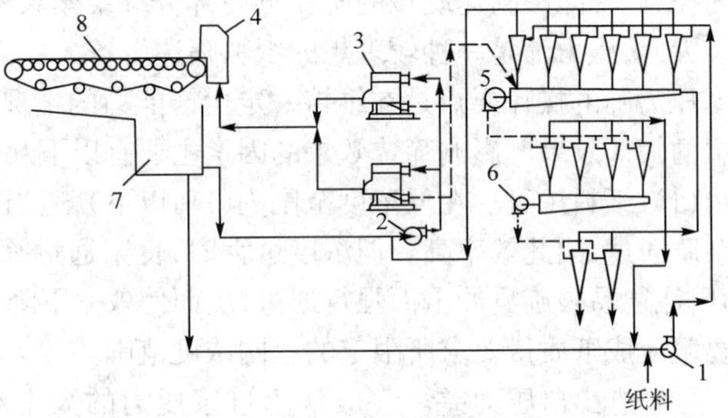

图 12-17 采用二次稀释的精选流程

1—主冲浆泵 2—第二冲浆泵 3—压力筛 4—流浆箱 5—二段除渣泵 6—三段除渣泵 7—白水池 8—网

四、纸料的除气

(一) 纸料中空气存在的形态及其来源

纸料中空气以两种状态存在，一种是游离状态的空气，它以气态的形式聚集着悬浮于纸料中，也有的存在于纤维的细胞腔中。另一种是结合状态的空气，它溶解于水中或吸附在纤维上。这两种状态的空气是可以相互转换的。

造纸过程中，一些不适当的机械处理和其他一些因素，能使空气保留在纸料中，形成泡沫。纸料中生成泡沫的原因很多，例如浆料洗涤不好、纤维润胀不完全、纸料中含有过量的水溶性物质、不恰当的机械搅拌、泵的压头不当或盘根、管道漏气而导入空气、白水处理过程等都是生成泡沫的原因。另外,纸料中含有色料、氧化淀粉、干酪素、碳酸钙填料等也是产生泡沫的原因;在网上多因为流浆箱的堰板位置不当、喷料口与胸辊之间产生吸力抽入空气、纸料在网上的湍流、波动和跳浆等也能产生泡沫。

(二) 纸料中空气对抄纸生产过程的影响

一般来说,结合状态的空气对纸料性质影响不大,游离态的空气对纸机的抄造过程和纸张质量均有不良影响,主要表现如下:

(1) 形成大量泡沫,影响生产和纸张质量,如在纸上出现圆形小点、填料斑点等,生产多层纸板时,则容易分层。

(2) 使纤维漂浮在流浆箱中的表层,造成流浆箱内上部的纸料浓度大于下部,纸料上网后,在网上立即出现纤维团、浆块,使成纸有云彩花和定量不匀的毛病。

(3) 堵塞毛细管孔眼,阻碍纸料脱水,再加之降低案辊或脱水板的抽吸作用和真空箱以及真空伏辊的真空度,因此也减少了纸料的脱水能力。据报道,除气后的纸料可提高脱水率10%~30%。

(4) 增加了空气的可压缩性。在设计封闭式压力流浆箱时,必须考虑到纸料可能产生的脉动大小。

(5) 妨碍纤维间的结合,脱气的纸料可得到结合紧密的纸页,网部真空度提高,湿纸干度提高,强度得以改善,而且压榨脱水、干燥和压光都比较容易,纸的平滑度好,但透气度低。

(三) 除气的方法

为了使纸料中空气的影响减到最低限度,可采用下列措施:

(1) 在设计和生产过程中应尽量防止空气的混入和空气泡的生成,并应及时脱除系统中的空气。如注意泵、管道、设备的密封,对管道和设备(如旋翼筛顶部)所聚集的空气及时排除;管道和白水管的出口要插到纸料和白水的液面之下等;在设计白水盘和网下白水池时,应考虑到在白水进入冲浆泵之前,能够尽可能多的将空气排出。

(2) 采用化学或机械的方法脱除纸料中的空气。化学法脱气是应用物理化学的技术除去纸料中的游离态空气,即向纸料或白水中加入消泡剂,其种类很多,如非离子型聚硅酮和表面活性剂等。化学脱气可除去纸料中75%~85%的气泡,且还具有不用改变原来的流程和设备,节省投资的优点。选用消泡剂时应考虑到它不会降低施胶度和不会产生斑点。

机械法又可分为离心法和真空法,其工作原理是基于真空和物理力结合的作用,把纸料中的空气泡破坏和脱除,这种方法脱气的效率比较高,脱气率一般能达到80%~85%以上。

常用纸料脱气设备有涡旋除渣脱气管(图12-18)和脱气罐。涡旋除渣脱气管的工作原理是:浆料用泵由进口1送至脱气管,由于离心分离作用,良浆、渣浆、不溶性气体在脱气管内分层,良浆由出浆口2离开,渣浆由排渣口3排出,不溶性气体则经4在真空作用下脱除。脱气管常用于生产能力不大的小型工厂,而脱气罐则用于生产能力大的纸厂,特别是大型纸机。脱气罐一种为图12-19所示的比翼真空脱气罐,浆料经除渣器7、9后进入脱气罐8,在真空装状态下脱气后再进压力筛5进行筛选,然后上网。这种脱气罐集纸料的净化与脱气于一身,设备紧凑,占地面积小,多用

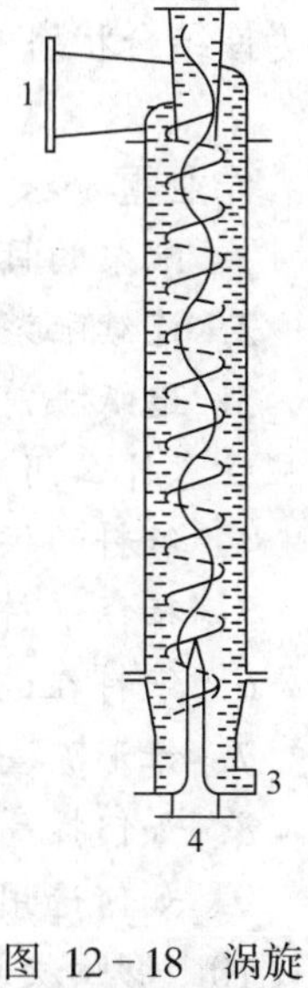

图12-18 涡旋除渣脱气管
1—纸料进口
2—纸料出口
3—粗渣出口
4—接真空泵

于大型高速新闻纸纸机纸料的处理。脱气罐的另一种为图12－20所示的远程脱气装置，它由

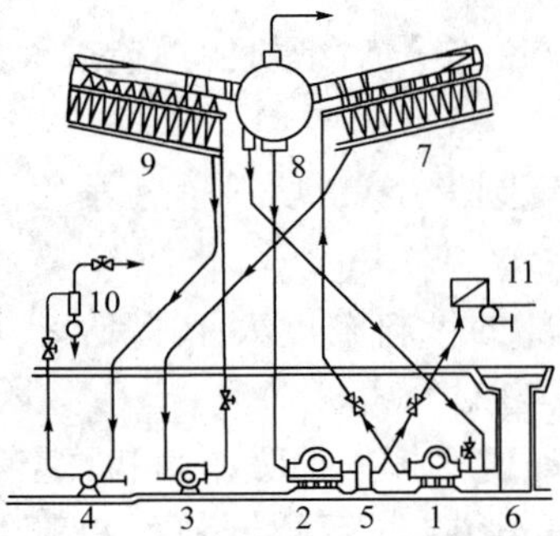

图 12－19 比翼真空脱气罐

1、2、3、4、5—泵 6—白水池

7—一段锥形除渣器组 8—空气脱气罐

9—二段锥形除渣器组

10—三段锥形除渣器 11—流浆箱

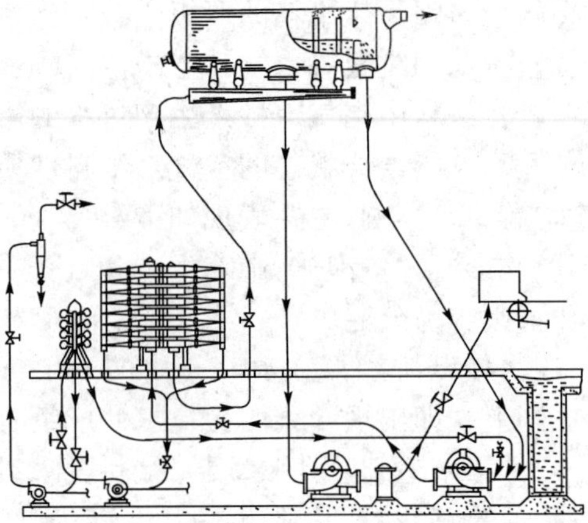

图 12－20 远程脱气装置

带有一个或多个喷淋管的圆柱形接受槽组成，用于纸料分布并使纸料处于真空状态。根据多管和喷嘴排列的变化，接受槽既可水平安装也可垂直安装。

一般来说，纸料中含气量越大，脱气效果越好，当含气量低于0.5%时，脱气难度增加。要实现完全脱气即除去结合状态的空气必须满足三个条件：①纸料必须在真空下产生沸腾，使空气气泡破裂，并从液滴中分离出来；②纸料以喷淋的方式直接暴露在使纸料沸腾的真空度下；③为使结合状态的空气泡破裂，与纤维分离，纸料必须被冲击到一个硬的表面上。

作业题

1．配浆的目的有哪些？有哪几种方法？

2．连续配浆有何优点？应用连续配浆如何保证配比的稳定？

3．造纸机前的供浆系统有哪些地方使用浓度调节器？有哪些类型的浓度调节器？使用时应注意什么问题？

4．纸料的供给量主要根据什么来确定？

5．稀释纸料的方法有哪几种？影响稀释后纸料浓度波动的因素有哪些？

6．纸料在进入纸机前为什么要进行精选？纸料中的杂质是怎样带入的？

7．锥形除渣器的段和级的意义是什么？怎样决定它的级数和段数？

8．如何提高锥形除渣器的净化效率？

9．如何选用压力筛的筛孔型式？

10．影响旋翼筛效果的因素有哪些？

11．纸料中的空气对抄纸有何影响？怎样减少纸料中的空气含量？

第十三章　纸的抄造

纸的抄造方法有干法和湿法之分。所谓湿法抄纸，即纸浆和辅料分散于水悬浮液中，然后在纸机网上成形，经压榨、干燥而抄成纸的传统抄造方法。这实际上是一个加水和脱水的过程。加水是为了充分分散纤维，脱水则包括网上自由脱水和压差脱水，压榨部的机械挤压脱水，以及干燥部的加热蒸发脱水。所谓干法抄纸是近代发明的不需加水的制纸工艺，通常以空气作为分散介质，用胶黏剂将纤维黏结在一起，从而保证成纸的强度。通常用作无纺布的生产。本章内容只介绍湿法抄纸。

第一节　概　　述

一、纸的质量指标

为了满足纸的使用要求，不同用途的纸有不同的质量要求。国家(也可以是行业，或企业供求双方协商)对每种品种都规定了相应的质量要求。在我国，以国家的名义发布并监督执行。如，GB/T 1910—1999《新闻纸》规定了新闻纸的质量指标。对各种品种的具体要求，请查阅造纸行业有关国家标准和行业标准。

由于纸的用途不同，对具体品种的质量要求也不同，但对所有纸种而言主要指标主要有以下几个方面。

(1) 物理性能。纸和纸板的物理性能主要包括定量、厚度、紧度、机械强度(又称物理强度，包括抗张强度、裂断长、耐破度、伸长率、环压强度、压断弹性、弯曲性能等)、伸缩性、可压缩性、挺度、透气度、柔软性等，均需通过专门仪器测定。

(2) 吸收性能。纸与纸板的吸收性能包括：施胶度(憎液性能)、吸水性能、吸墨性能、吸油性能等。大多数纸均需经过施胶处理，取得憎液性能。但要求吸液性能好的纸，如滤纸、卫生纸、浸渍加工原纸等，则不应施胶。吸收性能可通过化学方法或物理方法测定。

(3) 光学性能。纸和纸板的光学性能包括亮度、白度、光泽度、透明度和不透明度等，根据光学原理，用白度仪测定。

(4) 纸的表面性质。纸的表面性质包括平滑度、抗磨性能、掉毛性能、掉粉性能、耐擦性能、粘合性能、瓦楞性能和粗糙度等。这些项目都需要专门仪器进行测定。

(5) 适印性能。适印性能是印刷纸的一项重要的质量指标，是取决于纸的平滑度、施胶度、可压缩性、不透明度、尺寸稳定性、物理强度、掉毛性能和掉粉性能等的综合反映。

(6) 特殊质量指标。有些纸和纸板要求某些特殊性能，主要有化学性能(如防锈包装纸的耐腐蚀性能、耐碱性等)、水溶性(如保密文件用纸等)、水不溶性、电气性能、电气绝缘纸的绝缘性能、介电性能和击穿性能等。

(7) 外观质量。纸的外观质量是指肉眼可以观察到的缺陷，在产品标准中对其均有具体规定。这些指标包括：尘埃、孔洞、针眼、透明点、皱纹、褶子、筋道、网印、毛布痕、斑点、浆疙瘩、鱼鳞斑、裂口、卷边、云彩花和色泽不一等。

二、纸和纸板的规格尺寸

纸和纸板均有卷筒和平板两种规格，国家对纸和纸板的尺寸有一定的规定：

卷筒纸宽度：787mm、860mm、880mm、900mm、1 092mm、1 575mm 等。

卷筒纸长度无统一规定，但一般产品均有习惯上的做法。如卷筒新闻纸和印刷纸的长度为6 000m，卷筒绘图纸长度为20m；卷筒描图纸长度为40m等。有些卷筒纸的尺寸则根据用途而定，如纸袋纸卷筒宽度为1 020mm，长度为4 000m，卷烟纸盘纸宽度为29mm或29.5mm等。

平板纸尺寸：880mm×1 230mm、787mm×1 092mm、860mm×1 220mm等。

有关纸和纸板的详细规格指标，可查阅有关国家标准。

三、纸机的种类

造纸机是造纸车间的主机，将纤维抄成纸张是在造纸机上完成的。

造纸机是一部复杂的多分部连续工作的机器，由网部、压榨部、干燥部、压光机、卷纸机和造纸机的传动部组成，还配有其他辅助设备，如贮浆池、浆泵、水泵、筛选净化系统、真空系统、压缩空气系统、纸机供排风系统、纸机中心润滑系统、损纸处理系统等辅助系统。纸机所在的车间还配置起重行车。

造纸机的分类通常按成形网部的型式以及干燥部烘缸的个数来划分。按网部，纸机通常分为长网造纸机（图13-1）、圆网造纸机（图13-2）和夹网造纸机（图13-3）三大类。根据干燥部烘缸个数的多少，又可分为单缸纸机、双缸纸机和多缸纸机等。

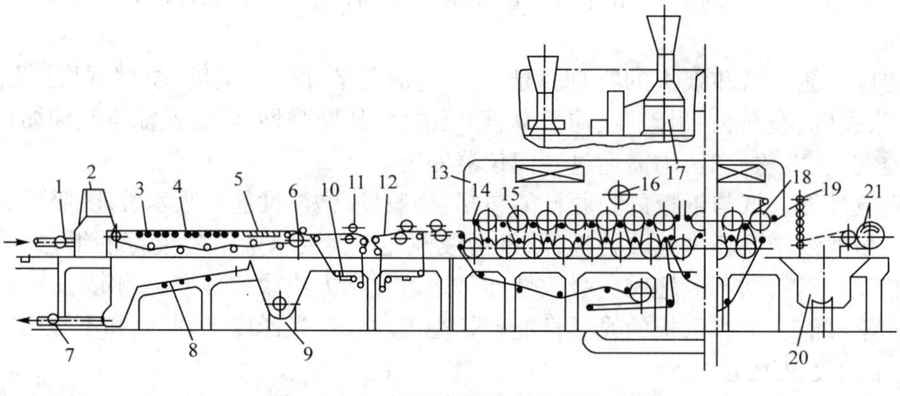

图 13-1 长网多缸造纸机的组成

1—进浆分布器 2—流浆箱 3—铜网 4—案辊 5—真空吸水箱 6—伏辊 7—冲浆泵 8—网下白水池 9—伏辊损纸池 10—毛毯洗涤器 11—压榨辊 12—毛毯 13—通风罩 14—干毯 15—烘缸 16—烘毯缸 17—通风设备 18—冷缸 19—压光机 20—水力碎浆机 21—纸卷

此外尚有长圆网结合的造纸机、多长网造纸机以及顶网成形纸机等。

无论是长网造纸机还是圆网造纸机，或其他型式的造纸机，网部的作用都是成形与脱水。压榨部的基本型式是两个压榨辊对纸页起到挤压脱水作用，以提高进入干燥部的湿纸页干度。低速纸机和高速纸机的压榨部大不相同，低速纸机主要是双辊压榨的结构型式，而高速纸机多采用复合压榨和宽压区压榨型式。干燥部是以用蒸汽通过烘缸加热湿纸页，进而蒸发湿纸页中的水分，对湿纸页进一步脱水。在这一过程中，纸页由湿变干，纤维充分靠近形成氢键结合力，纸页性质发生了很大的变化。压光机的作用，主要是对纸页进行整饰，以满足纸的某些使

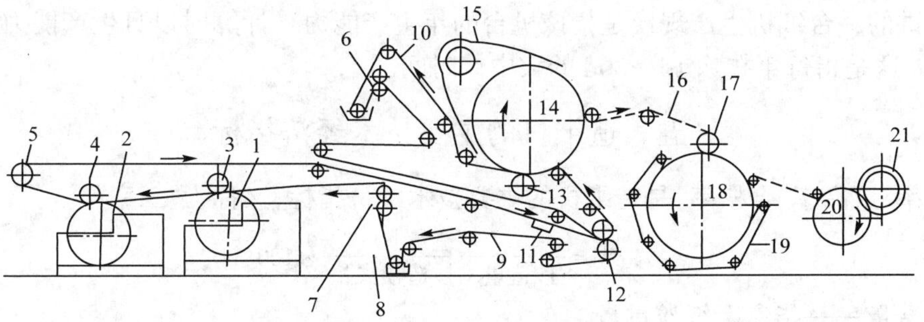

图 13-2 双网双缸造纸机

1—第一圆网 2—第二圆网 3、4—伏辊 5—回头辊 6—上毛毯挤水辊 7—下毛毯挤水辊 8—打毯器 9—下毛毯 10—上毛毯 11—真空吸水箱 12—压榨辊 13—托辊 14—第一烘缸 15—抽风罩 16—纸页 17—光泽压辊 18—第二烘缸 19—干毯 20—冷缸 21—纸卷

用要求。一些抄造高级印刷纸的现代化纸机都配备了软压光机，以便在保持较好的挺度和松厚度的前提下，获得较高的平滑度。

简言之，纸机的选用和纸机的配置，主要是根据纸的品种和质量要求来决定。

造纸机分为右手机和左手机。其确定方法为：站在卷纸机面向纸机，如传动在右边称为右手纸机，如传动在左边称为左手纸机。

卷纸机上的纸卷，通过完成整理，然后生产出成品。这将在本章后面几节中叙述。

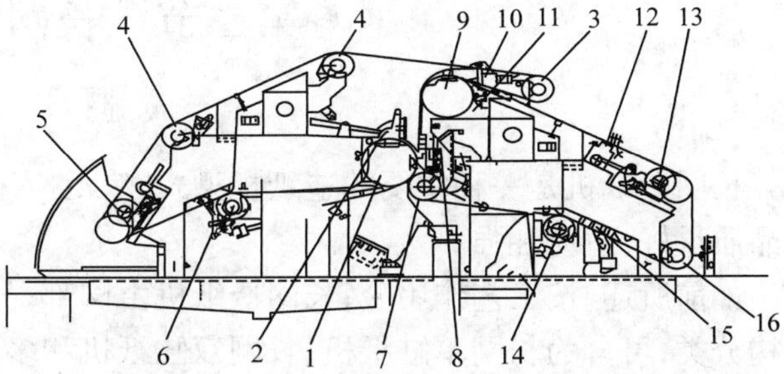

图 13-3 Valmet 公司的 Opti 夹网成形器

1—成形辊 2—脱水板靴 3—外网驱动辊 4—外网回网辊 5—外网张紧辊 6—外网校正器 7—胸辊 8—加载脱水板 9—真空伏辊 10—支撑案板 11—案板刮刀 12—高真空箱 13—内网张紧器 14—内网校正器 15—洗网装置 16—内网驱动器

四、造纸机的生产能力

造纸机的生产能力可按下式计算：

$$Q=\frac{0.06vBqK_1K_2K_3}{1\,000} \tag{13-1}$$

式中 Q——造纸机的生产能力(t/d)

v——造纸机的车速(m/min)

B——纸的抄宽(m)

q——纸的定量(g/m^2)

K_1——抄造率，即扣除断头空运转时数后的比率，一般为 0.95～0.98

K_2——成品率，即所生产合格品的比率，对一般纸张要求达到 93%～98%，对薄页纸取 88%～90%

K_3——造纸机平均日作业时间，即扣除换网、换毛毯及小修等，平均每昼夜运转的小时数。长网纸机一般按 22.5h 计，圆网纸机按 23h 计

通常讲的一台纸机生产规模是指该机台的年生产能力。计算时以日生产能力乘以330～345即得。这是指每年扣除15～30d的大中修时间。

五、造纸机的主要技术经济指标

抄造率、成品率、合格率,是造纸机的主要技术经济指标,又称为“三率”。

$$抄造率=\frac{抄造量}{抄造量+抄造损失量}\times 100\%$$

式中　抄造量——指实际纸卷重量

抄造损失量——指断头、卷纸辊更换时造成的损纸,以及非卷纸时间折算的抄造损失等

成品率是指成品纸的百分率(扣除切选损失)。

合格率是指成品(包括合格品和副品)的百分率。

第二节　长网造纸机

一、概　　述

长网造纸机是一种主要的造纸机型式,广泛应用于大中小型造纸企业。它的生产效率高,产品质量好,适应性强。

如前所述,按工艺作用分,长网造纸机由网部、压榨部、干燥部、压光卷取部等组成。按其结构分类,可分为长网单缸纸机、长网双缸纸机和多网多缸纸机等。根据所生产的纸的定量不同,又可分为长网薄页纸机、长网文化用纸纸机和长网纸板机。为了适应纸板抄造的要求,还有双长网纸机,长圆网复合纸纸机以及顶网成型、叠网纸板机等。

根据所要求生产的产品不同,长网纸机可有多种配置,就出现了多种结构型式,这取决于制造前的设计。许多长网纸机,在干燥部的中间装一个表面施胶装置可以生产表面施胶纸;加上涂布装置可以生产涂布纸,这就是所谓的机内涂布。常见的低定量涂布纸(LWC)大多是用这种机型生产的。如果生产的产品不要求平滑度指标,或生产吸收性强的原纸或高透气度的纸张品种,可以不设压光机,如纸袋纸、各种原纸等。

现代化的造纸机,网部至压榨部设计成封闭引纸,压榨部采用复合压榨,干燥部采用引纸绳,压光部采用压缩空气引纸。近年来,国内外新设计的宽幅大型高速纸机网部采用新型流浆箱和高效脱水元件,压榨部多采用宽压区压榨,干燥部采用单毛毯结构等,大大提高了单台纸机的生产能力。

此外,长网造纸机还有两层布置与一层布置之分。造纸机基础板以及主体设备安装在二楼,其他大部分设备安装在一楼,为两层布置。对于窄幅低速小型造纸机,为了节省投资,多为一层布置,即纸机本身及附属设备都安装在一层内,干燥部下层干毯布置在地坑内。

二、网　　部

(一) 网部的作用及组成

网部是由流浆箱和网案部组成,它的作用主要是脱水与成形。

上网纸料浓度一般为0.5%～1.0%,出真空伏辊湿纸页干度一般达到20%左右,每1kg绝干纸料要脱去100～200kg水分,占纸机总脱水量的97%左右。一台纸机,是否适应高速抄造,首先看纸机的网案是否具有足够的脱水能力。这必须由纸料的打浆度、纸机网案长短以及

脱水元件的选型配置来决定。

纸页的成形决定了纸的许多性质，尤其是匀度性质。这一性质影响了纸页的多项物理性能、光学性能、适印性能等。而且如果纸页成形不良，在后面是很难再对其进行改善的。影响纸页成形的因素，主要是流浆箱性能和网部脱水元件的合理布置。

脱水与成形这两个作用是互相联系的，在脱水过程中形成湿纸页，在形成湿纸页过程中进行脱水。长网部的纸页成形和脱水过程如图 13－4 所示。

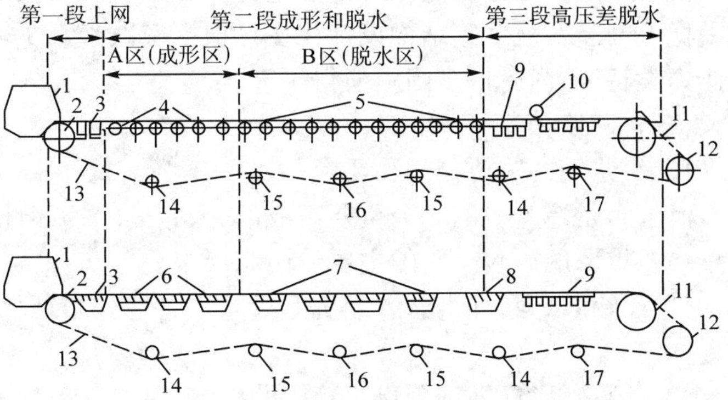

图 13－4 长网部纸页成形和脱水过程

1—流浆箱 2—胸辊 3—成形板 4—沟纹案辊 5—案辊 6—低、中等脱水量的案板组 7—高脱水量的案板组 8—低真空案板组 9—真空箱 10—饰面辊 11—真空伏辊 12—驱网辊 13—成形网 14—校正辊 15—紧网辊 16—导网辊 17—第一导网辊

图 13－4 所示的是中低速纸机(上)和中高速纸机(下)的网案脱水示意图。第一段是上网段，叫做入口区或混合区。从流浆箱堰板喷口出来的浆料与网面接触开始，至成形板或第一根案辊为止。在这一脱水区要求喷射到网面的浆料是分散均匀的纤维悬浮液，浆料在网面上的自由表面应该是平稳的。在这一区段纸料大量脱水。

第二段是成形区脱水区，在这一段的 1/3 区(A 区)为成形区，需要给浆料以一定的湍动，因在这个区域纤维有再絮聚的倾向，适当的湍动可以防止纤维絮聚，保证较好的成形匀度。在这一区段防止纤维絮聚主要是依靠脱水元件的正确排列，或在低速纸机上设置摇振器。在后 2/3 区，纸页已基本形成，应该尽可能多地脱除水分。

第三段是高压差脱水段，在这一段湿纸页已完全成形，可以通过比较高的压差来脱水。这一段是由真空吸水箱及伏辊组成，经高压差脱水后的湿纸页，干度可达到 18%～20%，已具有一定的湿纸强度，可以引向压榨部，网部的任务也就此完成。

(二) 纤维悬浮液

浆料稀释后成为纤维悬浮液，这是固相(纤维、填料、胶料)、液相(水)和气相(空气)三相共存的复杂混合体。浆料悬浮液有絮聚和分散的特性。在纤维悬浮液的流送过程中，纤维与纤维互相交织在一起而产生絮聚，这对纸页的形成会造成不良影响。

纤维悬浮液同时具有分散的特性。这是由于纤维表面带负电荷，和溶液中周围阳离子之间相互吸引形成吸附层。而且吸附层存在着一定的电动势，这就有利于纤维分散。纤维表面吸附层越厚，纤维越不容易发生絮聚，则纤维悬浮液稳定性能越好。纤维的絮聚还与浆料的打浆度和纤维的性质有关。有些造纸厂在抄纸时往浆料(常用在圆网纸机)中，加入少量浆料分散剂，如羧甲基纤维素、PEO 等，使纤维悬浮液的纤维分散均匀，所以抄成的纸匀度好。

另外，长纤维的浆料比短纤维的浆料更易于絮聚；纤维悬浮液浓度越大，越易于絮聚。在纤维悬浮液的流送与上网过程中应尽量采取有利于纤维分散的措施，这是纸页良好成形的重要条件。

研究证明，纤维悬浮液在流动时，栓流状态易于絮聚，把流速提高到适度规模的湍流状态时，絮聚会得以解聚。一般是利用加速、转折、摩擦、缩扩等方法，来改变纸料的流动状态，达到分散纤维的目的。

流浆箱的设计正是利用了这些原理。如进浆总管流速为 2～3m/s，而布浆元件（孔板、多管、阶梯扩散器等）的流速比总管流速快 1.5～3 倍，形成湍流状态，纤维就不易絮聚。实践证明可控的高强度微湍动（能量大，波长短）引起流体的剪切作用能促进纤维的分散。

流浆箱的设计是以流体力学理论为基础。一方面要分散纤维的絮聚，另一方面又要使浆流平稳上网。对流浆箱结构设计往往是根据实践经验的积累，而对纤维悬浮液的流动规律和流体力学特征，尚有许多问题值得研究。

（三）流浆箱

1. 流浆箱的主要作用和要求

流浆箱是造纸机的一个重要组成部分，它的结构和性能对于纸页的成形、抄造以及纸张的质量均有重要的影响。它的主要作用和要求是：

（1）分布纸料，即沿着造纸机的横向均匀地分布纸料并上网，保证纸页全幅的定量、厚度、水分均匀一致。

（2）分散纤维，即利用流浆箱内的整流元件，有效地分散纤维絮聚物，并防止再絮聚，保证纸页具有均匀良好的纤维交织。

（3）稳定并能调节浆、网速关系。按照工艺要求保持稳定的浆速和网速关系，并在车速和品种变化时，易于控制和调节。

（4）流浆箱内壁和流道要求平滑，加工精细。在其内表面上没有挂浆的现象，在考虑箱体整体结构时要便于清洗。

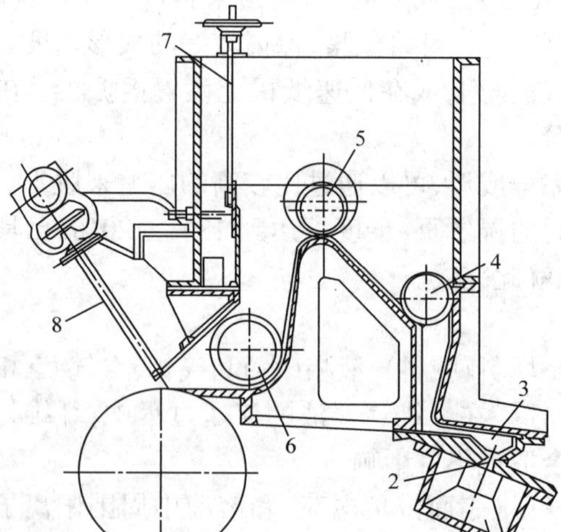

图 13-5　敞开式压力流浆箱
1—矩形进浆分布器　2—孔板　3—扩散室
4、5、6—匀浆辊　7—溢流调节杆
8—上堰板调节装置

2. 流浆箱的基本形式

目前使用的流浆箱大体上有以下几种形式：

（1）敞开式流浆箱　敞开式流浆箱主要用于低速纸机，有多种结构形式。图 13-5 为一种敞开式压力流浆箱示意图。这种流浆箱是国内中低速纸机各种敞开式流浆箱的一个例子。采用矩形总管进浆，孔板浆料分布器，扩缩式扩散室消能，三支匀浆辊整流。该流浆箱底面为曲面结构，其液位与中间匀浆辊的顶部持平，这种结构减少了流浆箱的体积，提高了纸料的分布效果。在流浆箱前壁设溢流，以稳定并调节堰池水位。现在广泛使用的一种流浆箱的结构为，将中间匀浆辊改为闸板，底面为平底结构，闸板距底面的距离可调，与图 13-5 所示的流浆箱具有相近的性能，但制造、刷洗方便。

（2）封闭（气垫）式流浆箱　图 13-6 所示的是一种密闭式流浆箱，它以压缩空气调节箱内空气垫的压力来适应纸机车速的提高。这种流浆箱的喷浆速度是由气垫压力与水位的静压头之和决定的。当车速提高，需要调节浆速时，使其浆位不变，只改变压缩空气压力即可。在箱内设置匀浆辊，浆位高低以匀浆辊刚好浸在浆料中为宜，以保证其匀浆效果。在箱体的上方，设旋转喷水管消泡。这种流浆箱可用于车速300～750m/min，抄宽较大的长网造纸机。

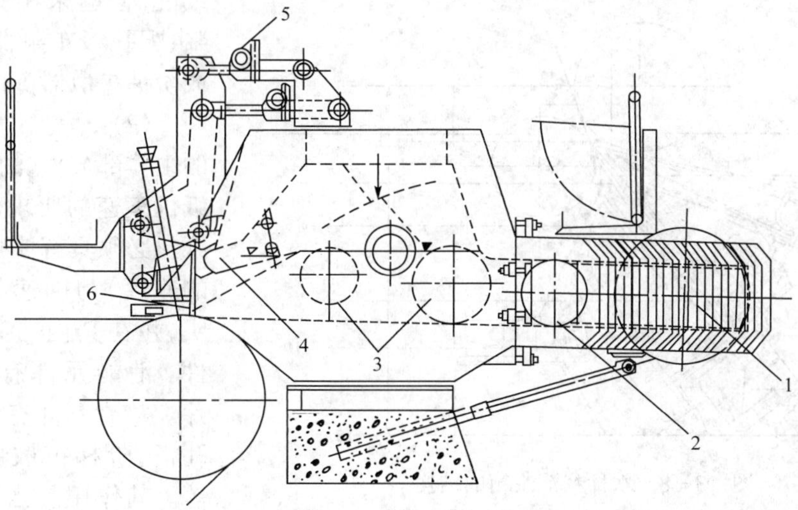

图 13-6 密闭式压力流浆箱

1—矩形进浆分布管 2—孔板 3—匀浆辊 4—溢流槽 5—杠杆系统 6—堰板

(3) 满流式流浆箱 满流式流浆箱有多种形式，这类流浆箱多用于夹网纸机。这里仅介绍集流式流浆箱。如图13-7所示。

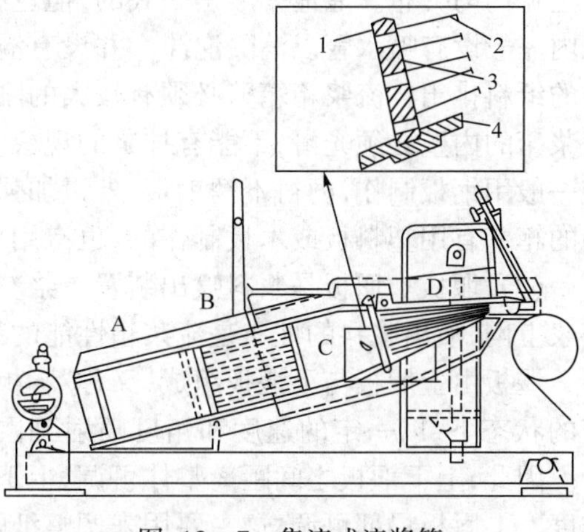

图 13-7 集流式流浆箱

A—长方形浆流分配头 B—排管

C—扩散区 D—层流区

1—带孔固定板 2—塑料软板

3—插头 4—流浆箱底板

集流式流浆箱由长方形分配头A、排管B、扩散区C、层流区D以及唇板等组成。排管区由两头管径不同的许多管子组成。层流区前端有一多孔板，在每排孔眼之间镶上一个柔软的塑料板，将浆料分成若干层，在距离喷嘴不远处汇合后喷出。这样，浆料就不会产生涡流，从而保证了横幅定量均匀稳定。集流式流浆箱的优点是：没有转动的匀浆辊，因而结构紧凑、体积小、维修工作量小，由于上网纸料均匀稳定，因而唇板在一般情况下不需要调节，形成纸页的匀度好，广泛地用于夹网造纸机。

以上是流浆箱的基本型式，近年来，国外一些公司配置于宽幅高速纸机的流浆箱采用在喷浆处沿纸机横向均布多条稀释水管，用计算机控制稀释水管阀门的开度，稀释浆料，达到调节纸页横幅定量均匀的目的。见图13-8。还有的公司用电加热的方式，调节堰板的开度达到精确控制纸幅横幅定量的目的。

3. 流浆箱的基本组成

不论哪种型式的流浆箱，其基本组成都可以分为：布浆器、堰池、堰板三部分。

(1) 布浆器。布浆器是流浆箱的布浆系统，由进浆总管、均布元件和消能整流元件组成。它的作用是使纸料均匀地分布到堰池中，使上网浆料在全幅上均匀一致。布浆器的种类有单管布浆器、多管进浆分布器、错流布浆器、多孔板布浆器及阶梯扩散分布器等多种。对于宽幅纸机,普遍采用方锥形总管进浆、配孔板布浆器、管束布浆器或阶梯扩散器等作为布浆元件。

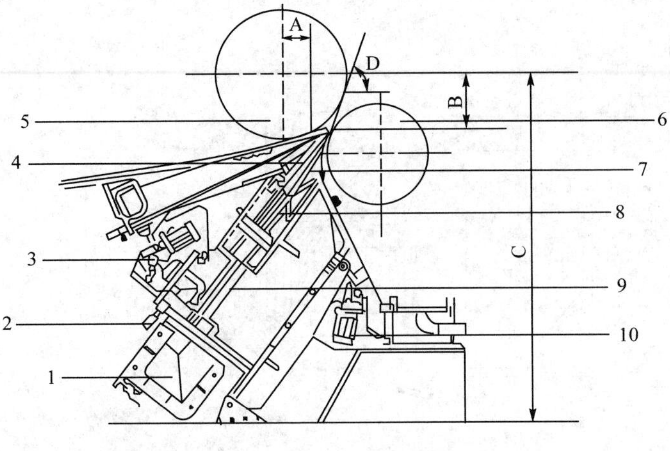

图 13-8 水稀释流浆箱的结构

1—方锥进浆总管 2—稀释水阀 3—唇口调节装置 4—上唇板 5—成形辊 6—胸辊 7—下唇板 8—湍流发生器 9—管束布浆器 10—倾斜度调整装置

(2) 堰池。堰池是流浆箱的主体部分,它的作用是根据造纸机车速的要求保持堰池内的纸料必须具有使浆速(上网纸料的速度)与网速相适应的静压头,并在其内布置消能整流元件。消能元件有消能棒、导流片。整流元件有匀浆辊、隔板、孔板、阶梯扩散器、管束、板栅等。其作用是当浆流通过该元件时产生适度的微湍动,以分散纤维絮聚和稳定纸料的流速,保证上网纸料的均匀分散和速度沿全宽均匀分布。堰池一般是平底的,但也有少数流浆箱是倾斜的,或底面凸起呈曲面的。堰池内一般设有喷水管以消除泡沫。并设有溢流装置稳定堰池内的水位,同时可以将泡沫和多余的纸料排出。流浆箱箱壁必须有较大的刚度,以免流浆箱内的压力使流浆箱箱壁发生变形。流浆箱的内壁必须光滑,不能有挂浆的现象。车速较高的造纸机,由于堰池的静压头较高,箱壁一般用钢板制作,内衬不锈钢板,外设加强筋板以增加其刚度。一些旧式低速窄幅纸机流浆箱的箱壁有用塑料板或木板制作的,也有用玻璃纤维加强塑料制作的。

(3) 堰板。堰板是浆料喷出装置。浆料在流浆箱体内经过一系列整流、分布后,通过堰板喷浆上网,喷出浆料的性质是流浆箱性能的最终体现。

堰板由上堰板与下堰板组成,又称"唇板"。其作用是使浆料在具有适当的湍动和均匀分布的状态下,以一定的速度和角度喷射到网面上。纸料一旦上网,网部的脱水与成形就开始了。因此,上下堰板之间距离整体可调,上下堰板间开口大小,决定了在一定的定量下的上网浓度。上唇板局部可调,这主要用来调整纸幅横向定量不一致。纸料喷射角和触网角之间有着密切的关系,而纸料触网角和着网点对纸料脱水有着重大影响。因此,现代化高速纸机,上堰板除了开度大小可调外,还可前后调节,以调节浆料的喷射角。

堰板的种类有喷浆式堰板、垂直式堰板、结合式堰板等多种。对于喷浆式堰板,浆料的着网点较易控制,但喷出浆流的分布精度稍差,一般中低速纸机多采用。对于垂直式堰板,着网点不易控制,但浆料分布精度高,一般采用上堰板前后移动的方式,达到调节喷射角和着网点的目的。为了扬长避短,许多纸机采用了结合式堰板,提高了流浆箱的性能,但对堰板的制造精度要求很高。

(四) 网部的主要结构及其作用

长网造纸机网部胸辊中心至伏辊中心的距离称为网案长度。这是纸机网部设计中的一个重要参数,它关系到纸机的脱水能力,实际上影响了纸机的车速。

网案部分的结构如图 13-4 所示。由胸辊、成形板、案辊、沟纹案辊、案板(也称脱水板)、真空吸水箱、真空伏辊、驱网辊、导网辊等组成。还有网子清洗装置、定边装置、切边水针以及多条喷水管等。下面就主要部件的作用及结构特征作简要叙述。

1. 胸辊

胸辊是网案的开始部分，起着承托造纸网的作用。由于造纸网要求平整，而且有一定的张紧力（一般为 5～7kN/m），因此要求胸辊必须有足够的刚度。对大多数品种而言，上网纸料的着网点位于胸辊中心线附近，因而胸辊是网部的第一个脱水元件，有大量的水分在此被脱除。胸辊脱水的急缓对纸页成形有着重大影响。胸辊由造纸网拖动，所以要求重量必须轻，且转动灵活，因此其构造为薄壁辊筒结构，外表面镀铜或包胶。

2. 成形板

成形板位于胸辊与第一案辊之间，其作用是支撑网子使其平整，并减缓上网初期纸料的脱水速率。成形板的宽度为 100～200mm，表面平滑，或有浅沟，其面宽根据网子宽度而定。如不设成形板或者成形板安装不当，会造成跳浆，影响纸页成形，也会造成网子的不正常磨损。成形板的安装必须水平，靠近胸辊的一侧的高度要低于网子 2～3mm，另一侧与案辊持平。成形板的面板材料可以用高密度聚乙烯、陶瓷，支承架常用不锈钢。

也有些小型低速纸机不装成形板。

3. 案辊和沟纹案辊

案辊的主要作用是承托造纸网，使网子形成接近水平的平面，纸料在该平面上脱水成形。

案辊由造纸网拖动，它的结构也是薄壁辊筒，要求辊体轻，且转动灵活，中速纸机上通常配以调心滚动轴承。其轴承座可以上下调整，以调节案辊的辊面保证其与网子均匀接触。案辊在网部构成一平面，不可有高低不平现象，更不可出现跳动现象。案辊跳动常常是由于案辊两端高低不一致，以及辊筒平直度、椭圆度精度不够引起的。案辊跳动造成跳浆，破坏纸页的成形。

案辊配置的根数视网案的结构不同而异，一般纸机装有 17～20 根。其脱水量以靠近胸辊的第一根为最大，从第二根起，脱水量急剧下降，至第 8～10 根案辊，下降趋于平缓，但脱水量却小得多，只有第一根案辊的 1/4～1/7。这是因为随着网上纤维逐渐形成纸页，脱水阻力逐渐增加，脱水量逐渐下降。最初几根案辊，因其脱水量过大，会影响纸页成形匀度。因此，最初几根案辊往往采用沟纹案辊，以减缓脱水速率。

沟纹案辊是在辊面上切割平行的环状沟纹，沟纹宽一般为 3～6mm，纹深 2～10mm。案辊切割沟纹后，减少了与网底的接触面积，所以沟纹案辊能有效地降低脱水量，达到减缓脱水的目的。

案辊脱水原理如图 13－9 所示。

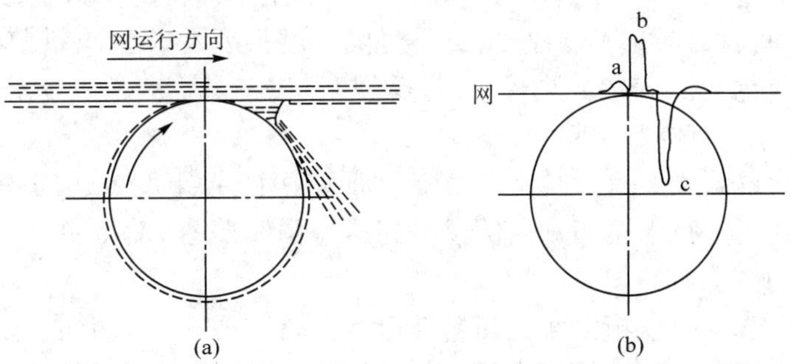

图 13－9 案辊的脱水原理

（a）脱水原理 （b）脱水压力变化曲线

在图 13－9（a）中网上载着纤维层，网下黏附着一层水的成形网，在到达与成形网接触点之前，网下附着的水膜受到挤压，而到达接触点之后，成形网与案辊分离的一瞬间，在楔形区内产生瞬时真空，将水“吸”入楔形区，达到脱水的目的。

因此，案辊脱水压力变化如图 13－9(b)，在 a 处案辊向网内压水，产生了正压，在 b 处为压力高峰，超过接触点后压力迅速变为负压，至 c 处为负压最大值。

根据有关研究，案辊的脱水抽吸力与网速、水的表面张力、案辊的半径及网上纸料厚度有关。进一步的计算可知，当纸机车速较高时，案辊的脱水量与案辊的半径及转动线速度的三次方成正比。

4．挡水板

在抄速较高的造纸机上，案辊脱出的水，往往溅于下一个案辊，甚至溅到成形网底面，致使纸页的成形受到破坏。为防止这类故障的发生，在两个案辊之间设置挡水板。挡水板应与水平面成 60°左右，其材质多数采用高密度聚乙烯、金属陶瓷或者不锈钢等。

5．脱水板

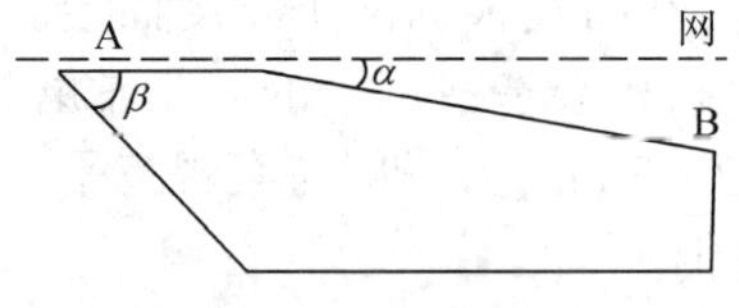

图 13－10　脱水板
A—顶面　B—斜面
β—前缘角　α—后角

脱水板，也称案板，刮水板。是 20 世纪 50 年代末期研究应用于纸机网案的脱水元件。它由支持着网面不转动的一组板片组成，每组一般为 4～6 片。板片的结构如图13－10 所示。

脱水板的作用也是支撑网面与脱水。顶面主要起支撑网子的作用，前缘角可以刮除网下附着的白水。一般顶面宽度为 10～15mm，前角 β 的大小由脱水量决定，一般为 30°～60°。脱水量越多，β 角应越小。但脱水主要是依靠斜面，斜面与成形网间的夹角称为后角 α。斜面越长，倾斜角 α 越大，脱水及湍动也就越强。对于车速较高、纸料滤水性好以及靠近胸辊的脱水板，后角一般为 1°～3°；纸料滤水性能较差或靠近伏辊的脱水板应选择 40～60mm 的斜面长度和 2°～4°的倾斜角。

与案辊相比，脱水板的脱水比较温和，并可通过调整后角 α 的大小调整脱水量。而且可以在脱水过程中产生微湍动从而起到改善纸页匀度的作用。因此，现代中高速纸机，多采用脱水板作为脱水元件。采取这一措施，可有效防止较高车速纸机使用案辊产生的跳浆现象，有利于减轻网痕，减少纤维、填料、胶料的流失。

由于脱水板脱水的负压较小，单块脱水板脱水量可能比单根案辊小，但由于脱水板排列紧密，在相同的网案长度下脱水板组的总脱水量仍比案辊的总脱水量大。

脱水板的加工要求较高的精度。对脱水板材料的要求：一是材料的抗磨性要好，这样使用时间较长，前角不会改变；二是对网的磨损要小。我国目前使用的脱水板材料有含 3%～5% 二硫化钼(MoS_2)的硬橡胶（肖氏硬度 90°A）、高密度聚乙烯、金属、陶瓷等。

6．真空吸水箱

湿纸页经重力脱水和案辊的抽吸脱水后，干度可达到 3%～5%。纸页的进一步脱水必须采用真空吸水箱和真空伏辊以高压差强制脱水，使纸页干度达到 18%～20%，才能适应压榨部的要求。

真空吸水箱由面板和真空箱体组成。真空吸水箱是利用真空抽吸原理，湿纸页通过真空箱面板时，由于纸页上下的压力差，使纸页空隙中的水分在压差作用下被吸入吸水箱内或被空气流带进吸水箱内，随空气一起被真空泵抽走。

真空吸水箱多是紧密排列，一般纸机上设置 6～8 个。在纸机操作中，可在第 3～5 个真空箱上看到的一道纸页上出现的分界线，称为“水线”。在“水线”以前，湿纸页有镜面光泽，纸页干度在 7%以下，纤维还是悬浮在水中。在“水线”以后，干度达到 7%以上，纤维已沉降到网面上固定了。

真空吸水箱的安装应当靠近排列，否则当造纸网通过真空箱之间的间隙时，纸页会产生返潮现象。从靠近案辊的一端开始，真空度应由低到高。一般品种可控制在20～30kPa，真空度的高低，对纸页成形有一定的影响。如真空度过高会造成针眼病，并造成填料的过多流失。在安装饰面辊的纸机上，通常把真空吸水箱分成两组，中间留有空隙，以便安装饰面辊。

7．伏辊与真空伏辊

伏辊是网案末端的辊子。一些旧式纸机，使用普通伏辊。普通伏辊由上、下伏辊组成，上、下伏辊均包胶，上下辊之间有偏心距。它的作用是支撑网子并使其转向，其脱水作用是依靠上下伏辊的挤压作用来完成的。湿纸页出伏辊的干度通常较低，使压榨部的操作受到限制。这种伏辊的纸机操作麻烦，只适用于窄幅低速纸机，因此现在已很少采用。

现代化纸机多采用真空伏辊。伏辊兼作网案回头辊的低速纸机，为了向压榨部的开式引纸得已进行，通常设置上伏辊。但这只是为了引纸的方便，并不起多少挤压脱水的作用。现代高速纸机一般不设置上伏辊。

真空伏辊是由以双螺线排列的钻孔辊壳和真空室组成。在操作侧设置吸口位置调节装置和抽吸面宽调节装置。在真空室吸口边缘四周，设置可充压缩空气的气胎和密封条，气胎充气后将密封条紧紧地压在辊壳内表面上，达到密封的目的。另外在辊子操作侧端面上还设有供轴承润滑的润滑脂加油嘴、伏辊内喷水管接口以及指示气胎压力的压力表和指示真空室内真空的真空表。近年来，辊壳材料一般用不锈钢制造，这是为了使用较小的辊壳厚度便可以保证其强度和刚度，结果是减轻了真空伏辊的重量。旧式伏辊则主要是用青铜制造。

真空伏辊的作用之一是脱水，出真空伏辊时，纸页干度可达18%～22%。除此之外，另有以下三个作用：一是作为主动辊驱动网子，二是单独作为回头辊使网子换向或与驱网辊一起使网子换向，三是将纸页以适当的方式引至压榨部。设驱网辊的网案，通常不设上伏辊，由网部至压榨部的引纸采用真空引纸辊。

真空伏辊的真空度，是纸机操作时的重要参数。它的真空度必须大于真空吸水箱的真空度，以免造成网子打滑，影响纸机的正常操作。真空度的大小受浆料打浆度的影响，真空度一般可达60～68kPa。一般情况下，纸料的打浆度越低，纸页透气度越好，真空度越低。反之，真空度越高。

也有的纸机在真空伏辊中装设压缩空气管子，引纸时，由内向外将网子上的湿纸条吹到毛毯上。

8．导网辊、校正辊与张紧辊

在网子回程一般设5～7个导网辊，用于支撑网子，其中回程第一个导网辊上安装有刮刀和喷水管，以防止纸料缠辊，造成网子起沟。

为防止网子跑偏，在网部设网子校正辊。旧式纸机的校正辊设在最后一个真空箱与真空伏辊之间，这样会占用了网案的有效脱水长度。因此，对于高速纸机，通常将校正装置设在网子的回程上。一套手动的，一套气动的。气动自动调节装置调节速度快，适应高速纸机的运转。

网子回程中的辊子还包括张紧辊，它既起支撑作用，又可调节网子的松紧。网子太松会造成打滑，会加剧网子的磨损。近年来，多数纸机使用聚酯网，因聚酯网在张紧状态下，会变形伸长，必须设置两套张紧器。其中一套手动的，其型式多是螺杆式张紧器；另一套是自动的，通过气动波纹管，将网子张紧，自动补偿由于网子伸长造成的松弛。聚酯网的张力一般要求5～

7kN/m,网子过紧会造成网辊受力过大,影响轴承的寿命,甚至造成网辊断裂;还有可能造成网子起沟,影响纸页的成形。网子过松时,运行中网子有可能被真空箱吸住,使纸机无法正常操作。网子过松还会造成跳浆,影响纸页成形。使用张紧辊时务必注意两端一起调整,特别是网子运行时更要注意,如果出现了两端张紧不一致的情形,极易造成网子快速跑偏。

9. 水印辊与饰面辊

在制造组织非常均匀的高级纸时,有时会使用饰面辊。饰面辊的构造是一个小直径圆网笼,一般外包 40～60 目铜网或不锈钢网。其作用是在纸页尚未完全成形时,将纸页"擀"平。饰面辊通常安装在水线即将出现的位置,纸机操作时通常将此位置控制在第三与第四只真空吸水箱之间。现代化纸机的饰面辊通常单独设传动装置,传动要求与伏辊、驱网辊严格同步。

对于像钞票纸、证卷纸等要求防伪造的产品,通常要求在成形时形成水印。这类水印都是由水印辊造成的,其安装位置及其原理与饰面辊相似。只是在辊面上制作上专用图案。有的水印是在圆网纸机上制作的。

水印辊的花纹是焊在辊上面的,使用时必须精心,轻起轻落,注意清洗。

网部还有一些附属设备,例如定边器、喷水管、水针等。它们的作用十分明了,这里不再一一介绍。

(五) 造纸网

造纸网是网部成形的必要组成部分,与网部的其他脱水元件配合,担负着纸页的成形和脱水任务。因而网子的质量和性能对于造纸机生产和纸的质量有重要的影响。

以前的造纸网主要是铜丝编织的铜网,近年来多数品种使用聚酯网。

1. 铜网

铜网是用铜线按经纬方向排列织造的,织造前按定货长度将经线焊接成无端的环状。

经线：是指纵向铜线,即贯穿铜网全长的铜线。运行中经线既受拉力又受磨损。经线一般以磷青铜制造,经线的成分与对铜网的要求有关。纬密越大的铜网,其经线中锡的含量也相对越高。经线在造纸机上所承受的张力较大,而且还要承受不断弯曲与伸长的作用,因此对经线要求严格。经线受张力的情况必须一致,否则运转中的铜网易出褶子。

纬线：是与经线垂直交织的铜线。纬线一般用黄铜制成。由于经线在经常处于张紧情况下,会使纬线发生弯曲现象,为了防止这些现象的发生,纬线一般应较经线粗约 10%。

经线和纬线均具有一定耐酸、耐碱性,以适应抄纸操作工艺要求与洗刷铜网的需要。

(1) 铜网种类　造纸铜网根据编织方法不同大体可分为单织网、复织网及捻织网。单织网有平纹网与斜纹网之分;如图 13－11(a)为单线平织网,其经线和纬线交叉编织,经线间断地通过纬线的上下,这是最简单的编织方法。图 13－11(d)为半斜纹网,其经线依次先在两根纬线下通过,再在第三根纬线上通过。斜纹网与真空吸水箱接触的面积可达 66%～70%(平纹网仅为 55%左右);由于接触面积的增加,降低网线单位面积的压力,减轻了铜网的磨损,所以斜纹网使用寿命较平纹网要长。复线网有双织网及三织网,一般采用较细的铜丝编织而成。图 13－11(b)为双织网,是以两根经线和一根纬线编织而成,两根经线通过纬线的方向上下交错。图 13－11(c)为三织网,它是由三根经线和一根纬线组成,三根经线并列成为一组,中间的一根与两侧的二根互相交错通过纬线。复织网多用于抄制细腻光滑的纸张。图 13－11(e)为经线采用捻线,纬线为单线的单捻线网。捻线是在金属芯线周围绕上 5～7 根铜丝,捻绞而成。捻线有较大的弯曲性,适合于网目较大的铜网。如长网抄浆机就是使用 20～25 目的捻线网。从一些使用的情况来看,复捻织网比单捻织网的使用寿命长一倍以上,其原因是由于捻线网虽然经线强度较高，但纬线是单丝，强度不够，在运行中发现有纬线开裂的现象。

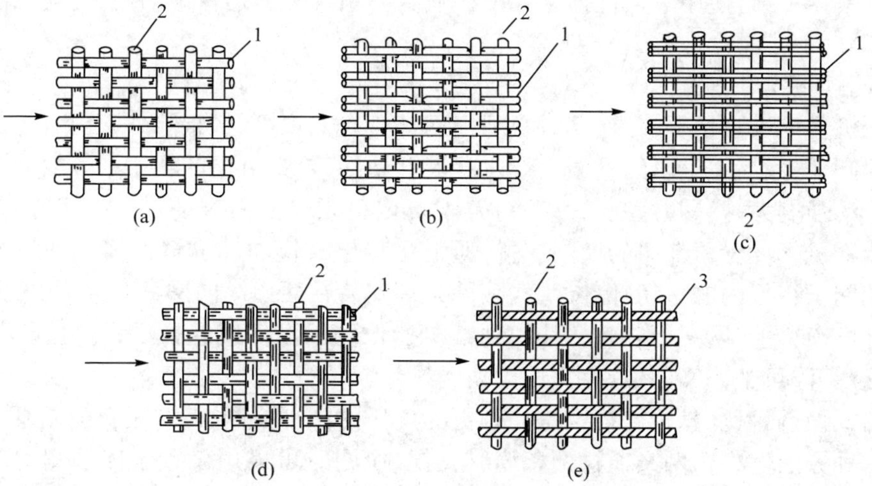

图 13－11　铜网的种类

（a）单织网　（b）双织网　（c）三织网　（d）半斜纹网　（e）捻织网

1—经线　2—纬线球　3—捻织经线

（2）网目和织法的选择　网目也叫网号，是指每英寸（25.4mm）宽度内经线的根数，或这个范围内网孔的个数。对单织网或捻织网来说，60 目就是指每英寸宽有 60 根经线，同时也表示在这个范围内有 60 个网眼。如双织网的目数为 55/110，即表示每英寸宽度内网眼是 55 个，经线为 110 根。同样 70/210 为三织网，表示每英寸的网眼为 70 个，经线为 210 根。造纸用的铜网多为矩形孔，且纵向较横向长，因此一般的单织网中，纬线根数少于经线根数，纬线的根数为经线的 60%～70%。铜网的选择必须根据纸料的性质、纸张的品种及质量要求而定。采用细短纤维抄制薄型纸张，宜采用高标号网目，反之采用粗长纤维抄制较厚纸张则采用低标号网目。网目与织法的选择不仅直接影响产品质量，而且与纤维的流失有很大的关系，因此必须根据具体情况，合理选用。

2．聚乙烯网

近年来，随着合成纤维工业的发展，造纸工业开始用聚乙烯网代替铜网，不仅节约了大量有色金属，而且聚乙烯网具有价格低廉，耐腐蚀，轻巧耐用等优点，已大量应用在真空洗浆机、圆网脱水机、打浆机、漂洗机的洗鼓上。

3．聚酯网

近年来，聚酯网在长网纸机上得到了广泛的应用。由于聚酯网寿命长，成本低，搬运方便，重量轻，具有耐腐蚀和耐化学品的作用，比铜网有较大的优势。大多数长网纸机都使用了聚酯网。

聚酯网的织法与型号的表示方法与铜网不同，通常用网子的透气度表示其型号。如用于纸机网部成形的有：CW27254。

聚酯网按编织系列可分为三综、四综、五综、七综、八综等系列，按网子的层数可分为单层网、双层网、两层半网等。双层以上的网子耐磨性优于单层网，但如果洗涤不力，容易造成糊网。网部用的成形网是无端网，干燥部使用的干网通常使用可接头的有端网。

聚酯网的缺点是在张力作用下有伸长的特性，以及网子容易脏且难洗涤，容易造成糊网。

近年来设计的纸机充分考虑了这两个问题，从纸机设计上补偿了聚酯网的缺点。其措施一是采用两个张紧器；二是使用了针型摆动式高压喷水管系统洗涤运行中的网子，使糊网问题得到了解决。

4．铜网的更换

旧式纸机多用人工换网，在换网时必须把网部所有的辊筒（伏辊除外）、白水盘、真空箱、喷水管等全部卸下，然后在空出的网案大梁之间展开新网，再把拆出的辊子一一放回原处。这种换网方法劳动强度大，换网时间长，一般约需 4～6h，已很少使用。

现代造纸机都设置了专门的换网装置，通常用移出式换网和悬臂式换网两种方式。移出式换网是把网子行程内的一切部件（伏辊除外），都安装在两条纵向网案主梁上，两条纵向主梁安装在可移出横梁上，网案可以整体移出到纸机操作侧。当伏辊悬臂后，可将新网套入伏辊，然后把新网展开，再把网案归位，就完成了换网操作。

与移出式换网相比，悬臂式换网是使用更为广泛的一种换网方法，是目前新纸机设计中普遍采用的一种方法。整个网案通过两条横梁支撑，换网时可以用设置于传动侧的专用悬臂装置将网案从操作侧立柱上抬起，拆除该立柱上的垫块后，借助于展网器（有称换网车）把网子套入网案。

（六）网部的工艺计算

网案单位面积产量（网案出力）是考核纸机脱水能力的一个重要指标，计算如下。

1．网案有效面积

$$A = bL \tag{13-2}$$

式中　A——网案有效面积（m^2）

L——网案长度（m）

b——网案上纸页宽度（m）

2．每小时产纸量

$$G = 0.06bvg \tag{13-3}$$

式中　G——产量（kg/h）

v——车速（m/min）

g——纸的定量（g/m^2）

3．网部生产能力

$$K = \frac{G}{Lb} = \frac{G}{A} \tag{13-4}$$

式中　K——网部生产能力[$kg/(h \cdot m^2)$]

网案单位有效面积产纸量，主要决定于纸机的车速、品种及浆料性质。打浆度越高，脱水越困难的浆料，单位产量较低。此外，网部的脱水元件如案辊、刮水板、吸水箱、真空伏辊等的使用情况及结构条件，对网部脱水效率也有所影响，提高脱水元件的脱水能力，便能提高网案单位有效面积的产量。

三、压　榨　部

（一）概述

纸页在网部成形以后，虽然已脱去绝大部分水分，但自伏辊出来的湿纸页一般尚含有80%左右的水分，如果把含水量这样高的湿纸页送到干燥部去干燥，不仅消耗大量蒸汽，而且纤维组织不紧密，强度低，表面粗糙。因此，压榨部的任务是利用机械挤压的方法进一步脱水，低速纸机的纸页干度可达到30%～38%，高速纸机的纸页干度可达到42%～45%，以保证干燥质量和降低干燥成本。

简言之，纸机压榨部的作用，一是脱水，二是改善纸页的性质。脱水的原理是利用机械挤压的方式，使纸页在经过两旋转的辊筒之间时，受到挤压，湿纸页的水分被压出。在脱水的同时，湿纸页的结构性质得以改善。由于纸页干度的提高，纤维进一步靠近，湿纸页的强度提高；并改善纸页的结构性质，如增加紧度、挺度，消除网痕，提高纸的强度、平滑度并降低透气度和渗透能力等。

现代化纸机的压榨部近年来得到了快速发展，为了适应高速纸机的压榨脱水要求，已从传统的复合压榨发展到宽压区压榨，目前高速造纸机广泛采用的靴式压榨，便是一例。对于宽幅纸机多采用可控中高压榨辊；对超宽幅纸机，采用了分区可控中高压光辊，极大地提高了压榨部的脱水效率，提高了出压榨的纸页干度。还有的纸机生产厂家，根据草类浆网部脱水困难，影响车速提高这一问题，研究开发了四辊二压区复合压榨，为大比例配用草浆生产文化用纸提高车速，积累了成功的经验。

（二）压榨部的型式

压榨部的结构，根据纸机的车速不同，生产的品种不同，有较大的差异。窄幅低速纸机压榨部的结构，如图13－12所示。这种压榨由于采用了普通压榨，从伏辊至各道压榨间均是采用开式引纸，一般只能适应120m/min以下的纸机。

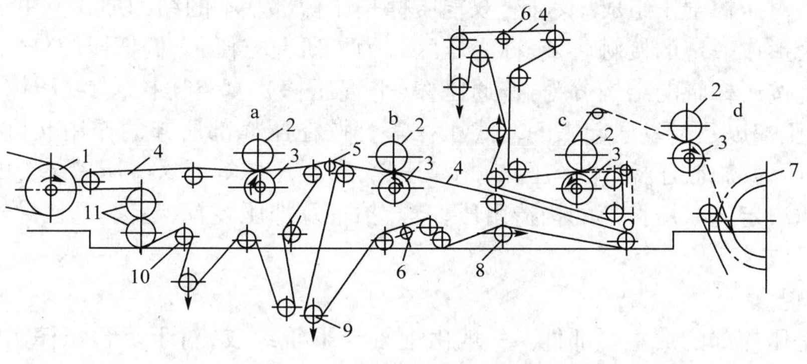

图 13－12　低速纸机的压榨部

1—伏辊　2—上压榨辊　3—下压榨辊　4—毛毯　5—引纸辊　6—毛毯吸水箱　7—烘缸
8—毛毯校正辊　9—毛毯张紧辊　10—毛毯导辊　11—毛毯挤水辊
a、b—正压榨　c—反压榨　d—光泽压榨

高速纸机通常采用复合压榨，其分类多根据组成压榨的辊子个数和压区个数，常见的有：三辊二压区复合压榨、四辊三压区复合压榨、四辊二压区复合压榨等。为了提高脱水能力，通常使用真空压榨辊、沟纹压榨辊等。图13－13是三辊二压区压榨的一个例子。这种压榨部的结构是中高速纸机的主要压榨型式。从网部至压榨部使用真空引纸辊和引纸毛毯封闭式引纸，可以减少湿纸页的断头。从起的作用来看，它相当于两道普通反压，提高了纸页的反面平滑度，提高了开放引纸时纸页的干度。

近年来，纸机的结构向着宽幅高速方向发展，幅度达10m以上，车速达到1 600m/min以上，通过普通压区的时间对普通压榨来说，不足1/1 000s，很难适应脱水的要求。为了提高脱水效率，国外一些公司开发了宽压区压榨，有代表性的是靴式压榨。其压榨部的结构见图13－

14,其中的第三压区即靴式压榨。

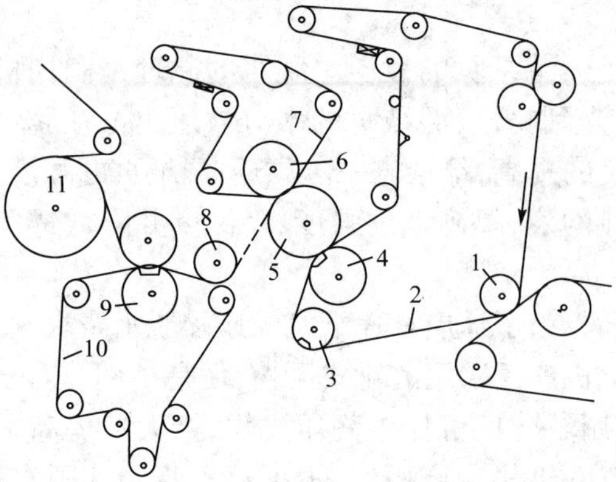

图 13 13 复合压榨的组成

1—真空引纸辊 2—引纸毛毯 3—真空吸水辊
4—包胶真空压榨辊 5—石辊 6—包胶真空压榨辊
7—第二压榨毛毯 8—导纸辊 9—包胶真空压榨辊
10—第三压榨毛毯 11—烘缸

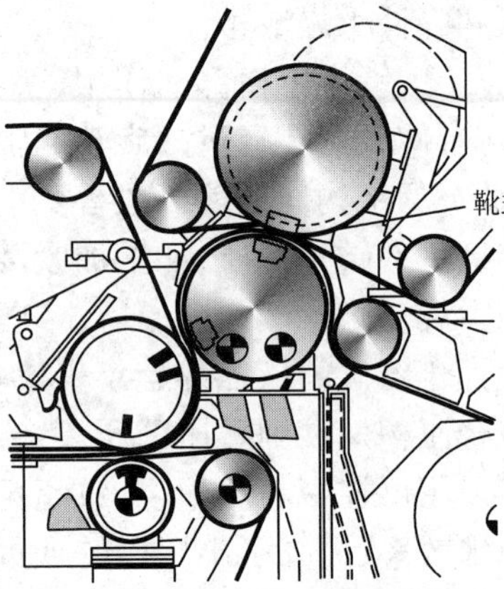

图 13-14 靴式压榨部的结构

(三) 压榨部的构造

由上述内容所见,纸机的类型,尤其是车速不同,压榨部的结构各异。但是压榨部最基本的结构是由一对压榨辊子组成。因此,双辊压榨是压榨部基本的结构形式。由于橡胶易变形,一对压辊间会形成一定的接触区域,称为压区。为了研究方便,人们把压榨分成若干类型。最常用的方法是按压榨辊的结构分为:普通压榨(平辊压榨)、真空压榨、沟纹压榨、盲孔压榨、衬网压榨、套网压榨以及新发展起来的靴式压榨等。按在压榨部所起的作用又可分为:正压榨、反压榨、引纸压榨、施胶压榨、半干压榨、光泽压榨、高强压榨等。这些压榨装置的设置,是由纸张品种的性质决定的。压榨部的构造由压榨辊、抬辊及加压装置、毛毯、毛毯导辊、毛毯脱水及洗涤装置等组成。

1. 压榨辊

压榨辊是压榨部的最主要部件。一般由上辊与下辊组成,对于复合压榨则根据设计确定中心辊。主要有以下类型。

(1) 普通压榨 普通压榨的上下压榨辊均为平辊结构,下辊附有传动装置,为压榨的主动辊,带动上辊及毛毯。

一般上辊为石辊,下辊为胶辊。石辊有天然石辊与人造石辊之分。天然石辊的辊面是由天然花岗岩石制造成的,其优点是辊面平滑,内部含有许多微孔,便于纸页剥离。但由于用天然石材,辊子的直径和面宽受到限制。人造石辊是用石英砂和橡胶按一定比例混合,然后将其包在一铁制辊芯上制成。胶辊在辊子空心铁芯上包覆硬橡胶制成。用途不同,要求有不同的橡胶硬度。橡胶的硬度用肖氏硬度表示,记作 SH“A”。用于压榨胶辊的硬度,一般在 88~92° SH“A”。一压的硬度最低,最后一道压榨的最高。硬度低的,橡胶变形量大,使得压区宽度变大,可以避免纸页压溃。为了保证纸页整幅出压榨后横向水分均匀,通常在胶辊上磨出中高。压榨辊的中高及其研磨是一个非常重要的问题,将在后面详述。

(2) 真空压榨 高速纸机上,为了加强脱水效率,减少断头,下压榨辊常采用真空压榨辊,其结构与真空伏辊类似。即由转动的辊壳和设在内部的不转动的真空室组成。辊壳用青铜离心铸造，对高线压真空压榨辊也有用不锈钢制造的。辊壳外包覆25mm左右的橡胶层。辊表面钻有直径4～4.5mm的小孔，贯穿橡胶层与壳体。真空室有单室与双室之分，这取决于压榨部的结构。真空室的开口宽度决定了辊子的吸水区宽度，约为100mm。湿纸页压榨时，借助真空作用（真空度为50kPa以上）使纸页空隙中的水分通过孔眼，以垂直方向被吸出，进入真空室。

与普通压榨相比，真空压榨的优点是：湿纸干度可提高1%～2%。湿纸被压溃的可能性减少，断头减少。即使在进压榨前湿纸水分较高以及采取较高的线压力的情况下，也可以适应较高的车速。但真空压榨结构复杂，投资高，电耗大。

（3）沟纹压榨　沟纹压榨和普通压榨在结构方面基本相似，只是在胶辊的辊面上，开有许多彼此平行的沟纹。见图13-15。沟纹的作用是使通过毛毯被挤出的水在下压榨辊面上获得一个良好的排水通道，一条条的沟纹就是一条条的排水沟道，能使压榨出来的水很好地排出，从而提高了脱水效率。实践证明，使用沟纹压榨代替普通压榨，纸页的干度平均可以提高2%～4%，减少了纸页压花等纸病，减少了纸页断头次数，有利于提高车速和减少干燥部的蒸汽消耗。

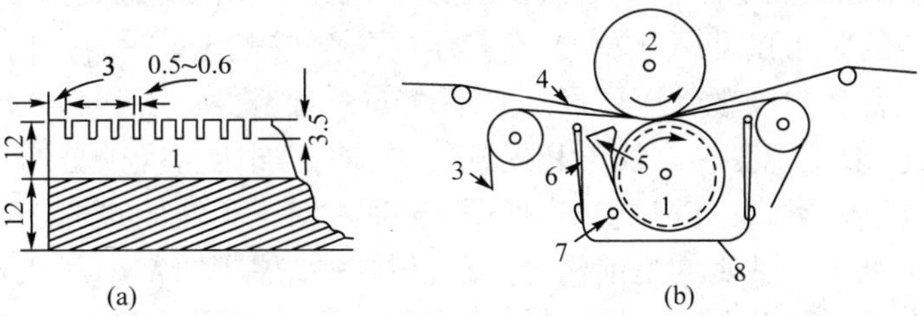

图 13-15　沟纹压榨结构示意图
（a）沟纹的几何形状　（b）沟纹压榨的配置
1—沟纹辊　2—上压辊　3—毛毯　4—纸页　5—刮刀
6—可移动的挡水帘　7—高压喷水管　8—白水槽

（4）挤水压榨　挤水压榨亦称毛毯洗涤压榨，其作用是用于毛毯洗涤。一般上辊用金属辊，下辊用包硬橡胶辊，直径比压榨辊小。挤水压榨结构简单，但主要不足之处是被冲开的毛毯孔眼，通过挤水压榨时被压实，尤其是使用针刺毛毯时，毛毯孔眼被压实后滤水性下降，使毛毯无法正常使用。因此，这种方法只用于旧式低速纸机和某些圆网纸机。

（5）盲孔压榨　盲孔压榨，即在肖氏硬度90° SH“A”的胶辊上，钻有盲孔。孔径约为2.5mm，孔深10～15mm，开孔率约29%。其原理是，在压榨湿纸页的过程中，纸页中的水分通过毛毯进入盲孔中，这样便减小了脱水阻力，提高了脱水效率。使用盲孔压榨的一个重要因素是在辊子每转一圈时，孔内的水分都应排空。在高速纸机上，盲孔内的水大部分被离心力甩出。还可考虑用毛毯带走或借助于刮刀将辊面的水分除去。

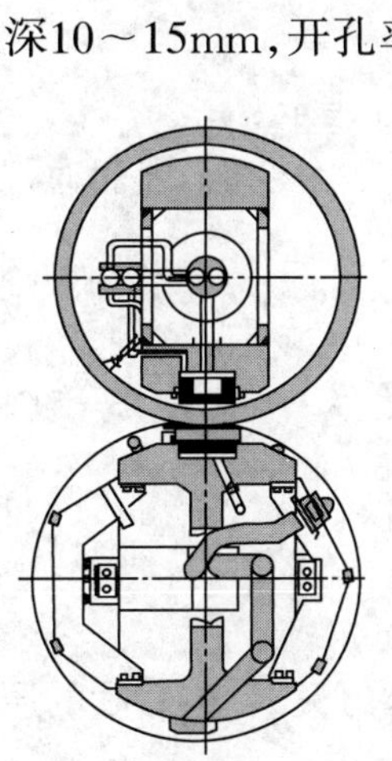

图 13-16　靴式压榨的结构

（6）靴式压榨　靴式压榨是近年发展起来的用于高速纸机的压榨形式。它属于宽压区压榨，其作用主要是，通过增加压区的宽度，延长湿纸页在压区的停留时间，以提高脱水量。其结构见图13-16。这种结构是Voith公司研制的NipcoFlex靴式压榨，其上辊是一分区可控中高的硬辊，下辊即靴式辊，由柔性辊套与位于上部的固定的加压靴组成。由于加压靴套可以制成150～250mm宽，大大增加了压区的宽度。

除此之外还有衬网压榨、网套压榨。所谓衬网压榨，即在压榨毛毯与压榨胶辊间加一粗网子。网套压榨即在普通胶辊上加上一网套。

这都是为了在湿纸页通过压区时,使纸页中压出的水分进入网眼贮存起来,辊子转出压区时再把水分吸走。另外还有的纸机采用高强压榨,即在上石辊和下胶辊间加一个小直径不锈钢辊,起到提高压区压强的作用。在此不再赘述。

纸页的正压榨,是指纸页正面接触石辊;纸页的反压榨是指纸页的反面接触石辊,除了纸页脱水以外,还因石辊表面十分光滑,因而提高反面的平滑度,消除网痕;光泽压榨因无脱水毛毯,主要作用是提高纸页的紧度,提高反面的平滑度,而不是为了脱水。还有的纸机,为了防止湿纸页粘辊断头,还设计成双毛毯压榨,由于纸页两面都与毛毯接触,通常设计成封闭引纸。

2. 提升与加压装置

在压榨装置中,上辊作用于下辊的压力,如果只靠辊子本身的重量,得到所要求的线压力是不够的,满足不了生产需要。必须在上压榨辊上加附加压力,以提高两辊间的压力,因为在一定的脱水条件下,脱水速率与压区压强成正比。另外,在停机时,必须将上压榨辊提起来,避免毛毯和包胶辊受压变形。在毛毯洗涤时,更换毛毯时,也要将上压辊抬起来以便毛毯套入。因此,上压辊必须有加压和提升装置,通常加压与提升是同一套机构。目前使用的提升加压装置有三种类型:杠杆重锤式加压、气动式加压和液压式加压。

纸机上常用的是前两种。杠杆重锤式加压通常用三级杠杆,重锤的压力由杠杆依次传递到上压辊的轴承座上,通过轴承座将压力传递到压区。由于杠杆支点存在较大的传递阻力(尤其是生锈时),因此机械效率较低。由于制造和维护中两端的传递机械效率不可能完全一致,容易产生偏压,影响压榨的操作。

气动式加压则是利用气缸、气动膜盒、气动波纹管对压榨辊提供附加压力。通常只有一级杠杆,根据压榨结构不同,杠杆可以制成弯曲的以便调整加压元件的方位。与杠杆重锤式不同,气动式加压装置效率高,通过调节加压用的压缩空气的压力便可以灵活地调节加在压辊上的附加压力。由于辊两侧可分别调节压力,可以调节纸机压辊的偏压。

对于压力要求很高的情况,由于压缩空气难以获得1MPa以上的压力,所以通常使用油压加压。

无论采用何种加压方式,上、下压辊间的压力都是由附加压力和辊子自重两部分组成。而附加压力可用重锤重力(或气动加压元件的面积与气压的乘积)乘以杠杆倍数求得。

上下压辊间的压力可由两种方式来表示:

压区比压:上压辊本身重力与附加压力之和除以压区面积,以MPa表示;

线压力:由于在实际使用中压区的实际宽度难以直接测量,且又是一个变数,因而通常用线压力表示,以kN/m表示;

两者的关系是:

$$p = \frac{p_L}{b} \tag{13-5}$$

式中 p——压区比压(MPa)

p_L——压辊间线压力(kN/m)

b——压区宽度(m)

由式13-5可见,对于宽压区压榨,由于压区宽度大,因此虽然线压力很大,但实际的压榨比压不一定大。

生产实践证实纸页的脱水速度与压区比压成正比,而脱水量则等于脱水速率与停留时间的乘积。

在正常操作中，是以加、减重锤个数，或调节加压元件气压的大小来调整线压力进行压榨部的操作的。

通常，压区宽度为15～30mm，视加压辊直径、橡胶硬度、加压程度和毛毯弹性而定。在生产中各道压榨的线压以及下压辊包胶硬度都是逐渐增大的，其具体数值视生产纸种、造纸机车速和压辊结构而定。

3. 压榨辊的中高及上下压辊间的偏心距

一根两端被支撑起来的压榨辊，由于自身的重量或附加压力的作用，中间部分必然会因下垂而弯曲，弯曲的程度称之为挠度。因横梁的材料、重量、直径，支点的距离和加压等情况不同，压榨辊的挠度也不同。两个上下重叠起来的辊子只能是在两端接触紧密，而中间部分则有极微小的空隙。这样，必然造成经过两辊间的湿纸页受压不一致，中间部分由于压力轻而造成脱水差。因此，出现纸页横向水分不一致，使纸机不能正常运转。为了弥补这一缺陷，必须将辊子制成中央的直径略大于两端直径，这种中央凸起并逐渐向两端缩小的辊子称为中高辊。这样一来，上下辊就可以在全宽上完全吻合，保证沿纸机全宽脱水一致。

辊子中间的直径 D 和辊子两端直径 D_0 之差，称为中高率（K）：

$$K = D - D_0 \tag{13-6}$$

为了制造加工方便起见，一对压榨辊的中高通常只设在胶辊上。中高度的确定，是压榨部的一个重要问题，它直接影响着压榨部的操作质量。由于压榨辊的挠度大小除了与辊径、辊面宽、辊筒芯的材料、包胶的硬度有关外，还与上压辊加压的大小有关。也就是说，中高度是一个受多种变化因素影响的参数。根据挠度值的理论计算，往往与实际有较大的误差，因此多根据经验估计。有时还须进行试验，难免浪费许多人力物力。

近20多年来，在高速纸机上普遍采用了可控中高辊。可根据不同的操作条件灵活地调节中高度的大小，保持压区比压在全幅宽度上均匀一致，从而保证了压榨脱水均匀。近年来，现代化高速纸机又采用了分区可控中高辊，保证出压榨纸幅横向的水分均匀一致。

在一对压榨辊中，上、下压辊的安装位置有一定偏移，即上压辊中心线与下压辊中心线之间有一定的水平距离，称为偏心距。偏心距一般为50～120mm，它取决于纸种、浆料性质以及操作条件（车速和线压），通常第一压榨采用较大偏心距，最后一道压榨偏心距为零。偏心距增大，可使纸页在进入主压区之前，上压辊与毛毯之间形成预压，使纸页在上下辊间受压时间延长，避免纸页压花。第二、三压榨则采用较小的偏心距，从而提高上、下压辊间的比压。

组成压榨部的部件还有导毯辊，其中包括毛毯校正辊与毛毯张紧辊，都是压榨部操作所必不可少的，由于比较直观，在此不再详述。压榨毛毯、毛毯洗涤装置等，是压榨部操作的重要内容，将在随后专题叙述。

（四）压榨毛毯

造纸用毛毯俗称毛布（又称湿毛毯），其主要作用，一是作为湿纸脱水的媒介；二是用来传送湿纸页；三是通过毛毯带动导辊的运行；四是消除网痕。因此，对毛毯的要求是有良好的滤水性，表面平整细腻，强度高和寿命长。

1. 毛毯的种类

常用造纸毛毯按制造方法可分为编织毛毯和针刺毛毯。

(1) 编织毛毯　毛毯的原料，过去以羊毛为主，现在则以合成纤维和羊毛作为织造的主要原料。编织毛毯是通过纺纱、织毯、缩呢、拉毛等工序制成的，常用的编织毛毯结构如图13-17所示。平织是最简单的织法，纬线（横线）逐根间隔地与每根经线（竖线）上下交织；2/2破斜纹是每隔一根纬线像平织一样上下交织，另一根纬线则通过两根经线的上方或下方；1/3破斜纹是纬线通过一根经线的下面，再通过三根经线的上面；2/2 斜纹是纬线交替地在两根经线上下通过。不同的毛毯织法所表现的基本性能如表 13－1 所示。由表 13－1 可以看出，如果强调毛毯的平滑性，就必须把毛毯织得紧密一些，使拉毛绒面平整细腻，以减轻毯印，但这会使滤水性能变差；反之，为了提高滤水性，应织得疏松一些，但平滑性及强韧性都要降低。所以，普通编织毛毯在使用上存在着一定的局限性。在毛毯的使用上，经线担负毛毯的机械牵引力，所以要求拉力大。毛毯的绒毛大部分是从纬线上起来的，纬线要求捻度小而且粗松，通常纬线要比经线粗 1～1.5 倍左右。用织毯机织造的毛毯是“袋状”织法，有从一开始就加工成为无端的，也有在织成后缝合的。

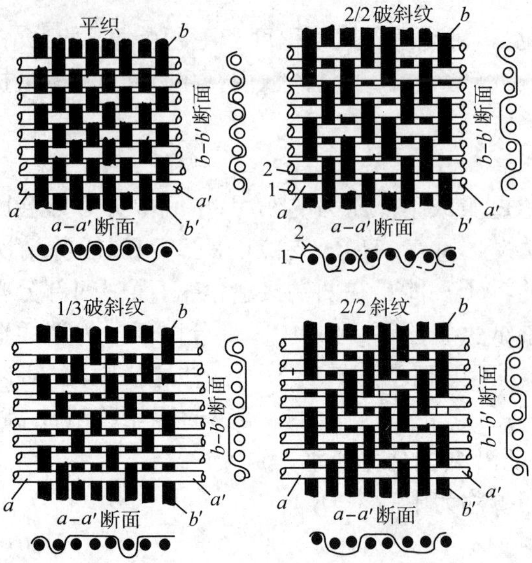

图 13－17　常用毛毯的编织结构

表 13－1　　毛毯织法与性能的比较

编织方法	滤水性	平滑性	强韧性	编织方法	滤水性	平滑性	强韧性
平　织	4	4	1	1/3 破斜纹	1	1	4
2/2 破斜纹	2	2	3	2/2 斜纹	3	3	2

1—表示最好，4—表示最差。

(2) 针刺毛毯　针刺毛毯是目前高速纸机普遍使用的毛毯。从脱水原理上看，它更适合于真空压榨、沟纹压榨等垂直压榨的脱水，其结构如图 13－18 所示。针刺毛毯是用很稀的底网作为基布，两面用植绒机针刺，将纤维植于基布的孔中。用这种方法生产的毛毯，从根本上解决了脱水和毛毯痕之间的矛盾，同时大量的使用了合成纤维，增加了强韧性，延长了毛毯寿命，而且改善了纸张质量。针刺毛毯的厚度较编织毛毯高，薄的一般在 900g/m^2，厚的在 1 200～1 300g/m^2。在实际使用中发现，针刺毛毯如果按普通编织毛毯的方法洗涤，会达不到洗涤要求，使针刺毛毯无法正常使用。对于针刺毛毯的洗涤，应使用针形高压喷水管往复摆动洗涤，洗涤水压以能穿透毛毯为宜。生产实际中发现，水压过高会造成植绒表面损伤。一些厂家使用的网毯洗涤器，比较适合针刺毛毯的洗涤。

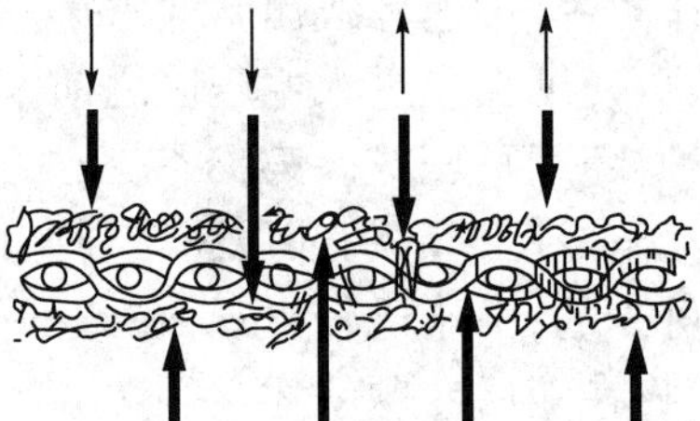

图 13－18　针刺植绒的示意图

2. 毛毯的选择

毛毯的种类确定，一般认为，普通压榨宜选编织毛毯，真空压榨或沟纹压榨等宜选用针刺毛毯。

毛毯的选择要考虑到压榨的部位及纸张的品种，可参考表 13－2。

表 13－2　毛毯的选择

毛毯种类	第一压/(g/m^2)	第二压/(g/m^2)	第三压/(g/m^2)	产品种类
薄毛毯	450	500	700	高级薄纸
中厚毛毯	500	550	800	双胶纸
厚毛毯	650	700	800	新闻纸
较厚毛毯	700	800	900	化学浆板
最厚毛毯	800	800	1 000～1 500	化学浆板
粗毛毯	800	800	1 200	纸板及油毡纸

在一般纸机上，第一压所处理的湿纸含水量大，主要要求滤水性好，多采用平织毛毯，其定量为 600～700g/m^2；第二压和第一压一样，但定量应略大些，也多用平织毛毯，定量为 680～750g/m^2；第三压要消除第一、二压的毛毯痕，主要要求平滑性好，故多采用定量为 800～850g/m^2 的破斜纹毛毯。

在抄造高级书写纸和证券纸时，由于纸浆滤水较困难，所用的毛毯，除需具备良好的滤水性外，还需要一定的平滑性，一般都采用破斜纹毛毯，也可采用细腻的平织毛毯。

针刺毛毯由于较厚，一般均在 900g/m^2 以上，其选择也可参考表 13－2 的某些内容。

3. 毛毯的调整

毛毯是无端的，其正面织有一条与毛毯纵向成垂直而且颜色不同的标准线，又称蓝线。在正常运行情况下，标准线应该是基本上与压辊平行的，如果毛毯横向松紧不一致，或由于辊面全宽上受压不均匀，就会出现标准线中间凸出或凹入，或整条标准线倾斜现象。这样就会使毛毯的矩形孔眼变成菱形，缩小脱水面积，影响脱水效果，严重时会引起压花，因此必须经常注意控制标准线，使其保持平直。

毛毯标准线出现毛病，大约有下列原因：①中间凸进：主要是压榨辊中高过大，中间线速度比两边高，因而标准线中间凸进。解决的办法是研磨正确的压榨辊中高。②中间凹退：主要是中高不足或压榨加压过大。如中高不足，可选择适当的毛毯辊，用临时垫纸的办法进行矫正。如因加压过大，则应调整压力加以解决。③标准线偏斜：主要是毛毯一侧松弛或者压辊两端的压力不一致造成的。如因毛毯松弛，则稍微拉紧毛毯松的一边，即可矫正；如因加压不一致，则应调整压力解决。

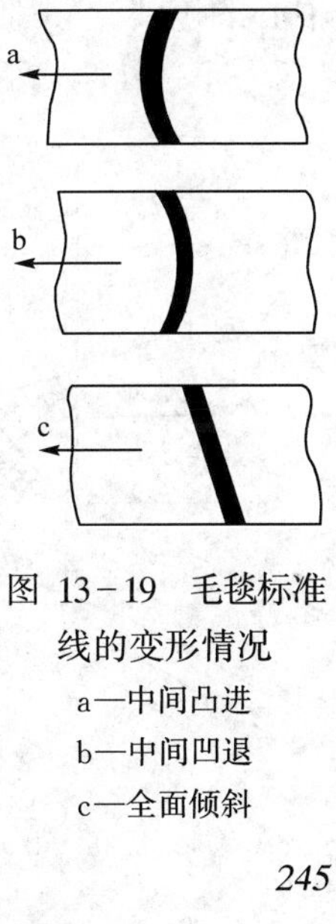

图 13－19　毛毯标准线的变形情况
a—中间凸进
b—中间凹退
c—全面倾斜

毛毯标准线的变形情况如图 13－19 所示。

由于毛毯的松紧不合适，或由于一些毛毯质量方面的问题，或因导毯辊不正，会引起毛毯起褶子，这会使压榨部无法操作。应根据现场情况，找出原因，及时解决。

张紧辊和展毯辊分别担负张紧和展开毛毯的任务。

4. 毛毯的洗涤

在生产过程中，纸料里的细小纤维、填料、胶料、色料等物质，以及生产用水中的杂质，极易黏附在毛毯上，堵塞毛毯孔眼，影响毛毯的滤水性能。因此，毛毯的洗涤是保证压榨部良好脱水性能和延长毛毯使用寿命的关键问题。

毛毯的洗涤可分为机上洗和机下洗两种洗涤方式。机上洗涤又分为停机洗涤和开机洗涤。开机洗涤装置有毛毯挤水辊、管式毛毯洗涤器、毛毯吹洗辊、吸水辊式毛毯洗涤器、真空移动式毛毯洗涤器以及针型喷嘴高压水洗涤装置等。停机洗涤主要是采用停机后放松毛毯,使压榨部空运转,然后往毛毯上喷洒洗涤剂,最后用清水冲洗。

所用洗涤剂应根据毛毯上污垢的性质,可以是热的碳酸钠溶液,也可以是中性洗涤剂。

5. 毛毯的更换

毛毯上机前要首先核对尺寸、规格,检查毛毯面是否有缺陷。毛毯上的箭头方向应与套入后毛毯的走向一致,检查无误后把毛毯展开铺匀。新毛毯上机时,应事先把上压辊抬起来,留有套入毛毯的足够空间,然后小心地把毛毯套入压辊轴颈,再依次套入导毯辊。要防止毛毯沾上油污。

毛毯换好后,可进行毛毯运行。开机前要先把毛毯用水淋湿,不可干毯开机。开机时先不能加压,略微张紧,以毛毯可以带动导毯辊运行为宜。然后调节张紧辊使毛毯达到平整。在毛毯运行几分钟后,开喷水管和毛毯真空箱,然后调节张紧辊,并逐渐加压直至满载。在确认毛毯已经达到应有宽度和脱水能力之后,再放料抄纸。

在停机检修时,留在造纸机上的毛毯,应该洗干净待用,并且把上压榨辊抬起,把张紧辊松开。另外,停机期间不许用水管长时间向毛毯局部地方喷水。

(五) 压榨脱水的原理

压榨是利用无端毛毯将湿而不坚实的纸页引入彼此压紧并旋转的辊筒之间,湿纸页受挤压将水脱出。压辊的结构不同,脱水机理也不同。对于双毛毯压榨,纸页从两面脱水,水从纸页两侧被压出,因此减少了压溃断纸的可能性。对于单毛毯压榨则是单面脱水,由于辊是光滑的,水只能从纸页贴毛毯的一面脱除。下面简要介绍单毛毯压榨和脱水机理。

1. 反向水平脱水

对于上下辊都是平辊的单毛毯压榨,在压榨过程中由于上辊的压力,毛毯和湿纸页都被压缩,湿纸页中挤出来的水首先被尚未饱和的毛毯吸收,随着上下压辊间隙的进一步缩小,毛毯中水分也达到饱和。这时湿纸页中的水分必然由高压区向低压区移动,由于高压区位于上下辊中心的连线上,因此水必然沿纸页运行的反向向外运动。故称为反向水平脱水,如图 13－20 所示。

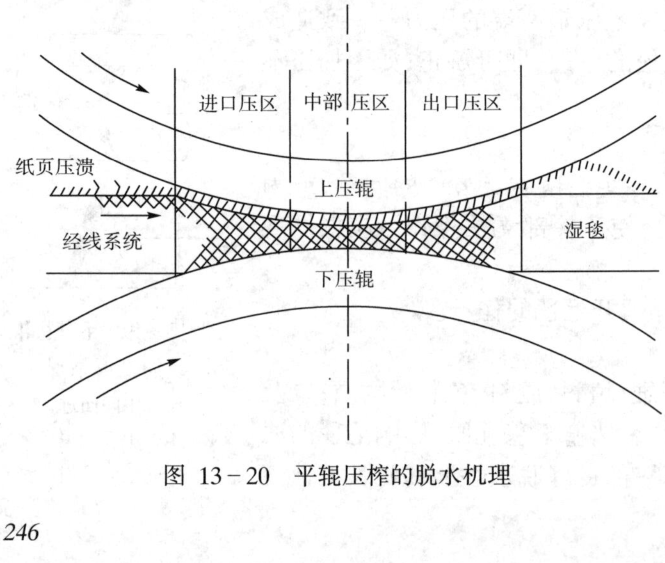

图 13－20 平辊压榨的脱水机理

在图 13－20 中,湿纸页开始饱和的那一点至毛毯离开压辊的那一点之间的区域称之为压区。这两点之间的距离,称为压区宽度。压区宽度与胶辊的变形程度和毛毯的弹性有关。在进口压区,湿纸页和毛毯中的水分沿反向向外移动,在出口压区则存在着毛毯吸水和纸页回湿两个过程。为减少纸页回湿,有效的措施是尽快使毛毯与纸页分离。

显而易见,在压榨的中心区

与纸页接触的上辊处，是压力最大的区域，在毛毯进出口处则是压力最小的区域。亦即，由中心至湿纸进口，压力逐渐减小到零，这称为压力梯度。显然，毛毯的滤水阻力越大，压力梯度越大；在保证同等脱水量的前提下，压力梯度越大，在高压区湿纸页受到的压力越大。这正是平辊压榨容易造成压溃的原因所在。

2. 垂直脱水

对于真空压榨，下辊是真空辊，在压区内由于受到上辊的挤压力，纸页中的水分便从阻力较小的孔进入真空室，水的流向接近于与毛毯垂直的方向，因此称为垂直脱水。如图 13－21 所示。在垂直脱水的情况下，因水流距离短，因此压力梯度较小，所以很少压溃。尤其是使用针刺毛毯，纤维的方向与水流方向相同，更有利于提高脱水能力。

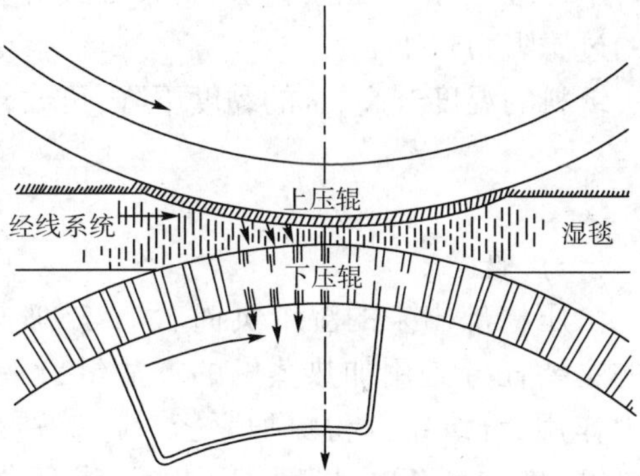

图 13－21 真空压榨的脱水情况

常用的沟纹压榨、盲孔压榨、衬网压榨、网套压榨等，脱水机理都与真空压榨相近。

（六）影响纸页脱水的因素

影响压榨部脱水的因素有许多，各种因素又相互联系，相互制约。主要有以下几点：

1. 线压力及压榨比压

线压力是压榨部操作最重要的参数。理论和实践均已证明：湿纸页的脱水速度与压区内压榨比压的高低成正比，亦即在同样车速和同样压区宽度的前提下，压榨比压越大，脱水速率越高。同理，在同样的压榨线压力的情况下，压榨宽度越大，压榨比压越小。在实际生产中，线压力的调整通常通过调整附加压力的大小来达到。

2. 胶辊的硬度与胶辊直径

胶辊硬度愈大，压区宽度愈窄，则在相同线压力的前提下压榨比压越大，虽然脱水速率快，但因作用于湿纸页的比压高，有可能对纸页造成压溃（或压花）；反之，胶辊硬度低，压区宽度变大，在同样线压力的前提下，压榨比压小，这样反而会降低脱水速率，不利于脱水。胶辊直径越大，压区宽度越宽；胶辊直径越小，压区宽度越窄。

在生产中确定胶辊硬度后，通过调节线压力来控制压榨脱水情况。

毛毯对压榨比压有一定的耐受能力，过高的比压会造成毛毯的性能下降，甚至会造成毛毯的损坏。

3. 压榨时间与车速

压榨时间与车速是一对相互关联的因素。纸机车速越高，压榨时间越短。现代化高速纸机，有效压榨时间通常只有千分之几秒。由于压榨脱水量等于脱水速率与压榨时间的乘积，因此，为了提高高速纸机的脱水能力，则必须提高脱水速率或延长脱水时间。使用宽压区压榨或使用高线压力，都是提高脱水量的有效措施。

4. 毛毯滤水性

毛毯滤水性是毛毯对水流的阻力大小的量度。如前所述，毛毯在上、下两压榨辊之间其最重要的作用之一是作为脱水的媒介。毛毯脱水的阻力大，则压区内压力梯度增大，保持同样的脱水速率所需用的压力便增大，则纸页易出现压花。

毛毯在使用过程中，随其使用时间增加，脱水性能降低。原因是毛毯中的孔隙逐渐被填料、胶粒、细小纤维等堵塞;以及毛毯伸长缩窄,标准线歪斜,减少了毛毯织孔的有效面积,因而降低了它的吸水性和滤水阻力。因此,毛毯脏污是产生压花的最常见原因。在生产中必须重视毛毯的洗涤,经常保持毛毯的清洁。

5. 纸料性质及压榨温度

纸料的滤水性也是影响压榨的重要因素。纸料的滤水性通常用纸料打浆度来衡量,但这是不全面的。同一打浆度的纸料,表现在压榨脱水性能上不一定一样。纸料滤水性能主要与纸料中纤维的种类、制浆方法、打浆方式等多种因素有关。但总而言之,纸料脱水性能越好,对水的过滤阻力越小。

纸料的温度升高,水的黏度下降,可改善高黏状浆的脱水性能。

四、干 燥 部

(一) 概述

由压榨部出来的湿纸页尚含有55%~70%的水分,很难再用机械的方法除去。干燥部的主要任务是用加热蒸发的方法继续脱水。除脱水之外,在干燥过程中,由于水的表面张力作用,纤维结合得更加紧密。这就造成了纸页得到一定的收缩,纤维之间形成了大量的氢键,增加了纸的强度。通过干燥还能改善纸和纸板的平滑度和形成纸页的施胶作用等。

干燥方法从形式上可分为两种:一是热风干燥,多用于浆板和纸板的生产,另一种是烘缸干燥,也称接触式干燥,多用于纸张的生产上。

多缸纸机的干燥部,是由若干个烘缸组成的。烘缸的多少,主要与车速有关,也与所生产纸的品种有关。生产普通纸张时,有24~48个烘缸组成。如果是高速造纸机或者纸板机,烘缸数量还要更多些。如图13-22所示。

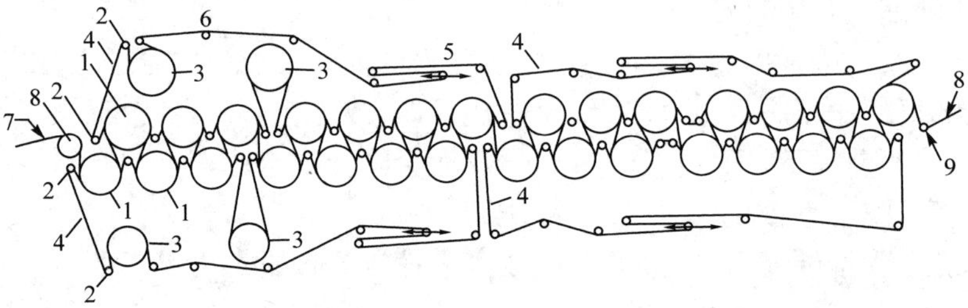

图 13-22 两层布置的纸机干燥部

1—烘缸 2—干毯辊 3—烘毯缸 4—干毯 5—干毯张紧器 6—干毯校正辊 7—纸页 8—引纸缸 9—弹簧辊

传统纸机的干燥部,烘缸通常分两层布置,纸页在通过烘缸时两面轮流和烘缸接触。通常是下排缸贴纸的正面,上排缸贴纸的反面,以达到两面干燥,消除纸张的两面差的目的。为了使纸页紧贴烘缸并绕过下排缸向上排缸领纸,烘缸必须有干毯包绕。上排与下排烘缸各用一条干毯。干毯与烘缸的包角一般为180°左右。为了方便烘缸传动,通常每6~12个烘缸为一组。干毯运行路线上设有导毯辊、张紧辊、校正辊及烘毯缸。在干燥部的末端一般还设1~2个冷缸。此外,每个烘缸都有刮刀装置以清洁缸面。中高速纸机还有引纸绳装置。纸机干燥部还设置了烘缸罩及供排风装置。高速纸机通常设置袋区通风装置。

现代化高速纸机,为了解决纸页在运行过程中的抖动而造成断纸问题,通常采用单排缸布置,进入干燥部以后,纸页的运行始终依托在干网上,因而避免了在干燥部内的断纸。

（二）烘缸、烘毯缸及冷缸

1．烘缸的构造

烘缸是干燥部的主要部件，缸体是用优质铸铁离心铸造而成的薄壁圆筒，缸体的外表面经过研磨加工成为非常光滑的表面。烘缸主要由缸体、操作侧端盖及轴颈、传动侧端盖及轴颈、进汽排水装置、传动齿轮及盖板等组成。在操作侧缸盖设有人孔。烘缸缸体的厚度，是由烘缸的耐压大小决定的。如国产的定型 ϕ1 500mm 的铸铁烘缸，其最大允许工作压力为 0.49MPa。近年来，已有设备制造厂家开发了耐压力 0.784MPa 的铸铁烘缸。在烘缸的正常使用中，不允许超过最高允许压力。对于一些直径超过 ϕ3 000mm 以上的焊接烘缸，正常使用的压力可根据焊接的工艺情况决定其最高使用压力。

烘毯缸的结构与烘缸类似，只是大多数烘毯缸不带传动。

冷缸的结构与烘缸相似，也须带传动装置。但排水装置与烘缸不同，为了将冷却水及时排出，通常使用戽斗式排水装置。如果使用虹吸管排水，必须通入压缩空气才能将水及时排出。

冷缸的作用一是为了冷却纸页，使出干燥部纸页的温度从 85～90℃下降到 50～55℃，其目的是为了减少纸页在热状态下卷纸造成返黄、施胶度下降等问题。二是使纸页获得润湿作用，可使纸的水分增加 1.5%～2.5%，这主要是为了调整进压光前纸页的水分，稳定压光效果。

2．烘缸内冷凝水的排出

烘缸内蒸汽放出热量后，凝结成水，这些冷凝水必须及时排出。它的存在一方面导致烘缸传动负荷增加，另一方面会影响传热效率。冷凝水如果集中在烘缸下部将使有效传热面积减小，如果在烘缸内壁形成水膜，则由于水的导热系数比金属小得多，影响传热效率，因此必须及时排出产生的冷凝水。

烘缸排出冷凝水的装置主要有戽斗式、固定虹吸管式和转动虹吸管式三种。戽斗式排水装置的排水原理是由固定于传动侧缸盖的戽斗舀水，有双戽斗和单戽斗之分。烘缸每旋转一周，单戽斗排水一次，双戽斗排水两次。这种排水装置只用于一些低速纸机上，现在的纸机设计中已很少采用。

目前，中低速纸机的烘缸排水装置，已普遍采用固定虹吸管排水装置，其排水原理是依靠压差排水。要求进汽与排水之间要有一定的压差，才能保证顺利排水。由于固定虹吸管的排水管口是位于烘缸的下方，只能排出积聚于烘缸底部的冷凝水。当纸机车速达到 400m/min 以上时，由于离心力的作用，冷凝水在烘缸内壁形成水环，因此，固定虹吸管不适应于高速纸机。

现代化高速纸机的烘缸，必须使用转动虹吸管，才能将形成水环的冷凝水排出。转动虹吸管也是固定于烘缸的传动侧缸盖上，通过拉杆调节吸水口离缸面的距离。其排水原理也是利用压差排水。

转动虹吸管所配用的汽头与固定虹吸管的不同，且结构更为复杂。

（三）烘缸的传动分组

多烘缸纸机的干燥部，根据工艺需要将全部烘缸分为若干个传动组，每组设有一套传动装置，各组的传动装置均具有一定的速度变动范围。每个传动组包括上、下排烘缸若干个，上排烘缸和下排烘缸分别用一条干毯，并配置必要的烘毯缸。每个传动组烘缸个数取决于所生产的纸的具体品种。在纸机设计制造时必须确定每个传动组的烘缸个数。

对于高黏状浆的薄页纸，由于纸料打浆度很高，纸页在干燥过程中不但有明显的横向收缩,也有较大的纵向收缩。为了适应纵向收缩,每个烘缸间的速度不等。因此有的品种 1～2 个烘缸就分为一组。甚至对于收缩率比较高的品种,一个烘缸分一组。

对于中等打浆度的文化用纸,由于纸页同时受到纵向收缩与纵向牵引两个作用,纸在干燥过程中主要是横向收缩,纸页在纵向长度方向变化不大,到干燥后期反而略有伸长,每组烘缸的个数在 4～6 个。低打浆度的纸,每组烘缸的个数在 6～12 个。纸板类每组烘缸的个数在 12～18 个或 18 个以上。

(四) 干燥部的通汽方式

从动力车间来的蒸汽,通过车间分汽包稳压后,经由通汽总管、各烘缸进汽支管,到达烘缸汽头,然后进入烘缸。烘缸的通汽有一段通汽和多段通汽。

1. 一段通汽

一段通汽,又称单段通汽。通常用于烘缸个数较少的低速纸机。所有烘缸的进汽,均由一条进汽总管提供,然后由进汽支管进入烘缸,由烘缸排出的冷凝水入集水槽,用泵送回锅炉房利用。为了不使烘缸内的蒸汽随冷凝水一同排出,在冷凝水管线上装有阻汽排水阀。一段通汽的优点是管线比较简单,操作时不需要很复杂的仪表控制。但热能利用较差,耗汽量高;且多缸纸机的温度曲线不易控制;再是阻汽排水阀易出故障,影响正常生产。

2. 多段通汽

为了更有效地利用蒸汽的热能,实现一汽多用,节约蒸汽,现代化多烘缸纸机多采用多段通汽。视烘缸个数的多少,有的纸机设计为四段或五段通汽。下面以三段通汽为例说明其组成。图 13－23 为三段通汽示意图。

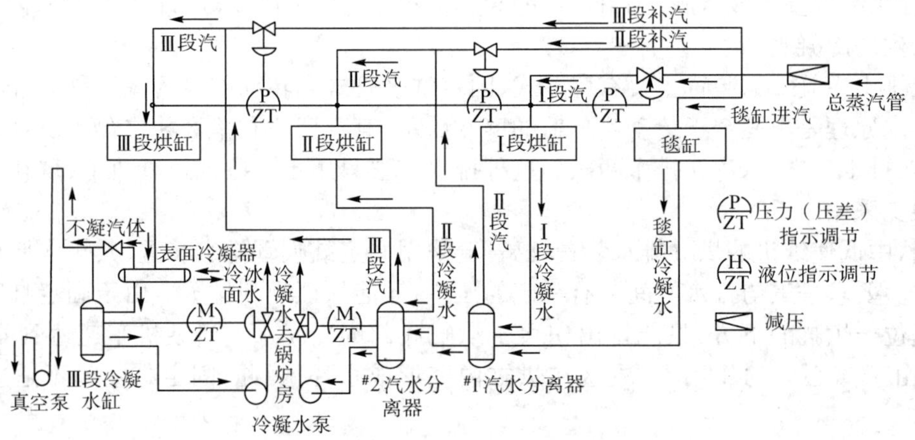

图 13－23　三段通汽示意图

三段通汽是把整个干燥部的烘缸(烘毯缸除外)分为三组,通常第一组烘缸约占干燥部烘缸总数的 60%～70%,第二组烘缸占 20%～35%,第三组烘缸由靠近压榨部的 2～3 个烘缸组成。

通汽方式是首先将新鲜蒸汽通入要求较高温度的一组烘缸中,然后将这些烘缸中排出的冷凝水和蒸汽的混合物导致 $1^{\#}$ 水汽分离器,分离出二次蒸汽,送至要求温度稍低的第二组烘缸中,由第二段烘缸排出的冷凝水和蒸汽混合物送至 $2^{\#}$ 水汽分离器,分离出的二次蒸汽,供要求温度最低的最后一段烘缸使用。

各段的位置主要根据不同品种对温度曲线的要求来确定。对用游离浆抄造高透气度纸种的情况,靠近压光机一组烘缸作为第一组,中部为第二组,靠近压榨部的为第三组。对于打浆度稍高的文化用纸,也有将中间的烘缸作为第一组,靠近压光机的烘缸作为第二组的。

烘毯缸则完全采用新鲜蒸汽加热,排出的冷凝水通常并入1#汽水分离器。为了在初开机预热烘缸时二、三段烘缸能及时被加热,以及正常操作中便于调整压差,通常在二、三段烘缸的进汽总管上也设置新蒸汽阀门。

为了有效地排除冷凝水,各段烘缸之间必须保持30kPa以上的压差。由最后一段的汽水分离器排出的二次蒸汽,经冷凝器冷凝后,进入真空泵。其作用是使最后一组烘缸和最后一台汽水分离器之间形成必要的压差。

多段通汽的操作关键是水汽分离器的液位和各段间压差稳定。

多段通汽的优点是:①节约蒸汽,与一段通汽比较,大约可降低汽耗10%~15%;②能与干燥温度曲线相配合,有利于纸的干燥质量;③由于不冷凝气体可及时排出,可提高干燥效率。

近年来,在多段通汽中广泛使用热泵,解决了多段通汽操作中压差不易控制的难题。

(五)干毯及其他设备

1. 干毯

干毯又称大布或帆布,对上下两排排列的烘缸,每组传动配置两条。近年来,由于干燥部的改进,许多纸机用干网代替干毯。干毯的作用如下:

(1)改进纸页与烘缸的接触,提高传热强度,提高纸页的平滑度,防止纸页的变形与起皱。

(2)吸收纸中蒸发出来的水蒸气及液态水分,通过烘毯缸使水分蒸发,水蒸气由排风系统排出。如果使用干网,则从湿纸页中蒸发的水蒸气直接透过干网,由排风系统排出。因此,使用干网时,不需要烘毯缸。

(3)传递纸页通过干燥部,并带动干毯辊,也有的纸机在改造时空间不足,新加的烘缸不设传动,由干毯拖动。

干毯是在高温、潮湿和水分不断变化的情况下工作的,必须具有足够的强度、透气性、吸水性以及耐磨、耐热等性能。在操作上要保持良好的张紧度,停机后应该松开,开机时当烘缸运转后,再慢慢把它张紧。

使用干网时,由于干网的热缩性,在使用过程中,干网在长度、宽度方向上均会有收缩。因此在操作中要经常检查干网的松紧。

选择干毯,要按纸张的质量要求。一般干毯有帆布(棉织干毯)、棉帆布、毛织干毯以及干网。

帆布或石棉帆布是以棉纱或棉和石棉混纺织成的,定量约1 700~2 400g/m^2,表面较粗糙,适用于一般用纸。石棉干毯只用于高温干燥的纸机;毛织干毯用羊毛或化学纤维织成,表面平整细腻,纸面不会留下毯印,适用于生产高级纸张时一、二组烘缸,定量约3 000g/m^2。

干网用合成纤维制成网状,表面涂树脂以提高稳定性,干网透气性很大,能提高干燥效率。

2. 烘缸刮刀

为了及时去除黏附在烘缸表面的纸屑、细小纤维、纸毛等,保持缸面洁净,以及防止引纸时纸页缠绕在烘缸上,每个烘缸都应配置刮刀。刮刀一般是薄钢片制成,以一定的线压力作用于烘缸表面,并配有抬起及落下装置。

3. 干毯辊

近年来有的纸机采用热风干燥干毯。采用ϕ1 000~ϕ1 500mm直径的空心圆筒,壁上钻有20～25mm直径的孔眼，圆筒内有热风室，在4～5kPa的压力下，把热空气送入热风室，利用热风通过孔眼穿透干毯进行干燥。

4. 弹簧辊

弹簧辊是一个空心辊筒，位于干燥部出口，其两端的轴承座装在两个弹簧支座上。由纸页带动运转，运转时可吸收纸页的抖动，减少断纸。

5. 干毯辊及其张紧、校正装置

干毯辊用于支撑干毯，并使干毯紧贴在烘缸表面上。其承受的拉力较大，所以强度要高。由于干毯伸长率较大，必须经常张紧。干毯张紧装置一般每组传动配置两套，一套手动的，一套气动的。新型纸机上均采用干毯气动自动张紧器，能使干毯在比较稳定的张力下工作。每条干毯均配置跑偏自动校正装置。

（六）干燥部的通风

纸页在干燥部含水量从60%～70%降到5%～8%，蒸发出大量的水分，如不将这些湿含量大的湿热空气引到车间以外，另外补给新鲜空气，势必会影响干燥部的干燥效率。

为了达到及时排出湿空气，补充新鲜空气，在纸机烘缸上方设置了汽罩。汽罩有敞开式和封闭式之分。敞开式气罩在干燥部的上半部，离地面约2m高度；而封闭式汽罩是将整个干燥部罩起来。后者常用于高速纸机，并配合使用气袋通风，纸机底部吹热风等设施，以提高纸机的干燥能力。

新型造纸机上，为了提高热能利用及干燥能力，回收排气热量，利用热交换器和底吹装置将热风由下向上吹到干毯上。或设置袋区通风装置，加热后的干燥空气从烘缸一侧由专门设计的喷嘴沿横向吹进上下排烘缸间的三角区内。这一方面提高了湿纸页周围空气的流速，另一方面干热空气直接吹在纸上，提高了纸页的干燥速率。

还有利用特殊的干毯导辊来吹热风。辊的一端有热风进口，热风导辊为空心辊子，表面有很多小孔作喷出热风之用。热风导辊既起到支持干毯的作用，又起到了干燥干毯的作用，还起到使干燥部通风换气的作用。一般可提高干燥效率15%左右。

敞开式干燥部的操作，一般应控制好排气量。补充风量是从车间内自动进入烘缸罩的。无热回收的通风系统，废气的排出温度一般为35～40℃，相对湿度为75%。有热回收的通风系统，可把废气的排出温度控制在55～60℃，相对湿度保持60%～65%，一般每千克蒸发水分需用20kg空气。如果减少了排气量，会使排气温度过高，干燥条件恶化，纸页干燥速率下降。如过多地增加排气量，会造成烘缸罩内温度过低，出现汽罩内滴水。在冬季，如车间内温度过低，也会造成汽罩内滴水。

对于封闭式气罩的操作，排气量和进气量应分别控制。排气温度可比空气露点高1～2℃，可达72～80℃，因使用热风底吹和袋区风，一般每千克蒸发水分需用6～10kg空气。可控制罩内微正压操作，以防外面冷空气进入，造成局部发生滴水现象。

（七）纸的干燥原理

纸的干燥是一项相当复杂的传质和传热过程。既有纸页贴于烘缸表面的接触式传热，又有纸页自由运行的对流传热。因此，影响纸机干燥效率的因素也就是影响传热、传质的因素。

1. 干燥的传热

纸与烘缸进行接触干燥，加热湿纸页及水分汽化所需的热量是通过烘缸传递的。从烘缸到纸页的传热速率，可用下面传热方程式表示。

$$Q = KA\Delta t \tag{13-7}$$

式中　K——加热蒸汽到纸的总传热系数[kJ/(m²·h·℃)]

A——纸与烘缸的传热面积(m^2)

Δt——加热蒸汽温度与湿纸页温度之差(℃)

由上式可见,提高传热温差,增加传热面积,增大蒸汽至湿纸页间的传热系数,均可提高传热速率,有利于提高干燥能力。

2. 干燥的传质

湿纸页蒸发出来的水分,转移到空气中的过程属于扩散或传质过程。根据传热与传质的类似性,干燥过程中水分由表面汽化的过程可用传质方程式来概括。

$$q_w = K_M A_C (p_M - p_N) \tag{13-8}$$

$$K_M = 0.026(273 + t_W)\frac{\sqrt{u}}{273} \tag{13-9}$$

式中　q_w——被蒸发的水分量(kg/h)

K_M——传质系数[kg/(m²·h·Pa)]

A_C——传质面积(m^2)

p_M——纸页表面汽化的蒸汽压(Pa)

p_N——空气中的水蒸气分压(Pa)

t_W——水分汽化的温度(℃)

u——空气对纸页表面相对运动的速度(m/s)

显而易见,提高纸页温度,加强通风,维持纸面上较高空气流速,可以提高传质速度。

3. 多缸干燥的特征

在多缸干燥中,纸页连续地通过每一个烘缸,纸的正反面在上下两排烘缸之间交替地与加热表面接触。这就形成了纸页单面贴缸、干毯包覆纸页贴缸、干毯离开烘缸、纸页离开烘缸一系列过程的周期性循环。在纸页单独贴缸阶段,纸页与烘缸之间有热传导。在干毯贴缸期间,由于干毯的压力,使纸页和烘缸间充分贴紧,提高了传热速率。但纸页中的水分只能透过纸页和干毯蒸发出来。而在纸页离开烘缸时,烘缸与纸页间的热传导不存在了,但纸页两侧同时自由蒸发水分。由于水分的蒸发使纸页温度有所降低,然后纸页再次贴缸,进行下一次循环。

单烘缸干燥纸页升温后没有降温,故干燥效率大于多烘缸干燥。

4. 干燥过程的三个阶段

湿纸页在干燥过程中可分为三个阶段:升温阶段、恒速干燥阶段和降速干燥阶段。

(1) 升温阶段　纸页进入干燥部时温度较低,一般仅在10～30℃左右,和烘缸接触后,烘缸供传给纸页的热量全部用来加热纸页,这一阶段的干燥称为纸页的升温阶段。由于纸张厚度很小,温度上升很快,因此升温阶段是比较短暂的。

(2) 恒速阶段　随着纸页表面水分的气化,纸页内部水分不断地扩散到纸页表面,此时纸页内部水分的扩散速率大于纸页表面水分的气化速率,因此纸页表面的水分始终是饱和的。在此情况下,烘缸传给湿纸页的热量全部用于水分的气化,故纸页表面温度维持恒定。因为水分的蒸发主要取决于表面气化速率,所以纸页处于恒速干燥阶段。提高此阶段干燥速度的主要途径在于改善空气状态及其流速。如果此时有良好的通风,一方面可以提高空气的给热系数,同时还可以及时排走纸页上方的湿空气,增加水分蒸发的推动力,从而提高干燥速率。

(3) 降速阶段　这个阶段因纸的表面水分减少,内部水分不能及时到达表面,汽化表面向纸页的内部移动，因此蒸发速率逐步降低。此时主要除去纸页中的结合水分，所需热量有所减少，因而纸页表面温度有所提高。

5. 烘缸的温度曲线

在多缸纸机干燥中，各烘缸的表面温度是不同的。以烘缸号码为横坐标，以烘缸表面温度为纵坐标，描点连接起来的圆滑的曲线称为烘缸温度曲线。不同的纸张品种，要求不同的温度曲线。图 13－24 给出了一些常见品种的烘缸温度曲线。

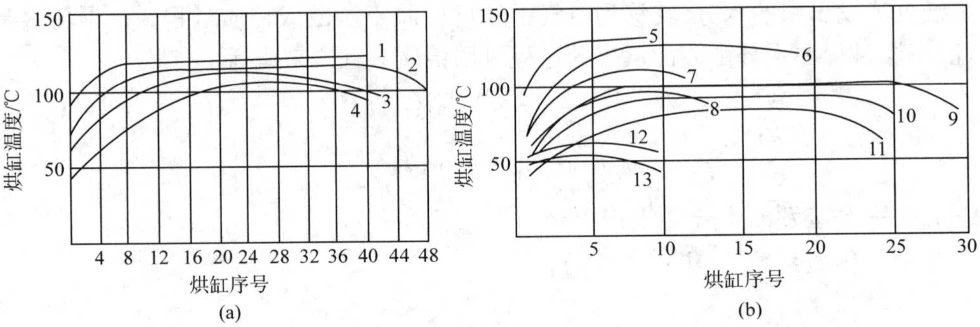

图 13－24　各种纸张烘缸温度曲线

(a) 高速纸机　(b) 中低速纸机

1—瓦楞纸　2—新闻纸　3—1 号书写纸　4—2 号书写纸　5—纸袋纸　6—烟嘴纸　7—涂布原纸　8—仿羊皮纸　9—胶版印刷纸　10—电缆纸　11—电话纸　12—12 g/m² 电容器纸　13—10 g/m² 电容器纸

在干燥过程中，正确确定各个烘缸的表面温度，对稳定抄造和提高纸张质量都有重要的作用。一般的干燥曲线形状是开始温度低，逐渐上升，然后平直，最后下降的曲线形式。干燥开始阶段升温快慢、最高温度的高低，对纸的干燥质量影响很大。一般而言，游离浆升温可以快一点，最高温度可以控制得高一点，以提高干燥能力；而黏状浆抄纸时，升温速度应当慢一些，最高温度应控制得低一些。

如果干燥初期水分蒸发过快，会对纤维间结合力的形成产生不利影响，因而降低纸张的物理强度。同时干燥初期温度过高，还容易引起湿纸粘缸、起泡、打折和卷边等外观纸病的发生。

大多数纸张是在烘缸温度为 70～95℃ 之间进行干燥的，最高温度一般不超过 105～115℃。最后一两个烘缸应使温度稍微下降，以适应冷缸操作的要求。但是对于以长纤维浆料制成的纸种（如纸袋纸）以及质量要求不太高的包装纸或纸板，当其水分不低于 20%～25% 时，采用 120～125℃ 的最高温度，尚不致发生不良影响。当然，对某些质量要求高的薄型纸（如电容器纸）来说，采用较低的干燥温度，如 40～45℃ 比较适宜。

（八）干燥部的工艺计算

1. 每个烘缸有效面积

$$A = \frac{\pi D b \alpha}{360} \tag{13-10}$$

式中　A——烘缸有效面积（m^2）

D——烘缸直径（m）

α——烘缸被纸包住角度（通常 $\alpha = 225° \sim 235°$）

b——抄宽（卷纸机上未切边的宽度）（m）

2. 每千克成纸蒸发水量

$$W = \frac{c_2 - c_1}{c_1} \tag{13-11}$$

式中　W——蒸发水量(kg 水/kg 纸)

c_2——成纸干度(%)

c_1——湿纸进入烘缸干度(%)

3. 烘缸单位有效面积蒸发水量

$$m = \frac{WG}{A} \tag{13-12}$$

式中　m——每米^{2}烘缸有效面积蒸发水量[kg 水/(m^2·h)]

A——烘缸总有效面积(m^2)

其他符号含义同上。

五、纸的压光与卷取

压光机、卷纸机作为纸机的配套设备,对纸页进行整饰,并将纸页卷在卷纸轴上。实际上,它是造纸机不可分割的部分。

(一) 压光

压光有普通压光与超级压光之分。在纸机后面通常配置普通压光机。

压光的作用主要是对出干燥部的纸页进行整饰,其目的是提高纸的光泽度、平滑度及紧度,得到厚薄均匀的纸张。

普通压光机由 3～8 个辊子组成,如图 13－25 所示。各辊中心线在同一铅垂面上,其轴承座安装在同一机架上。

压光辊根据位置不同分为底辊、中间辊和顶辊。一般下辊是主动辊,其余辊子是被动辊。顶辊、中间辊的重力作用于底辊之上,由于摩擦力,由底辊带动其余各辊转动。压光机的辊数一般因车速和纸的品种而定。为了在保证纸的平滑度的前提下提高纸的松厚度和挺度,有的纸机使用四辊压光机或二辊压光机。近年来,宽幅纸机由于配置了可控中高底辊,传动辊也有用中间辊的。

压光辊数为奇数时,必须在压光机最顶部装一压纸辊,以便于引纸操作。辊数为偶数时,则不需要压纸辊,引纸时纸页直接进入顶辊与第一中间辊之间的压区。这种结构便于使用压缩空气风动引纸。

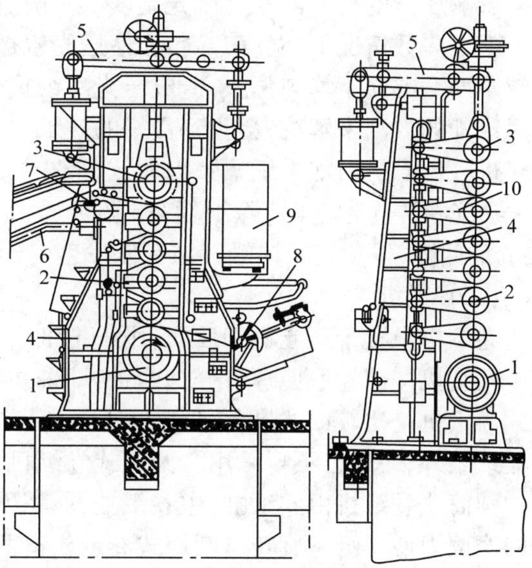

(a)　　(b)

图 13－25　压光机的构造

(a) 双侧机架压光机　(b) 单侧机架压光机

1—压光机底辊　2—中间辊　3—顶辊　4—机架　5—加压和提升机构　6—风动引纸装置　7—压光机前的弧形展纸辊　8—压光机后的弧形展纸辊　9—操作走台　10—中辊、顶辊定位拉杆

底辊承受全部外加压力和各辊重力,故其轴径最大。附加压力是由顶辊两端的轴承座作用在顶辊上,故其直径也较大。中间辊的直径最小。压光辊表面要求非常光滑,且表面硬度高,膨胀系数小,不易生锈,能抗酸、碱、盐类的腐蚀。辊子表面要求硬度高,因此宜采用镍铬合金钢或冷铸铁制成,硬度不低于 80～85° SH(肖氏硬度)。为了解决压光后纸页横

幅厚度不一致的问题，通常顶辊和底辊都设置中高辊。辊子中高通常在中高磨床上加工而成。现代化纸机多采用可控中高压光辊。

压光机的机架有单侧机架及双侧机架两种。

压光辊的辊子提升装置由蜗杆蜗轮装置及提升螺杆组成。蜗杆由电机带动，由控制台上的按钮控制该电机的正反转，达到辊子提升与下降的目的。加压装置则由杠杆和气缸活塞构成。

每个压光辊配置一副刮刀，刮刀片可以用软钢或紫铜制作，也可用高密度聚乙烯塑料板制作，应避免刮刀硬度过大划伤辊面。压光辊还设置了通风冷却装置，以调节纸幅横向的压光效果，保证纸幅横向厚度均一。

压光效果与压光操作有直接关系。影响压光效果的主要因素有压光水分、压光线压、压光温度、进入压区前的纸页张力等。进入压光机时纸页的水分是一个重要的因素，一般文化用纸水分5%左右，对于用黏状浆抄造透明纸，水分也有达10%以上的。水分控制过高会造成“压黑”，在纸页上出现许多半透明部分，俗称“玻璃花”；水分控制过低，则平滑度达不到要求。

压光线压力是影响压光的又一因素。老式压光机其线压力只由顶辊、中间辊自重决定，而四压辊以下的压光机，装备有附加压力的加压系统，可以调整线压力。一般而言，线压力越高，压光作用越强。但线压力的变化也会带来辊面之间沿纸幅宽度方向接触不严密，会使固定中高度的压光辊压光后纸页横幅厚度不均匀。

影响压光的另一因素是压光温度。一般而言，温度高，纸页的可塑性增加，有利于压光操作。但在多数情况下，温度升高，会使压光辊被加热，由于辊子金相组织不可能完全均一，常造成辊子面宽方向不均匀膨胀，造成压光后纸页横幅厚度不一致。这一问题通常可以用压光辊吹风冷却的方法来解决，会收到良好的效果。

进入压光机时如果纸幅张力太低，会造成压光褶子。

压光机停止运转时，除下辊外，必须通过升降装置将各辊提起，使辊子之间保持有3～5mm的间隙，以免辊子接触区域受压发生变形。

（二）卷纸

卷纸机设置于压光机的后面，用来把纸页卷成纸辊。可后续进行超级压光、复卷或裁切。

卷纸机按照卷取原理可分为两种，即轴式卷纸机（芯轴卷取）及圆筒式（表面卷取）卷纸机。轴式卷纸机是比较旧的设备，仅限于150m/min以下的低速纸机使用，目前除用于卷烟纸和电容器纸之外，一般已不再采用。圆筒式卷纸机为目前普遍采用的卷取设备。

圆筒式卷纸机由卷纸缸、主卷纸摇臂、辅助卷纸摇臂组成。工作时，卷纸缸表面与纸页之间的摩擦力使得纸卷旋转。圆筒式卷纸机有两种类型，即双辊式与单辊式，多数纸机采用单辊式卷纸机。

对于圆筒式卷纸机，卷纸紧度决定于纸卷与卷纸缸之间的线压力。为了获得均匀一致的卷纸紧度，纸卷与卷纸缸的压力应大体上保持稳定，故新式纸机上多采用了气动加压装置。

六、长网造纸机的传动

传动装置是造纸机不可分割的组成部分。传动装置对造纸机运转的稳定性、纸的产量和质量都有很大的影响。

造纸机的传动通常分为定速部分和变速部分。定速部分即指辅助设备的传动，包括搅拌器、筛浆机、振动装置以及全部泵类（如浆泵、白水泵、真空泵等），这一部分传动不因纸张在纸机上的运行速度而变动。变速部分，即纸机各分部的传动，包括下伏辊、下压榨辊、烘缸、压光机及卷纸机等。这部分传动的速度随纸机操作要求而改变。

（一）对纸机传动装置的要求

长网造纸机是多点传动的，因抄造过程中纸页的伸缩，各部速度各不相同，尤其在干燥部。因此造纸机的传动必须满足生产要求，一旦车速给定，各部间的速差应保持稳定，各分部的速度不应因负荷变化而改变。

为了提高纸机的适应性，要求纸机的车速能有较大的变速范围。亦即最低速与最高速之比，一般为1∶2～1∶10。生产单一品种，取小值，对于产品多变的纸机则取大值。

为了及时调整各分部之间纸幅的合适张力，要求各分部的速度能够微调。为了便于维修、检查，各传动组应有15～25m/min的爬行速度。但这种低速运行的时间不宜过长，一般应在15～30min内完成，以减少传动机械的磨损。

为了满足上述要求，纸机各分部通常采用双闭环控制方案。其传动精度对低速纸机要求0.5%，高速纸机要求在0.1%以下。20世纪80年代以后，多采用可控硅直流传动。近十多年来，交流变频传动因其效率高、传动精度高而得到了广泛的应用。

（二）传动的型式

传递的动力带动整台纸机有两种传动型式：单电动机传动与多电动机传动。

1. 单电动机传动

单电动机传动即用一台电机带动纸机的各分部。又有横轴传动和纵轴传动之分。横轴传动的占地面积大，一般用在老式长网纸机和部分圆网纸机上，而纵轴传动则常用在长网纸机上。

纵轴传动（又称总轴传动）时，纵轴沿造纸机的纵向延伸，借总轴上的锥形皮带轮将动力传给纸机的各分部。所用电机位于总轴的中间，双向出轴。纵轴上每一分部对应一个锥形皮带轮，通过从动锥形轮、离合器、减速机，由联轴器传至各分部的传动点。各分部之间速差的微调，依靠调节一对锥形轮上皮带的位置来实现。在某些造纸机设计上，也有采用带有差动减速器的单电动机传动系统的。这种传动运行可靠，能保持各分部间既定的速比稳定。

纵轴传动由于有较复杂的机械部分，传动效率较低，且离合器易出故障，近年来已逐渐被多电机传动所代替。

2. 多电动机传动

新式造纸机多采用多电动机传动方式，即每个分部由一台电机带动又称分部传动，如今多采用可控硅控制。由交流电动机、减速机经联轴器传给各分部的传动点。由于机械部分简单，传动效率高，故障率低，在新式纸机设计上得到了广泛的应用。纸机的调速、各分部间速差的调节，均由微机控制下的变频调速系统来执行。它具有传动稳定、结构简单、操作使用方便等优点。

（三）造纸机的功率计算

造纸机所消耗的功率大部分用于克服各种摩擦阻力，因此与纸机的车速、抄宽、结构、负荷大小及轴承的种类有关，而且还受操作条件的影响。所需功率的大小可以根据牵引力的计算来求得，但计算比较复杂。比较简单易行的计算方法是单位指标法，即按纸机每米宽度及车速大小，用下式计算纸机传动所需要的功率：

$$P = Kbv \quad (\text{kW}) \tag{13-13}$$

式中　K——单位功率消耗[kW/(m·m/min)]

b——纸机宽度(m)

v——纸机车速(m/min)

单位功率消耗 K 值与纸的种类、纸机结构及操作条件等有关。其值选择得当,则计算结果接近实际功率消耗。K 值可查阅有关设计手册。

七、白水回收与白水封闭循环

如前所述,长网纸机上网纸料的浓度为 0.1%~1.0%。除干燥蒸发掉少量水分外,绝大部分由造纸机的湿部排出。一般网部成形脱水区下来的白水因浓度较大,称为浓白水,从真空吸水箱和真空伏辊排出的白水因浓度较低称为稀白水。浓白水和部分稀白水用作冲浆,称为循环白水。余下的大部分稀白水连同网部冲网水、洗网水必须从网部排出,称为剩余白水。浓缩机下来的白水,往往随白水一同排出。由纸机网部排出的白水包括:冲浆前浆料带入的水、网部冲洗用水、浓缩机白水。粗略估计,每吨纸要排出 50~150t 水。这部分水必须处理回用,达到节水的要求。

网部排出的白水中含有大量的细小纤维、填料及化学药品,对白水进行处理后可以代替清水回用,回收的细小纤维可配入浆池,起到节约用水和降低浆耗的作用。白水经处理后回用于系统,在工艺上称为白水的二级循环。

如果白水全部经二级循环后回用,则达到了用水的封闭循环。这会产生一些问题,例如白水中可溶物质的积累,造成施胶和留着效果下降。充分利用这些白水,可以减少清水用量,目前比较先进的水平,湿部排水量可达到 5~10m^3 以下。

二级循环白水的处理方法有沉淀法、气浮法、过滤法三种。

(1) 沉淀法。沉淀法是利用纤维等相对密度略大于水(纤维相对密度为 1.55)的原理,使纤维沉淀。沉淀的设备有白水沉淀塔、加速沉清池、斜板或斜管澄清池等。但由于悬浮物相对密度不大,沉降速度很慢,沉淀设备必须要有足够大的沉淀面积。这种方法通常用于小型纸机的白水处理。

(2) 气浮法。气浮法是采取在一定压力下将压缩空气溶入水中,再经结构特殊的管状释放器,骤然减压释放而产生无数的微气泡。气泡颗粒在 100μm 以下,这些气泡吸附在细小纤维等悬浮物上,使其相对密度减小,因而向上浮起,积聚在表面上。造成池底部附近基本上是清水,通过在底部安装的集水管,将水抽出回用。而气浮池水面上的浆,定期刮除回用。

(3) 过滤法。过滤法是用过滤设备将白水中的细小纤维等悬浮物与水分离。回收的水纤维含量少,质量高,但设备投资大。常用的设备有圆网浓缩机、真空浓缩机等。近年来,多圆盘过滤机用于白水回收,得到了很好的效果。

八、损 纸 处 理

损纸是在抄纸过程中所产生的断头损纸及不合格纸张的统称,通常在换卷、接头及开机时纸机运行不正常时产生。损纸分两大类:一类是湿损纸,产生于造纸机湿部和干燥部前半部。另一类是干损纸,产生于干燥部后半部、压光、卷纸等处。复卷时接头以及切边、选纸挑出的不合要求的纸张也属于干损纸。

损纸必须处理得当,否则会对抄纸产生不良影响。湿损纸通常用伏辊浆池碎解,然后经浓缩加回到系统中去。对于小型纸机由于湿损纸量较小,可经浓缩后直接进入纸机浆池。对于大型纸机多设损纸浆池,则浓缩后进损纸贮浆池。

干损纸经过水力碎浆机进行碎解,然后纸料再经过高频疏解机处理,以疏解纸料中的小纸片。对于小型纸机可以进入纸机浆池,但对于大型纸机最好进入损纸贮浆池。

第三节　圆网造纸机

一、概　　述

圆网造纸机与长网造纸机相比较,具有结构简单,占地面积小和投资省的优点。我国目前仍有小型纸厂或某些品种使用圆网造纸机。但由于受网部的结构限制,致使脱水面积小;且受离心力的影响,车速较长网纸机低,成形条件也较差,在提高质量上有一定局限性。为了提高圆网纸机网部的成形和脱水能力,进行了许多研究和技术改造,出现了一些新型圆网造纸机,如超成型圆网、真空圆网等等。目前圆网造纸机的抄速已突破了600m/min。这些都为圆网造纸机的改造提供了宝贵的经验。

圆网造纸机可分为:①单圆网单烘缸造纸机,单缸纸机又称杨克纸机,只适宜于生产单面光纸,如有光纸、单面胶版印刷纸、包装纸、牛皮纸等;②双圆网双烘缸造纸机,适于抄制两面光纸,如薄页纸、书写纸等;③多圆网多烘缸造纸机,适于抄造厚纸、浆板和纸板,特别是分别使用不同浆种做面浆、芯浆、底浆的纸板。

圆网造纸机也分为网部、压榨部、干燥部和卷取部。除圆网部外其他部分结构原理基本上与长网造纸机相同。

二、圆　网　部

圆网造纸机的网部,是由圆网笼、网槽和伏辊组成的。圆网笼在网槽内回转,由于网内外水位差而产生过滤作用,把纤维吸附到网上而形成纸页。在圆网笼上部装有伏辊,当毛毯通过圆网笼和伏辊之间时,由于毛毯的比表面积大于造纸网的比表面积,纸页自网上被剥离而附于毛毯上送到压榨部。圆网造纸机的网部同样担负着浆料脱水与纸页成形的任务。由于圆网纸机纸页成形是一个复杂的过程,而且纸页在成形过程中就基本上决定了纸的定量、匀度等质量指标,所以,圆网纸机的网部结构与技术条件是影响产量、质量的重要因素。

(一)圆网笼

圆网机的湿纸页,是在网笼上形成的。因此对网笼的要求是,既要脱水均匀,又要在纸页成形时及在成形以后不产生搅动,以免破坏纸页的成形。圆网笼的结如图13-26所示。

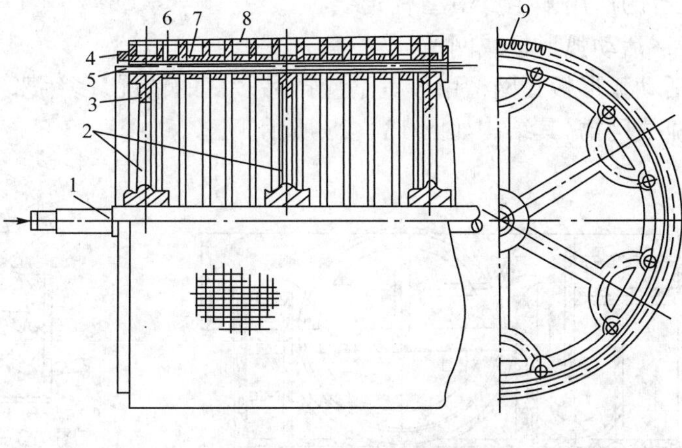

图 13-26　圆网笼的构造

1—轴　2—辐轮　3—外辐轮　4—凸出轮环　5—螺杆　6—短管　7—固定环　8—铜丝　9—筋条

网笼要靠压榨辊通过毛毯拖动,网笼上面还要经受伏辊的压力,以便达到脱水和向毛毯转移湿纸页的目的。因此,网笼的基本要求是坚固而轻巧,网面平,脱水均匀。近年来,有的厂家开发了不锈钢片状网笼,这种网笼脱水均匀,纸页成形匀度好。

圆网造纸机的抄宽是在网笼上确定的,根据成纸的宽度,在考虑了压榨部、干燥的纸页横向收缩程度后,在网笼中心向两边量出一定宽度,作为挂浆宽度,在此以外的宽度上涂定边油漆。

为了克服网笼回转产生的离心力,提高车速,有的采用了大直径网笼、加压网笼、抽气网笼等。

(二) 网槽

圆网槽由流浆箱部分和具有弧形底的弧形槽两部分组成。流浆箱在网槽前部,它的作用是使浆料均匀分布并有一定的流速,防止纤维的絮聚和沉降。一般采用 3~5 块隔板,浆料经隔板上下翻动,能使浆料获得整流和适当分散,若在隔板间设置匀浆辊,或采用新型的类似长网纸机那样的阶梯扩散式流浆箱,纤维悬浮液在流向圆网前能得到更好的分散,改善纸的均匀度。

低速纸机的流浆箱和网槽是用木材或塑料板等制成。一些配用了新型整流元件的圆网槽也有用不锈钢制造的。网槽的设计和制造要求表面十分光滑,防止挂浆和便于清洗。

根据浆料的流向与圆网笼的回转方向的相对关系,圆网槽可分为顺流式与逆流式两种类型。浆料流向与圆网笼回转方向一致的,称为顺流式网槽,浆料流向与圆网笼回转方向相反的,称为逆流式网槽。

网槽的结构对纸页的脱水与成形,对纸页的匀度、紧度、纵横拉差等的影响非常大,下面将几种常用的圆网槽简述如下。

1. 顺流溢浆式网槽

顺流溢浆式网槽的结构如图 13-27 所示。它由流浆箱部分、弧形底部分、胶皮裙布及溢流槽组成。由于浆流与圆网笼转向相同,浆料在出口有溢流,故称之为顺流溢浆式。网槽底的弧形从 a 点、b 点一直至 c 点,从弧形底到圆网笼的距离逐渐缩小,故俗称牛角道。a、b、c 三点距圆网笼的距离需根据纸浆总流量及车速决定,所以这种网槽不适合产品、车速多变的情况。

顺流溢浆式网槽所抄成的纸正面较平滑,紧度大,透气度小,纵横拉力比值大。网槽清洗方便,浆料中的砂子能较好地沉于网槽底,减少纸病。这种网槽适宜于生产普通书写纸和印刷纸,也有的厂用来生产薄型有光纸。

2. 活动弧形板式网槽

活动弧形板式网槽由于其适应产品多变的情况,多年来一直得到了广泛的应用。它也属于顺流式网槽,其结构如图 13-28 所示。

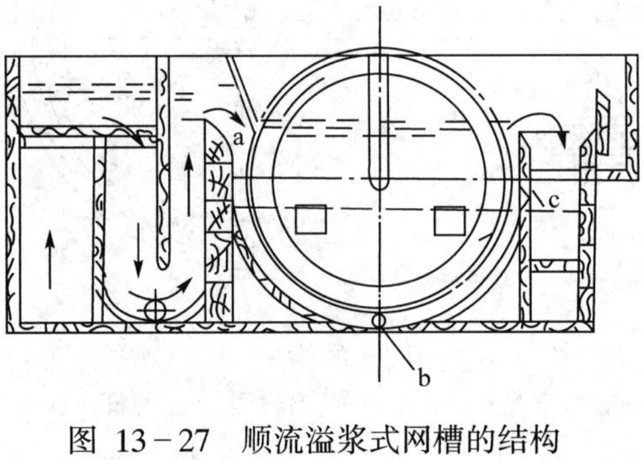

图 13-27 顺流溢浆式网槽的结构

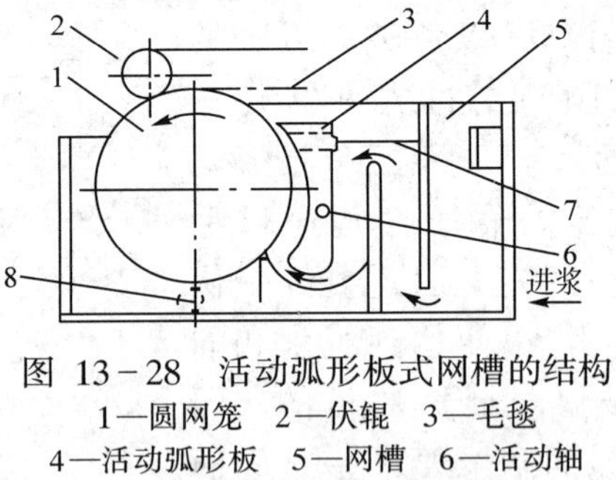

图 13-28 活动弧形板式网槽的结构
1—圆网笼 2—伏辊 3—毛毯
4—活动弧形板 5—网槽 6—活动轴
7—螺杆 8—白水排出口

由图 13－28 可见，活动弧形板式网槽的结构特点是由一个可以调节的活动弧形板定速部分、一个使浆料在上网前转弯的定向部分组成。密封唇布在定速弧形的边缘上固定，搭在网笼上。活动弧形板可以前后调节，通过改变其与圆网笼之间的距离，达到调节纸料流速的目的。所以可适应纸种和车速、纸张定量多变的情况。一般用来生产文化用纸。

由于活动弧形板式网槽纸料开始在网上沉淀时压力较大，故纸页网面较粗糙，白水浓度较高，网笼易脏。

3. 喷浆式网槽

喷浆式网槽的结构如图 13－29 所示。这种网槽浆料与圆网笼有效接触面积小，滤水能力差，上浆浓度高，白水浓度大，纤维流失大。但由于成形过程短，所抄成的纸页质松，吸收性强，匀度不很好，但纵横拉力比较接近。可用于生产吸收性大的纸或纸板，如油毡原纸、卫生纸等。

4. 逆流式网槽

逆流式网槽浆料流向与网笼转向相反，其结构如图 13－30 所示。

图 13－29 喷浆式网槽
1—堰板 2—唇板

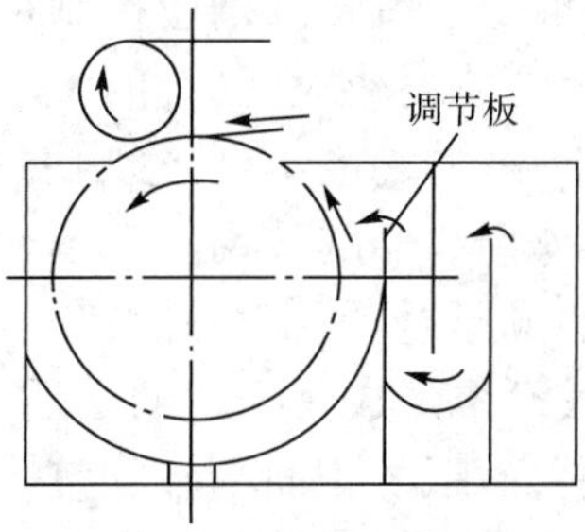

图 13－30 逆流式网槽的结构

这种网槽的成形弧部分至网笼的距离在各处都是相等的，由于浆流始终与网笼转动方向相反，网笼对网槽内的浆液有轻微搅动作用，纤维横向交织较好，所以纸张的纵横向拉力比较接近。但纸质疏松，表面常有竖立起的纤维，可使纸层与纸层之间容易结在一起，以往多用于多圆网纸板机。但由于其成形匀度欠佳，近年来已很少采用。

（三）伏辊

圆网造纸机的伏辊是被下毛毯包绕着压在网笼上面的，它的作用之一是帮助毛毯带动网笼回转；二是挤压湿纸页进行脱水；三是把纸页从网笼表面转移到毛毯上。在未经伏辊挤压前湿纸页的干度仅为 1%～2%，挤压后干度一般可达到 5%左右。

对伏辊的要求是弹性好，圆度高。伏辊通常是软橡胶辊，硬度为 35° SH(A)（肖氏硬度）。这种软橡胶伏辊，使用寿命长，对网笼损伤小，能延长网笼使用寿命，因此得到普遍应用。

伏辊在使用时必须注重安装质量，偏心角要与橡胶硬度、线压力相适应，安装时轴线必须与网笼轴线平行。伏辊与网笼中心线间的偏心角一般为 15°～20°，抄造薄页纸时角度可大些，以免造成压花；抄造厚纸时角度可小一些。总之，要使毛毯对网笼上的湿纸页有一定的预压区，防止骤然受压造成纸页压花。橡胶硬度及伏辊线压力，要根据纸种、浆料的性能有区别地选用，抄造薄纸时，胶宜软一些，线压力小些。抄造厚纸及纸板时，胶硬度应大一点，线压力可大一些。一般线压控制在 20～50N/cm 左右。

必须注意及时起落伏辊，只要停机就必须把伏辊抬起来，否则会压坏网笼。而开机时必须落下伏辊，网笼才能转动。

三、圆网纸机纸页的成形与脱水

圆网造纸机的纸页是由于圆网内外的水位差所产生的过滤作用，使纤维被吸附在网面上面而形成的。由于网笼外部水位高于内部水位，当圆网转入网槽液面时，在纸料悬浮液开始过滤时，纸页开始在圆网上形成。随着圆网的转动，吸附的纤维越来越厚，当圆网转出液面时，成形完成，但纤维层在网笼上继续脱水。然后被包绕伏辊的毛毯黏附并脱水，然后转移到毛毯上，进入压榨与干燥部。

影响圆网部纸页成形与脱水的主要因素有：浆料浓度、网内外水位差、浆速与网速的关系、选分作用与冲刷作用、浆料的溢流量等。

（一）浆料浓度

网槽浆料浓度的大小是由纸的品种、定量、浆料性质和网槽的结构型式等因素决定的。一般来说，生产薄纸时上网浓度在0.2%以下，生产纸板时上网浓度在0.5%以下。另外，就网槽的型式而言，一般是逆流式网槽应控制在0.2%～0.35%之间；顺流式网槽应控制在0.1%～0.25%之间。上网浓度越大，网部的脱水量越少，有利于提高车速。但是上网浓度过大，由于纤维分散不良，使纸的匀度不良，影响纸的质量。

（二）选分作用和冲刷作用

在纸页开始成形时，因细小纤维易于通过网眼随同白水流失，只有比较粗长的纤维能吸附在网上。当粗长纤维形成一个过滤层后，细小纤维也能吸附，这就产生了“选分作用”，使纸页的贴网面较粗糙，而纸的正面则较细腻。

当圆网转出液面时，最外层纤维由于水的冲刷和重力作用会滑落下来，甚至成团的滚落，这就是“冲刷作用”，它不但造成纸的两面差，还会使纸页匀度不好，严重时造成“泪痕”纸病。

选分作用与冲刷作用与网槽的结构有很大关系。喷浆式网槽、活动弧形板式网槽由于网笼开始吸附纤维时浆流静压力较大，选分作用更为明显。对顺流溢浆式网槽开始成形时，浆流静压力较小，选分作用较轻。

冲刷作用则主要与浆、网速之差和转出液面的位置有关。例如顺流溢浆式网槽，因成形弧长度大、溢流量小，网笼转出液面处浆速低，因此在高车速的情形下，更易出现冲刷作用。网笼转出液面时，如网外液面偏低，会加重冲刷作用，甚至造成浆料打滚。

（三）网内外水位差

网内外水位差是指圆网笼外部浆料的液位高度与圆网笼内白水的液位高度之间的差值。控制好这个差值，是保证成纸质量，减少网部纸病和保证纸机正常生产的一个重要措施。网内外水位差过大，即过滤的推动力大，纸页滤水速度过快，因而选分作用增加，使贴网面的纸面粗糙，成纸两面差大。网内外水位差过小，网笼的脱水速率减少，湿纸页的含水量高，造成湿纸页进入伏辊后被压溃、压花等纸病。因此在生产中，应根据网槽型式、纸种和纸料的性质等合理地控制网内外水位差。

（四）浆速与网速的关系

浆速与网速必须协调，否则会影响到纸张的纵横拉力比和产生上浆不匀、降低纸的强度等。在一般情况下，浆速应略低于网速。对于活动弧形板式网槽，在生产中可以通过调节弧形板与网槽的距离来调整浆料流速，使浆流速度稳定一致。另外还可以调整上网浓度和溢流浆料量，以达到控制浆速的目的。

顺流溢浆式网槽，一般浆料流速较低，如果车速过高，必然会造成浆速大大低于网速，造成纸的纵横拉力差过大，甚至会造成条痕纸病。

（五）浆料的溢流量

网槽浆料的溢流量大小，直接影响到浆速与网速的关系。溢流浆量过小，会产生堆浆现象，影响纸页的匀度；溢流浆量过大，可能会出现浆速大于网速的情况。据此，顺流溢浆式网槽的溢流量一般应控制在20%～40%，活动弧形板式网槽应控制在15%～25%之间，低于10%的溢流量将明显的影响纸页成形。

四、圆网造纸机压榨部及干燥部

图13－31为普通圆网纸机的压榨部及干燥部的组成示意图。

（一）压榨部

1．结构

圆网纸机的压榨部，一般由一组压榨辊和一个位于烘缸下部的托辊组成。湿纸页由下毛毯送至压榨辊，在上、下毛毯之间受到挤压而脱水，并且经压榨后，湿纸由下毛毯转到上毛毯，再由上毛毯带到托辊和烘缸之间。

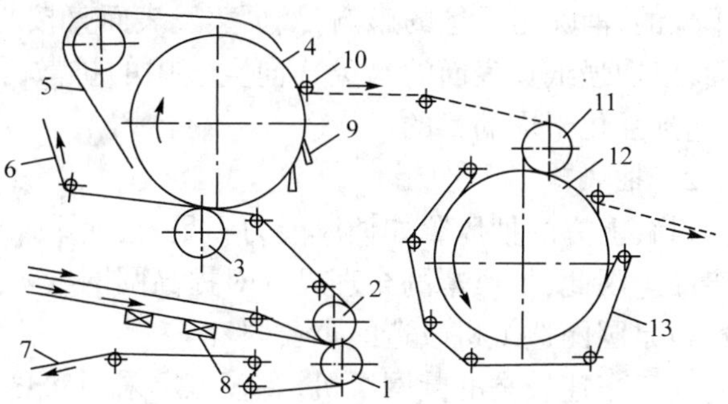

图 13－31 圆网造纸机的压榨部和干燥部
1—下压榨辊 2—上压榨辊 3—托辊 4—第一烘缸
5—抽风罩 6—上毛毯 7—下毛毯 8—真空吸水箱 9—刮刀
10—压纸辊 11—压光辊 12—第二烘缸 13—干毯

托辊既可使湿纸页进一步脱水，又有把纸页压到烘缸表面的作用。托辊的构造与压榨辊相同。由于纸页经压榨后，湿纸水分减少，脱水更困难，故托辊的硬度应比压榨辊高一些(一般为肖氏85°～90° SH“A”)。托辊位于毛毯和烘缸接触的下方，当烘缸直径为1 500mm时，一般用一个托辊，位置向纸前进方向偏移烘缸中心线100～150mm。如果烘缸直径在2 000mm以上，可采用两个托辊，分别安装在烘缸中垂线两边。为了使托辊和烘缸接触严密，纸页脱水均匀，托辊也有中高。也可采用沟纹托辊，以提高脱水效率。

圆网纸机压榨辊上辊采用花岗岩辊较好，有些纸机为了使纸页表面光洁，上毛毯不套入上压榨辊，而纸面直接与上压榨辊接触，光滑多孔的花岗岩石辊，有利于纸页的剥离，减少断头。

压榨下辊为主动辊，它带动上压辊和下毛毯运转，并通过下毛毯带动其他转动部件。

为避免纸页压花，通常在下毛毯上设1～2个真空吸水箱，其真空度一般为26.7～33.3kPa。

2．毛毯及其洗涤装置

圆网造纸机的下毛毯，担负着从圆网上揭起湿纸页，承托湿纸运行，压榨脱水，牵引圆网和毛毯转动等方面的任务，因而要求它的质量较高，其中主要指标是要求有良好的滤水性能。

上毛毯除承担吸水、滤水外，还担负从下毛毯揭起湿纸页的任务，因此要求上毛毯表面必须比下毛毯平滑。

圆网纸机的上、下毛毯在运转中都要进行洗涤。通常上毛毯采用喷水管—毛毯挤水辊的洗涤装置。下毛毯比上毛毯脱水量大，也比上毛毯容易脏，故多采用喷水管—打毯器—挤水辊的洗涤装置；第一根喷水管向毛毯的反面喷水，毛毯正面的脏物就有可能被部分除去。经打毯器在毛毯的正面抽打，再用第二根喷水管冲洗正面可以达到较好的洗涤效果，最后再经挤水辊挤压，达到洗净并调整毛毯水分的目的。

（二）干燥部

圆网纸机的干燥部，是由单缸或者双缸组成的。单缸圆网机的湿纸页，经过烘缸之后就达到了干燥要求，可直接在烘缸上卷纸。双缸圆网机的纸页，在经过第一个烘缸后，使其另一面和第二个烘缸接触，以达到提高两面平滑度的目的。另外，在一缸上设抽风罩，二缸上设压光辊，并有干毯包绕。

1．单缸干燥的传热

单烘缸纸机的纸页紧贴在烘缸表面上完成全部干燥过程，消除了多缸干燥不稳定传热的周期性，以及纸层与烘缸之间可能存在的空气膜。烘缸表面对纸页的传热系数一般较多缸要大5倍，在此情况下烘缸壁的热阻对干燥起了控制作用。另一方面由于纸页是在无干毯包覆下干燥的，消除了干毯的影响，纸页蒸发表面直接与空气接触，可以采用高速气流冲击纸页的表面，以增强纸页表面的水蒸气向空气中的扩散，同时也有可能采用高温的空气供给附加热量，达到强化干燥的目的。

2．抽风罩

烘缸上方的抽风罩如抽风能力不足，会使干燥能力降低，车速受到限制，甚至产生滴水，造成废品。因此，抽风罩的合理设计对提高圆网纸机的车速具有重要的作用。改造抽风罩，加强通风也是圆网造纸机改造的重要内容。

对于车速较高的圆网纸机，有些工厂采用吹热风抽风罩、双段排风的抽风罩以及用蒸汽或烘缸冷凝水分离出来的废汽加热的夹层抽风罩，有的还在罩子辐射表面加涂远红外线涂层。在一些大直径的单缸纸机上或者是多缸纸机的个别烘缸上，采用高温高速热风罩，以强化纸页的干燥。

第四节　纸的压光、复卷、完成、整理

一、概　　述

卷纸机上的纸辊是不能作为产品出厂的。因为它的规格不一定适合用户的使用要求，而且在抄造过程中产生的许多纸病还没有被检验出来，两边不齐；对一些具有特殊用途的纸还要求进一步改善其性能和外观质量。因此，必须进一步对纸进行完成整理工作，以满足用户的不同要求。根据各种纸的不同要求，完成整理的过程也不一样，但大体上可分为卷筒纸的完成整理和平板纸的完成整理两种，见图13－32。

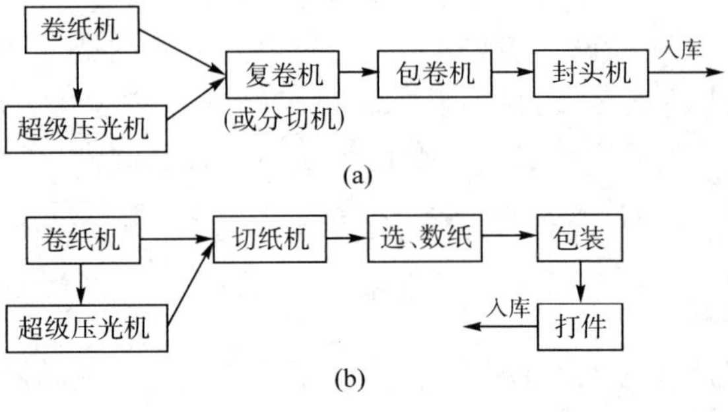

图 13－32　纸的完成整理过程
（a）卷筒纸完成整理流程图　（b）平板纸完成整理流程图

二、纸的超级压光

对于印刷纸，超级压光的目的主要是为了提高平滑度、光泽度、紧度和厚度的均匀性；对一些特殊要求的品种，如透明纸，是为了提高其透明度，还有的产品上是为了提高其紧度。

超级压光机的构造与普通压光机相似，操作也基本相同。所不同的是压光辊的数量不同，

压辊的材质也不同。超级压光机不但有钢辊，还有纸粕辊，辊子的数量一般为12～16辊个，由于辊子数量多，线压力也大。单面压光的纸，辊数为奇数，双面压光的纸，辊数为偶数，见图13-33。压光时，纸页紧贴纸粕辊的一面受到超级压光整饰作用。

超级压光机属于机外整饰设备。除了起压光作用的主体设备以外，还有退纸架和卷纸机与之配套。卷纸机由变速电机传动，有的超级压光机退纸卷由制动电机带动，以便于自动控制纸幅的张力。引纸时操作人员立于两操作面的升降式操作台上，以爬行车速引纸，待纸卷到卷纸机上后，再逐渐将车速提高到运行速度。其运行速度一般在600m/min以上。

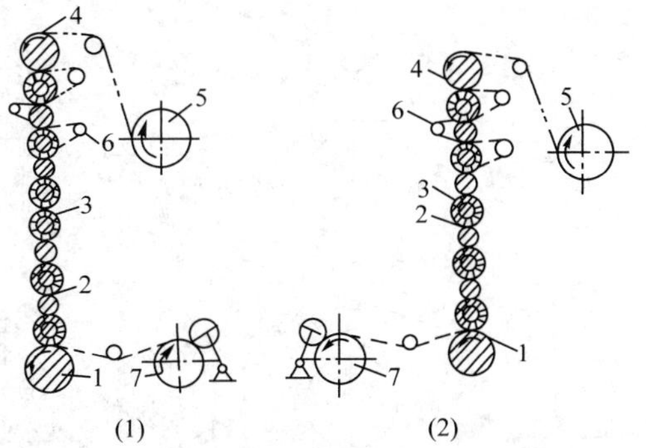

图 13-33　超级压光机示意图

(1) 双面压光　(2) 单面压光

1—下辊　2—中间钢辊　3—纸粕辊　4—上辊

5—退纸架　6—导纸辊　7—辊式卷纸机

纸粕辊是超级压光机非常关键的部件。它的直径一般为350～550mm，纸粕层的厚度一般为80～130mm。纸粕层的材质为羊毛、石棉或其混合物。根据整饰的纸的品种不同，应选用不同的纸粕材料。在使用之前纸粕辊必须经过8～16h的压辊子，以便提高辊子的表面硬度。在压光过程中，纸粕辊容易被硌辊，应注意避免；在停机时应避免纸粕辊受压，以免变形。另外，还应经常对纸粕辊的辊面予以清洗。

超级压光的原理，是由于纸粕辊在转动过程中产生周期性的弹性变形，造成纸粕辊和钢辊间的相对滑动而对纸页产生“磨光”作用，这种作用可以显著提高纸页的光泽度和平滑度。相对滑动的速度与纸粕辊半径变化量 ΔR 和纸粕辊转动角速度 ω 成正比。当使用羊毛纸粕辊时，相对滑动为0.03%～0.08%，随着线压力提高，相对滑动增加。

超级压光的效果与纸的水分有很大关系，纸的水分大一些，纤维可塑性和柔软性好，超压效果好。要根据不同品种的质量要求，控制不同的水分。一般的印刷纸控制水分在5%～7%，对于透明纸一般控制水分在10%～12%。压光温度也是一个重要因素，单从压光上考虑，温度高有利于超级压光，但在实际生产中由于纸粕辊的不断变形，导致纸粕辊温度升高，如不进行降温，将会烧毁纸粕辊，因此在钢辊设计中钢辊制成中空的，通冷水以冷却降温。另外，压区的线压力、纸幅的张力也是影响超级压光的重要因素。

三、卷筒纸的整理

为适应进一步加工或轮转印刷机的需要，由纸机卸下的纸卷或经超级压光的纸卷，必须经复卷机复卷后加工成卷筒纸。复卷的目的是将纸幅分切成要求的宽度、切边、断纸处接头。卷筒纸的主要规格是纸卷的宽度。一般是以质量计，也有的品种以长度计。

复卷机按引纸方式分为上引纸式和下引纸式。见图13-34。

如图13-34所示，复卷机由退纸架、引纸辊、纵切装置、压纸辊、支持辊等组成。新型复卷机两支持辊用两台变速电机带动，可以根据复卷的不同阶段调整两支持辊间的合适速差。退纸卷用制动电机带动，以灵活调整纸页的张力。高速复卷机，其复卷速度可达2 000～2 500m/min以上。

复卷机的一个重要部件是纵切装置，有剪切式和压切式两种。剪切式纵切装置的上刀为盘形，下刀为碗形。下刀装在转轴上，上刀装在其上方的一短轴上，利用一弹簧压在下刀之上形成剪切。刀速通常比纸速快10%～20%。压切法是上刀以弹簧紧紧地压在下辊上。压切装置的上下刀的硬度难以选择合适，所以较少采用。

复卷机操作时在 20～25m/min 的速度下引纸，引至纸卷以后，逐渐提高至操作速度。纸卷的复卷质量与纸卷卷得松紧有密切关系，一般要求筒芯卷得较紧，然后逐渐变松，以防止冒辊。

影响复卷质量的因素有：纸卷对支持辊的线压力，该线压力由压纸辊调整，一般控制在 2～15N/cm；复卷时纸幅张力过小易起复卷褶子，一般要求 1～5N/cm，张力的控制用制动退纸架轴的方法；两支持辊间的速差对复卷紧度也有重要影响。

四、平板纸的整理

对大多数纸，如书写纸、印刷纸、包装纸和多数纸板，根据使用和印刷的要求，均需切成一定规格的平板纸。

目前广泛应用回转式切纸机，又称圆刀切纸机。可同时切裁 6～20 个纸卷。纸幅通过导纸辊进入纵切装置，沿纵向切成规定的宽度，然后进入牵引胶辊，再利用横切刀切成规定的长度。然后进入升降式接纸台。

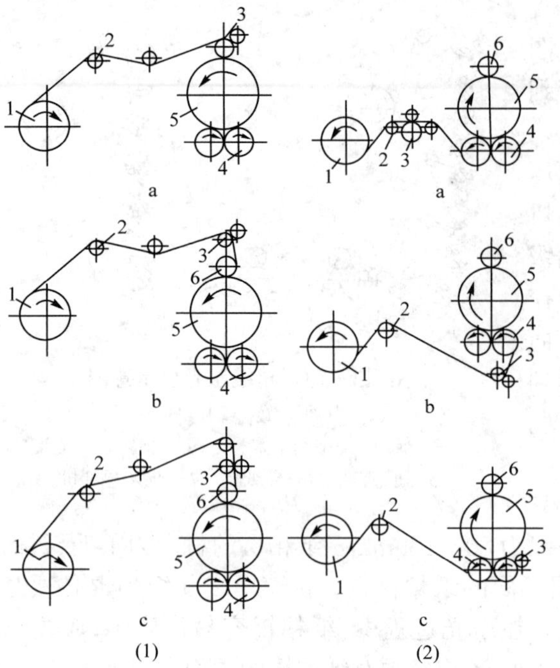

图 13－34 复卷机的类型

(1) 上引纸式：a—带刀辊的 b—带刀辊及单独压纸辊 c—带刀辊及两个压纸辊

(2) 下引纸式：a—刀辊和支承辊间引纸的 b—带刀辊和前支持辊上引纸的 c—带刀辊和压缩空气引纸的

1—退纸辊 2—引纸辊 3—纵切装置 4—支持辊 5—复卷后的纸卷 6—压纸辊

圆刀切纸机有单刀切纸机和双刀切纸机之分，单刀切纸机只能同时切一种长度，双刀切纸机则在一台切纸机上，可同时切出两种长度。

平板切纸机的宽度应与纸机宽度相等，车速一般可达 120～180m/min。

切成平板的纸需要进行选纸和数纸。有的切纸机装有自动计数器，纸张数量达到一令(500 张)时有自动声音提示。按规定的令数整理后进行包装和打件。

第五节 造纸工艺技术规程

前面几节主要介绍了造纸机各部分的性能、作用原理、构造及使用等问题。要正确进行纸机操作，必须根据具体设备和生产品种、生产条件等综合掌握，达到优质高产的目的。整台纸机的正确操作是一个系统工程，它不仅涉及到设备、仪表、电气、自控等硬件，而且还涉及到正确的操作以及生产管理。

造纸机工艺规程主要根据产品特征和设备特征由技术人员制定。整个工艺规程制定还需要考虑原料问题，或者根据产品的需要正确选择原料。对于工艺规程的形式及编写要求，由于生产品种和各厂的管理体制、习惯不同，内容不尽一致。有的厂的工艺规程包括以下内容，简述如下。

1. 产品特征

包括产品的性能、用途，主要技术指标要求以及主要技术指标的检验方法等。

2. 原料特征

主要原材料的种类、主要指标、检验方法、供货商等。主要原材料包括：纸浆、松香胶、硫酸铝、填料、助剂等。

3. 主要工艺参数及操作要求

对整个造纸车间而言，应包括从打浆到完成范围内各工段的全部工艺参数。对纸机而言，应包括以下内容：

成浆质量控制：打浆度、湿重，辅料的用量。对高速纸机最好能控制纸料的 Zeta 电位，以控制留着率。

上网条件：纸机车速、浆网速比、上网浓度、流浆箱液位、溢流量、回流量、堰板开度。

网部脱水成形条件：真空吸水箱真空度、伏辊真空度。

压榨条件：引纸辊真空度、真空压榨辊真空度，各道压榨线压力。

干燥条件：出干燥部纸页水分，干燥部内各控制点烘缸的纸页水分；多段通汽系统各段间压差、冷却水温度、末段汽水分离器真空度等。

表面施胶：表面施胶浓度、胶料温度、进入表面施胶的纸页干度。

压光卷纸：进入压光机纸页水分、压光线压力。

以上是造纸机操作中的主要参数，至于应控制哪一个参数，控制在多大，则应根据具体生产品种确定。在此不再具体举例。

作为纸机的操作人员，应认真执行工艺人员制定的工艺条件。对一些重要部分不可图省事，要严格执行工艺条件。

4. 主要部件的技术参数

纸机主机及其主要附属设备技术特征：应逐项例出其型号、规格、特征尺寸、生产厂、主要备件明细表等。这项工作一般由技术人员来完成，在此不作赘述。

纸机网子、毛毯主要参数：成形网序号、长度、宽度、织法、网目或型号、供应商及标记（或标签）；毛毯使用位置、编号、长度、宽度、织法及供应商等。

纸机干网的序号、长度、宽度、型号及供应商等。

5. 产品包装要求

产品包装要求主要参照有关国家标准和行业标准的运输、贮存条件等，也可以根据用户的要求确定内包装与外包装，以及每件的重量等。

作业题

1. 什么是纸？它和纸板的区别是什么？

2. 什么是造纸车间的三率？

3. 我国对纸和纸板是怎样分类的？试举出各类中 4 种以上的品种。

4. 造纸机有哪几种基本类型？哪种纸机较先进？为什么？

5. 网部的作用是什么？由哪些主要部件组成？

6. 流浆箱由哪几部分组成？各自的作用是什么？各部分又有哪几种元件？其特点是什么？

7. 按长网部各部分的功能不同，可以把网案分成几个区？各区采用哪些脱水元件，其作用如何？

8．纸料上网理想的流动状态是什么？为什么？

9．什么叫网目？目前广泛采用的聚酯成形网有哪些特点？

10．影响纸页匀度的基本因素有哪些方面？

11．纸页由伏辊至压榨的传递方式有哪几种？其特点如何？

12．压榨部的基本类型有几种？它们的优缺点是什么？

13．什么是压榨辊的中高？中高度大小与哪些因素有关？

14．简述纸机压榨脱水的机理。

15．简要分析影响压榨脱水的主要因素。

16．论述压榨毛毯的作用及种类。毛毯为什么要洗涤？其方法有几种？

17．纸机干燥部的作用是什么？

18．多烘缸纸机干燥部纸页的干燥过程可分为哪三个阶段？这三个阶段的水分蒸发各有什么特点？

19．烘缸冷凝水的排出装置有几种？各种不同型式各适用于什么纸机？

20．说明多段通汽有什么优缺点？以三段通汽为例说明多段通汽系统的组成。

21．什么是烘缸干燥曲线？对干燥曲线有什么要求？干燥曲线如何调整？

22．干燥部通风换气的目的是什么？常用的汽罩形式有哪几种？

23．影响干燥纸页收缩的因素有哪些？纸页伸长的大小对纸页性质有何影响？

24．造纸用干毯应具备哪些条件？其作用是什么？

25．简述压光机的结构特点和作用原理；简述影响压光的因素。

26．纸机传动应满足哪些要求？多电机变频调速传动为什么得到广泛的应用？

27．试说明纸机白水循环的方式，常用的白水回收方法有哪些？

28．圆网造纸机与长网造纸机相比有何特点？圆网纸机的主要问题是什么？

29．圆网纸机网槽有哪几种型式？分述各种网槽的特点。

30．选分作用和冲刷作用、网内外水位差、浆网速关系等对圆网纸机成形有何影响？

31．圆网纸机的压榨部有何特点，怎样提高其效能？

32．单、双缸纸机的风罩有几种？哪种较好？

33．简述超级压光机的构造及其作用。

34．结合实际，以长网多缸纸机为例，说明纸机的操作规程。

计算题

1．某纸厂浆料上网浓度为0.3%，出伏辊干度为12%，日产量为150t(成纸水分可按7%计)，求这台纸机每小时网部脱水量应是多少？

2．某纸机进干燥部的湿纸页干度为38%，成纸后水分为7%，求生产1t纸在干燥部蒸发的水量应是多少？

第十四章　纸板的生产

第一节　概　　述

一、纸板与纸的区别

造纸工业的产品可分为纸和纸板两大类。纸和纸板的区别，通常以定量来划分。定量小于 $250g/m^2$ 的称为纸，定量为 $250g/m^2$ 或以上的称为纸板。但是区分纸和纸板也要根据其特性，有时还根据它的用途。许多定量小于 $250g/m^2$ 的，例如某些可折叠盒纸板通常称为纸板，而许多定量大于 $250g/m^2$ 的，例如吸墨纸和图画纸通常称为纸。

纸和纸板的区别有时也以厚度来划分。厚度小于 1mm 的称为纸，而厚度大于 1mm 的称为纸板。

二、纸板的种类及用途

纸板的种类很多，一般根据用途来划分。

包装纸板是一大类，指用于商品包装的纸板，其中包括箱纸板、牛皮箱纸板、瓦楞纸板和白纸板等。此类纸板用量最大，约占纸板总量的 85%～90%。

其他类纸板有工业技术用纸板（如电绝缘纸板、防水纸板）、建筑纸板（如隔热、隔音纸板，供制作天花板或隔墙用的石膏纸板）、冲压纸板（如扩音喇叭用纸板、标准纸板和提花纸板等）、过滤纸板（如防毒面具用的过滤纸板，汽车、拖拉机等滤清器的滤芯纸板）、印刷与装饰纸板（如字形纸板）等。

三、包装纸板简介

近几十年来世界各国的包装纸板发展极快，其中以箱纸板（国外称为挂面纸板）和瓦楞芯纸板发展最快，产量最大，是最重要的纸板品种。

包装纸板生产发展迅速的原因，是由于随着国民经济的发展，人民生活水平的提高，必然促进工农业生产的发展，因而包装工业也得到了发展。不仅包装用纸及纸容器的需要量不断增加，瓦楞纸板以外的其他包装材料所用纸板量也大大增加了。在使用的包装材料中，迄今已知的有纸及纸板、金属、玻璃和塑料、木材等。近些年来，尽管塑料作为包装材料发展很快，但纸和纸板仍占主要地位。据英国《欧洲化学新闻》报道，目前世界包装材料以纸和纸板居首位，占总包装材料的 40%；塑料其次，约占 28%。这是由于包装纸板与其他包装材料相比，具有以下优点：

（1）成本低廉，节省木材，废纸箱容易回收，不易产生公害。

纸箱成本约为木箱的 1/4，纸箱的耗木材量约为木箱的 1/3～1/4。且制作木箱对木材的材质要求十分严格，一般需用优质松木。而制作纸箱要求低，边材废材均可使用，甚至阔叶木、草浆、磨木浆、废纸也能用。木箱的加工和回收困难，而纸箱容易加工和回收，并可连续生产。

（2）纸箱重量轻，便于装运，运费低廉。

(3) 纸箱便于印刷,装潢美观,便于宣传,可促进商品的销售。

(4) 纸板能进行特殊加工,使制成的纸箱具有种种特殊性能以满足多种包装的需要。

四、纸板生产的发展方向

(1) 纸板轻型化——向低定量、高强度、薄型纸板的方向发展。在保证或提高纸板强度的前提下,包装纸板的定量逐渐下降,箱纸板的定量由 360~530g/m^{2}下降到 250g/m^2;瓦楞纸由 180~200g/m^2 下降到 100~130g/m^2,这就需要多用高强度的新浆料。我国的大纸箱多数用 5 层纸板胶合制成。而现在国际上多数用 3 层,即两面为平板,中间为瓦楞,这样可以节约较多的纸板。

(2) 改善纸板的外观质量和表面性能,品种多样化,以更好地满足不同用户的要求。

(3) 采用化学助剂和生产复合材料的包装纸板,以满足特殊用途的需要。

第二节 纸板的生产过程和方法

一、生 产 方 法

纸板的生产方法与一般纸张的抄造基本相同,也是通过制浆、打浆、抄制、压光、卷取、裁切或复卷等步骤。有些纸板需要加用填料(例如滑石粉、白土等),有些需要施胶处理,有些还需要加用化学助剂(例如沥青、合成树脂等),以取得某些特定性质。又有需要加用有机染料进行染色的。另外,也有一些纸板要求采取表面施胶处理(例如高级提箱纸板)、涂布加工(例如字型纸板、扑克牌用纸板、器皿用纸板等)或压印花纹(例如供制作家具用的装饰纸板)等。

(一) 纸板的原料

生产各种纸板,需要不同的原料。适用纸板生产的原料要求与一般纸张有相同,也有不同之处。其中有些要求低些,因而使用原料的范围广些。

纸板生产原料方面,除充分利用国内资源外,要有计划地逐步增加进口长纤维废纸量,注意开发国内新的原料资源(如胡麻秆、白夹竹类非木材资源),以适应纸板工业发展的需要。例如,国外牛皮箱纸板通常是用全木浆制造,国内也要配用 40%~50%的木浆,但我国木材资源不足,严重妨碍了牛皮箱纸板的发展,其产量长期上不去,主要依靠国外进口,国家耗费大量外汇。经近年来研究,成功地利用竹子和棉秆代替木浆生产牛皮箱纸板,用胡麻秆和麦草代替木浆抄制牛皮箱纸板和 1 号箱纸板。也有用苇子、全竹子、部分竹子和部分麦草等制造不同种类的纸板。

由于近年来我国环保控制越来越严,多数纸板厂家放弃了自制化学浆,而改用废旧纸及纸板做主要原料。废旧纸及纸板由国内回收和国外进口解决。特别是我国近几年大量进口废品纸和纸板,大大缓解了纸板原料紧缺的现象。进口废纸和纸板主要来源于美国和欧洲各国。这些国家的部分废纸分类如表 14-1。生产不同的纸张选择不同的废纸,箱板纸主要以 11$^\#$、13$^\#$ 为主。

表 14-1　　欧洲与美国废纸分类

欧洲废纸分类	美国废纸分类	欧洲废纸分类	美国废纸分类
Mixed Paper 废杂纸(由不同质量的废纸混合组成)	1$^\#$(混合废纸)	News 旧报纸(其他杂物、纸张<6%)	6$^\#$
		Specisl News 特种旧报纸(无杂物)	8$^\#$
Boxhoard Cuttings 纸盒纸板边角料	13$^\#$(挑选过 OCC)	Currugated Containers 旧瓦楞纸箱	11$^\#$
Mill Wrappers 工厂包装纸	11$^\#$	Over-issure News 发行过剩报纸	9$^\#$

（二）纸板用的浆料

抄制纸板的浆料，大多属于高得率浆范畴。只有在抄制高质量纸板时，才用化学木浆、破布浆、麻浆等长纤维浆种。一般较低级的包装纸板，如黄纸板多采用石灰法稻、麦草浆制成或用稻草、麦草半料浆（褐色草浆）制成。

（1）化学浆：用化学方法选择性地除去植物原料中的大部分木素，因此，化学浆基本上保留了其原来的纤维长度。由于只含少量木素，纤维有很高的弹塑性和强度。用亚硫酸盐法生产的化学浆，较同种原料用硫酸盐法生产的纸浆强度低，但白度高，用于制造各种需要良好印刷性能的包装纸板，这种纸浆主要用作箱纸板的面层浆料。硫酸盐法化学浆由于强度高，主要作为生产高强度的纸和纸板（如纸袋和箱板纸等品种）的浆料。

（2）半化学浆：半化学浆是由木材或其他纤维原料用化学和机械相结合的方法处理所得的浆料。由于此种浆料的木素含量比化学浆高，比机械浆低，因此，纤维也具有一定的弹塑性，同时纸浆得率（70%～80%）比化学浆高很多，故可节约原料，降低产品成本，在生产瓦楞原纸和包装纸板中，半化学浆是主要浆种之一。

（3）化学机械浆：将预先经化学药液处理的木片用盘磨机磨解而得的浆料。由于磨浆之前经过轻微化学处理，木材中纤维间的联结减弱，故在磨浆时容易分离成长而薄的纤维，其性能介于普通白色磨木浆和未漂半化学浆之间。化学机械浆主要由阔叶木生产，用于制造包装纸和各种纸板。

（4）磨木浆：将原木或木片用磨木机或盘磨机磨解而得的浆料。因此其化学成分与植物原料的化学成分相同，只是除去了水溶性物质而已，得率高。磨木浆纤维由于含有大量木素，故纤维挺硬。含磨木浆的纸和纸板，挺度大，耐折度低，故在制造包装纸板时一般都与一定量的其他浆种配用。

（5）褐色草浆：稻麦草在弱碱性条件下蒸煮所得的半料浆，经疏解打浆后，多用于生产黄纸板或瓦楞原纸。这种浆料挺硬性高，弹塑性小，故用这种浆生产的瓦楞纸板抗压缩强度高，这是包装纸板极为重要的性质之一。

（6）破布浆：以破布（包括鞋帮、鞋底等）为原料抄制纸板时，不一定需要经过蒸煮处理，多是直接将破布切断成小块，送到半浆机中进行“生打”，再在成浆机中进一步离解成浆，然后与其他浆种混合，供抄造纸板用。我国在处理破布的整个过程中，多不加用任何化学药剂。这种浆料纤维长，柔软性强，弹性大，是一种很好的纸板浆料。但数量较少，回收有一定的难度。

（7）废纸浆：废纸是制造箱纸板的重要组成成分，用于纸板的内层（芯层），也有用于制造瓦楞原纸。由于废纸的品种和组成成分不同，因此，废纸疏解成纤维后的纸浆，也具有不同的性质。最有价值的是硫酸盐浆废纸，由这种废纸浆生产的纸板有很高的强度，经过处理可作为衬层浆或挂面浆。应该指出，掺用废纸浆，不但有利于降低制造成本，而且还有助于改进纸板的柔软性和弹性，这点对于某些品种（如字型纸板）具有重要意义。废纸是增加各种包装纸板生产的重要原料资源之一，作为二次纤维原料，具有巨大的经济意义。

（三）包装纸板的性能及所用浆料

包装纸板的性能及所用浆料举例如下：

（1）包装纸板的特点是由多层组合而成，纸板加工和使用时各层受力不同。如用包装纸板制造纸箱时，纸箱受折叠，产生弯曲变形，纸板面层下的纤维主要受张力而伸长，底层纤维受到压力而收缩，中层在中性层上的纤维不受力，也不改变其长度，由于各层纸板所受的力不同，对各层纸板的要求也应不相同。总之，浆种和配比的选择，既取决于纸板的质量要求，又要注意到经济合理性。

①纸板的面层浆。由上所述，面层是纸板的关键层，因纸板的强度和外观均取决于面层纸浆的质量，面浆要求洁净细致，色泽浅一些，纸板表面应平滑，面浆的打浆要细一些，并严格筛选除去生料及杂质。为了提高面层纸板的抗张强度，应选用弹性模数高的纤维原料，纤维的形态以带状纤维为好，因此面层应采用长纤维的化学木浆来抄制。大部分挂面纸板的生产采用硫酸盐漂白木板浆作为面层的浆料。②纸板的底层浆。为了提高底层的抗弯强度和挺度，可以把纤维经打浆处理得粗、长些，能增加纸板的挺度和耐折度，应选用比较一般的纤维原料，如阔叶木浆、半化学浆或废纸浆。③纸板的中层浆。中层为填充层，受力较小，为了增加中层的松厚度和弹性，可用廉价的废纸浆、半化学草浆等。

(2) 瓦楞原纸主要用于在高温下经机械加工成瓦楞纸芯，与箱板纸粘合成瓦楞纸板，使包装具有较好的弹性、减震和耐冲击性能，故要求有一定的挺度、抗张强度和耐破度。因此，纤维形状以管状纤维为好，多采用半化学浆，也可以用高得率草浆。瓦楞原纸按浆料不同分为半化学木浆瓦楞原纸、草浆瓦楞原纸和废纸瓦楞原纸等 3 种。

(四) 纸板厂的传统制浆打浆设备

纸板厂的传统制浆设备与造纸相同。近些年来，又多趋于采用管式连续蒸煮器或其他型式连续蒸煮设备。国内用于生产纸板浆的主要是横管式连续蒸煮器，而国外用卡米尔连续蒸煮系统，这是连续蒸煮设备中用得最广、发展最快的一种设备。这类连续蒸煮设备大多附有热磨机，用以对半化学浆做进一步的纤维离解。

供抄造纸板用的废纸，可以经过脱墨处理，也可以不经过脱墨处理，视其用途及纸板质量要求而定。不经脱墨处理的废纸，通常是在水力碎浆机中直接离解成浆。

所有浆种都要经过筛选、净化，设备的组合根据纸板的生产能力和生产质量不同，有的简单，有的复杂；有的低档，有的高级。

所有浆种的打浆，可以采用间歇式设备(打浆机)，也可以采用连续式设备(锥形精浆机、盘磨机、双盘磨或三盘磨)，总的倾向是趋于运用连续打浆的方法。我国几年来实践证明采用 ZDP11 型 $\phi450$ 双盘磨打纸板浆，能力较大，质量较好，动力消耗低，应根据生产需要使用 $\phi450mm$ 或 $\phi350mm$ 双盘磨串联打浆。

二、生 产 过 程

纸板的抄制，可以运用连续生产方式、间歇生产方式或半连续生产方式。

(一) 连续式纸板机

传统连续式纸板机主要有：多圆网纸板机、单长网纸板机、长叠网纸板机、长圆网混合纸板机。

我国纸板机的现状与国外纸板机发展相比，有较大的差距。我国现有的连续式纸板机相当一部分还是窄幅纸板机。最近几年叠网纸板机的大量投产，大大缩短了与国外纸板生产能力和生产质量的差距。

生产包装纸板普遍采用多层抄造的方法。一般由若干个成形器分别抄造出若干单层湿纸幅，并在一定条件下由层间结合成为湿纸板。如多圆网、长叠网、多夹网或长圆网混合纸板机；有的是在一个长网成形器的网上设置两个流浆箱或若干个单元成形器，采用层上成形的方式，多层抄造而成，如两次上浆长网纸板机的水平叠网纸板机；还有的是采用一个分层敛流式(Strata - Converflo)流浆箱，在一个成形器上，一次多层成形抄造湿纸板，如贝尔 - 邦德

(Bel－Bond)纸板成形器。

各纸层可用不同浆种，要充分利用各种草木原料和废纤维资源生产出质量较好、成本较低的纸板。纸板生产过程最少必须有三个供浆系统，即面浆、芯浆和底浆。小纸板机由于产量低，但也不应少于两个供浆系统。

1. 多圆网纸板机的抄造

多圆网纸板机的网部分别由多圆网笼和多圆网槽构成。网笼结构与普通圆网纸机相同，圆网槽多采用逆流式或喷浆式结构。各个网笼上分别形成的单层纸幅经伏辊压榨，依次黏合在一起，构成纸板，由毛毯送至压榨部。压榨部由真空预压榨、普通预压榨和主压榨组成。多圆网纸板机的干燥部和长网造纸机基本相同。

有些多圆网纸板机在第一组烘缸前，设有一对光泽辊，用以提高纸板的光泽度，也有的在第一组或第二组烘缸后面，设置一组半干压光机，以提高纸板的紧度和平滑度。有的为了对纸板进行表面施胶处理，又可在最后一组烘缸前面，安设一套表面施胶装置。

最后压光、卷取，裁切或复卷成成品，打包入库。

2. 长叠网纸板机的抄造

这是一种新型的纸板生产方法。

一般由底长网和芯层、衬层、面层短长网组成。各个长网都有自己的流浆箱，浆料喷上网后，由脱水元件进行脱水达到一定干度后，由层间结合剂依次黏合重叠在一起形成湿纸页。

叠网纸板机的压榨部一般由一道真空预压榨、两道大辊径压榨和光泽压榨组成。

叠网纸板机的干燥部同长网造纸机的类似，由多烘缸组成。

叠网纸板机的压光部由2～4辊组成，再进行卷取。

最后裁切或复卷成成品，打包入库。

3. 长圆网纸板机的抄造

长圆网混合纸板机结构比较复杂。它一般是由1～4组圆网笼和圆网槽与1～2组长网结合而组成网部的纸板机，从压榨部开始，其结构型式与长网造纸机类似。

(二) 间歇式(压榨纸板)和半连续式纸板机

1. 纸板的间歇式生产

纸板的间歇式生产也是由成形、压榨、干燥、压光和整理等单元操作构成。

(1) 成形　成形是运用圆网成形机(有双网成形机，也有采用单网成形机的)，也可以运用长网成形机。如在双圆网成形机的网笼上构成的湿纸幅黏合在一起，再在成形辊上缠绕。借助外加压，成形辊和支撑辊(包胶)之间，维持7.36～9.81kN/m线压，促进湿纸幅的黏合。当湿纸板缠绕到要求厚度，再将其割下。由此可见，成形机实际上是湿抄机的一种型式。

(2) 压榨　将割下的平板湿纸板重叠在一起，各层湿纸板间可以加垫毛毯、厚白布或塑料网布，也可以考虑每隔20cm厚左右加垫一块薄镀锌板。湿纸板重叠到一定高度(1 000～1 500mm)，即可送至4～10MN(400～1 000t)液压机，进行机械挤压，使纸板干度达到50%～55%。液压机有向上加压和向下加压两种型式，在结构上近似于平板纸液压打包机。为缩短压榨时间，近年来又有采用热压机取代液压机的倾向。热压机在结构上与液压机近似，但其压板依靠外来热源(蒸汽加热或电热)取得140～200℃的温度，从而加速湿纸板的脱水作用。

(3) 干燥　经过压榨后的湿纸板，可置于运输带上，送入运输式干燥室，受热风干燥。

(4) 压光　经干燥后的纸板，可在恒温恒湿状态下，静置72h以上，待水分达到10%～14%，且较均匀，方可进行压光，借以提高纸板的平滑度和紧度。必要时，可对纸板进行润湿处理。湿润介质可以是清水或肥皂水,肥皂水由 0.5kg 上等肥皂和 100L 清水,另外加少量甘油配制而成。

经调节后的纸板,可通过双辊压光机得到压光处理。

(5) 整理　压光后的纸板可做进一步裁切、分选,然后打包入库。

2. 纸板的半连续式生产

近年来,已逐渐趋于将上述成形、压榨和干燥等单元操作,通过链条输送或胶带输送,组成生产流水线,改为半连续生产方式。压光操作则仍然采用间歇式生产。

第三节　纸板的特点与质量控制

一、纸板的质量控制指标

包装纸板根据用途具有不同的质量要求和质量指标。

商品包装对纸板质量的要求除外观平整、色泽一致、印刷适印性强外,对纸板的内在质量也有严格要求。包装的主要目的是将产品安全地、完好地从生产者运送到消费者手中,这就要求包装宣传品在贮存和运输过程中不变形、不破裂。

为适应使用需要,纸板必须具有较好的物理性能,主要是紧度、挺度、抗张强度、耐破度、耐折度、撕裂度、抗压强度、耐磨强度等。某些纸板又必须具有吸收性能、可压缩性、绝缘性能、尺寸稳定性、适印性能等等。对作为包装材料使用的纸板来说,往往还要求具有较好的弯曲性能、形成瓦楞的性能以及良好的平压性能(指纸板起瓦楞后的抗压性能)。对供制作包装纸箱用的纸板,应进行环压强度(又称边缘抗压强度)的测定,借以预测几张纸板贴合在一起后的抗压性能。上述各种性能的取得,既与纤维原料的选用有关,又取决于纸板制造的加工方法。

纸板的质量控制指标都可通过专门的物检仪器做试验检测。

二、纸板的特点

(1) 根据不同的要求,各层使用的浆料不尽相同。可采用较低级的浆料抄造内层(芯层或衬层),从而提供直接经济效果。如用磨木浆或废纸纸浆作折叠纸板的芯层或衬层。

(2) 不同浆种纸层的结合可取各种纸浆特性的优点,以满足纸板不同的性能要求。如平滑的挂面层可适应外观和印刷的要求;底层具有对包装物品的阻抗和保持作用,如防水、防油、热稳定性和密封性等;采用强度较高的长纤维浆作面层和底层,能改进纸板的强度和抗弯挺度,该两层能提供纸板总挺度的 80% 左右。

(3) 具有高效率、高质量、高定量性。如果单层抄造高定量纸板,所需成形和脱水的时间随定量增大而迅速增加。如采用多层抄造,每层挂浆量为 $60 \sim 90g/m^2$,则可提高抄造效率。由于多层抄造,可采用较低的上网浓度,从而改善纸板的组织均匀性;为提高整个纸板的匀度,可用良好浆料抄造挂面层,而不必全部使用良好浆料。多层抄造还可减少定量分布的非均匀性。

(4) 具有较高的机械强度。一般来说,多层抄造的纸板强度比单层抄造的高 16% ~ 20%,多层抄造一定定量的纸板可获得较高的耐破强度;而多层抄造一定耐破强度的纸板,则可降低定量。故采用轻定量、多单元抄造是纸板成形发展趋势之一。

三、影响纸板质量的因素

要制得符合一定质量要求的纸板，必须控制下列因素：

（一）浆料的选择和配比的合理确定

首先要从确定浆料和浆料配比着手，用技术经济的观点，妥善选择纸板中各层纸层的浆料配比，是一个不容忽视的问题（详见本章第二节第一项）。

（二）加强对纸板浆料的洗涤、净化和筛选

注意加强对纸板浆料的洗涤、净化和筛选，这对提高纸板质量是很重要的。浆料洗涤不净会带来泡沫，造成抄造困难及对纸板质量带来不良的影响。不经筛选、净化的纸板浆，会使纸板的表面有不少粗大纤维，影响纸板外观，而且降低了纤维之间的结合强度，并使纸板全幅定量波动大。因此，纸板生产必须配备必要的筛选和洗涤设备，使浆料得到充分净化，减少纸浆中的杂质，从而为纸机生产创造条件。

包装用多层纸板的面层、衬层和底层的浆料，通常用锥形除渣器作净化处理。有些生产低档产品的工厂仍然使用沉砂沟净化较低级浆料。抄造纸和纸板常用的筛选设备是旋翼筛，多圆网纸板机常采用双鼓旋翼筛。

抄造较高级品种时，为了得到较好的净化和筛选效果，净化设备和筛选设备往往配合使用。例如，箱纸板浆的筛选设备，一般使用各种规格 CX 筛较好，占地面积小，筛浆能力大。为预防筛板磨损，筛前可使用 ZSC21 型高浓除渣器，动耗较小（0.1MPa 压力），可除去 0.25mm 以上砂粒。筛后净化可用 623 型锥形除渣器。

废纸是生产纸板的主要资源，大量使用废纸不仅降低成本，而且减少污染。但废纸种类多，处理工艺复杂。首先应当挑选、分类，分别使用，根据产品质量要求，选择高效率、低能耗的处理设备和确定工艺流程。例如经水力碎浆机碎解，粗选机或纤维分离机筛选除砂，去除较大硬质杂物。对细小油脂蜡点及塑料等轻质杂物采用逆向除渣器设法除去。生产纸板的主要原料为废纸时可采用两条生产线，作为面层和底层的浆料，为了防止废料中有热溶性杂质引起纸板表面出现油斑性污点需要热处理外，其他芯层浆料只需冷法处理以减少废水处理和费用。

（三）合理打浆

纸浆加工过程直接关系到产品的质量。半化学浆和磨木浆虽然在物理强度上不如化学木浆，但是成本低，故在纸板抄制中获得大量应用。对化学纸浆或半化学纸浆可进行黏状打浆，有利于增加纤维的比表面面积，促进纤维间的良好结合，从而取得改进成形匀度和提高物理强度的效果。但是，黏状浆滤水较慢，不利于纸板机车速的提高，而且制得的纸板尺寸稳定性较差，易于卷曲。为此，只有少数质量上有特殊要求的品种（例如字型纸板、提花纸板等），采用半黏状打浆，打浆度达到 40～60°SR；大多数纸板则倾向于游离打浆，打浆度只有 28～35°SR。

由于竹材纤维与针叶木相比，本身就有先天性的差别，为了防止纤维过分切短，因此，竹浆打浆宜用较高浓度，采用轻刀慢打，逐步下刀的中刀打浆的打浆方式，尽可能使纤维少受破坏，控制终点有一定程度的外部细纤维化，目的在于增加纸板纤维的结合力。在不影响脱水、干燥的情况下，纸浆打浆度宜适当提高，否则有产生纸板分层的倾向。

麦草浆采用在轻刀疏解的基础上，中刀打浆，避免重刀和过长时间的打浆，在成浆中最好保持一些细的纤维素。

多层纸板的几层不同的浆料的打浆度，应配合恰当，防止在生产中出现起泡、脱层等问题。

（四）合理控制抄造条件

确切掌握纸浆流送系统的浆速以及上网浆浓，是抄制优质纸板的又一个重要方面。在纸板机前的流送系统中，务必设法维持纸浆有适当的流速，使纤维能得到充分分散，这是取得良好成形匀度的首要条件。上网浆浓的正确选用，更是关系到成形匀度的关键。上网浆浓不宜过高，且主要取决于纸板机网部结构型式。一般来说，长网纸机的上网浆浓可以稍高些，圆网纸机的则应稍低些。不同型式的圆网槽，对上网浆浓也有不同要求。例如，逆流式网槽多采用0.2%～0.35%浆浓，顺流式网槽的浆浓则为0.1%～0.25%。抄制多层纸板时，往往又着重于控制挂面层和底层浓度稍微小些；芯层用浆浓度可以适当高些，有时甚至达到0.8%以上。

在抄制多层白纸板时，务必注意上浆的次序，应先上底层、芯层、夹层，后上面层。这样可使面层浆的白度不受夹层、芯层、底层浆脱出带色白水的影响，不然要达到同样面层白度而不得不加厚面层或提高夹层的白度和厚度。这样要多用好浆，不经济。

纸页成形质量、整幅纵横定量、裂断长度比等都决定于网部。一般说，长网成形的纸板质量比较好，纸页纵向定量的稳定主要靠流送系统送来浓度均衡的浆料和浆量的稳定来达到。要保证纸板质量，还要做到纸页横向定量的稳定。纸页的均匀度也很重要，上网时还要使浆水充分地混合，这要靠进网的流浆箱来达到目的。一般在长网纸机的流浆箱是比较容易做到的。我国现在圆网纸机的问题多数在流浆箱的构造，现在新的圆网上浆箱多数采用长网上浆箱的原理。

每个网部，不论长网和圆网的浆料、水量必须严格控制，并必须分别单独成立一个系统，各网间不互相影响，才能精确地控制上浆量来稳定纸板的定量。现在国内有不少纸板机把几个圆网的白水合并用一个泵来冲浆，几个圆网互相影响，造成定量波动，应分开使用。

为了更有效地利用白水，应将溢流的水顺着面层、夹层、底层、芯层次序的白水槽流去。这样把色度低的白水尽量利用，而把最差的白水送去回收利用。

草类浆和脱水比较困难的浆料在网部脱水比较慢，上浆量将受到限制。所以同样产量的长网的网部需要过滤面积相对要大些，对圆网来说，圆网的个数应多些。

圆网、长网结合的纸板机有多种形式，如先把底层、芯层、夹层由圆网成形，然后送到长网上与面层合并后送进压榨。这种形式的芯、底浆的脱水在和面层合并之前已进行，故带色的白水不影响面层。也有面层、底层用长网，芯层用圆网的形式，但比较复杂，且厂房需要增加楼层，一般不宜采用。

在纸板生产中，有时还会在圆网部发生湿纸板脱落的操作事故，这种现象常称为“滚色”。湿纸板“滚色”往往是由于湿纸板定量太大，纸浆黏性太大，湿毛毯太脏等原因所引起的。通常只要注意加强对纸浆的洗涤，保持湿毛毯的洁净，即可解决“滚色”问题。

正确掌握压榨操作，既关系到纸板层间的良好结合，又是控制纸板紧度的一个重要步骤。湿纸板在进入纸板机的主压榨之前，一般设有预压榨。湿纸板在压榨部所受的挤压强度应逐渐增加，以取得缓和脱水。如脱水过急，会损害纸板组织。湿纸板沿纸机横向应均匀脱水，否则，容易断头，亦影响均匀干燥。

纸板厚度较大，横向收缩也较严重，因此在干燥过程中，要特别注意控制干燥温度曲线，如果湿纸板受到骤然加热，则往往由于内部水分很快转化为水蒸气，又来不及从纸板表面逸出，有可能造成“脱层”。

生产白纸板，由于面层浆料与底层浆料的性能不同，因此干燥时，蒸发速度有差异，预干燥烘缸中面层烘缸与底层的数量，应保持一定的比例。如有的工厂的实践认为底层烘缸要比面层烘缸多(通常为 7∶5)。

(五) 除气与消泡

纸料中含有空气,尤其是游离状态存在的空气,对纸料的性质、抄造过程和纸板的质量都会造成不良影响。空气能够影响纸料的流动状态,并对纸页成形、脱水和抄造性能有所影响。据实践,经过除气的纸料能够提高脱水率 10%～30%,原因是空气泡能够堵塞湿纸页中的孔隙,从而阻碍脱水。有的试验指出,纸料中含有2.5%的空气,能够降低浆泵的容量 16%。进入冲浆泵的白水中含有过量空气,由于泵浆速度的变化,引起网槽中或流浆箱液位的波动。空气又是形成泡沫的主要原因,在纸上造成泡沫斑点,而且妨碍纤维之间的结合,影响成纸紧度,抄多层纸板时,还引起"脱层"。因此,必须设法排除存在于浆料悬浮液里的细小空气泡。

(六) 采取措施,防止纸板"脱层"

要取得良好的层间结合,结合的纸层之间,应有足够的接触结合面积,这与纸料的性质,纸料打浆的程度,尤其是纸层结合的均匀性和细料的含量与分布有关。

(1) 纸层纤维分布得越均匀,使层间结合面在结合时越能伏贴,接触点分布得越均匀。纤维分布的均匀程度也影响着细小纤维和细小物质的分布均匀性,而后者才是形成纤维间结合的主要环节。纸层间结合面含有足够多而且分布均匀的细料时,使结合面细密,具有均匀分布的细小纤维的连接,从而加强了纸板的层间结合。

(2) 几层不同的浆料的打浆度应当配合恰当。务使通过打浆处理,纸层间纤维接触表面积有所增加,而且相邻纸层用浆的打浆度应比较接近,打浆度的差别以不超过 3～5°SR 为宜。一般面浆打浆度比里浆的稍低为宜。必要时,也可考虑在打浆过程中添加淀粉或合成树脂,以增进层间结合。

(3) 结合纸层的水分应较大。纸层之间在压力下脱水而结合时,使纤维在适当自由水分中有较大的活动性,并依靠水膜的表面张力使纤维贴合紧密,从而达到良好的层间结合。在操作中,如能妥当调整各处伏辊与网笼间的偏距(200～250mm),正确控制伏辊的加压程度,又能做到使相邻纸层在紧度和水分上稍有差别,这样才能使较干而紧的纸层更容易深入地压进较柔软而较湿的另一纸层内,取得更好的层间结合。结合纸层水分,平均应在 88%～92%,或更高一些。一般是下层水分比上层水分稍高,其差值不超过 3%～4%。

(4) 湿纸一旦形成后,必须采取逐步增加挤压强度的方法。首先是充分发挥预压榨装置的作用,使湿纸板取得缓和脱水和纸层之间的进一步结合。然后再利用主压榨装置的较大压力,进一步推动脱水和层间结合,从而提高纸板的干度和紧度,提高纸板的物理强度。纸板的紧度还可以通过半干压光机和多辊压光机的处理,再予提高。

(5) 流浆箱浆料的浓度过高或过低都可能导致层间结合问题。浓度过低导致纸层网面细料的过度流失;而浓度过高,可能导致带入空气,伏辊压榨的不均匀,纸层界面上纤维的活动性小。

第四节 纸板抄造的工艺技术规程

纸板的抄造要受到很多工艺参数的影响,前面已对纸板抄造的质量控制作了详细的说明,本节就某纸业有限公司的四长网多烘缸纸板机的工艺技术规程介绍如下。

一、主要技术参数

(1) 产品品种: 以优质厚纸板为主,兼顾 A 等箱纸板。

(2) 定量: 300～700g/m^2(按 450g/m^2 计算)。

(3) 浆料配比：见表 14－2。

表 14－2　纸板的浆料配比

浆料配比	A等箱纸板		B等箱纸板		浆料配比	A等箱纸板		B等箱纸板	
	浆料名称	定量/(g/m²)	浆料名称	定量/(g/m²)		浆料名称	定量/(g/m²)	浆料名称	定量/(g/m²)
面层	硫酸盐木浆	45～50	AOCC	50～80	底层	AOCC	55～60	AOCC	60～120
衬层	AOCC	55～60	AOCC	60～80	合计		300～420		420～700
芯层	AOCC	145～250	AOCC	250～420					

(4) 净纸宽度：≥3 450mm。
(5) 卷纸纸宽：3 500mm。
(6) 网宽：3 950mm。
(7) 轨距：网部 4 650mm；压榨部 4 950mm；烘干部 4 850mm。
(8) 工作车速：70～160m/min。
(9) 传动车速：180m/min。
(10) 动平衡：300m/min，卷纸辊为 800m/min。
(11) 爬行速度：20m/min。
(12) 理论产量：235t/24h$v=105$m/min，$q=450$[g/cm²·h]。
(13) 公称产量：200t/d ($k_1=22.5$h，$k_2=0.96$，$k_3=0.95$)。
年产量：68 000t/a(按每年 340 天计算)。
(14) 传动方式：全数字矢量型电流变频分部传动，33 个分部，共 902kW。
(15) 外形尺寸：长 128m，宽 11m，换网时 16m。
高：楼面上 7m，楼层高 6m，双层布置。
(16) 排列方式：右手机。
(17) 最重件盲孔压榨辊：ϕ1 350mm×4 000mm　质量 16t。
(18) 吊车建议：三个小车双梁式吊车，主小车吊钩 20t，另 2 只小车吊钩各 10t。

二、主要工艺参数

(一) 上浆浓度

① 面层　0.4%～0.6%　　③ 芯层　0.7%～1.1%
② 衬层　0.45%～0.6%　　④ 底层　0.45%～0.7%

(二) 湿纸幅各段干度

湿纸幅各段干度见表 14－3。

表 14－3　湿纸幅各段干度

分部名称	厚纸板	箱板纸	分部名称	厚纸板	箱板纸
真空伏辊后	≥20%	≥20%	进表面施胶机	—	90%～91%
进前段烘缸	43%～44%	43%～44%	出表面施胶机	—	79%～82%
进半干压光机	65%	65%	卷纸机上	90	91%

（三）各压区线压

各压区线压见表14-4。

表 14-4 各压区线压

压　区	设计线压 /(kN/m)	工作线压 /(kN/m)	压　区	设计线压 /(kN/m)	工作线压 /(kN/m)
第一压区—真空预压	50	40	半干压	80	70
第一压区—双盲孔压榨	200	140	表面施胶	60	50
第二压区—双盲孔压榨	220	120～200			

（四）网、毛毯设计最大张力

网部聚酯网:6kN/m;压榨部毛毯:3kN/m;烘干部干网:3kN/m。

以上实例仅供参考,不同的纸板有不同的工艺技术规程。各厂应根据自己的实际情况和本厂的有关产品,确定自己厂家的工艺技术规程。

作业题

1. 纸和纸板的区别是什么?
2. 生产纸板的浆料有哪些?
3. 纸板的生产有哪些方法?
4. 联系长网造纸机,叙述长叠网纸板机如何抄造纸板?
5. 纸板有哪些重要质量指标?
6. 纸板有哪些特点?
7. 影响纸板质量的因素有哪些?
8. 联系以前所学内容并展开讨论,制定不同纸板机的工艺技术参数。

第十五章　加　工　纸

第一节　概　　述

一、加工纸生产的目的与作用

随着社会经济的发展，人类物质、文化生活水平的提高，以及科学技术发展的需求，人们对纸的品种需求日益多样化，一些由植物纤维制造的纸张由于受原料本身性质的限制，某些性能难以满足需要，尤其在一些有特殊性能需求的领域。因此人们通过不断地探索与研究，用不同的工艺，生产了不同品种的纸。这样，就随之出现了对原纸进行再加工的技术，使之满足不同的需要，进一步发挥纸的特长；或弥补普通纸的不足；或与非纸材料组合，以获得新的机能等。根据所要求的使用特性，以原纸为基材，通过各种方式(化学或物理方法)的再加工所制成的纸种称为加工纸。

进行加工纸生产的工业就是加工纸工业。

对纸或类纸的基材加工的目的一般有如下几个：

(1) 改善纸的表面性能，提高印刷适印性，满足印刷和包装行业的性能需要。例如：以铜版纸为代表的印刷涂料纸和涂料白板纸，就是在原纸或板纸上进行涂布，来提高纸张表面的平滑度和光泽度。

(2) 改变和提高纸的物理化学性能，以达到各种特殊的使用要求。例如：植物羊皮纸、钢纸、照相纸、饮料软包装纸等。

(3) 改善纸张的外观，以达到美观、装饰等目的。例如：蜡光纸、木纹纸、墙壁纸、彩色皱纹纸等。

(4) 赋予纸、类纸的基材一定的外观形状，使之符合各种使用要求。例如：纸管、纸杯、纸袋、工艺纸绳等。

根据需要，对原纸进行种种再加工后，不仅改善了原有的性能，提高了使用价值；而且获得了某些特性，提高了质量。其用途远远超出了纸的传统概念，广泛应用到各个领域，所以，加工纸在整个造纸工业中占的比重越来越大。

二、加工纸的分类及其特性

由于加工纸品种繁多，并且它们的生产涉及到造纸工业与印刷、塑料、电子、化学助剂、包装等工业，它们之间相互渗透，其品种、用途又互相交叉重叠，因此，要对加工纸的全部品种进行系统的分类比较困难，这里只根据加工的方法大体分如下几类。

1. 涂布加工纸

采用涂料(颜料、胶黏剂及其他功能添加剂)对原纸表面进行涂布加工所得的纸类，也称涂料纸。由于采用的涂料和涂布方法不同，加工后成纸的特性也不同。以白色颜料为主的涂料，可提高纸的白度、不透明度、光泽度、改善纸的表面性能，从而提高纸的适印性，主要用于各种印刷纸的加工；以树脂为涂料，可以提高纸的强度，以及耐水、耐油等保护性能，可用于各种包装纸的加工;采用各种特殊涂料,可以给纸以照相显影、记录模写等特性,从而用于各种信息用纸的加工等。因此,涂布加工纸是用途最广泛的纸,涂布加工是最重要的加工方法。

2. 浸渍加工纸

浸渍加工纸是指原纸经树脂、油类、蜡质等浸渍而制得的纸类。

树脂、油类、蜡质、沥青等浸渍吸收,以改变原纸的外观和性质,使之获得耐水、耐油、耐磨等特性,以满足某些特殊的要求。例如:油毡纸、蜡纸、印刷线路板纸、树脂防粘纸等。

3. 变性加工纸

将原纸用化学方法处理,而显著改变了性能的纸类。原纸通过化学处理,使纸页的纤维发生润胀、胶化、降解和改性,其性质有了根本变化,产生许多特殊的性能,以适应各种特殊的要求。例如:植物羊皮纸、钢纸、已酰化纸等。

4. 复合加工纸

复合加工纸是指经过层合和裱糊作业,将纸或纸板与其他薄膜材料贴合起来所制得的纸类。由于纸或纸板与各种薄膜特性的相互补偿,使加工后的成纸既有防水、防油、气密、热封等保护性能,又有足够的强度,因此,可适用于各种物料的包装。如:银箔纸、复塑纸等。

5. 机械加工纸

将原纸进行机械加工,制成各种纸制品,也称为成型加工纸。通过机械加工,可对原纸进行成型、印花、起皱、特殊磨光等,以得到各种形状、改善装饰、手感等各种需要。如:压花纸、皱纹纸、装饰纸、纸杯等。

第二节　涂布加工纸

涂布加工是纸加工中最普遍的一种方法,涂布加工纸的种类和产量也是最多的,用途也是最广的。原纸经过涂布整饰以后,改善了纸页的表面性能,以提高适印性;提高纸页的表面强度及耐水耐油性,给纸以保护性;给纸以照相显影、记录模写、防锈防蚀等特殊性能等,也有以装饰为目的的,可见涂布纸的应用范围相当广泛。形成涂布纸主流的是用于印刷的颜料涂布纸。比如:铜版纸、低定量涂布纸(LWC)、涂布白卡纸等。下面我们以印刷涂料纸(铜版纸)为主来讨论涂布加工纸的生产。

一、印刷涂料纸的特性及生产流程

印刷涂料纸又称铜版纸,是将颜料、胶黏剂以及其他添加剂配合制备成的涂料,通过涂布机施涂于原纸表面,再经过干燥、超级压光,裁切、整饰而制成的。其加工的目的是提高纸的不透明度、白度、改善纸表面的光泽度、平滑度及油墨吸收性,从而提高纸的适印性和印刷效果。所以,涂布纸通过胶版印刷成单色或多色的美术图片、插图、画报、商标及商品的外包装盒等。

(一) 印刷涂料纸的特性

铜版纸根据所要求的印刷适印性,应当具备下述各种特性:

1. 白度

涂料纸的白度直接影响着印刷后印刷品的印刷效果。原因是作为中性基调的白色可排除任何油墨色料受底色调的干扰,即使在黑白印刷时,白色涂面也可赋予很好的反差,增强视觉效果。涂料纸的白度取决于原纸的白度、涂布剂中颜料的白度、胶黏剂的种类、超压加工的程度等。现在,国产铜版纸的白度都在85%以上,个别厂家的白度甚至达到90%以上。此外，纸的色相也是一个重要的性质，纸面可以带蓝、黄、红等色调，这可以根据消费者的爱好进行选择。作为调色用的染料，一般是选用有机的着色染料，如：品蓝、碱性紫、商品专用染料等。

2. 平滑度

纸张的平滑度决定纸印刷后印刷网线的清晰度，平滑度越高印刷后的清晰度就越好，原因是高平滑的纸面可与印刷版面获得良好的接触，使印刷版面上的油墨能全面的转移到纸面上，避免造成印刷品图像上的漏印点或半色调点。平滑度根据产品定量大小有高低之分，一般而言在同等加工整饰条件下，定量越小平滑度越高，涂层越厚平滑度越高。铜版纸的平滑度一般在700～1 500s之间，高的甚至可达到2 000s以上。

铜版纸的平滑度取决于原纸的匀度、涂层的均匀度、涂料的性质及超压整饰的效果。

3. 光泽度

光泽度使纸赋予美观和立体感，印刷前的光泽可以提高纸张的商品价值。一般认为白纸的光泽越高，印刷后的印刷光泽度就越高，印刷品给人们的视觉效果就越鲜艳、越清晰、立体感就越强。铜版纸的白纸光泽度一般≥55%，印刷光泽度≥80%。但是，也有人喜欢没有光泽素净的纸，主要是减轻印品对人们眼睛的刺激，这就是常说的无光泽铜版纸或称亚光铜版纸。

光泽度取决于涂布加工方式、颜料的种类、粒度分布、胶黏剂的种类、涂布量，超压程度等，它同平滑度有一定的对应关系。

4. 油墨吸收性

涂布纸与未涂布纸相比最大的优点就是原纸经过涂布后改进了油墨吸收性。一般认为油墨吸收性包含两个性能：一个是油墨的接收性，另一个就是油墨的吸收性。由于这两个性能相关性比较强，所以，在实际生产中，一般检测控制油墨的吸收性，即K&N值，用K&N值的数值大小来反映纸张油墨吸收性高低。铜版纸的K&N值一般在15%～28%。

油墨吸收性是决定印刷图像文字再现性的主要因素，吸墨性差，油墨的转移则不良，印品就会出现油墨不实，印花现象。

影响涂料纸油墨吸收性的因素很多，如：涂布方式、颜料种类、原纸性能等。但是，关键的还是涂料中胶黏剂的含量，一般认为：涂料中胶黏剂含量越小，涂层的油墨吸收性就越高。

5. 不透明性

指印刷后的不透明性，若纸的不透明度低，纸张印刷后就会出现透印，也就是印刷后的油墨字迹在纸页的背面很容易被看见。透印对涂料纸的品质影响很大，它与纸张的不透明度和油墨渗透性有关。

6. 油墨的干燥性

油墨的干燥性实际上就是油墨印在纸上后干燥速度的快慢。油墨干燥会产生“油墨粘脏”现象，油墨的干燥性决定于油墨的转移量和油墨吸收性。另外，涂层的pH也是一个重要影响因素。一般是中性或微酸性的涂层干燥较慢，微碱性则干燥较快。涂层的pH一般应控制在7.5～8.5之间。

7. 印刷表面强度

印刷表面强度也称为表面拉毛强度，它是指涂层整体或点状在涂刷过程中不从原纸上被沾黏掉或摘拉掉的能力。国家标准印刷表面强度≥1.2m/s。

现在，随着高速先进印刷机的出现，印刷的速度也越来越快，一般印刷机的印刷速度在 8 000～10 000 张/h，高的可达到 12 000 张/h。在这种高速印刷速度下，会给纸张表面带来很大的应力，如果纸张表面强度低，涂层就会被破坏，掉落下来，甚至会造成原纸表面纤维一起脱落。掉落下来的涂层或纤维会和油墨一起粘在胶印版上，造成印刷糊版现象，它将严重影响着印刷品的质量。

胶版印刷时，每印一种颜色就要经过一次药液润湿。这是为了让印刷区域和非印刷区域分开，但因此纸面就会吸收一定的水分。如果涂层的抗水性能差，也会造成涂层脱落。

涂料纸的表面强度取决于原纸的表面强度及涂布层的强度，涂布层的强度与胶黏剂的种类、用量、涂层的抗水性有关。

（二）印刷涂料纸的规格要求

印刷涂料纸按不同的用途分单面涂料纸和双面涂料纸两种。

定量(g/m^2)的范围比较广，一般在 60～250g/m^2 之间，现在常用的有 70、80、90、100、120、128、150、180、200、250g/m^2 等。涂料涂布量一般为每面 10～25g/m^2，目前大多数厂家的涂布量在每面 20g/m^2 左右。

印刷涂料纸分平板纸和卷筒纸两种，平板纸的常用规格尺寸为 787mm×1 092mm，880mm×1 230mm，或根据用户的需要做特殊的规格。现在随着高速轮转印刷机的使用，卷筒纸的用量越来越多，常用的卷筒规格有 787mm、880mm，或根据用户的需要做。

现在，在我国涂料纸质量分为 A、B－Ⅰ、B－Ⅱ、C 四个质量等级，其中 A 等为刮刀两次涂布产品；B－Ⅰ为刮刀一次涂布产品；B－Ⅱ、C 等为气刀一次涂布产品。

（三）印刷涂料纸的生产流程

印刷涂料纸的一般生产流程是：

涂料制备→涂布机涂布→干燥→超级压光→裁切（复卷）→整选→包装→入库

生产的工艺流程图（见图 15－1）。

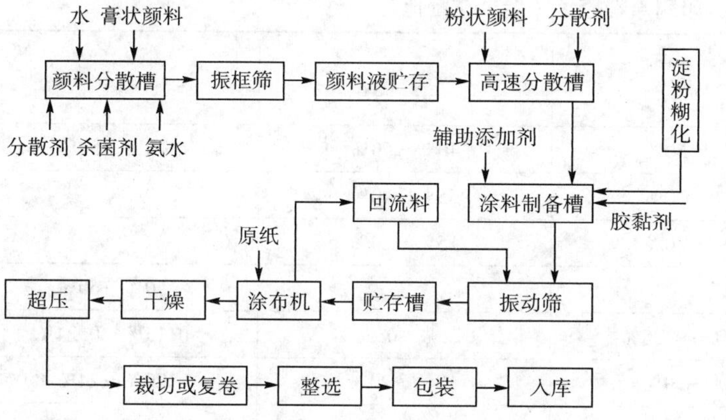

图 15－1　印刷涂料纸生产流程

二、涂料各组成的性质和要求

印刷涂料纸是由原纸及涂在原纸表面的涂层组成，涂层是由颜料、胶黏剂及添加剂组成。若涂料纸按重量来划分，大体的比例是：原纸占 70%、颜料占 25%、胶黏剂占 5%；若按体积分：原纸占 90%、颜料占 9%、胶黏剂占 1%。化学添加剂的加入量很少，在上面的分配比例中可以忽略不计，但是加入的种类很多，对涂料及成品纸的质量影响很大。

涂料纸具体的组成如下：

（一）原纸

1. 原纸的成分

- 印刷涂料纸
  - 原纸
    - 纤维原料
    - 化学助剂
    - 填料
  - 涂层
    - 颜料
    - 胶黏剂
    - 辅助添加剂
      - 增白剂
      - 分散剂
      - 润滑剂
      - 抗水剂
      - 消泡剂
      - 杀菌剂
      - 保水剂

涂布纸的强度取决于原纸的强度，而原纸的强度取决于原纸的浆料。大多数原纸采用漂白硫酸盐木浆或亚硫酸盐木浆生产，漂白磨木浆的用量逐渐增加。在选用长短纤维配比上，一般采用50%～60%长纤维，40%～50%短纤维，或者用15%～20%机械磨木浆代替短纤维。个别厂家生产的低档纸，掺用部分草浆代替木浆，掺入的比例在50%～60%之间。

典型的原纸成分是由基干纤维、填充纤维、填料、施胶剂及其他功能助剂所组成。基干纤维（硫酸盐或亚硫酸盐漂白针叶木浆）提供强度和韧性，填充纤维（漂白阔叶木浆、机械木浆或草类浆）提供弹性和重量，作为涂布的基础。填料提供白度，并增加纸张对涂料的亲和性和接受性。施胶剂能调节纸张对涂料的接受能力及提高纸张的表面强度。

表 15－1　　印刷涂料原纸一般工艺配比

等级 材料	A等	B等	C等
漂白针叶木浆	50%～60%	40%～50%	40%～50%
漂白阔叶木浆	20%～30%	35%～40%	
漂白化机浆	15%～20%	15%～20%	
漂白草浆			50%～60%
AKD(100%)	0.20%～0.25%	0.2%～0.25%	0.15%～0.24%
碳酸钙	18%～20%	18%～20%	20%～24%
阳离子淀粉	1.2%～1.5%	1.2%～1.5%	1.4%～1.6%

2. 原纸的制造方法及对涂布纸性能的影响

（1）浆料的打浆质量。反映浆料打浆质量的两个比较直接的指标就是浆料的打浆度（°SR）和湿重（g），浆料打浆度不仅影响原纸抗张强度，而且影响纸页的紧度和吸收性。一般原纸要进行轻度打浆，以保证纸页具有良好的吸收性能，使涂料中部分胶黏剂可渗入纸页，使涂层和原纸表面有良好结合，同时可使纸页疏松，减轻纸页的卷曲，保证印刷时的弹性。如果打浆度太低，不但降低了纸页的抗张强度，而且还会使原纸及涂布加工后的成品纸挺度降低，并且由于吸收性太大，使涂层中的胶黏剂过度减少，影响涂层强度，在压光印刷时产生掉粉现象。若打浆度太高，不但影响吸收性，还增加了纸页的变形，易产生卷曲和褶子，加工后的尺寸稳定性也不好。浆料的湿重（g），主要是指针叶木浆的打浆湿重，它直接影响原纸的撕裂度，浆料的湿重大，撕裂度就高，涂布加工时就不会在涂布机上断头，便于涂布加工，过高的湿重易使成纸页出现云彩花现象，严重影响原纸的匀度。

一般原纸浆料打浆指标如下：

针叶木浆：30～34°SR　湿重 6.0～8.0g

阔叶木浆：36～38°SR　湿重 1.5～2.5g

草　　浆：32～36°SR　湿重 1.5～2.5g

化 机 浆：28～35°SR　湿重 2.0～2.5g

(2) 原纸的施胶度。施胶的作用是可以调节原纸的吸收性。一般施胶量增大，吸收性降低。为了保证涂布纸的质量及便于涂布加工，涂料原纸以中等施胶为宜。具体指标：划线法：0.5～0.75mm，吸水重量法：吸水值：20～28g/m^2。对于低定量的纸页，可添加一定量的湿强剂来提高纸页的尺寸稳定性，减少卷曲，尤其可提高涂布过程中的强度。

(3) 原纸的加填。原纸加填目的：一是降低成本，二是提高不透明度和白度。但是填料的加入，将降低原纸的强度，故加填量不宜过大，一般为 15%～24%。此外，加填的填料应该有较高的白度和遮蔽力，以提高原纸的白度和不透明度，并要求有较细的粒度，以免涂布时有较大的粒子脱落，造成涂层刮痕，影响涂布质量。

(4) 原纸的均一性和整饰状况。所谓均一性，就是指纸幅横向上的定量、水分、厚度、匀度、平滑度的均一程度。原纸的定量、水分、厚度在横向上不均一时，会造成涂布和干燥不匀，涂布压光时产生褶子，成纸印刷时也会因为变形不一而产生褶子，走纸不畅等问题。平滑度的不均匀，会造成整幅上的涂布量不均匀，影响成纸的印刷效果。

如果原纸的平整性不好，经过涂布压光后纸页仍然不会平整，影响将来的裁切及印刷。原纸过高的平滑度会影响涂层和原纸的结合。因此应加强原纸的湿部整饰，而不要求纸机干部及压光机过高的整饰。

表 15-2　　铜版纸原纸的质量要求及对铜版纸质量的影响

序号	指标	标准	基本要求	对铜版纸质量的影响
1	定量误差/%	±4～6	±3	1. 压光平滑度不均，影响画面层次与光亮度不均匀 2. 纸垛倾斜弯曲不能正常印刷 3. 涂布时易产生褶子，横道，卷取易跑偏 4. 产品平整度差，易产生荷叶边，造成书刊厚度不一，装订困难
2	紧度/(g/cm^3) 不大于	0.82	0.65～0.75	1. 加工时易卷取，影响涂布作业 2. 单面铜版纸易卷取，印刷困难 3. 纸的松厚度差，手感差 4. 凸版印刷弹缩性差，印刷网点不实，不完整
3	裂断长/m (纵横平均)	2 400～2 800	3 000	1. 涂布、压光时易断纸，造成各种材料消耗增加 2. 操作困难，产品质量下降
4	施胶度/mm 不小于	0.5	0.7～0.8	1. 过低易掉粉，纸硬印刷无光泽，油墨粉化不牢 2. 过高涂布易卷曲，易产生气泡点
5	平滑度/s 正反平均	15～13	28～30	1. 纸面粗糙，影响铜版纸平滑度和印刷油墨的吸收一致性 2. 涂层无法填平纸面，造成麻坑印，使外观与印刷质量低劣

续表

序　号	指　标	标　准	基本要求	对铜版纸质量的影响
6	表面粗糙度/μm		25	同上，用此法检查比平滑度更能说明问题
7	白度/%	78～85	80～90	原纸白度应接近铜版纸白度，否则易产生白度不一
8	尘埃度(面积法)/(个/m^2) 0.2～1.5mm >1.5mm 黑色 0.2～1.5mm	48 不许有<4	一般低于标准要求	1. 原则上不允许有尘埃，否则影响印刷品画面 2. 由于涂料涂到纸上的厚度只有 10μm 左右，涂料的遮盖力较差，因此大的尘埃不可能被涂料遮盖 3. 超压以后，使尘埃更加明显地显露出来
9	灰分/% 不大于	12	10～16	1. 在满足强度、表面强度和松厚度的条件下灰分略高也可以 2. 往纸内加填，应防止未分散的填料团粒存在。否则涂料涂上后团粒处粘附不牢，印刷时易产生局部掉粉，这里包括浆中的薄壁细胞，也易产生局部掉粉
10	水分不大于/%	8	6～7	1. 水分低，纸卷表层与空气接触易起拱，影响涂布加工，损纸率增加 2. 易产生涂布卷曲，加工困难影响合格率
11	耐折度/次 60～80g/m^2 110～210g/m^2	6～10 8～15	30 50	耐折度差，印成画报杂志不耐翻，易断裂
12	撕裂度/g(80g/m^2)	45～55	60	撕裂度差时，加工适性不好，涂布、压光易断纸，消耗上升，质量下降，操作困难
13	毛毯印和网印	—	基本看不出	经涂布后不能遮盖，严重影响外观与印刷质量
14	均匀度	—	纤维组织细密均匀	影响外观与加工、印刷质量
15	伸缩(横向)/%	—	2.0	伸缩变大时印刷套色不准，造成次品
16	纸面起毛	—	不允许	纸面纤维起毛。严重影响涂布质量，立毛处涂布因毛细管作用，多量聚集在立毛周围，形成涂布细点，影响产品外观平滑度，使印刷质量低劣；立毛易使刮刀涂布时形成刮痕
17	纸面存在孔洞	—	不允许有	纸面存在孔洞，造成涂布时断纸，刮刀涂布尤其严重，涂料漏到反面与另一层粘接，压光时断纸，严重影响涂布压光操作
18	纸边有破口		不允许有	破口处强度明显低，造成涂布超压时断纸严重

(二) 颜料

1. 颜料的作用

颜料是涂料的主要成分。它的主要作用：①提高纸面的平滑度，改善油墨吸收性，以便于印刷；②增加纸页的白度、不透明度和光泽度；③改进涂布纸的外观。

2. 颜料应具备的特性

颜料对涂布工艺和涂布纸的质量有重大影响，为适应涂布的需要，颜料应具备一定的物理化学性能，主要有以下几点：

(1) 颜料的白度和不透明度要高，即遮蔽能力要强，以提高涂布纸的白度和不透明度。

(2) 颜料粒度适当。一般是粒度减小，可改善白度、不透明度和光泽度。但粒度太小时比表面积增大，使涂料黏度增大、流动性恶化，胶黏剂的需求量也增加。

(3) 颜料粒子形状对涂料有很大影响。粒子形状直接影响着涂料形成涂层时的充填倾向。六角片状的粒子将使涂层有良好的平滑度和光泽度及油墨的吸收性。针状体会使涂料的流动性不好，而球状及片状的流动性较好，另外，球形粒子易使涂层形成多孔状，使油墨吸收性增强。

(4) 颜料要易分散于水，使涂料既有较高的固含量，又有较好的流动性及稳定性。

(5) 要有较好的化学稳定性，与涂料中其他成分要有较好的配合性，胶黏剂用量要少。

(6) 耐磨性要低，否则，将增加对涂布设备及印刷时印版的磨损。

用一种颜料很难满足上述诸性质的要求，一般是将几种颜料混合使用，有效地利用各种颜料的特长。

3. 常用颜料

涂布使用的颜料种类很多，特性各异，需要根据涂布纸质量要求及其价格作出合理的选择。颜料有白色和有色之分，白色颜料占 70%～90%，一般分为两大类，即天然颜料和合成颜料，或无机颜料和有机颜料。白色颜料的分类见表 15-3。

表 15-3　　白色颜料的分类

颜料的种类		颜料名称
无机颜料	天然颜料	瓷土、碳酸钙、滑石粉、二氧化硅等
	半合成颜料	钛白粉、煅烧瓷土、氢氧化铝、氧化锌等
	复合合成颜料	锻白、锌白粉
有机颜料	合成颜料	塑料颜料(聚苯乙烯)

(1) 瓷土。瓷土因最早发现于我国的高岭地区，故又称高岭土或白土，是在纸张涂布中使用最普遍的一种白色颜料，占颜料总消耗量的 80%～90%，一般是和其他颜料混合使用，也可以单独使用。瓷土是一种矿产品，被分为原生矿床和次生矿床。原生高岭土是由像花岗岩之类的结晶岩石蚀变形成而保留在形成地的那种高岭土，如河北邢台产的高岭土；次生高岭土是由于地质的变化从原生地转移并沉积在一起形成的矿层，如广东茂名、湛江产的高岭土。因矿床的不同，地质和风化程度的不同，其组成和性质有较大区别。一般相对密度为 2.57～2.67，折射率 1.56，白度 80%～90%，是似六角形的片状结构。

瓷土是一种弱酸弱碱盐。它的化学组成为：$Al_2O_3 \cdot 2SiO_2 \cdot 2H_2O$。瓷土理想的化学组成为 SiO_2 46.5%，Al_2O_3 33.9%，H_2O 14%，一般混有少量的 Fe_2O_3、TiO_2、MgO、Na_2O、K_2O 等成分。不同的瓷土 SiO_2 和 Al_2O_3 的比率不同，其水悬浮液的 pH 也不同、大概在 5.0～9.0 这一范围。瓷土表面存在着游离的酸根和盐基，具有电化学性质，可以形成水分子形式的水化膜，这使瓷土在水中易于分散。一般说 SiO_2 和 Al_2O_3 的分子数越接近 2:1 瓷土的质量就越好，SiO_2 的含量高意味着没有风化完全；而 Al_2O_3 含量越高，对纸的光泽度和印刷适印性越好；Fe_2O_3、的存在影响瓷土的白度，降低了瓷土的质量；TiO_2、CaO、MgO、K_2O 均属于瓷土中的杂质，其含量越低，瓷土的质量越好。TiO_2 存在使得色泽灰暗。K^+、Na^+ 等电解质增加，造成分散困难，使涂料的流动性差，甚至絮聚成凝胶状。

瓷土的粒度对印刷涂料纸的性能有很大的关系，此处粒度有两个含义：一个是指料的粒径，另一个是指不同粒径的分布。粒径及粒径分布是评价瓷土质量的重要指标，通常用小于 2μm 粒径所占的百分比来评价。瓷土的粒径大小、形态以及分布，影响瓷土的许多物理性质，如光学性质、流变性、纸张的平滑度、光泽度等。一般地说小于 2μm 所占百分数越高，涂布纸的平滑度、白度、光泽度、不透明度越好。但是，太小的粒径含量过大，如 0.1μm 以下的超细颗粒的存在，会大大降低纸的不透明度和白度，并且，颗粒越小，瓷土越难分散，胶黏剂的用量也高；若颗粒过大，涂布时容易形成刮痕，印刷时易从涂层上掉下颗粒状物质形成印刷障碍。所以，一般认为最适当的粒径在 0.5～2μm 之间，小于 2μm 所占的比率在 80%～90%之间。

现在，市售的瓷土一般有两种存在形成，粉状和膏状。粉状瓷土的含水量在 4%左右，是瓷土砂磨后经喷雾干燥而成的，便于贮存和运输，但是价格相对较高；膏状瓷土是砂磨后经压滤而成的，含水量在 50%左右，由于没经过干燥，与粉状瓷土相比，价格相对较低，但是，运输和贮存不方便。

(2) 碳酸钙。碳酸钙在涂布加工中的用量是仅次于瓷土的第二种重要的白色颜料，一般是与瓷土混合使用。碳酸钙也称为白垩、石灰石，根据生产形式不同分为两种：①研磨碳酸钙(重质碳酸钙)是天然石灰石经机械磨制而成，其粒形不规则，形状因子较小，与沉淀碳酸钙相比，有更宽的粒度分布和较低的表面能，因此，有较好的流变特性，做成的涂料黏度低，可以制备高固含量的涂料。研磨碳酸钙胶黏剂用量低，但是遮盖力和平滑度较差。近几年，随着研磨技术的发展和进步，研磨碳酸钙的粒度逐渐降低，使用量也越来越大，可见，研磨碳酸钙是一种有着良好前景和自身特点的颜料。②沉淀碳酸钙(轻质碳酸钙)是将二氧化碳通入石灰乳而制成的，通过控制沉淀条件可以取得均匀的、粒度适当的产品。沉淀碳酸钙一般呈菱状纺锤形结构，折射率 1.65～1.67，相对密度 2.5～2.65，粒径 2～3μm，与研磨碳酸钙相比，沉淀碳酸钙较难分散，做成的涂料流变性差，胶黏剂用量高、涂层的油墨吸收性好，但是，纸的平滑度、光泽度差。沉淀碳酸钙价格便宜，所以，在涂布加工中的用量逐年增加。

(3) 硫酸钡。涂料用硫酸钡有两种：一种是由天然重晶石研磨而成，很少使用；另一种是用钡盐和硫酸盐溶液制得的沉淀硫酸钡，其主要成分是，硫酸钡不少于 97%，氯化物不多于 0.1%，铁质不多于 0.005%，白度不低于 95%。粒度细而匀，约为 0.5～2.0μm，相对密度 4.3～4.5，折射率 1.64，水悬浮液的 pH 为 6.5～7.5，化学稳定性好，能耐酸耐碱，与涂料中其他成分相容性好。胶黏剂用量比瓷土、碳酸钙都少。硫酸钡的特点是白度特别高，能产生很高的整饰度——平滑、柔软、光亮等。但吸墨性能差，遮盖力差，在涂料纸上应用较少。

(4) 缎白。缎白是用消石灰和精制无铁硫酸铝反应生成的硫酸钙铝复盐。一般认为其分子式是：$3CaO \cdot Al_2O_3 \cdot 3CaSO_4 \cdot 31\sim32H_2O$，是平行的纤维状晶体。缎白的优点是在和瓷土一起使用时产生高的光泽度、亮白度、高平滑度，犹如绸缎般的光亮，它对压光反应良好(结晶水在压光时游离，产生湿润作用)，涂层有高的油墨接收性。它的胶黏剂用量约为瓷土的 3 倍，涂料液的黏度也很高，不能制取高固含量的涂料，这使它的应用受到了限制。这种颜料在水悬浮液中难以稳定，需用胶体稳定剂，并且不易和其他颜料一起分散。它含有的结晶水多，使缎白的成分易变化，一般贮存时间不易过长，所以缎白一般没有市售，都是纸厂自己制作。其结晶水需要在较高温度下才能除去，但在急剧干燥下，其结构和性能会变化，并有可能损害原纸强度。

(5) 钛白。钛白的化学成分是二氧化钛，是用化学方法精炼钛铁矿制得的表面粗糙的球形微粒，粒子细小而均匀。钛白的特点是折射率(2.5～2.7)特别高，白度也很高，可达 97%～98%。

钛白粉有锐钛矿型和金红石型两种。纯净的钛白粉具有很高的白度，但极微量的杂质就会引起变色。钛白粉容易失去微量的氧，使钛白粉呈现出一种带褐色或灰色的色调，锐钛矿型尤其突出。钛白粉非常容易吸收紫外线光，特别是金红石型使荧光增白剂的作用急剧减弱，金红石型钛白粉遮盖力明显优于锐钛矿型，价格也高于后者。钛白粉易于分散，流变性好，化学稳定性好，不透明度高，遮盖力高，与很多胶黏剂都有适应性，胶黏剂用量和瓷土相当或稍低。但价格昂贵，主要用于生产高级的或低定量涂布纸。

（6）煅烧瓷土。煅烧瓷土国外也称煅烧黏土，是黏土经热处理制成的。一般有两种牌号：部分煅烧黏土和完全煅烧黏土，前者是在650～670℃下加热处理黏土制成，相对密度为2.4～2.5；后者是经过1 000～1 050℃高温处理制成的，产品的相对密度在2.7左右。完全煅烧黏土稍亮，并且抗磨蚀性稍高，所以可替代部分二氧化钛使用。最近几年，由于煅烧瓷土本身的特性，在涂布加工纸中越来越得到人们的认可，用量也越来越多。我国所用的煅烧瓷土是生产煤炭的副产品——煤矸石，经过高温煅烧，然后粉磨、风选等工序而制成的，它的化学成分基本是：SiO_2：45%、Al_2O_3：38%、烧失量：15%、Fe_2O_3：0.5%、TiO_2：1.0%，其他：0.5%。在涂料配方中加入15%～20%煅烧瓷土，可增加成纸的松厚度，提高不透明度，减轻压光时亮度和不透明度的降低；由于煅烧瓷土的吸油量大，可增加成纸的油墨吸收性，从而改进印刷适印性，所以，煅烧瓷土越来越多地用在低定量涂布纸（LWC）、涂布白板纸、高档铜版纸中。

（7）滑石粉。滑石粉是一种硅酸镁化合物，常以$3Mg \cdot 4SiO_2 \cdot H_2O$表示其组成。白度80%～90%，折射率1.57，相对密度2.6～2.8，纤维状或鳞片状结晶，耐酸碱，不透光性强，具有油滑细腻的感觉，在水中难以润湿和分散，因它的每个层的表面没有裸露着的羟基原子团，所以有很强的疏水性。滑石粉能和其他颜料混合，如瓷土、碳酸氢钙、二氧化钛等，能改善亮度和不透明度，赋予纸张较高的吸墨性及高的光泽度，可减少超级压光机辊子的磨损。但使涂层强度下降，现在滑石粉的用量一般占颜料的5%～10%。

常用颜料的物理性质及主要特性见表15－4。

表15－4　　常用颜料的物理性质及主要特性

项目＼种类	瓷　土	碳酸钙	缎　白	硫酸钡	钛　白
近似组成	$2SiO_2 \cdot Al_2O_3 \cdot 2H_2O$	$CaCO_3$	$3CaO \cdot Al_2O_3 \cdot 3H_2O$	$BaSO_4$	TiO_2
相对密度/(g/cm³)	2.58～2.60	2.5～2.6	1.5	4.3～3.9	3.2～3.9
白度/%	80～95	90～98	97～99	95～98	97～99
粒子形状	六角片状	无定形	针形	无定形	正方晶形
折射率	1.55	1.49～1.66		1.64	2.55～2.70
胶黏剂用量/%（以干酪素%）	12～17	10～30	45～55	10～12	12～15
主要特性	易分散，涂层光泽高，黏度大，黏度易控制，成纸白度高，油墨吸收性好，价格适宜	易分散，黏度低，成低白度高，油墨吸收性好；涂层光泽低，粒度大，制备简单，价格低	不易分散，白度高，显著提高成纸白度和光泽度，具有较高的孔隙度和遮盖力。制造麻烦不宜贮存，黏度高，胶黏剂用量大	白度高，流动性好，胶黏剂用量少，涂料固含量大，纸张油墨吸收性差，易透印，价格较高	易于分散，流变性好，遮盖力好，成纸不透明度高，白度高，但价格昂贵，一般用于高档纸或低定量纸

（三）胶黏剂

1．胶黏剂的作用

在涂布纸原料中，胶黏剂是最重要的组成部分，是决定涂布纸质量的重要物质，对成品纸的质量影响极大，它在涂料中起作用主要如下：①保证颜料与颜料、颜料与原纸间的牢固结合。②作为颜料的介质，具有适当的流动性，从而有利于涂布加工。③作为涂料液的保护剂。④可以调节涂层对印刷油墨的吸收性。

2．胶黏剂应具备的性能

根据涂布工艺和涂层质量，对胶黏剂的性能有如下要求：

（1）对颜料的粘接力要强，以减少胶黏剂的用量，从而避免因胶黏剂用量大所带来的白度、不透明度、吸墨性降低，以及因涂层的塑性降低而使压光效果不好等弊病。

（2）与颜料混合的适应性要好，不损坏颜料的性质；稳定性要好，不使涂料变质；具有适当的流动性，以利于涂布作业，提高涂层匀度。

(3) 要有适当的黏度和成膜性，以防涂料液过分渗入原纸中，影响原纸的加工适应性和涂层质量。

（4）应保证涂层有适当的吸墨性；有适当的塑性以利于压光；颜色要浅，不含杂质，并有利于涂料制备时的操作。

单用一种胶黏剂时，很难满足上述诸要求，一般都使用二种或二种以上胶黏剂。但在混合使用时必须注意各种胶黏剂之间的配合性。

胶黏剂作为颜料的分散体，使颜料成悬浮分散状态，而不会很快沉淀，要控制涂料的流动性、稳定性和保水性、以适应各种涂布形式对涂料黏度的要求。

胶黏剂与颜料的比例，直接决定铜版纸的性能，如：光泽度、吸墨性、平滑度和涂层强度等。

3．胶黏剂的分类

现在胶黏剂的种类很多，一般可分两大类：天然胶黏剂和合成胶黏剂，常用的胶黏剂分类如表 15－5 所示。

表 15－5　　胶黏剂的分类及具备的特性

分类	类别	品名	粘接性	抗水性	光泽性	流动性	稳定性	经济性
天然	蛋白质类	干酪素	好	好	好	较差	较差	差
		豆酪素	好	较好	较好	差	一般	差
胶黏剂	淀粉类	氧化淀粉 醚化淀粉 酶化淀粉 接枝淀粉	较好	较差	较差	好	较好	好
	纤维素类	羧甲基纤维素、 羧乙基纤维素	好	较差	较差	差	较好	一般
合成胶黏剂	PVA 类	聚乙烯醇	好	较好	较好	差	好	差
	胶乳类	羧基丁苯胶乳、 聚丙烯酸胶乳、 苯丙胶乳、 醋酸乙烯胶乳	好	好	好	好	较差	好

4. 常用胶黏剂

（1）淀粉类　淀粉类是使用最早、应用最广泛的纸张涂布胶黏剂，现在它的用量占整个胶黏剂用量的50%以上。淀粉广泛分布于植物的根、茎、果实和种子中，不同种类的植物其淀粉含量不同，现在，常用的原淀粉有：玉米淀粉、木薯淀粉、马铃薯淀粉等。淀粉在植物中有两种形式存在：一种是直链淀粉，一种是支链淀粉，不同的植物两者之间的含量比例不同。直链淀粉和支链淀粉相比，直链淀粉有较强的颜料粘接力，但对颜料的分散作用小，并且在静止时黏度增加太大，会出现凝胶现象，不能制备固含量高的涂料。所以，用作涂料的淀粉，均需要进行变性处理。若对淀粉进行变性，降低黏度，直链淀粉比支链淀粉强度降低较快，因此，要求用直链淀粉含量低的淀粉或在变性前先将直链淀粉提取出来，全部用支链淀粉进行变性处理，这样可取得最经济合理的利用。而且淀粉的种类，蛋白质的含量，粒径的大小，分子排列的紧密程度，都会影响变性淀粉的质量。一般马铃薯淀粉由于粒径大，结构疏松，易于变形，质量较好；其次是玉米淀粉和木薯淀粉。

变性淀粉的方法很多，主要包括：

a. 氧化淀粉：淀粉在氧化剂作用下，分子中的伯醇基被氧化成醛基和羧基，淀粉分子基环的甙键因氧化而发生部分断裂，使淀粉分子聚合度降低。如：次氯酸钠氧化淀粉、过氧化氢氧化淀粉等。氧化淀粉黏度低，粘接强度大，渗透力较好，能制成流动性较好的胶液，因此适用于制备高固含量的涂料，适用于机内涂布，用它制备的涂料，可制白度较高，涂层较柔软，适印性较好的涂布纸。

b. 酯化淀粉：常用的是磷酸酯淀粉，属于阴离子性变性淀粉。淀粉和三聚磷酸钠水溶液混合，经过水解、酯化、干燥等多道工序而制得的具有氨基组分和磷酸酯组分的化学变性淀粉。磷酸酯淀粉透明、稳定、其黏度根据需要可分为多种等级，它具有很高的粘接力，低的胶黏剂迁移性，形成的膜柔韧而有弹性，具有良好的黏度稳定性，良好的分散性，与颜料有良好的相容性。在适宜交联剂作用下，能体现良好的抗水性。酯化淀粉还有醋酸酯淀粉，二丁酸酯淀粉等。

c. 酶化淀粉：用 α-淀粉酶作用于淀粉，使其在淀粉链分子的 α-1.4 苷键处断裂，逐渐将分子链缩短，从而降低淀粉黏度，以适合制备涂料的需要。酶化淀粉制作简单，成本低，但是，黏度波动大，涂布过程中胶黏剂易迁移，易造成成纸质量不稳定。

d. 醚化淀粉：醚化淀粉属于阳离子淀粉，是将淀粉与醚化剂在碱作用下反应制得的。

淀粉做胶黏剂的优点是资源丰富，价格便宜，加工方便，白度高，流动性好，可配制高固含量的涂料，它的黏着强度也比较高。但其抗水性、光泽性要比合成胶黏剂差，胶体的稳定性也较差，若将淀粉和胶乳混合使用，可取得满意的效果，可制得固含量高，流动性好，印刷性能好的涂料；同时，使其抗水性能也得到很大的改善，淀粉和胶乳的比例为1:1～1:2.5。

（2）合成树脂胶乳　合成胶乳是近十几年来石油化工技术的不断创新而出现的一种现在应用量最多的胶黏剂。随着涂布机车速的不断加快，涂料的固含量也越来越高，适应做高固含量涂料的合成胶黏剂用量不断增加。与其他胶黏剂相比，合成树脂胶乳具有以下优点：

流动性好，可调制成高浓度的涂料，黏接力强，耐水性好，可提高涂布纸的干湿强度，减小纸的变形性；具有热可塑性，可提高涂层的压光效果，获得高光泽度的涂布纸；涂布后的纸柔软性好，可提高成纸的适印性等。

现在,用作涂料胶黏剂的合成树脂胶乳常用的有羧基丁苯胶乳、聚丙烯酸胶乳和聚醋酸乙烯胶乳等。

a. 羧基丁苯胶乳：由于二烯和苯乙烯及第三单体共聚酸聚合而成。丁二烯和苯乙烯的比例根据使用要求不同而异,常用的有丁二烯/苯乙烯为30/70,40/60,50/50胶乳。随着苯乙烯比例的增大,使胶乳的橡胶性质逐渐减少,而塑料性质逐渐增大,所成膜的强度,光泽度,抗湿性,防粘性,脆性都逐渐增强,而弹性逐渐降低。一般以丁二烯40%,苯乙烯60%的羧基丁苯40/60胶乳用作涂料纸的胶黏剂比较合适。羧基丁苯胶乳具有非常细的颗粒,机械稳定性、抗水性良好,与其他胶黏剂能很好的混合,价格适宜,它可以使成纸印刷适印性和拉毛强度得到提高,增进涂层的柔韧性、抗水性及油墨吸收性和光泽度,黏度低,可制备高固含量涂料。

b. 聚丙烯酸胶乳：由丙烯酸乳液在引发剂的作用下聚合而成。这种胶乳最大的优点是优异的剪切稳定性,没有残余的气味,具有高的抗发黄和抗热能力,能在纸面涂层上形成良好的薄膜,成纸的光泽度优于丁苯胶乳。但是,由于丙烯酸胶乳能使涂层产生硬化,因此涂布干燥时要严格掌握干燥温度。

c. 聚醋酸乙烯酯胶乳：由醋酸乙烯酯聚合而成。其优点是光泽度高,用量少,黏接力强,白度高。在用作矿物颜料涂布的胶黏剂时,能制得柔软的涂布纸张,但是,由于存在成本高,易产生泡沫和设备刷洗困难等,使其应用受到限制。

三种胶乳优缺点及应用范围归纳如表15-6所示。

表15-6　　三种合成胶优缺点及应用范围

类　型	优　点	缺　点	应用范围
羧基丁苯胶乳	黏接力强、光泽度、抗水性良好	有残留气味、在光热作用下易变黄、刚性大	杂志纸
聚丙烯酸类胶乳	纸页手感好,残留气味小,在光热作用下不易变黄,光泽良好,孔隙度高,抗水性好	黏度低、刚性小	美术和标签纸、纸板
聚醋酸乙烯类胶乳	孔隙度高,黏接力好,残留气味小,在光、热作用下不易变黄,刚性大	黏接力低,光泽度差,抗水性差	快干纸,纸板

(四) 添加剂

除了颜料和胶黏剂外,在涂料制备时还需要添加一些其他的功能性助剂,用来改善涂料液或涂层的性能,以满足对某些特性的要求,它们包括分散剂、抗水剂、润滑剂、消泡剂、保水剂、杀菌剂等。

1. 分散剂

分散剂的种类比较多,一般可分为两大类:有机分散剂,如聚丙烯酸盐或聚甲基丙烯酸盐等,常用的有机分散剂是聚丙烯酸钠,它的用量一般是0.1%~1.0%(折干后对颜料);无机分散剂,如多磷酸盐,常用的是六偏磷酸钠,它的用量一般在0.4%~2.0%(折干后对颜料)。由于每一种分散剂对不同的颜料分散效果不一样,所以,在涂料制备中,往往使用两种或两种以上的分散剂,以达到最佳的分散效果。

分散剂的主要作用是防止颜料凝聚和沉降,提高涂料的流动性及颜料与胶黏剂的混合性,以达到在同等条件下,涂料的黏度最低。

分散剂的分散机理:颜料粒子呈正电荷,分散剂电离后呈阴离子性,故阴离子极易被吸附到颜料粒子的表面,并且在颜料粒子的表面形成有序的双电层,由于同性电荷相互排斥,从而使颜料粒子之间不得相互靠近,彼此不能接触,而避免了絮凝。

分散剂作用机理如图 15-2 所示。

2. 抗水剂

抗水剂也称耐水剂,其作用是提高涂层对水的抵抗性,或说是耐水性。纸张的耐水性是通过检测纸张的耐湿摩擦性这一指标具体反映出来。纸张用途不同,对涂层的耐水性要求也不同,使用抗水剂的品种是由所使用的胶黏剂的性质所决定。

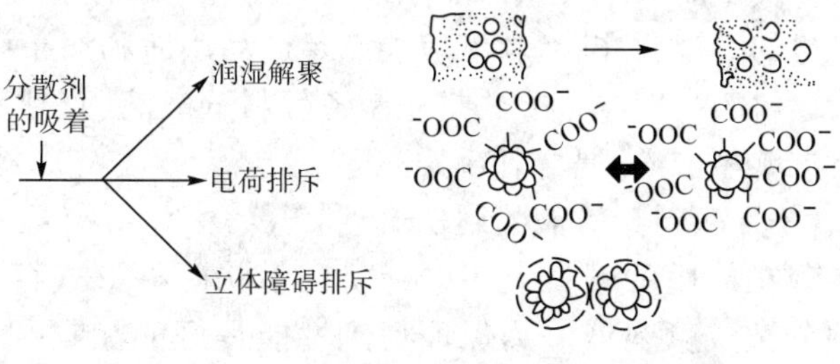

图 15-2 分散剂作用机理

抗水剂按其作用原理可分为以下几类:①交联反应型:甲醛、乙二醛、三聚氰胺、甲醛树脂等。②不溶化反应型:Zn,Al,Fe 等二、三价金属盐,硫酸锆酰胺等。③憎水作用型:石蜡乳液、金属皂等。④耐水性物质:丁苯胶乳,丙烯酸胶乳等合成胶乳。

现在,常用的三聚氰胺甲醛树脂、脲醛树脂等热硬化树脂,可作为淀粉胶黏剂的抗水剂,用量为淀粉的 5% ~15%(有增黏作用,不宜多用)。二、三价金属盐及常用的硫酸锆酰胺 [$(NH_4)_2ZrO(SO_4)_2$](AZC)与淀粉的羟基反应,使亲水的羟基被遮盖,从而提高了淀粉的抗水性。

由于甲醛对人体及环境都有伤害,所以含醛抗水剂应用越来越少,而各种低醛或无醛抗水剂越来越受到重视。

3. 润滑剂

在涂料中加入润滑剂的目的:一是增加涂层的可塑性,以提高压光后涂布纸的光泽度、平滑度和适印性;二是降低涂料的黏性及表面张力,从而提高涂层的匀度;三是减少涂布纸在超级压光时纸面的掉粉现象等。常用的润滑剂有硬脂酸钙、钠、铵等皂类,其用量一般为颜料量的 0.5%~2%。也可以用磺化蓖麻油、硬脂酸、石蜡乳等,其用量为 1%~2%。

应当注意的是,不论用哪种润滑剂,都不能添加过多,否则会使涂料液的黏度异常增高,降低油墨的吸收性,造成成纸的印刷适印性恶化。

4. 消泡剂

在涂料的制备及涂布加工过程中,由于搅拌等机械作用和某些成分的化学分解,涂料中会混入或产生气体而形成泡沫。这种泡沫不仅影响涂料的性质,给操作带来困难,而且会使涂层产生针眼、麻点等纸病。因此,为消除泡沫,一般需要在涂料制备过程中加入消泡剂(或抑泡剂)。常用的消泡剂有松节油、硅酮、辛醇、磷酸三丁酯、聚乙二醇与脂肪酸的混合物等。其用量应根据涂料的泡沫情况而定,一般不能加入过量,因为,一方面大多数消泡剂有异味,而造成成品纸有异味;另一方面由于其水溶性不好,会在涂料中形成不溶解沉积物而影响涂布;第三,消泡剂的价格都比较贵。在涂料的制备过程中,应尽量减少涂料的机械翻动,减少泡沫的形成。由于细菌的繁殖,涂料腐败也是形成泡沫的一大原因。

除了上述助剂外,在涂料制备过程中还可加入其他助剂。如:为了提高涂料的黏度与保水性,防止涂布过程中胶黏剂的迁移,可以加入羧甲基纤维素盐、藻朊酸钠等作为保水剂;为了防止涂料腐败,可加入硫、卤、汞等有机化合物,苯酚化合物,异噻唑啉酮等杀菌剂;对于高黏度涂料,可加尿素、双腈胺、脂肪酸酯等降低黏度,作为减黏剂,加入氨水、NaOH 水溶液来调节涂料的 pH;还可以加入增白剂,来提高涂层的白度。

三、涂料的制备

印刷涂料纸所用的涂料是水溶性的,是由颜料、胶黏剂、少量的功能添加剂和水组成的悬浮液。决定涂布纸质量的除原纸外就是涂料。涂料的制备方法和涂料中各种成分的配方是涂料质量的关键所在,涂料液应能满足产品用途和涂布设备特征的要求。

涂料的一般制备方法是先制备颜料分散液、胶黏剂溶解液,然后在涂料混合槽内根据配方的要求顺序加入,混合制成。

(一) 颜料分散液的制备

现在使用的颜料大多以膏状和粉状两种形式存在,要用这些颜料制备涂料必须先把它们预分散成颜料液。为保证得到性能良好的涂料和生产满意的涂布纸,使颜料得到充分的分散是十分重要的。分散颜料有多种方法,无论哪种方法均涉及到添加化学分散剂和选用能提供足够能量输入以破坏任何存在于干状颜料中的粒子群的混合设备。颜料粒子群是由颜料生产过程中的脱水絮聚作用或后期微量水蒸发时沉淀的残留盐类的胶结作用形成的。

颜料分散的基本目的是使流体介质(主要是水)和颜料充分混合,使每个颜料粒子变成在稳定环境里为水包围的分散单体,既不凝聚,也不沉淀。通过分散,获得最高颜料体积浓度(即分散体中,流体介质和空隙体积保持最小);配制流变性良好的涂料混合物;降低胶黏剂的用量;使颜料粒子在涂层表面有良好的定向性能。

颜料在水中的分散一般分为三个阶段:首先是润湿,这时颜料与空气的界面要由颜料与水的界面来形成;第二是颜料粒子束的破束,这时,绝大多数凝絮体被碎为原级粒子或细小的聚积体;第三是稳定已形成的分散体,防止絮聚的发生。

颜料的分散包括解聚作用和反凝聚作用,因此,颜料的分散包括机械作用和物理化学作用。

机械作用:在聚集体上加上一个大于粒子结合的力,这种力的取得需通过系统中高的剪切力和剪切速度。

物理化学作用:已被细分的颜料粒子趋向于集结,为了避免这种再凝结行为,在分散体加入分散剂来完成。

典型的颜料分散液的制备流程,见图 15-3。

一般颜料分散液的配比:

水:	适量	粉状 $CaCO_3$:	20%
膏状瓷土:	50%	分散剂:	2.2%
粉状瓷土:	30%	杀菌剂:	适量

(二) 胶黏剂水溶液的制备

胶黏剂水溶液的制备与颜料分散液的制备不同。合成胶乳买来后便能配料。水溶胶黏剂到纸厂后需要进行加工(溶解),下面只叙述几种常用胶黏剂的制备方法。

1．淀粉的溶解

买来的胶黏剂淀粉大都是含水量在10%以下的粉末状,不能直接用来配料,需要在热水中糊化,润涨成淀粉液,具体操作方法如下:

在熬胶锅内加入一定量的水,然后开动搅拌器,将淀粉缓缓加入,浓度为20%～25%,搅拌均匀无块状后,通入蒸汽加热至90～95℃,在不断搅拌下保温25～30min,充分将淀粉糊化,然后降温至55～65℃后备用。

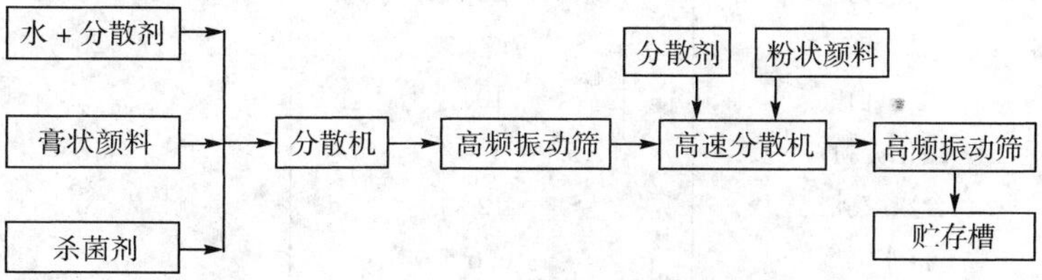

图 15－3　典型的颜料分散液制备流程

2．聚乙烯醇的溶解

聚乙烯醇,也称PVA,呈结晶粒状。溶解方法:根据工艺要求的浓度(一般浓度为4%～6%)将所需冷水放入溶解槽内,开动搅拌器,将聚乙烯醇均匀加入冷水中,搅拌5～10min后,通入蒸汽加热升温到70～80℃,直至完全溶解为止。

(三) 涂料的配置

涂料的制备最根本的就是使颜料、胶黏剂及其他添加剂均匀地分散,混合。涂料制备既是一个物理混合过程,也存在化学反应过程。

涂料的制备过程就是严格按配方要求的数量及加入顺序,将已分散好的颜料和溶解好的胶黏剂及其他各种添加剂,逐一加入到混合槽内,充分搅拌,使其混合均匀,制得符合工艺要求的涂料。涂料混合槽内的搅拌转速一般分成二级,有高速和低速之分。先将颜料液、淀粉液、抗水剂混合在一起,开动高速搅拌,这三种药品加入时,之间要间隔10～15min,使它们充分混合。由于合成胶乳类胶黏剂机械稳定性差,在高剪切下易分解絮聚,所以在加胶乳之前,先将搅拌器转速切换至低转速,然后分别加入胶乳和其他添加剂。

涂料制备过程中各种原料的加入顺序是: 颜料液→淀粉液→抗水剂→增加剂→杀菌剂→合成胶乳→润滑剂→消泡剂→pH调节剂(氨水)

涂料制备的工艺流程,见图15－4。

涂料的组分是相当复杂的。按重量分:一般颜料占75%～90%,胶黏剂占10%～25%,还有多种适量的辅助添加剂。总固含量为30%～70%。50%以下称为低浓涂料,50%以上称为高浓涂料。

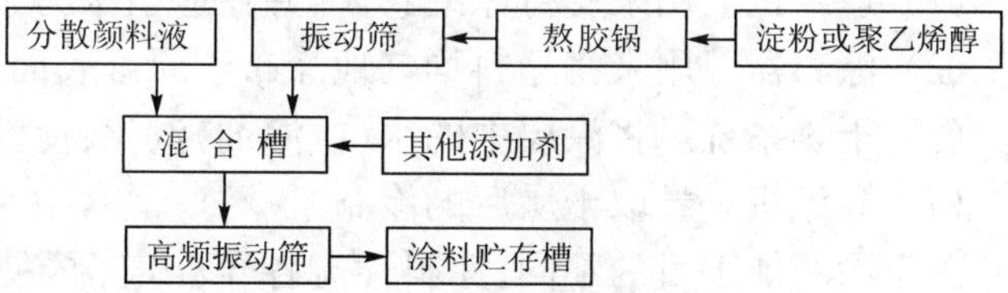

图 15－4　涂料制备工艺流程

物料的类型和用量是根据产品的质量、涂布设备的要求以及经济性来进行全面衡量的。选择胶黏剂和颜料的成分是一项相当复杂的任务。涂料中每一种成分的相互关系以及它们对运转适性和成纸的质量都有十分重要的影响。

涂料配比实例见表15－7。

表 15-7　　　　　　　　　　**颜料配比实例**

涂布方式 / 比例 / 成分	刮刀涂布配比	气刀涂布配比	辊式涂布配比
瓷　土	70(份)	70(份)	70(份)
碳酸钙	20	10	10
硫酸钡		20	
缎　白	10		
酯化淀粉	6	10	5
合成胶乳	12	10	15
抗水剂	0.6	1.0	0.5
润滑剂	1.0	1.0	1.0
消泡剂	0.3	0.3	0.3
增白剂	适量	适量	适量
氢氧化钠	适量	适量	适量
总固含量	58%～65%	36%～38%	36%～40%
每面涂布量	18～24g/m^2	20g/m^2	6～8g/m^2

四、涂布设备

涂布就是在涂布机上将涂料均匀地涂于纸面的操作,涂布量和均匀度是直接影响涂布质量的两个重要因素。涂布量是指涂在纸面上的涂料的量,它取决于纸幅的吸收力,涂料黏度、固含量、涂料温度、涂布速度和涂布设备的工料装置等因素。均匀度是指涂料在纸面上的匀整平滑的程度,它与涂料黏度和流动特性、纸幅吸水力和涂料保水度之间的平衡、涂布量、涂布装置等因素有关。

(一) 涂布机

涂布机依其装设位置的不同分为机内(纸机)涂布机和机外(专机)涂布机。前者的涂布加工设备一般装设在造纸机烘干部之后或压光机与卷纸机之间,比较适宜于单品种生产。机外涂布机是独立设置的涂布加工设备,其灵活性大,容易适应涂料、涂布量的变化。目前,机外涂布机使用较多,通常由以下几个部分组成。

(1) 退纸机。用来支持原纸卷筒,并在适当张力条件下连续将纸幅供给涂布器。

(2) 涂布器。用来将涂料均匀地涂布于原纸表面上。

(3) 干燥系统。将涂层中的水(或溶剂)汽化,使已涂了涂料的纸幅有控制地均匀干燥。

(4) 卷纸机。卷取干燥后的涂布纸。

由于涂布加工目的不同,涂料性能各异,出现了许多不同结构的涂布机,目前主要的涂布设备是:气刀式涂布机,辊式涂布机,刮刀式涂布机。

(二) 涂布器

涂料的施涂是由涂布器来完成的,可以认为是由施涂、计量和展平组成的三段过程,这里重点介绍涂布器。

1. 气刀涂布器

基本结构如图 15-5 所示。它的工作原理是由涂布辊将过量的涂料涂布于原纸表面上,然后纸辊穿过涂布衬辊与气刀之间时由气刀喷嘴喷出与纸幅成一定角度的气流将过量的涂料吹除,从而达到所需要的涂布量,并使涂层平滑均匀。

气刀涂布器涂布是非接触涂布。制造、操作、维修简单方便,涂布的适应范围大。由于气刀涂布过程从上料到干燥结束为止均不直接接触涂布面,因此不易产生刮刀和辊式涂布带来的诸多纸病。

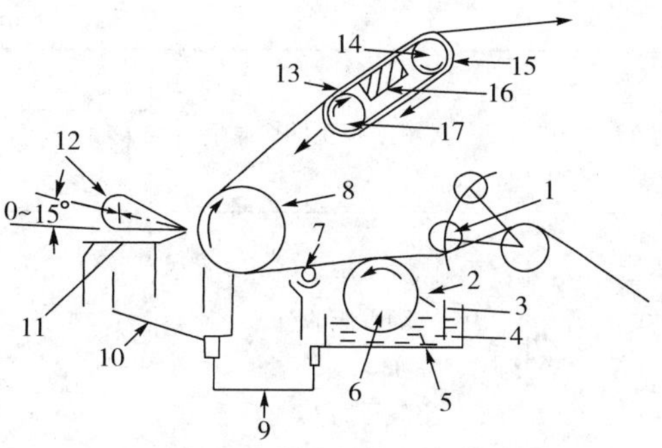

图 15-5 气刀涂布机头示意图

1—压纸辊 2—顺转计量刮刀 3—泡沫堰板 4—进料区 5—涂料 6—带料辊 7—匀料辊 8—涂布衬辊 9—回料口 10—料气分离器 11—定流板 12—气刀 13—吸风传送带 14—胶带转动辊 15—打孔胶带 16—吸气箱 17—胶带张紧辊

气刀涂布器的涂布量取决于气刀风压及其相对纸幅的位置、车速和涂料的固含量及黏度等。涂布辊涂到纸幅上的涂料应保持最低限度,一般要求为涂布量的1.5倍以下。

涂布时要根据涂料的性能、干燥温度,做到车速稳定,保证涂布质量。车速要根据实际情况,稳定掌握好风压、刀距、刀纸距、下偏刀角度及烘干温度等,调整好后不要多变。一般车速在70~90m/min,风压为7~15kPa,缝宽为0.4~1.0mm,刀纸距为8~10mm,刀角度3°~5°。

2. 辊式涂布器

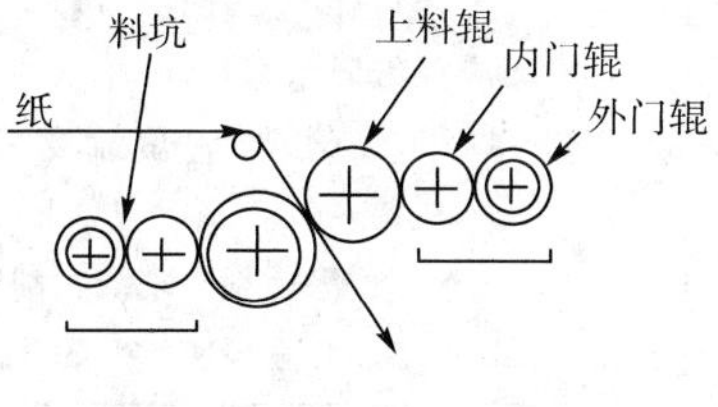

图 15-6 门辊涂布机构示意图

这里介绍常用的门辊涂布机,如图15-6所示。

门辊涂布机是应用较普遍的辊式涂布器。它主要由6只辊筒组成,上、下各3只辊。分别为:涂布辊、内门辊、外门辊。涂料经由内、外门辊的压区,然后由内门辊传递给涂布辊,纸页在上、下涂布辊间通过时,涂布辊面上形成的一定量的涂料膜就转移到纸幅上完成涂布。

门辊涂布主要用来生产低定量涂布纸,每面的涂布量在5~12g/m^2,涂料的固含量在38%~45%之间。门辊涂布的涂布量大小,可通过改变固含量、压区压力和门辊速度来加以控制,即当增大涂料固含量时涂布量显著增加,而当增大压区压力时,涂布量则减少,当降低门辊速度时涂布量也减少。

3. 刮刀涂布器

刮刀涂布器的刮刀种类很多,一般有软刃刮刀和硬刃刮刀之分。它的工作原理是让原纸通过喷料器或上料辊,供料唇板提供涂料,随后靠刮刀计量,使其平滑。

刮刀涂布器涂布纸面,能将原纸的凹洼填平,通过超级压光后可得到优良的平滑度。它的涂布面的平整性要比其他涂布方式好。

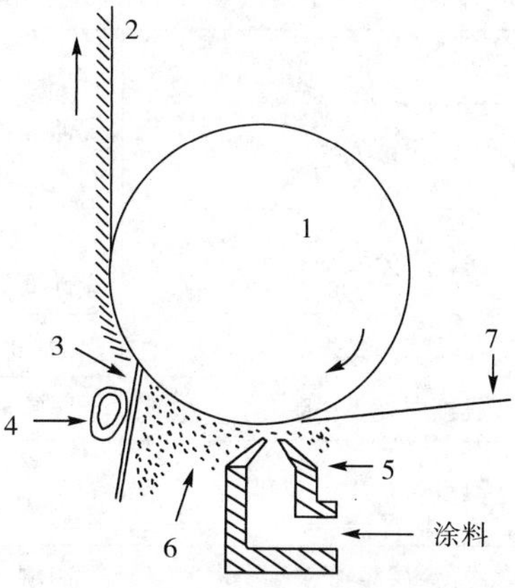

图 15-7 喷泉式刮刀涂布机示意图

1—背辊 2—涂后纸 3—刮刀 4—负荷管 5—喷泉给料器 6—涂料 7—原纸

涂布量一般取决于:①原纸的表面平滑度、松厚度、吸水性;②涂料的黏度、浓度、保水性等;③涂布速度、刮刀角度及压力、刮刀刃的形状等。

图15-7所示是常用的喷泉式刮刀涂布器示意图。

三种涂布器特性比较于表 15－8 中。

表 15－8 **涂布器特性比较**

涂布器	决定涂布量的因素	运转条件				备注
		最高车速/(m/min)	涂布量/(g/m^2)	涂料浓度/%	涂料黏度/(mPa·s)	
气刀式	1. 纸面的吸收性 2. 涂布车速 3. 空气压力及气刀角度 4. 涂料固含量及黏度	600	10～35	20～43	50～500	1. 表面状态和涂层自身匀度好 2. 气刀吹落的涂料粒粗、质杂有泡沫，需再处理 3. 注意气刀位置、角度、风压、开口，风口不能有杂物，以防涂层出条纹
辊式	1. 辊间压力 2. 辊子硬度 3. 辊间相对速度 4. 涂料固含量及黏度 5. 原纸吸收性和粗糙度	600	6～20	50～60	1 000～2 000	1. 涂布量不易调节 2. 涂料膜随纸页脱离辊面而破裂时易产生脉络纹，辊子直径、硬度、线压，表面差、涂料黏度、保水性等都对此有影响
刮刀式	1. 刮刀的弹性、长度、厚度及刮刀角度 2. 车速 3. 涂料固含量及黏度 4. 原纸粗糙度和吸收性	1 000	5～25	54～64	1 000～4 000	1. 涂层表面平滑性好，成品纸质量好 2. 刮刀寿命短，需经常停机更换 3. 涂层易出现线状刮痕 4. 对涂料质量要求严格

涂布质量的好坏与产品质量的关系见表 15－9。

表 15－9 **涂布质量对产品质量的影响**

涂布质量	对产品质量的主要影响
涂布量太低	使成纸的涂层遮盖力下降；原纸易露底；平滑度、白度、不透明度下降；影响印刷适应性；使成品纸的定量波动大
涂后水分波动大	水分太高，在压光时，纸面发黑，不透明度下降，厚度下降，紧度提高，印刷适应性降低；水分太低时，平滑度、光泽度下降
涂层强度差	印刷时产生掉毛掉粉容易糊版
成纸白度不一致	影响成品纸的质量档次；易使杂志或画册出现“黑白层”
横幅定量误差大	压光时平滑度不一致，影响画面的光亮；单面厚薄还会产生喇叭卷筒，切成平张后纸垛倾斜，不能正常印刷
涂层粗糙	影响产品外观平整性和油墨吸收的一致性，使印刷品质低劣
纸张有扭筋、褶子、浆块、油污、尘埃	压光时易断纸，损坏纸粕辊，损坏印刷版，印刷时影响画面套印，大的尘埃影响印刷品画面

多数涂布纸还要经过超级压光，可采用 10 辊或 12 辊的超级压光机，也有的采用软压光，

影响压光的主要因素是涂层的水分和涂料的成分。经超压后纸面有高的平滑度和光泽度,也就完成了加工全部过程,再经切纸、整选、成件而出厂。

第三节　特种加工纸

特种加工纸是加工纸的一部分。它主要是利用特殊的涂料和特殊的加工方法,使加工纸具有特殊的用途。

一、无碳复写纸

无碳复写纸又名压敏记录纸,它是一种隐色复写纸,具有直接复写,直接显色的功效。自20世纪50年代发明以来,经过几十年的改进,被广泛用于各种多联的表格,票据,计算机终端用纸,办公自动化和产业信息常用的连续账票或一般业务账票用纸。无碳复写纸具有如下特点:

①复写时免垫“拓蓝纸”可以直接书写,极大地提高工作效率,更适合电报,电脑列表机的多份复印之用。②副本字迹清晰、鲜明、不退色,能防止涂改、伪造。③不污染手指、衣物和其他文具纸张,保持清洁干净。④具有各种颜色,易于识别处理。⑤纸质优良,表面平滑顺畅,印刷加工容易。⑥不含有害原料及异味,安全可靠,显色后图文可长时间保存。

无碳复写纸生产工艺流程见图15-8。

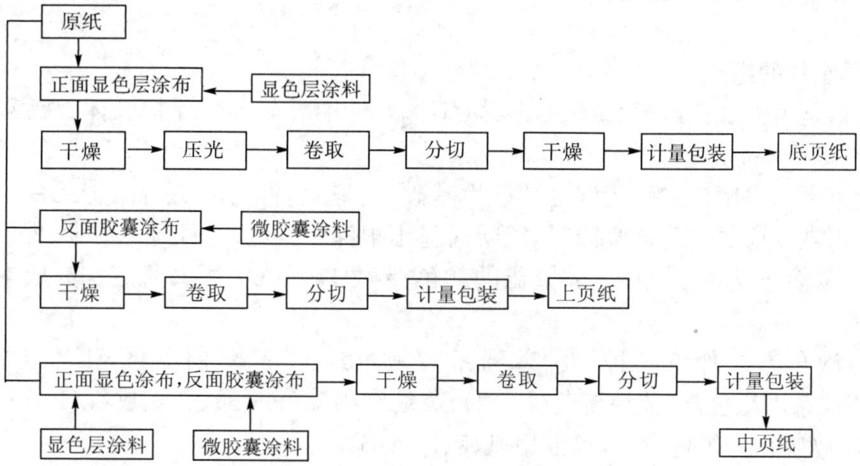

图 15-8　无碳复写纸生产工艺流程

(一)无碳复写纸的组成及制备

无碳复写纸由无碳复写原纸和涂料组成,其涂料尽管与其他颜料涂布纸所用涂料及其制备有共性,但也具有许多不同特点。对涂料组成来说,无碳复写纸至少需要两种不同的涂料,即显色层涂料和微胶囊涂料。就制备方法来说,微胶囊涂料需要特殊的配方和制备工艺,而显色层涂料可以是溶剂型的,也可是水溶性的,其制备方法与其他涂料基本相同。

1. 原纸

无碳复写原纸在质量和定量方面比其他涂布纸原纸有更严格的要求，它应该是由漂白木浆制造。个别成品纸因用途不同，为了降低成本，可以添加部分漂白机械木浆，原纸应该白度好，色泽鲜艳，表面光洁。

对原纸的基本要求：①有一定的柔软性和挺度，以利于复写。②能对显色层和微胶囊起良好的隔离作用。③有较好的平滑度和光泽度。④干湿强度好，湿变形性小。⑤不应有深色的尘埃和凸出的杂质。⑥原纸 pH 应接近中性。⑦价格低廉。

2. 显色层涂料组成

显色层涂料是由显色剂，胶黏剂和其他助剂组成，它有水溶性涂料和有机溶剂性涂料之分。其中水溶性涂料制备简单，成本低，故应用较多。

(1) 显色剂。无碳复写纸微胶囊涂层中的力敏色素，自身是无色的，当它与某些物质相接触时，就发生颜色反应而显现出颜色，这些能使力敏色素显色的物质统称为显色剂。

常用的显色剂种类有：

硅酸盐：活性白土、蒙托石、膨润土，酸性黏土，高岭土，阿土等。

无机盐：$ZnCl_2$、TiO_2、$CaSO_4$、$Al_2(SO_4)_3$、$AlCl_3$ 等。

有机物：酚醛树脂，水杨酸，烷基酚等。

(2) 胶黏剂及其他助剂。显色层涂料中加入胶黏剂的目的是使显色剂与原纸之间结合良好，增强其层间的结合强度，防止脱层和掉粉。使用的种类有天然胶黏剂和合成胶黏剂，一般是混合使用。其它助剂，如消泡剂，防腐剂等所起作用同颜料涂布纸一样。

(3) 显色层涂料的典型配方。活性白土:20 份;酚醛树脂:5 份;氧化锌:3 份;水溶性胶:适量;水:适量

3. 微胶囊涂料的组成

微胶囊涂料是由力敏色素、力敏色素载体(不挥发性油乳化剂)，保护胶体，液膜硬化剂等组成。

(1) 力敏色素。力敏色素是无碳复写产生基础，它应具备的如下条件:①无色，在空气中极为稳定；②当被相应的显色剂吸附时，能瞬时显出很深的颜色，并且显色清晰，保留时间长；③完全不升华，易溶于某种溶剂中；④显出的颜色能耐日晒，既牢固又稳定；⑤ 成本较低，能大批量生产。

常用的力敏色素有如下几种：①苯酚系力敏色素:结晶紫内酯(CVL)、孔雀绿内酯(MGL)。②荧烷系力敏色素:荧烷橙黄(F-2)、荧烷红内酯(F-3)、荧烷桃红(F-4)、荧烷黑(F-10)。③吩噻嗪系力敏色素:苯酰亚甲基蓝(BLMB)。

为了保证着色后的颜色鲜艳，清晰，牢固，一般由多种力敏色素混合使用。

如：显黑色色素的典型配方：

荧烷橙黄:	0.9g	N-无色苯基金胺:	0.4g
苯酰亚甲基蓝:	0.6g	结晶紫内酯:	0.8g
孔雀绿内酯:	0.5g	3,6-二乙基荧烷:	1.2g

(2) 力敏色素的载体——不挥发性油。固状的力敏色素是无法与显色剂反应，并吸附在显色剂上的，需要把力敏色素溶解成溶液，才能使其进行转移，而与显色剂接触，这些溶解力敏色素的溶剂就是载体。常用的有：

各种植物油：蓖麻油、棉籽油、花生油等。

各种石蜡油：氯化石蜡、三氯苯、萘化石蜡等。

(3) 乳化分散剂。力敏色素与不挥发油配制成溶液后，必须使其乳化，在油滴的周围形成一层或两三层稳定的液膜，从而构成微胶囊。

常用的乳化剂有：高黏度的聚乙烯醇，聚氧乙烯，焦磷酸钠，明胶，CMC等。

(4) 保护胶体及液膜硬化剂。常用的有白蛋白，酪蛋白酸钠，甲醛等。

微胶囊的制备：微胶囊的制备方法是无碳复写原纸的核心技术，在很大程度上左右着成品纸质量。常用的方法有：复合凝聚法、界面缩聚法、原位聚合法。

(二) 无碳复写纸的涂布及涂布设备

1. 底页纸(CF)涂布及涂布设备

底页纸涂布的涂料多为水性显色层涂料，其黏度较低，故多用气刀或辊式涂布机涂布，涂布量一般在5～10g/m^2，涂料后的纸页可用热风干燥系统进行干燥。

2. 上页纸(CB)和中页纸(CFB)涂布及涂布设备

上页纸和中页纸均有一面是涂布了微胶囊涂料，其中中页纸是两面涂布的纸，其程序是：先涂显色层涂料，待其干燥压光后再在纸的反面涂刷微胶囊涂料，在涂布微胶囊之后的过程中，不准许外界对其产生冲压作用及压力干扰。微胶囊涂料的涂布采用气刀涂布方式。

二、植物羊皮纸

植物羊皮纸属于变性加工纸，是将植物纤维用硫酸处理而改变原纸性质的加工纸，也称为硫酸纸，经硫酸处理后，纸页气孔显著减少，不透气性增强，并有不透油性、半透明性、难燃性及弹性等。硫酸纸可用作描图纸、书皮纸、防潮包装纸、电报打孔纸等。由于硫酸的杀菌作用，它还可以广泛地应用于食品包装。

植物羊皮纸的生产流程见图15－9。

(一) 原纸

羊皮纸的加工程序如何，首先取决于原纸本身的性质。原纸应具备的最重要条件是要有

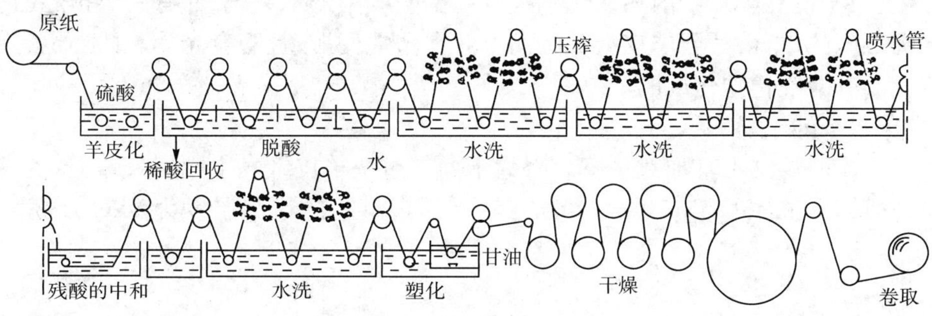

图 15－9　植物羊皮纸生产流程图

较高的吸收性和机械强度，其次不应有褶子，皱纹，浆块，煤灰，金属屑等杂质和透明点。

造成原纸吸收性能的毛细管作用，不仅取决于毛细管直径，液体表面张力等性质，还取决于影响固液接触界面状态的纤维性质。一般纤维素的纯度越高，越有利于浸透，羊皮化效果越好。因此都采用棉纤维或精制化学浆来生产羊皮原纸。羊皮化溶液浓度过高时，表面张力过大，与纸页作用形成一个不透气的薄膜，因而空气排不出，液体也难以渗透。

原纸的打浆度对吸收能力影响很大，应采用游离状打浆(24～28°SR)，尽量避免细纤

维化或过多的切断(过多切断还将使原纸强度过于降低)。为保证原纸的多孔性,压榨要轻,进行干燥时的水分可高些,并在初期进行剧烈干燥。另外,网部成形与匀度要好,使纤维组织均匀。

(二) 羊皮化过程

这是羊皮化生产中的中心环节,羊皮化程度如何直接影响产品质量。酸液浓度也很重要,一般生产中采用72%的硫酸,原纸浸入15~17℃的酸液中,经过2.5~3.0s即可完成羊皮化。硫酸浓度可以用波美度计,控制在52~55°Be之间。浓度过高,硫酸将迅速溶解纸页表层,而不能深入其内,结果是表面易焦化,内部羊皮化却不充分;若浓度过低,渗透虽好,但作用缓慢,不仅延长了时间,羊皮化程度还将降低。

时间过长或过短,将分别造成纤维分解的增加或羊皮化不充分。

温度也很重要,温度过高,将促进纤维素分解。酸液吸收水分(纸页或空气中的)放出的热,或环境温度升高,都会使酸液温度升高,所以羊皮化槽都有冷却装置。

但羊皮化的时间和温度应视原纸的厚度及吸收性而定,如对厚度较大或吸收性较差的纸,应适当提高温度或延长时间,以加强羊皮化作用。

(三) 洗涤与碱处理

厚纸在酸处理后经压榨除去余酸,并经洗涤进一步洗掉残酸,再用浓度为0.1%~0.4%的碳酸钠溶液中和残酸,此后再经洗涤除去残碱及生成的硫酸钠。碳酸钠的用量及溶液浓度应由纸页的厚度、车速及残酸的洗涤情况来调节。提高温度可提高中和速度,一般可提高到35~40℃。洗涤好的羊皮纸,应与刚果红或酚酞试液呈中性反应,残酸不低于0.03%。

(四) 羊皮纸的塑化

由未精制的木浆抄制的厚纸,羊皮化后往往变硬发脆,塑化的目的在于使羊皮纸柔软而富有弹性。一般以甘油(纯甘油含量10%~12%)为塑化剂,也有利用氧化钠使羊皮纸塑化的。氯化钠易溶于水,可减少烘缸表面的薄层沉积物,且价廉而容易获得。氯化钠能够代替甘油作塑化剂,这是由于留在羊皮纸内的氯化钠吸收周围空气中的水蒸气,并有助于排除已形成羊皮纸的纸浆纤维间的水分,因而羊皮纸被湿润了获得塑性变形,且富有光泽。此外也有使用醋酸钾溶液或葡萄糖溶液作塑化剂的。

(五) 羊皮纸的干燥

羊皮纸干燥时烘缸不宜加热过度。因为干燥得过快羊皮纸发生剧烈收缩,会生成气泡,产生扭曲。一般第一缸45~55℃,第二个缸55~65℃,烘缸的最高温度为85℃,最后一个烘缸55~65℃。

作业题

1. 举例说明常见加工纸有哪几种,其各自加工的目的是什么?
2. 简述涂布加工纸应具备的特性。
3. 简单绘出铜版纸生产的工艺流程方块图。
4. 试说明涂料原纸的性能对涂布加工纸有何影响?
5. 对颜料涂布纸所用的颜料有哪些要求?
6. 对颜料涂布纸所用的胶黏剂有哪些要求? 为什么?
7. 颜料涂布纸所用的辅助添加剂有哪几类? 各自的用途如何?

8. 涂料配置过程中，应特别注意哪些问题？
9. 气刀涂布器、刮刀涂布器、辊式涂布器各自有何特点？
10. 简单绘出无碳复写纸的工艺流程方块图。
11. 无碳复写纸有何特点？
12. 植物羊皮纸在生产中应注意什么？

第十六章　常见纸病及防治

纸张在抄纸过程中产生的纸病种类繁多，而且形成的原因较为复杂，但也有一定的规律性。有些纸病的产生是设备原因，有些是成形网或毛毯的原因，有些是浆料的原因，有些是操作掌握不当的原因，有些是责任心问题等。

不论哪种纸病，都影响纸张的质量和使用效果，严重时会因不符合使用要求成为废品。有些纸病会引起抄纸机各部的断头，严重的影响抄纸机的产量和成品率，导致电耗、汽耗、浆耗、网耗、毯耗及各种辅助材料的耗费，提高了吨纸成本，降低了经济效益，给生产带来了不可估量的损失。

第一节　外观纸病及其形成原因

优质的纸张，除了必须达到物理的质量指标外，还必须符合外观指标要求。外观有缺陷的，称之为外观纸病。以下主要探讨外观纸病的特征、产生原因以及解决外观纸病的措施等。

一、外观纸病的名称及其对纸张使用的影响

（一）名称

外观纸病的名称多根据其形象、颜色、产生部位、对光的反射、折射等情况命名，但由于不同地区、不同习惯，名称较为复杂，有的外观纸病，不同地区、不同厂家的叫法也不尽相同。

常见外观纸病的名称有：尘埃、云彩花、透光点、透帘、匀度不良、褶子、皱纹、斑点、汽斑、湿斑、浆疙瘩、孔洞、针眼、色调不一致、卷边、翘曲、泡泡纱、网痕、毛毯痕、压花、玻璃花、砂子、硬质块、条痕、掉毛掉粉、切边不齐等。

（二）产生外观纸病的原因

虽然外观纸病繁多，名称复杂，但产生的原因主要包括：①原材料质量有问题；②设备及器械、网毯等维护不当；③抄造中操作不当；④环境卫生及操作条件不良等。

（三）外观纸病对纸张使用的影响

①有的外观纸病可造成废品，如孔洞、硬质块等；②有的外观纸病会影响印刷机正常操作，如褶子、皱纹等；③有的则影响印刷质量，如匀度、透光点、尘埃等。

二、外观纸病的一般检查方法

（1）迎光检查。即检查时迎着光线让光透过纸页。如匀度、孔眼、透光点、透帘等的检查。

（2）利用散射光直视检查。将纸张放置于平面或斜面上，在室内漫散光照射下，眼睛距纸面 30cm 左右观察，视线与纸面垂直。检查项目有：透光点、孔眼、斑点、褶子、皱纹、硬质块、裂口、残缺等。

（3）利用反射光斜视检查。将纸样放在斜面上，从不同的方向斜看纸面。如条痕、斑点、纸面起毛等。

（4）手摸检查。用于肉眼看不见的砂子、硬质块等。

第二节　外观纸病查找方法及解决措施

一、产生纸病原因的查找方法

由于纸病种类繁多,产生的原因往往又比较复杂,而且由于产生纸病直接影响生产,所以要求纸病产生原因的查找必须快、准,采取措施必须及时、果断,以保证生产的顺利进行。因此,必须掌握纸病发生的基本规律,尽快找出产生纸病的原因。常用的查找纸病原因的方法有以下几点。

1. 据纸病出现的规律查找

(1) 周期性规律：如果纸病出现呈一定的周期,可分析与产生周期对应的长度上是否与辊筒的周长、网子长度、毛毯的长度等吻合,再根据纸病的具体特征,便可找到原因。如孔洞、压光点、半透明点、压花等纸病可用此法查找。

(2) 季节规律：对于不具以上周期性特点的纸病,可以看其发生有无季节性规律。如由于滴水造成的孔洞、半透明点、玻璃花等纸病,多在雨季或空气中含水量高的气候下发生。

2. 在工艺变动的因素中查找

如纸病的发生无规律可循,可以从最近的变动因素中去查找。这些因素有:①换备品；②换设备部件；③改变原料或配比；④改变工艺参数或操作规程。如果这些因素中的一项或多项变动以后,随即发生的某种纸病,可从改变的因素中入手分析,进而找到纸病产生的原因。

3. 寻找纸病产生的地点

另一种有效的查找纸病原因的方法是首先确定纸病产生的地点,以缩小查找范围。其具体做法是以整选→纸机→洗选漂→蒸煮→备料为顺序,从前向后依次查找,初步判定纸病是发生在整选、纸机还是制浆工序。例如,尘埃纸病一般发生在制浆或纸机前的净化;褶皱只能产生于复卷、切纸或纸机的压榨、干燥、压光等环节:孔洞则多在纸机上表现出来,但其原因可能在纸机,也可能在于浆料,应作具体分析。

4. 应用化学分析法查找

对一些纸病,可以根据纸病产生点的物料特性,找到产生纸病的原因。可采样进行简单的定性分析,其分析方法有:①观察颜色,辨别气味；②用显微镜检查；③用多种溶剂做溶解试验,如酒精、汽油、酸、碱等进行溶解试验。用这类方法对样品初步定性后,可进一步找其来源,往往会很快找出纸病产生的原因。

5. 应用对比试验法查找

一般情况下,生产某种品种时,往往配用多种原料及辅料。如果用上述方法找不到纸病原因,可考虑在不影响产品主要性能的前提下,改变物料配比或减少某种物料加入,或换用其他品牌的原料。这时有可能找到纸病产生的原因。

6. 建立外观纸病技术档案

对某一纸机系统,外观纸病的产生往往是有一定规律的。因此,建立机台的外观纸病技术档案是一种有效的方法。查找以前类似纸病产生的档案,往往会收到事半功倍的效果。档案记录的内容可包括:纸病名称、纸病产生及发展过程、查找原因时的分析记录、所采取的措施等。这项工作可以由车间工艺技术员负责。每次发生纸病时均记录在案,以备以后查找纸病原因时作为参考。

二、解决外观纸病的措施

外观纸病的原因虽然复杂,但只要找准了原因,处理措施是不难的。每一次外观纸病都或多或少的造成损失，为了提高效益，必须防患于未然。减少外观纸病产生的一般措施简述如下。

1. 加强原材料、辅料的质量检验

各种原材料的进厂必须有规定的验收标准。合理进行抽样化验或抽样检查，杜绝不合格原材料进入生产系统。

2. 加强机械设备的维护和网毯等器材的正确使用

首先是设备要在完好状态下运行，如润滑条件要良好、纸机各部的负荷要稳定、刮刀与辊筒的接触必须严密；成形网、湿毯要洗涤良好，不可有糊网、粘毯的现象；干毯透气性要均匀，一烘的干毯表面要细腻等。压榨辊、屈光辊的硬度要均匀，不可有硌伤等缺陷。

3. 加强生产过程的控制和设备的正确操作

要制定严格的生产工艺条件，规范操作，严格执行工艺要求。各工序的操作参数要有原始记录，以便分析纸病产生原因时有据可查，为分析外观纸病的原因提供原始素材。有的纸病则是由于纸机的非正常操作造成的，例如，各种褶子纸病，大多是由于纸机各部速比不合适，造成纸幅张力不合适，或由于毛毯、干毯使用不当等造成。

4. 加强车间环境卫生和工艺清洗制度

生产中常见的尘埃纸病，往往与车间生产环境有关系。加强环境卫生，可以减少这类纸病。定期对纸机的池、槽进行刷洗，可以避免由于腐浆引起的纸病。

第三节　常见纸病及产生原因

一、尘　　埃

尘埃是指纸页表面用肉眼可见的与纸页表面颜色有明显区别的斑点及束状纤维。

纸页表面的尘埃来源广而且较复杂，有的由原料带来，有的是由于蒸煮、粗选、精选工艺不当或操作不当及设备原因所造成，有的是在生产过程中混入浆料中，也有的是纸张抄成后造成的。按照尘埃的特性和外观特点，大致可分为纤维性尘埃、非金属性尘埃、金属性尘埃。

（一）纤维性尘埃

纤维性尘埃是指与纸面有明显区别的异色纤维，如黄筋、草片、草节、麦穗节、木节、腐浆团及异色纤维等。多呈黄色、棕色、黄褐色、丝状、片状或近似圆形等，产生的原因主要有如下几个方面。

1. 黄筋、草片、麦穗节、草节

（1）原料蒸煮时脱木素反应不均一，含有未蒸透的夹生浆料，这种夹生浆料纤维离解难度大，木素含量较高，难以漂白，这是造成纤维性尘埃的主要原因。形成夹生浆的主要原因有：切草长短差距大，原料水分含量差距大、预浸不均匀、原料对蒸煮液的吸收不均一、蒸煮工艺不合理以及操作不当等。

（2）粗选、精选、净化设备选用不当，操作不当，如筛板筛孔过大，筛板破损或封闭不严漏浆，水压、浆料浓度控制不当。除渣器进口与出口压力、除渣浓度控制不合理，排渣嘴孔过小或堵塞，旋翼筛未按时排渣等。

（3）漂池漂浆时窝浆或放浆盖未盖严，漏浆。

（4）草类原料中混入了较难蒸煮的杂草，如藤类、木类、棉秆、豆秆等，这些杂草蒸煮时难以成浆，难以漂白。

（5）回抄损纸或商品废纸中带入的草绳、扫帚苗、碎木屑等进入了浆料。

（6）生草掉入了蒸煮后的浆料中，经打浆撕碎后，呈杆状或片状尘埃。

2. 异色纤维

(1) 漂白浆调色时,由于染料浓度过高,染液加入浆料后造成局部纤维着色过重,在纸面上出现异色纤维。

(2) 配用多种纤维生产色纸时,由于各种纤维的着色力不同,容易造成浆料中的纤维染色深浅差距大,在纸面上形成异色纤维。

(3) 使用苇浆或麦草浆生产色纸时,由于未蒸解透的苇膜或麦粒外壳着色力太差,甚至不着色,而呈白色或乳黄色尘埃。

(4) 使用破布制浆,染色牢度高的布料与染色牢度差的布料混合用时,造成蒸煮、漂白退不一致,纸面上出现异色纤维。

3. 色纸点

使用未蒸煮的废纸直接打浆时,由于大部分废纸具有一定的抗水性,特别是带有油墨层的废纸,打浆时较难离解成单根纤维,而被切成带油墨的碎纸片,在纸面上形成色纸点。

4. 腐浆点(块)

腐浆点(块)一般呈污褐色或浅黄色。主要是抄纸机流送系统内壁上粘有浆料霉烂变质,刷洗不及时或刷洗不彻底时,腐浆脱落随浆料上网,在纸面上形成腐浆点(块)。

(二) 非金属性尘埃

1. 煤灰、炭粒

煤灰、炭粒在纸面上形成黑色尘埃,用手擦拭,纸面上会出现黑色痕迹。此种尘埃由于相对密度较小,除渣器很难除掉,其来源主要是:

(1) 煤灰大多是从锅炉烟筒中飞出,随风落到料场原料中或经车间门窗落入浆中和地面上,随损纸回抄进入浆中。

(2) 煤炭存放距料厂或车间太近,随风进入料场原料中,或进入抄纸车间地面。

(3) 草类原料收割存放或运输时进入了炭粒。

2. 橡胶、塑料片

以破布或废纸为原料,其中混入了橡胶或塑料,常因选料漏选,净化效果差,打浆时撕切成小块,纸面出现橡胶粒或塑料片。稻麦草原料中有时也可能混入。

3. 树脂点

树脂点可分为两种,一种是树脂造成的树脂点,另一种是松香造成的松香点。

(1) 树脂点来源于木浆带来的树脂,特别是打浆温度过高较容易出现,通常呈黑色。

(2) 松香点主要原因是松香皂化不完全或稀释后松香乳温度过高,凝聚成大颗粒,使用时未过滤出来,进入成浆中,在纸面上形成松香点,或在使用松香时,松香粉末掉入白水或浆料中。

4. 油污点

呈棕色或污褐色,透明,主要来源于打浆设备或网部的设备轴承油落入了浆中或白水中。

5. 淀粉点

目前造纸工业对淀粉的应用比较普遍,它对提高纸张的强度,提高产品质量起了很大的作用,但也有时因操作不慎,纸面上出现淀粉点。

(1) 使用淀粉作为浆内增强剂或以淀粉进行表面施胶,糊化淀粉时,由于干淀粉尚未完全溶解就开始加温,造成了淀粉胶体中的淀粉颗粒。使用时未全部过滤出来,进入浆中或挂在纸面上,纸面出现淀粉颗粒,经压光后迎光观察呈透明状。

(2) 使用麦草作为制浆原料,因羊角除尘器的除尘效果不好,麦草中的麦粒未除干净,这部分麦粒进入蒸球，经蒸煮生成碱化淀粉颗粒进入浆中，在纸面上形成淀粉点，有时形成沾眼，经压光后迎光观察呈透明状。

6. 藻类

青绿色线状物，主要来源于生产用水中生长的青苔，进入生产未过滤。

7. 虫骸

夏秋季节，由于抄纸车间灯光较强，飞虫聚集落到纸机的湿部或卷纸部，卷入纸中。

（三）金属性尘埃

常见者为铁锈，呈黑色。主要来源于打浆设备、筛选净化设备、贮浆设备和浆、水输送管道上生成的铁锈脱落进入浆中，纸面上出现铁锈。

二、褶　　子

纸张在抄造过程中，产生褶子是一种常见的纸病，它的种类繁多，主要产生于压榨部、干燥部、压光部和卷纸部，根据其主要特征和产生地点，大致可分为湿褶子和干褶子。

（一）湿褶子

湿褶子也叫湿亮褶子、筋道子、油筋。这类褶子形成于纸页水分较高的湿部，多因湿纸页在张力作用下伸展不开折叠成褶子，褶子处纸层较厚难干燥，经压光压成透明或半透明发亮的亮褶子。

1. 气泡褶子

这种褶子产生于压榨部，由于湿纸页与毛毯之间存有空气，在压榨辊的入口处纸页在毛毯上被压辊压起容易看到的、横向移动的较大气泡，经压榨后压成褶子。另一种情况是，在托辊入口处，湿纸页在上毛毯上鼓起不易看到的、比较密集的小气泡，经托辊后压成细褶子，这种褶子在纸幅边部出现的较多，有时也会全幅出现。形成气泡褶子的根本原因是湿纸页与毛毯之间附着不紧密，中间存有空气。主要是因为：新换的毛毯未湿润好，毛毯表面上毛网层未压倒或误将毛毯表面毛长的一面朝外套入压榨辊（真空压榨除外）以及误将毛毯运行的方向套反。

2. 湿纸页张力波动引起的褶子分类

（1）位置比较固定的纵向褶子产生的原因：①纸幅定量不均，定量小的部位纸页的张力小，不能平坦地贴在毛毯上，易形成褶子。②纸幅水分不均，水分大的部位张力小，不能平坦地贴在毛毯上，易产生褶子。③纸幅张力波动，纸页全幅张力变小，使湿纸页未能平坦地贴在毛毯上，并有横向移动，经压榨压成褶子。④毛毯含水量过大或纸页全幅水分偏高，造成纸页不能平整地贴在毛毯上，进入压榨压成褶子。

（2）产生在第一压榨，长度短、斜度大的褶子产生的原因：①湿纸页从伏辊至第一压榨间的张力不足，或传动故障引起的张力波动，造成纸页在一压压成褶子。②纸页全幅定量变小，或是水分变大，造成张力变小，经一压压成褶子。③湿纸页边薄，边薄的部位张力小，经一压压成褶子。

（3）在反压榨，产生在纸边上，细而长、斜度较小的褶子。这是因为反压榨前引纸辊上的纸边张力小而松弛，在引纸辊的边上起皱，进入反压辊压成褶子。

（4）在平滑辊处，产生在纸边上，细而短、斜度大的褶子。①平滑辊中高度不足，或纸页边部水分偏高，使纸页边部松弛，容易在平滑辊入口的边上起褶。②纸页全幅水分偏高，容易在平滑辊入口边上起褶。③平滑辊中高虽然较符合要求，但中高的研磨误差过大或中高曲线的形状研磨不规矩，使纸页边部松弛，纸页在入口处边上易起褶子。④纸页进入平滑辊前张力不足而松弛，易引起褶子。⑤纸页边部较薄，张力不足而松弛，引起边部起褶。

(5) 在平滑辊与一缸间，产生的斜度较大、较长的褶子。①平滑辊中高曲线不符合要求，纸幅受压不均，造成平滑辊上剥离线弯曲，纸页进一缸的张力不一致，引起走斜起皱，被烘缸和干毯夹成褶子。②在长网双缸纸机上，一烘缸前的托纸辊（弹簧辊）表面上缠上了纸，使辊的直径不一，纸页进入光压榨时全幅松紧不一致，易引起褶子。

3. 真空箱面板引起的褶子

真空箱面板磨损过大，表面形成了凹沟，毛毯和纸页被吸进凹沟内运行，使纸页未能平整地贴在毛毯上，进入一压辊时压成长度大、较宽的褶子。

4. 套在上压辊上的无端线引起的褶子

(1) 无端线所处的位置纸页的定量较小，纸页易被线带起。

(2) 压榨间纸页的张力不足或因纸页全幅定量变小，水分变大以及传动障碍引起的张力波动，纸页就容易被线带起，压成褶子。

(3) 无端线上沾着细小纤维、填料、胶料等，使线的直径增大，或老化变硬，把纸页带起了一条凸起的沟，进入下道压榨时压成褶子。

(二) 干褶子

干褶子所处的部位可分为：干燥部形成的褶子、压光部形成的褶子、卷取部形成的褶子、复卷或切纸部形成的褶子。

1. 干燥部产生的褶子

(1) 纸页干燥产生褶子的原因。①纸页在干燥过程中，由于纸边的水分比中间蒸发快而引起收缩，容易在离边部不远的地方产生细皱褶。②干燥曲线掌握不合理，造成局部几个烘缸温度过高或全部烘缸温度偏高，使成纸过干易出现褶子。③第一烘缸的温度偏低，热膨胀小，造成线速度与前面不协调，纸页在烘缸的入口拉不紧或走斜，产生细而偏斜的褶子。④个别烘缸温度偏低或相邻两个烘缸温度差较大，造成纸页走斜，产生细而偏斜的褶子。

(2) 纸页张力不匀产生褶子。①传动速比不吻合，造成纸页张力松弛；以及个别烘缸温度低，热膨胀差或烘缸“出汗”造成纸页回潮，使纸页张力松弛而产生褶子。②纸边湿，造成纸边松弛不平起皱褶。

(3) 设备引起褶子。①在双缸纸机上，二缸橡胶压辊中高不恰当或两边加压不一致，易引起皱褶。②干毯使用过松，纸页横向收缩过大，易引起皱褶。③有的烘缸或干毯辊安装不平行或不水平，致使纸页被拉斜，或造成干毯松紧不一致，纸页收缩变形大，进入烘缸与干毯之间挤成褶子。④多孔辊（匀浆辊）曲变形，每转一周，网上的浆量周期性的增多或减少，使定量忽大忽小，在干燥过程中纵向收缩不均，产生纵向收缩不一致，易产生周期性皱褶。

(4) 在双缸纸机上，一烘打油过多，致使纸边不平，易形成褶子。

(5) 纸页在干燥部出口，形成了纵向的长条沟，进入压光机时压成褶子。

2. 压光部的褶子

(1) 纸页在干燥部出口到压光机之间的张力略松，在压光机上易压成斜的褶子或裂缝。

(2) 纸页进压光机时，因全幅张力不一致，产生斜褶子。

3. 卷纸部的褶子

(1) 湿部的原因产生的褶子　由于纸页在网部上浆不匀或铜网有沟等原因，造成纸页纵向厚薄不一，以及湿纸页经过压榨辊时全幅的压力不均匀而造成的纸幅水分和厚薄不一，当卷纸辊卷到一定直径时，常会出现纸辊全幅松紧不一致，相邻部位松紧的差别达到一定程度时，就在松软部位产生麻绳状或波浪形活褶子。

(2) 干燥部及压光部原因产生的褶子　主要是干燥曲线掌握不当，特别是压光机中高度不当和辊子的研磨质量不符合要求，使成纸厚薄不均一。①压光机中高的影响：若中高大，造成纸页中间薄，卷成的纸辊中间松，两边紧；若中高度小，会因压光机两边压力大，中间压力小，使纸页两边薄，卷成的纸辊中间紧，两边松，当纸辊直径卷到一定的程度就形成褶子。②压光辊研磨质量不符合要求的影响：压光辊研磨质量差，会造成压光辊局部直径略有差异，直径略大的部位纸页受压大而变薄，直径略小的部位纸页受压小而较厚，卷成的纸辊出现松紧不一致，松动部位，当纸辊卷到一定的程度形成褶子。③压光辊热膨胀的影响：压光机在压光过程中，压光辊因受干纸页温度的影响和辊面自身相互间的摩擦作用，致使压光辊的温度升高，产生热膨胀，使压光辊中高增大，卷纸辊上出现中间松两边紧的现象形成褶子。压光辊上的刮刀对辊面压力不均一，压力大的部位温度高，热膨胀大，经过这个部位的纸页被压薄，卷纸辊上出现局部松的现象形成褶子。④压光辊两边压力不一致的影响：由于操作或安装不当，造成压光机两边压力不一致，压力大的一边纸页被压薄，造成纸页两边厚薄不一，卷成的纸辊一边松一边紧形成褶子。

(3) 卷纸机本身原因产生的褶子　①卷纸缸前的弓形辊安装或使用不当，造成进卷纸缸纸页的张力不一致，卷纸时产生褶子。②卷纸辊的位置不正，或纸辊全幅压在卷纸缸面上的两端压力相差大，使压光机与卷纸机间的纸页幅张力不一致，使纸幅拉斜，在卷纸缸面皱起而卷成斜褶子。③卷纸辊直径或轴头直径太小、弯曲、卷纸辊对卷纸缸面的压力太小或两端压力不一致，造成纸幅张力不一致而拉斜，卷纸辊上产生褶子。

三、透光点、透帘

透光点、透帘是指纸页上纤维层较薄，透光度大于其他部分的圆点，小者叫透光点也叫半透明点或气泡点，大者叫透帘。透光点、透帘产生的原因大致是相同的，可分为：

(1) 空气泡透光点。主要形成于网部，由浆料中的空气聚集成空气泡，随同浆料上网后，网面浆层的上面分布着空气泡，进入真空箱时，由于真空箱的抽吸作用而破裂，在纸面上形成透明或半透明的圆点。形成的原因包括：①浆料洗涤不洁净，碱性较大，回水太脏，产生泡沫；②松香加入量过多，硫酸铝加入量过小或未加，产生泡沫；③流浆箱聚集泡沫，随浆料上网附在湿纸层上面；④浆料流送过程中带入的空气形成空气泡；⑤下唇板底部与胸辊间的距离太大，浆料上网时带入空气；⑥匀浆辊未全部浸在浆液中，运转时带入空气；⑦网面上浆流交汇时夹入空气；⑧酸性造纸时，使用碳酸钙填料，因碳酸钙在酸性条件下易生成氧化钙和二氧化碳气体生成气泡。

(2) 粗大的填料颗粒、砂子、胶皮等，随着浆料成形于纸面上，经伏辊、压榨、干燥脱落后，这个部位仍有残余的纤维层者称为透光点。

(3) 网子跳丝、网面不平、网面部分凸泡或碰伤，易造成网面挂浆，造成透光点或透帘。

(4) 网面不洁净，网孔被沥青、油污、树脂、松香颗粒及草类纤维的薄膜等杂质堵塞，堵塞处几乎失去了滤水性能，挂浆量极小，纸层较薄，形成了透光点或透帘。

四、斑　点

斑点系指与纸面的颜色区别不大，而色泽、明暗和反光与纸面不一致的点子。这种点子影响印刷时对油墨的吸收和书写。根据外观不同可分为：

（一）湿斑

湿斑未经压光时斑面无光泽，经压光后斑面带有亮的光泽。产生的原因有：

（1）在长网双缸纸机上，上毛毯较脏，浆或白水中有油，或因托辊面不平，使局部纸页与烘缸表面接触不紧密，以及压榨辊辊面有凹陷之处，造成该处纸页水分大，未压光时呈无光泽的暗斑，经压光后呈带光的亮斑。

（2）水滴斑：水滴斑略呈圆形斑痕，这种斑痕的形成主要是排风和排风不足，纸页干燥时蒸发的蒸汽不能及时排出，烘缸罩内壁温度低，或烘缸罩设计、安装不当，蒸汽在烘缸罩内壁上形成冷凝水滴，落于纸面未能烘干，造成水滴斑，即使落于纸面的水滴烘干，也在纸面上留下一个暗色的圆圈。

（3）烘缸内壁加工厚薄不一，造成烘缸壁导热不一致，烘缸表面温度低的部位形成湿斑。

（二）汽斑

汽斑是产生于双圆网双缸纸机的第一烘缸，多呈圆形、椭圆形无光泽斑痕，产生的主要原因有：

（1）第一烘缸的汽压过高，易形成形状大的汽斑，气压略高时易形成形状较小的汽斑。这是因为烘缸温度过高时，湿纸页局部贴缸不紧或离开了缸面。

（2）烘缸上的纸页水分大，烘缸罩排风不良时，因蒸汽不能及时排走，即使是烘缸气压不高，也易产生汽斑。

（3）上毛毯局部太脏，此处的湿纸页含水分较大，或此处的湿纸贴缸不够紧密，也容易产生湿斑或汽斑。

（三）缸斑

缸斑多产生在双圆网双缸纸机的第一烘缸，原因是：①烘缸表面局部凹陷，湿纸页干燥后，产生周期性有规律的高于周围纸面的无光泽斑点。②采用与烘缸材质不同的金属补缸，补缸处常出现光泽不一致的点子。③刮刀不严，烘缸表面局部脏污，该处纸页表面生产起毛无光的痕迹。

五、浆 疙 瘩

浆疙瘩是产生在放料部，有时网部也会产生，浆疙瘩能影响抄纸机的正常运转并造成纸病。

1. 聚集性浆疙瘩

（1）旋翼筛筛鼓的圆周底面密封不严，浆料渗入集结成浆团后被挤出，随浆料上网形成浆疙瘩。

（2）流浆箱内壁和隔板的表面粗糙，浆料流动过程中容易挂结纤维，集结成浆疙瘩而脱落浆中，随浆料上网形成浆疙瘩。

（3）流浆箱内壁和隔板表面，在浆位以上的部位，因溅上浆料聚集而成；落入浆中成为浆疙瘩，随浆料上网，形成纸面上的浆疙瘩。

（4）流浆箱或堰池内浆料表面漂浮着泡沫，由于泡沫的不断破裂，泡沫悬浮的细纤维聚集成浆疙瘩，随浆料上网形成浆疙瘩。

（5）流浆箱内浆料 pH 过低，能促使纤维的絮聚更为严重，产生絮聚状的浆疙瘩。

（6）由于浆料带入的微生物、菌类，使浆料发霉，生成黏状物，这些黏状物和少量的纤维，黏附在贮浆池的死角，白水管路内壁，以及旋翼筛板、唇板的背面、流浆箱隔板面，聚集成腐浆，落入浆中，随浆料上网形成有颜色的腐浆疙瘩。

(7) 旋翼筛筛板存有裂缝,容易产生球状的浆疙瘩。

(8) 贮浆池内有过长的纤维,因搅拌过快、时间过长、浓度过高时,会产生浆团或鱼籽状的小浆团,在纸面上形成浆团的浆疙瘩。

2. 乱线状的浆疙瘩

抄纸机的浆料流送系统内壁有无刺或凸起处、旋翼筛的筛孔上,逐渐挂结成乱线状浆疙瘩,掉入浆中在纸面上形成浆疙瘩。

3. 线结状的浆疙瘩

使用棉浆造纸时,由于打浆操作不当,有时线结未能疏解开,在纸面上形成线结状的浆疙瘩。

六、纤维组织不匀

纤维组织不匀,系指通常所说的纸张匀度差,纤维组织好坏就是纸张匀度好坏。匀度是指组成纸页的纤维成单根交织的程度,也称纤维组织的均匀程度。匀度,从某种意义上解释可划归纸病的范畴,因为匀度很差的纸张,迎光看纸页上像一些大的云彩花,也有的像一些比较密集的小浆团。从另一种意义上解释又可划归技术指标的范畴。这是因为匀度较差的纸张,基本上不影响使用。更重要的是,它是纸张各项技术指标的综合反映,如匀度较差的纸张,对纸的拉力、撕裂度、耐折度、平滑度、透气度等,都有不良的影响,所以对纸张来说是一项很重要的技术指标。

匀度不良的纸张,透光看有各种不同的表现形式,纤维分布成呈团状组织、云状组织,纤维组织脱节等,影响纤维均匀分布的因素很多:

(一) 团状纤维

团状纤维是指纤维相互絮聚在一起,无规则的分布于纸页上,团状组织部位纸层较厚,团状组织之间的纸层较薄,形成纤维絮聚的主要原因有:

1. 打浆质量控制不当

(1) 纤维过长　纤维絮聚的客观规律是:纤维愈长,浆料中的纤维絮聚的趋势愈大,所以对于长纤维浆(如针叶木浆、棉浆、麻浆等),在打浆控制上应适当的切短,才能抄造出匀度较好的纸张。但对纤维长度的控制,必须根据抄纸机的适应性和纸张的技术指标要求而定,或者根据改善匀度的其他措施到位的程度,控制纤维的长度。

(2) 打浆度控制不当　减轻或防止浆料中纤维絮聚的另一规律是:打浆度愈高纤维絮聚愈差。但也必须考虑到,打浆度过高,会引起浆料在网面上滤水减慢,增大了网部的絮聚,同时还要考虑到网部的滤水能力和纸张质量指标的要求。

(3) 打浆的均一性　掌握打浆的过程,必须掌握好打浆的均一性,即同一种浆料的纤维长度不能相差太大,或打浆度相差太大,否则必然会影响匀度。

2. 流浆箱浓度掌握不适当

防止或减轻浆料中纤维絮聚的第三个规律是:浆料悬浮液的浓度愈低,纤维絮聚愈差。但必须根据网部的滤水能力调整浆料浓度。

3. 流浆箱隔板下的底缝控制不适当

纤维悬浮液中的纤维絮聚是瞬间的一种必然现象,但纤维的絮聚和分散可以相互转化,当流动着的浆料两个平行面间发生相对滑动的剪切时,剪切率的增加可使絮聚状态的纤维转化为分散状态的纤维,流浆箱隔板下的底缝隙就是通过节流和扩散产生微湍流,起到提高浆料流